U0184675

国家出版基金资助项目

"十三五"国家重点出版物出版规划项目

现代土木工程精品系列图书·建筑工程安全与质量保障系列

工程岩体力学

Rock Mechanics of Engineering

凌贤长　唐　亮　编著

哈尔滨工业大学出版社

HITP

HARBIN INSTITUTE OF TECHNOLOGY PRESS

内 容 提 要

本书以岩体工程为应用背景,在系统归纳岩体力学基本理论和基本概念的基础上,详细阐述了近30年来岩体力学在工程应用中的主要成果及其分析方法。本书具体内容包括:岩石物理性质、岩体形成、岩体结构、岩石变形特性、岩体变形及强度、岩体强度理论、地下硐室围岩力学计算及稳定性分析、斜坡危岩体稳定性分析、坝基岩体应力计算及稳定性分析等。

本书内容覆盖了土木与水利等学科及工程应用领域,既可以作为岩土工程、地下(隧道)工程、交通土建工程、边坡工程、国防与人防工程、地震与防护工程、水利水电工程及矿山建筑与采矿工程等方向技术人员的参考书,也可以作为高等院校相关专业研究生的教学参考书和本科生的教材。

图书在版编目(CIP)数据

工程岩体力学/凌贤长,唐亮编著. —哈尔滨:哈尔滨工业大学出版社,2020.1

建筑工程安全与质量保障系列

ISBN 978 - 7 - 5603 - 7994 - 4

Ⅰ.①工⋯ Ⅱ.①凌⋯ ②唐⋯ Ⅲ.①工程力学－岩石力学 Ⅳ.①TU45

中国版本图书馆 CIP 数据核字(2019)第 034885 号

策划编辑 王桂芝 张凤涛
责任编辑 刘 瑶 杨明蕾 刘 威
出版发行 哈尔滨工业大学出版社
社 址 哈尔滨市南岗区复华四道街 10 号 邮编 150006
传 真 0451－86414749
网 址 http://hitpress.hit.edu.cn
印 刷 哈尔滨市石桥印务有限公司
开 本 787mm×1092mm 1/16 印张 21.5 字数 537 千字
版 次 2020 年 1 月第 1 版 2020 年 1 月第 1 次印刷
书 号 ISBN 978 - 7 - 5603 - 7994 - 4
定 价 98.00 元

(如因印装质量问题影响阅读,我社负责调换)

国家出版基金资助项目

建筑工程安全与质量保障系列

编 审 委 员 会

名誉主任　王光远

主　　任　谢礼立　沈世钊　欧进萍

副 主 任　范　峰　李　惠　郑文忠

编　　委　（按姓氏拼音排序）

巴恒静　鲍跃全　戴鸿哲　高小建　关新春

郭安薪　姜益强　凌贤长　刘　京　吕大刚

邵永松　孙　瑛　谭羽非　汤爱平　唐　亮

陶夏新　王凤来　王　伟　王要武　王玉银

王震宇　王　政　吴　斌　吴香国　武　岳

武振宇　咸贵军　肖会刚　杨　华　杨英姿

姚　扬　翟长海　翟希梅　张姗姗　张守健

张文元　张小冬　支旭东　周春圣　周广春

朱卫中　祝恩淳　邹超英

序

党的十八大报告曾强调"加强防灾减灾体系建设,提高气象、地质、地震灾害防御能力",这表明党和政府高度重视基础设施和建筑工程的防灾减灾工作。而《国家新型城镇化规划(2014—2020年)》的发布,标志着我国城镇化建设已进入新的历史阶段;习近平主席提出的"一带一路"倡议,更是为世界打开了广阔的"筑梦空间"。不论是国家"新型城镇化"建设,还是"一带一路"伟大构想的实施,都迫切需要实现基础设施的建设安全与质量保障。

哈尔滨工业大学出版社出版的《建筑工程安全与质量保障系列》图书是依托哈尔滨工业大学土木工程学科在与建筑安全紧密相关的几大关键领域——高性能结构、地震工程与工程抗震、火灾科学与工程抗火、环境作用与工程耐久性等取得的多项引领学科发展的标志性成果,以地震动特征与地震作用计算、场地评价和工程选址、火灾作用与损伤分析、环境作用与腐蚀分析为关键,以新材料/新体系研发、新理论/新方法创新为抓手,为实现建筑工程安全、保障建筑工程质量打造的一批具有国际一流水平的学术著作,具有原创性、先进性、实用性和前瞻性。该系列图书的出版将有利于推动科技成果的转化及推广应用,引领行业技术进步,服务经济建设,为"一带一路"和"新型城镇化"建设提供技术支持与质量保障,促进我国土木工程学科的科学发展。

该系列图书具有以下两个显著特点:

(1)面向国际学术前沿,基础创新成果突出。

哈尔滨工业大学土木工程学科面向学术前沿,解决了多概率抗震设防水平决策等重大科学问题,在基础理论研究方面取得多项重大突破,相关成果获国家科技进步一、二等奖共9项。该系列图书中《黑龙江省建筑工程抗震性态设计规范》《岩土工程监测》《岩土地震工程》《土木工程地质与选址》《强地震动特征与抗震设计谱》《活性粉末混凝土结构》《混凝土早期性能与评价方法》等,均是基于相关的国家自然科学基金项目撰写而成,为推动和引领学科发展、建设安全可靠的建筑工程提供了设计依据和技术支撑。

(2)面向国家重大需求,工程应用特色鲜明。

哈尔滨工业大学土木工程学科传承和发展了大跨空间结构、组合结构、轻型钢结构、预应力及砌体结构等优势方向,坚持结构理论创新与重大工程实践紧密结合,有效地支撑了国家大科学工程500 m口径巨型射电望远镜(FAST)、2008年北京奥运会主场馆国家体育场(鸟巢)、深圳大运会体育场馆等工程建设,相关成果获国家科技进步二等奖5项。该系列图

1

书中《巨型射电望远镜结构设计》《钢筋混凝土电化学研究》《火灾后混凝土结构鉴定与加固修复》《高层建筑钢结构》《基于 OpenSees 的钢筋混凝土结构非线性分析》等,不仅为该领域工程建设提供了技术支持,也为工程质量监测与控制提供了保障。

　　该系列图书的作者在科研方面取得了卓越的成就,在学术著作撰写方面具有丰富的经验,他们治学严谨,学术水平高,有效地保证了图书的原创性、先进性和科学性。他们撰写的该系列图书,反映了哈尔滨工业大学土木工程学科近年来取得的具有自主知识产权、处于国际先进水平的多项原创性科研成果,对促进学科发展、科技成果转化意义重大。

中国工程院院士

2019 年 8 月

前　言

　　岩体力学是一门试验性与实践性很强的应用科学,因工程实践的需要而产生、发展。岩体力学自诞生之日起一直活跃且快速发展,不断吸取相关学科的研究与实践成果,日益出现各种新理论、新知识、新方法、新技术、新装备。一般习惯将岩体力学称为岩石力学。但是,岩石是一种不考虑内部结构与几何尺度的连续介质力学材料,而岩体则是一种关注内部结构(即岩体结构)与几何尺度的非连续介质力学材料的受力体。自然岩石实际均由各种不同尺度的非连续面、块体组成,特别是地基岩石、路基岩石、坝基岩石、坝肩岩石、边坡岩石、隧道围岩等,不仅承受工程荷载作用或受工程荷载影响,而且还具有一定几何边界、几何尺度,因此应称之为岩体。鉴于上述,基于现代工程理念,传统的岩石力学应称为岩体力学。岩体力学服务于两大领域:其一是用于研究构造地质学中的岩石变形与褶皱、节理、断层等成因、演化;其二是用于研究地基岩石、路基岩石、坝基岩石、坝肩岩石、巷道围岩、隧道围岩、边坡岩石等变形、强度与稳定性问题,即服务于各种工程的岩体力学。本书内容是各种工程中应用的岩体力学,因此称之为工程岩体力学。

　　岩体力学的工程服务领域极其广泛,包括建筑、道路、铁道、地铁、水利、水电、核电、采矿、油气、地震、防灾、减灾等,决定了岩体力学的研究内容十分丰富且不断出现与更新各种新分支、新方向、新理论、新知识、新方法、新技术、新装备。本书属于工程岩体力学,主要作为岩土工程及相关专业本科生、研究生的教学用书,也可作为相关工程技术人员参考书。作为教材,内容选取注重广泛接受的岩体力学的基本理论、基本知识、基本方法,以经典内容为主,尽可能避免目前尚处于发展中甚至存在争议的内容。

　　本书基于作者 2005 年 6 月在哈尔滨工业大学出版社出版的《岩体力学》撰写而成。作者 2005 版《岩体力学》被国内较多高校用于岩土工程及相关专业本科生、研究生教材,反响很好。此次出版的《工程岩体力学》,结合当代岩体力学发展,内容做了部分改变,详细修订了原书中的一些印刷错误,并且每章均增加了习题。

　　本书的内容来自于国内外诸多专家、学者的历年研究与实践成果,在此深表感谢。此外,感谢国内选用作者编著的《岩体力学》的各位教师、学生,由于他们的认可与支持、鼓励,才有本书的出版。感谢杨忠年、苏雷、顾琳琳、张瑾、秦月等对本书补充习题所做的努力。感谢田爽、丛晟亦、罗军、闫穆涵、于源等协助校核书稿。本书入选了国家出版基金资助项目,衷心感谢各位评审专家对本书的认可与支持。

　　限于作者水平,书中难免存在疏漏与不妥之处,恳请广大同行与读者批评、指正。

凌贤长

2019 年 10 月

目　　录

第1章 绪 论

1.1 岩体力学与工程实践

岩体力学是研究岩体在各种外荷载作用下的变形、破坏及稳定性等规律的应用基础学科。从广义上来说,岩体力学涉及许多学科及生产领域,例如,水利水电工程、矿山建筑与开发工程、交通土建工程、国防与人防工程、核电工程、地震与防护工程及地质构造等。各种学科研究及生产实践对岩体力学的需求及侧重点是不同的,其可以归纳出以下两个方面:第一,为各类建筑工程、采矿工程及地震防护工程等服务的岩体力学,称之为工程岩体力学,重点研究工程活动引起的岩体中地应力场的重分布,以及在这种重分布应力场作用下岩石地基、边坡及硐室的变形与稳定性,包括岩石的动力学特征;第二,为构造地质学(含大地构造学)研究服务的岩体力学,重点探讨岩石圈运动、地壳变形与构造应力场关系,需要研究高温高压条件下的岩石变形与破坏规律,以及与时间效应有关的岩石流变特性。

岩体力学是因工程实践的需要而发展起来的。早先,由于工程数量少、规模小、结构简单及场地条件好等因素,加之受限于当时的测试技术水平及较落后的经济状况,一般仅凭经验来解决岩体工程技术问题。所以,岩体力学的产生与发展远较土力学晚。后来,随着经济建设的不断加速发展,各种岩体工程规模越来越大,结构越来越复杂,所遇到的场地条件也越来越差,加之不少重大岩体工程事故经常发生,例如,美国的圣弗朗西斯重力坝、中国的青海关角铁路隧道、意大利的瓦依昂大坝、加拿大的亚当贝克水电站压力管道及日本的关门铁路隧道等工程失败或失事的惨痛教训,使人们深刻意识到,为了选择良好场地及合理的设计方案和施工技术,防止重大事故发生,便于顺利施工,确保工程日后安全运营,必须加强有关工程方面的岩体力学理论及试验研究,把握岩体在外荷载作用下的变形、破坏及稳定性等发展规律。尤其是近30年来,岩体力学作为当今研究相当活跃的岩土工程三大基础学科(岩体力学、土力学及基础工程学)之一,取得了长足的进展。一些世纪性的大型或特大型工程,如英吉利海峡隧道、日本的青函海底隧道、美国的赫尔姆斯电站地下厂房和鲍尔德水库重力大坝、巴西的伊泰普水电站、加拿大与美国边界上的尼亚加拉水电站,以及我国的葛洲坝水利枢纽工程、新丰江水库、二滩水电站、三峡水利枢纽工程和小浪底水利枢纽工程等相继兴建,提出了许多岩体力学方面的棘手问题,而在工程的设计与施工过程中,这些岩体力学问题又往往具有决定性的作用。正是因为工程实践的需要为岩体力学的发展赋予了巨大的推动力,目前其发展速度之快完全可以用"突飞猛进"来形容。国内外每年都举办为数众多的国际性、地区性、综合性、专题性的学术交流讨论会。据不完全统计,世界上每年公开发表的有关岩体力学方面的论著达 3 500 多篇(部),探讨问题的深度和广度不断有新的突破,资料及成果与日俱增。从作者所接触的大量文献资料来看,研究者对岩体力学的视野、认识及考虑问题的侧重点不同,所采用的技术路线及学术思想便不同,当然,各人所取得的成果也就有异。正是这样,丰富的研究成果、百家争鸣的学术氛围、广泛的解决问题途径及多样而不断改进的试验技术等促使该学科的发展更完善、更深入、更切合工程实际,并已发展成为一门独立的分支学科,且有其独立的理论体系、专项课题、试验手段及研究技术路线和方法。

1.2 岩体力学研究历史回顾

岩体力学脱胎于工程地质学,是为满足岩体工程实践的需要而产生与发展起来的。此外,岩体力学的发展尚受控于相关学科理论及试验技术水平,也与政府经济投入关系密切。纵观研究历史,岩体力学的发展可以归纳出四个阶段:①连续介质岩石力学阶段;②裂隙岩体力学阶段;③岩体结构力学阶段;④地质工程岩体力学阶段。值得一提的是,尽管岩体力学存在这四个发展阶段,但是作为一门学科的发展过程,则往往又很难从时间上对每个阶段进行明确划分。

1.2.1 连续介质岩石力学阶段

20 世纪初至 20 世纪 60 年代为岩体力学的产生与早期发展阶段。在此阶段,人们仅简单地将岩体看作是一种连续介质材料,利用固体力学理论进行岩体的力学特性分析,将岩体力学等同于材料力学,处理实际问题主要靠的是经验,往往效果较差。

1.2.2 裂隙岩体力学阶段

事实上,在第二次世界大战之后的早些时候,随着岩体工程建筑的不断发展,人们已开始意识到不少实际工程问题是不能用材料力学理论与方法来解决的。尤其是像马尔帕塞拱坝失事之类的惨痛教训,促使人们开始重视岩体中广泛发育的裂隙对岩体力学性质、变形、破坏与稳定性所产生的强烈影响,从而更加注意对裂隙岩体力学特性的研究。在 20 世纪 60～70 年代,国际上正式将裂隙岩体的力学性质研究作为岩体力学的一个中心课题,并且提出了裂隙(碎裂)岩体力学概念,将岩体力学研究推向了一个崭新的阶段,即裂隙岩体力学阶段。该阶段强调研究岩体力学特性时必须注意节理及断层等各种裂隙的影响,同时还要考虑地下水的作用(赋存于岩体裂隙中的地下水)。在这一阶段内,奥地利的 Sa Lzburg 学派做了许多卓有成效的推动工作,L. Müller(1974 年)主编的 *Rock Mechanics* 文集基本汇集了这一阶段的主要研究课题、研究方法与技术路线。但这个阶段的岩体力学研究在力学方法上仍然没有摆脱连续介质力学方法,只不过是在岩体的力学性质研究方面更重视尺寸效应。

1.2.3 岩体结构力学阶段

20 世纪 60 年代末,人们提出了"岩体结构"的概念,70 年代中期,"岩体结构"便在岩体力学研究中起指导作用,并且由此诞生了"岩体结构的力学效应"这一具有划时代意义的科研命题。众多试验结果及实际工程问题均揭示,岩体的工程力学性质及其变形、破坏和稳定性等均严格受控于岩体结构;存在多种地质模型和力学模型;岩体是由多种力学介质组成的复杂力学体系,并且认为结构力学的理论和方法是研究岩体力学的有效工具,所以可以用岩体结构力学来概括岩体力学。岩体力学也因此进入了岩体结构力学发展阶段,"岩体结构控制论"是这一阶段岩体力学的理论基础。

1.2.4　地质工程岩体力学阶段

尽管岩体力学的近期发展越来越快(表现出加速发展趋势),但是仍然满足不了岩体工程实践的需求。随着各种大型或特大型岩体工程的兴建,例如,大跨度高边墙的地下硐室建筑、复杂场地条件下的隧道工程、500 m 以上的高边坡、超过 300 m 的高坝及跨海大桥或其他高架工程等,它们的规模、形状、分布及组合等变化很大,往往引出不少岩体力学问题,而要解决这些问题又涉及很多地质问题,有时可能关系到面积超过十平方千米、深达几千米的地质体。所以说,今天的岩体力学必须密切联系地质研究工作,必须是多学科协同操作,方能有所作为。因此,岩体力学的发展进入地质工程岩体力学阶段,从而形成了较完整的岩体力学理论体系,并且有自己独到的科研思想方法、技术路线及试验手段等。

岩体力学研究在各国的发展很不平衡。欧洲一些国家,如英国、奥地利、德国、法国及葡萄牙等国研究岩体力学起步很早,发展也很快。此外,意大利、瑞典及挪威等国也是研究岩体力学较多的国家,主要工作集中在 20 世纪 60 年代前后。其他东欧国家,如苏联、波兰等国于 50～70 年代在岩体力学方面也做了很多研究工作,对岩体力学的发展做出了重要贡献。苏联早期的岩体力学研究(借用连续介质力学理论)主要为矿山开采与建筑服务。美国、加拿大、澳大利亚等国均十分重视岩体力学的研究工作,虽然它们的起步较早,但是主要工作还是集中在 60～80 年代。其中,美国早期的岩体力学研究均集中在采矿方面。在南非,发达的矿业促使其在岩体力学方面做了许多很有成效的研究工作。日本在 60～70 年代结合土木建筑、交通工程、矿山开采、地震防护及建筑材料等方面做了大量的岩体力学研究工作,尤其是在岩石流变性能方面取得了不少成绩。印度也主要是在 60～70 年代结合水利工程对岩体力学做了不少富有成效的研究工作。新中国成立后至 1966 年,我国只有少数科研院所及产业部门比较重视岩体力学研究,工作主要集中在地质、水利水电及采矿等领域;进入 80 年代,我国的岩体力学研究进入一个飞速发展的新时期,在地质、水利水电、核电、交通、建筑、地震与其他灾害防护、环境及人防等领域相继开展了多方位的岩体力学研究工作,取得了不少可喜的成绩。

1.3　岩体力学研究未来动向

迄今为止,岩体力学有 60 多年的发展历史,然而尚属于一门较年轻的、处于初级阶段的、百家争鸣状态的学科,虽然在不少方面已经取得了很大成就,但是仍然存在许多问题有待于进一步探究。只有占据学科前沿、把握学科动向、抓住学科重点开展研究,才能将岩体力学推向更深层次,使之走向成熟化。基于理论和实践两个方面考虑,并且从国内外学者所热衷关心的问题可以归纳出,岩体力学研究的未来动向集中表现在两个方面,即基本理论课题和技术开发课题。

基本理论课题中有许多方面需要深入探讨与研究,例如:①岩体力学性质、变形、强度及破坏等的结构效应;②关于岩体力学的水力学(岩体水力学);③岩体或岩石变形的流变学问题(岩石变形的时间效应);④考虑岩体的结构、赋存条件、工程类型与荷载性质、非连续性及加载方式与速率等研究岩体力学模型(本构关系);⑤研究岩石地基或围岩与构筑物及建筑物的相互作用;等等。技术开发课题主要包括各种条件下的岩体或岩石的测试技术、数据处理技术、施工技术及加固与改造技术等方面的开发研究,密切结合理论发展水平、工程实际需要及相关科技进程等。三十多年前即已形成的以变形监测及观察反分析与岩体改造相结合的综合性岩体力学工作无疑仍将是未来的研究动向,可以称之为实用岩体力学的酝酿。

岩体力学是因岩体工程实践需要而发展起来的应用力学的一个独立分支,具有很强的应用性。当今,岩体工程中的各种课题不断涌现,往往是老问题没有解决,新问题又接踵而至,例如,大跨度高边墙的地下硐室或隧道建筑、300 m 以上的高边坡、超过 1 000 m 的高坝、特大型高架桥以及高大油气储罐和矿山工程中的岩体力学问题。目前,岩体力学在工程上应用的重点已转向各种地下岩体工程。人们为进一步拓宽生存空间,尤其是现代城市向大规模集约化方向发展,纷纷发展许多地下岩体工程,在岩体中开挖地下硐室或利用天然溶洞修建地下工厂、储库、电站、商业网点、娱乐场所、交通干线及停车场等建筑已成为现今世界基本建设的发展时尚。这些地下隐蔽工程的规模、形状、分布及组合等变化多样,尤其是埋深较大的地下多层建筑,其荷载之大也是空前的,可能使围岩中地应力场发生十分复杂的变化。在工程选址、设计、施工及运营等方面有许多问题亟待通过岩体力学研究来解决。所以,无论是解决岩体工程中的问题,还是学科自身发展的需要,今天和未来都应强调岩体力学在工程上的应用研究。然而,岩体力学研究成果在工程上应用又具有较大的风险性,要求不断总结以往工程应用的经验,探索前进。因此,人们越来越注意到这样的事实,岩体力学的发展与完善必须重视对众多已建岩体工程实例的分析与归纳总结,加强现场判断研究,并且逐步建立便于推广应用的切合实际的专家系统。这样,岩体力学在工程上应用的经验总结及专家系统建立则是本学科一个重要的未来研究方向。

最后值得指出的是,长期以来,对岩体力学的研究绝大多数是从加载角度进行的(称之为"加载岩体力学"),很少有人对岩体的力学性质做卸荷研究,所以有关这方面的文献资料十分缺乏。事实上,岩体工程的开挖虽然主要属于卸荷过程,但是局部地段(例如"角"部位)仍为加载过程,而岩体在加载与卸荷过程中所表现出的力学性质有本质区别。许多工程事例表明,现有加载岩体力学的研究成果与工程实测资料往往差别很大,甚至导致工程事故。这说明岩体的加载力学模型不能简单套搬用于岩体的卸荷过程研究。为此,一些学者建议,应该根据岩体工程中不同的应力动态及加载或卸荷的力学状态,分别应用加载岩体力学或卸荷岩体力学,方可取得较好的成果。所以,岩体工程实践已赋予了卸荷岩体力学较大的未来发展潜力。

1.4　岩体力学研究内容

岩体力学的广泛应用性决定其研究内容是复杂多样的。但是,基于工程角度考虑,可以将岩体力学的研究内容归纳为以下几个方面。

1.4.1　岩体地质属性

岩体是产于一定自然环境中的地质作用产物,岩体的成因、组成、结构、构造、生成时代、演化过程及其所赋存的环境条件等均强烈影响其工程力学性质,使之具有鲜明的地质属性,因此对岩体地质属性的认识是岩体力学研究的基础及前提。研究内容主要如下:

（1）地质作用（包括建造及改造作用）与岩石形成。

（2）岩石组成物质成分。

（3）岩体结构。主要包括：

① 结构面类型及成因；

② 结构体特征；

③ 岩体结构类型；

④ 岩体结构对岩体变形类型、破坏机制及稳定性的影响。

（4）岩体地质模型建立。

（5）岩体赋存环境分析。主要包括：

① 地质构造背景（变形体系、变形期次及变形演化等）；

② 地应力场；

③ 环境温度及围压；

④ 地下水（岩体水力学）；

⑤ 地质环境对岩体工程力学性质的影响。

（6）归纳岩体在自然条件下的变形规律及破坏特征，并且预测预报岩体在工程力作用下的变形、破坏及稳定性等。

1.4.2　连续介质岩石材料变形特征

从材料力学（固体力学）角度出发，将岩石作为连续介质分析其变形特征，这是岩体力学研究的重要基础之一，主要依靠岩石力学试验进行。研究内容主要有：

（1）岩石在单轴受压条件下的变形性状。

（2）岩石在单轴受拉条件下的变形性状。

（3）岩石在三轴应力条件下的变形性状。

（4）岩石的直剪变形性状。

（5）岩石的流变特征（变形的时间效应）。

（6）环境温度、围压及流体对岩石变形与强度的影响。

1.4.3　岩体变形及强度理论

岩体变形的特征是岩体力学研究的根本基础，岩体在外力作用下的变形与强度远比连续介质岩石材料复杂得多，原因在于岩石的变形及强度一方面取决于受力条件（包括荷载类型、加载方式、加载速率及受力面积等）；另一方面还受岩体自身的结构特征及赋存环境条件的影响较大。因此，岩体变形及强度理论已成为岩体力学研究的核心，关系到本学科的发展及其应用于工程实践的前景。这方面的研究内容比较多，主要有：

（1）岩体变形特征。

（2）岩体变形结构效应。

（3）岩体变形本构方程。

（4）岩体结构面力学性质。

（5）岩体破坏机制与强度理论。

（6）环境温度、围压及流体等对岩体变形与强度的影响。

1.4.4　岩体力学在工程中的应用

岩体力学在工程中的应用是工程岩体力学研究的最终目的,工程实践的需要更是促进岩体力学向前发展的强大动力。但是,就目前看来,岩体力学在工程中的应用研究并不是很成熟,在不少方面仍然处于探索之中。研究内容主要有:

(1) 地下硐室围岩应力、变形及稳定性分析。

(2) 地下硐室围岩压力分析。

(3) 边坡岩体稳定性分析。

(4) 地基(包括坝基及坝肩)应力及稳定性分析。

(5) 矿山围岩采动应力及稳定性分析。

(6) 爆破触发围岩应力及稳定性分析。

1.4.5　地应力研究在岩体工程中的实践和应用

随着各种大型或特大型岩体工程的兴建,工程的区域稳定性预测与评价、选址与规划、设计与施工以及灾害设防与治理等往往要求有地应力测量数据,进行踏实的地应力场研究。

1.4.6　关于岩体力学的工程地质研究

岩体力学脱胎于工程地质学,它的研究基础是工程地质勘探。工程地质勘探为岩体力学研究提供了大量素材,所以必须加强工程岩体的地质勘探方法及技术手段研究。

1.4.7　岩石或岩体试验研究

进行岩石或岩体的各种试验(包括岩体或岩石的物理性质、工程力学性质、变形及破坏等试验)是岩体力学研究的重要手段之一,也是进行岩体工程应用的前期工作。研究内容主要有:

(1) 室内试验。

(2) 原位试验。

(3) 试验结果分析及与工程实践拟合。

(4) 试验技术方法改进。

(5) 试验仪器设备更新。

1.4.8　岩体力学研究中的数值方法

随着现代先进的计算机技术向高速度、大容量方向快速发展,有限元法、无限元法、边界元法、离散元法、解析与数值结合法及反演分析等已成为岩体力学研究中相当有效的数值计算分析方法。

1.5　岩体力学研究方法

岩体力学的研究虽然已经取得了长足的进展,但是目前这门学科的发展远非成熟,仍然存在许多问题有待于深入探讨。岩体力学的研究对象是自然界中的岩体,而这种岩体又是赋存于一定地质环境的非连续介质中,它本身的组成成分往往具有多样性,并且内、外动力地质作用还使其变成由各种结构面切割出的结构体的复杂体系,此外,岩体还受环境地应力、温度、围压及地下水等的强烈影响。这些均决定了岩体力学的研究方法不同于其他连续介质力学,有的方面必须采用专门的研究手段。当然,岩体力学研究方法也有不少是沿袭其他学科的,如土力学、材料力学(固体力学)及弹塑性力学等。岩体力学的主要研究方法有以下几种。

1.5.1 地质研究

地质研究主要研究岩体的地质特征,重点抓住与岩体工程力学性质有关的组成成分、结构与构造、结构(单元)体及结构面等,尤其是像软弱结构面、软弱组成成分(如泥质及黏土成分)及某些定向组构(如叶理或层理)等三类的力学薄弱环节的力学性质、变形机制、破坏强度及稳定性问题。此外,还要研究影响岩体变形及稳定性的地应力、地下水、地热及围压等环境因素的分布规律和变化特征。

在地质研究基础上,基于运动和动力学两个方面建立关于岩体变形、破坏及失稳等地质模型。

1.5.2 试验与测试

在地质研究过程中或之后,采用地球物理方法(有时可以结合遥感技术)探查深部岩体类型及结构特征等,量测地应力、地下水、地热及围压等,对岩体进行原位及室内试验而获取其工程力学性质、变形、位移、破坏及稳定性等方面的指标值。此外,有时还应对岩体进行加载或卸荷速率及方式等方面的试验研究,有的试验应尽可能模拟环境条件。

1.5.3 力学分析

在地质研究及试验与测试基础上可以进行岩体变形、破坏及稳定性等方面的力学分析。首先,由地质模型抽象出物理及力学模型,主要通过岩体结构分析来完成。接着,依据力学模型进行数学力学分析,利用平衡条件、本构方程、变形条件、强度判据及边界条件等求出应力、应变及破坏条件等。在对岩体进行力学分析时,可以结合数值分析(有限元法、差分法、边界元法及结构单元法等)、概率分析、随机分析、模糊分析、趋势分析及光弹模拟分析等方法。

1.5.4 综合探讨

由于岩体力学研究涉及许多因素,很多还是不确定的,信息量大,加之目前的研究水平尚不是很高,有的方法仍处于探索之中,因此必须结合特定的工程实践及特定的地质环境对以上各项研究结果和资料进行综合探讨,参考当地以往工程实践经验,从实际出发恰当地处理有关问题。在岩体力学应用于工程实践的综合探讨过程中,可以应用最优化方法。

总之,岩体力学中尚存在许多很复杂而难以弄清的问题,无论是岩体的结构特征还是工程力学性质,往往均不能十分准确查明,加之尚有复杂多变的环境地质因素的强烈影响,均决定了岩体力学研究带有很大的不确定性,使得每一种研究方法均有一定的探索性。

1.6 岩体力学与其他学科的关系

岩体力学是研究已经受过各种地质作用与改造的自然岩体,在没有摆脱环境地质因素影响与制约的情况下(即岩体仍处于自然地质环境中),当原处于平衡状态的地应力条件改变时(工程岩体力学关心的是由于人类工程活动的加载或卸荷引起地应力平衡状态改变),岩体发生变形、破坏及失稳的变化规律,并应用这些规律解决工程实践中的地质工程问题。足见,岩体力学既属于应用学科,也是地质工程中的基础学科,还是一门综合性极强的学科,与其他许多学科的关系相当密切,其不少理论及研究方法、试验技术均是借用其他相关学科的。

首先,岩体的工程力学性质及与之有关的力学作用特征严格受控于岩体的组成、结构、构造及其赋存的环境地质条件(如地应力、地下水、温度及围压等),尤其是岩体的结构面力学性质及结构体特征对它的工程力学性质影响极大。所以,岩体力学研究必须密切配合地质学工作,方可对这些影响或制约岩体工程力学性质及力学作用的地质因素有较深刻的认识与掌握。此外,各种方法的工程地质勘探又是认识岩体及其赋存的环境条件、获取岩体的部分物理性质及力学性质参数指标的重要手段之一。因此,隶属于地质学的岩石学、构造地质学、地貌学、遥感地质学、测量学(地质测量)、水文地质学、工程地质学、地震地质学及地质钻探等众多学科均是研究岩体力学所需的重要基础学科。利用地质工作的基础进行岩体力学研究是当前人们所公认的事实。

众所周知,岩体中均广泛分布不同成因、不同规模(尺度)、不同类型、不同特征的各种裂隙(节理和断层),这些不同力学性质的裂隙(结构面)将岩体切割成独特的块裂结构,这就要求在研究岩体的力学性质及其作用时必须考虑岩体结构的力学效应。岩体结构的力学效应是岩体力学理论体系的中心,也是岩体力学区别于其他连续介质力学理论的重要特点。所以,研究岩体力学应从岩体结构力学效应出发,借用结构力学的某些理论及技术解决地质工程中的岩体力学问题。结构力学已成为研究岩体力学的重要基础学科之一。

岩体力学研究主要包括两个步骤,首先是建立地质模型,并从地质模型中抽象出物理及力学模型(通过研究岩体的结构及其力学效应来实现),然后再将力学模型转化为数学语言(依靠由岩体结构力学效应的定量化而获得的本构关系和强度判据完成的),二者均离不开一定的数学思维与推导过程。因此,数学学科也是研究岩体力学所必备的基础学科。

虽然当今以岩体结构为核心的岩体力学已远不同于以往的仅从连续介质岩石材料角度出发研究的岩体力学,但是目前的岩体力学还不能完全摆脱连续介质力学理论。事实上,现有的岩体力学理论许多还是基于材料力学,而岩体力学研究中确实出现不少结构力学问题,这也正是现有的岩体力学理论及方法不能如实反映与解决地质工程中出现的所有岩体力学方面问题的主要原因所在。也就是说,目前在岩体力学研究中仍然对材料力学、固体力学、塑性力学、弹性力学及理论力学等有需求。

在研究岩体力学效应及建立地质模型过程中,往往要对岩体的结构体及结构面进行一定的几何分析,所以有关几何学(如平面几何、立体几何及画法几何等)的知识也是研究岩体力学所需要的。

研究具有裂隙等地质缺陷的岩体的力学行为是现阶段岩体力学的重要课题,因此又引入了诸如断裂力学及损伤力学等理论。近年来,耗散结构理论、协同论、突变论、混沌理论及分形几何等与非线性行为或过程有关的新理论、新观点、新方法已不同程度地渗透到节理裂隙岩体研究中。尤其是分形几何可能成为解决岩体力学实际问题和开创岩体力学研究新局面的一个突破。目前,神经网络方法与损伤力学相结合已逐渐应用到岩体爆破效应及滑坡预测预报等研究中。此外,近十多年来,随着光纤传感技术水平的不断提高,关于节理裂隙岩体力学行为及斜坡危岩体稳定性监测等的光纤智能化系统研究正在逐步开展。

建立在有限元及差分法等基础上的数值分析方法是目前岩体力学研究的主要手段之一,所以现代先进的计算机科学与技术是研究岩体力学不可缺少的。

岩体力学应用于工程实践还需要与基础工程学、地震工程学、地下建筑学、防护工程学及建筑设计与施工等密切配合。

此外,岩体力学的不少研究资料均来自于各种岩石或岩体的现场原位及室内试验,所以研究岩体力学还需要与试验岩石学等有关学科很好结合,不断改进试验仪器、试验设备及试验技术,努力提高试验精度及试验成果资料在工程上的可用性。

习　　题

1.简述岩石与岩体的区别。

2.岩体力学定义是什么?

3.简述工程岩体力学的定义及其研究内容。

4.简述岩体力学的发展阶段。

5.简述岩体力学的发展方向。

6.简述岩体力学的研究内容。

7.简述岩体力学的研究方法。

8.简述岩体力学与其他学科之间的关系。

9.简述岩体力学的服务领域。

10.简述工程岩体力学的服务领域。

第2章 岩石物理性质

岩体是由岩石组成的,而岩石又不同于一般固体力学介质,它具有特殊的结构。作为一种力学材料,岩石在结构上连续是相对的,而不连续才是绝对的。岩石的力学性质在很大程度上取决于它的物理性质,至少与其物理性质关系密切,而岩体的力学性质往往又与岩石的力学性质直接相关。因此,为了把握岩体在外力作用下的变形及破坏规律,正确评价工程岩体的稳定性及设计与施工方案的可行性,有必要对岩石物理性质做一定的了解。此外,关于工程岩体的地质勘查也往往会用到岩石的物理性质。

2.1 岩石基本物理性质指标

描述岩石某种物理性质的数值或物理量称为岩石物理性质指标。在岩体力学研究中经常应用的岩石基本物理性质指标有容重、密度、比重、空隙率、空隙指数、吸水率、饱水率、饱水系数、抗冻系数及质量损失率等。

2.1.1 容重

岩石的容重是指岩石单位体积(包括空隙体积)的重量,可以进一步分为干容重、湿容重及饱和容重等,这三者在数值上相差一般并不大。岩石容重的表达式为

$$\gamma = \frac{W}{V} \tag{2.1}$$

式中　γ——容重,kN/m^3;

　　　W——重量,kN;

　　　V——体积,m^3。

岩石的容重取决于它的矿物成分、结构及空隙性等,与岩石含水量关系也很密切。岩石的容重一般为 $26.5 \sim 29.4\ kN/m^3$。岩石的容重可以从一个侧面反映岩石的力学性质,通常情况下,岩石的容重越大,则其强度越高;反之,强度越低。在岩体力学计算中,经常用到岩石的容重这一指标,并且分别用 γ_d、γ_m、γ 表示岩石的干容重、饱和容重及湿容重。

2.1.2 密度

岩石的密度是指岩石单位体积的质量,又分为颗粒密度和块体密度两种。其表达式为

$$\rho = \frac{m}{V} \tag{2.2}$$

式中　ρ——密度,g/cm^3;

　　　m——质量,g;

　　　V——体积,cm^3。

岩石的颗粒密度(ρ_s)是指岩石中固体相(矿物及非晶质体)质量与其体积(不包括岩石中空隙及流体体积)之比值,它的大小取决于岩石的组成矿物密度及其相对含量。岩石的块体密度是指岩块单位体积的质量,包括组成岩石的所有矿物、非晶质体、空隙及流体等。根据含水状况不同,岩石的块体密度又可以进一步分为干密度(ρ_d)、天然密度(ρ)及饱和密度(ρ_m)三种,后两者又称为岩石的湿密度。岩石的块体密度与岩石的矿物成分、空隙性及含水量等有关。对于致密而空隙不发育的岩石来说,其块体密度接近于颗粒密度。常用比重瓶法测定岩石的颗粒密度。

岩石的密度是选择石材、评价岩石风化程度、分析工程岩体稳定性及确定围岩压力等所必需的计算指标。

2.1.3　比重

岩石的比重是指岩石的干重量除以岩石的实体体积(不包括空隙体积),再与 4 ℃水的容重相比。采用下式表示岩石的比重,即

$$G_s = \frac{W_s}{V_s \gamma_w} \tag{2.3}$$

式中　G_s——岩石的比重;

　　　W_s——岩石的干重量,kN;

　　　V_s——岩石的实体体积(岩石固体部分体积),m^3;

　　　γ_w——水的容重(4 ℃时为 10 kN/m^3)。

岩石的比重取决于组成矿物的比重,矿物的比重越大,则岩石的比重越大,反之比重越小。岩石的比重常用比重瓶法测定,一般在 2.7 左右。对于无裂隙或只有张开裂隙的岩石,也可以采用静水称重法测定比重。岩石的比重也是岩体工程计算或评价中经常用到的指标。

2.1.4　空隙率

岩石中往往含有各种孔隙及裂隙,统称为岩石的空隙性,用空隙率来表示,其定义为岩石中空隙体积与岩石总体积之比,用百分率的形式表示。

岩石中空隙有的与大气相通,称为开空隙;有的与大气不相通,称为闭空隙。开空隙又有大小之分。因此,岩石的空隙率可以进一步划分为总空隙率 n、总开空隙率 n_o、大开空隙率 n_b、小开空隙率 n_l 及闭空隙率 n_c 五种,分别表示为

$$n = \frac{V_V}{V} \times 100\% \tag{2.4}$$

$$n_o = \frac{V_{Vo}}{V} \times 100\% \tag{2.5}$$

$$n_b = \frac{V_{Vb}}{V} \times 100\% \tag{2.6}$$

$$n_l = \frac{V_{Vl}}{V} \times 100\% \tag{2.7}$$

$$n_c = \frac{V_{Vc}}{V} \times 100\% \tag{2.8}$$

式中 V——岩石体积；

V_v——空隙总体积；

V_{vo}——总开空隙体积；

V_{vb}——大开空隙体积；

V_{vl}——小开空隙体积；

V_{vc}——闭空隙体积。

为使概念清晰起见，可以将上述五种空隙率之间关系表示成

$$n \begin{cases} n_c \\ n_o \begin{cases} n_b \\ n_l \end{cases} \end{cases}$$

一般来说，岩石的空隙率是指总空隙率。由于岩石形成条件、后来变化及埋深等不同，导致空隙率变化范围也很大，可以小于 1%，也可以大到百分之几十。新鲜结晶岩类（岩浆岩及变质岩）的空隙率一般小于 3%，沉积岩的空隙率多数为 1%~10%，有些胶结较差的砂砾岩空隙率可以达到 10%~20%，甚至更大。岩石的空隙率不能直接实测，往往通过岩石的密度、容重、比重及吸水性指标等间接换算求得。根据岩石的干容重 γ_d 及比重 G_s 计算空隙率的表达式为

$$n = \left(1 - \frac{\gamma_d}{G_s \gamma_w}\right) \times 100\% \tag{2.9}$$

根据岩石的颗粒密度 ρ_s 及干密度 ρ_d 计算空隙率的表达式为

$$n = \left(1 - \frac{\rho_d}{\rho_s}\right) \times 100\% \tag{2.10}$$

后面还将介绍岩石空隙率的其他计算公式。

由于岩石的空隙率是岩石中孔隙及裂隙的综合反映，所以空隙率也是评价岩石质量的重要物理指标。一般情况下，岩石的空隙率越大，说明岩石的力学性质就越差；反之，岩石的力学性质越好。

2.1.5 空隙指数

岩石的空隙指数是指在 0.1 MPa 条件下干燥岩石吸入水的重量 W_w 与岩石干重量 W_s 之比，一般以 i 表示，即

$$i = \frac{W_w}{W_s} \tag{2.11}$$

岩石的空隙指数是室内试验测定的。具体试验过程如下：首先将岩石试样放入 105 ℃ 烘箱内烘干（烘 12 h 或 24 h），求得岩石干重量 W_s；然后，在 0.1 MPa 条件下，将岩石试件放入水中浸润 12 h 或 24 h，称量岩石湿重量 W，并且据此计算出岩石试样吸入水的重量 W_w，即为 $W_w = W - W_s$，从而计算得出岩石的空隙指数 i。岩石的空隙指数 i 的大小与岩石的类型及生成年代关系密切。空隙指数 i 是岩石的一个重要物理指标，直接影响岩石的力学性质，例如，随着岩石的空隙指数 i 的增加，地震波速度逐渐降低。

事实上，岩石的空隙指数也称为吸水率（吸水百分率），表征岩石吸水的能力。岩石吸水的能力取决于岩石中空隙的大小、数量及连通性等，一般来说，空隙越大、越多，连通越好，岩

石的吸水能力越强,反之岩石的吸水能力越弱。在工程上,往往根据空隙指数的大小来评价岩石的抗冻性。通常认为,空隙指数 $i < 0.5\%$ 的岩石是抗冻的。

2.1.6　吸水率、饱水率及饱水系数

在一定条件下,岩石吸收水分的性能称为吸水性,常用吸水率、饱水率及饱水系数等物理指标来表示。岩石的吸水率 w_a 是指岩石在常温常压条件下自由吸收水分的质量 m_{w1} 与岩石干质量 m_s 之比的百分数,即

$$w_a = \frac{m_{w1}}{m_s} \times 100\% \tag{2.12}$$

试验测定岩石的吸水率时,首先将岩石试样放入 105 ℃ 的烘箱内烘干 12 h 或 24 h,并且称取干质量(m_s),然后在常温常压条件下将岩石试样浸水饱和,并且称取湿质量(m),从而岩石吸收水分的质量为 $m_{w1} = m - m_s$,这样便可以依据式(2.12)计算出岩石的吸水率。由于测定岩石吸水率的试验是在常温常压条件下进行的,所以水只能进入岩石中大开空隙,而不能进入小开空隙及闭空隙,因此可以采用吸水率 w_a 来计算岩石的大开空隙率 n_b,即

$$n_b = \frac{V_{Vb}}{V} = \frac{\rho_d w_a}{\rho_w} \tag{2.13}$$

岩石的饱水率 w_p 是指岩石在高压(一般为 15 MPa)或真空条件下吸收水分的质量 m_{w2} 与岩石干质量 m_s 之比的百分数,即

$$w_p = \frac{m_{w2}}{m_s} \times 100\% \tag{2.14}$$

通常认为在高压条件下水能进入岩石的所有开空隙中,所以岩石的总开空隙率 n_o 为

$$n_o = \frac{V_{Vo}}{V} = \frac{\rho_d w_p}{\rho_w} \tag{2.15}$$

饱水系数 j 指岩石的吸水率 w_a 与饱水率 w_p 之比,即

$$j = \frac{w_a}{w_p} \tag{2.16}$$

岩石的饱水系数 j 是评价岩石抗冻性的重要物理指标。一般情况下,岩石的饱水系数 $j = 0.5 \sim 0.8$。岩石的饱水系数越大,其抗冻性越差。当岩石的饱水系数 $j < 0.8$ 时,说明在常温常压条件下岩石吸水后尚有余留空隙没被水充满,所以在冻结过程中岩石内的水有膨胀和挤入开空隙的余地,岩石将不被冻坏。当岩石的饱水系数 $j > 0.8$ 时,说明在常温常压条件下岩石吸水后的余留空隙相当小,或者几乎没有余留空隙,所以在冻结过程中形成的冰将在岩石内产生十分强大的冻胀力,致使岩石被冻裂。

2.1.7　抗冻系数及质量损失率

岩石抵抗冻融破坏的能力称为抗冻性。当岩石的空隙中含有水时,在冻结过程中,由于水结冰膨胀而在岩石中产生巨大的冻胀力,导致岩石冻胀破坏。岩石经过若干次反复冻融后,其强度往往降低或被破坏。事实上,岩石因反复冻融而逐渐被破坏的过程,一方面是由于岩石中不同矿物因温度升降变化发生膨胀与收缩程度不同而导致岩石结构不断被破坏,另一方面则是由于岩石空隙中水结冻时体积膨胀而在岩石内部产生巨大的冻胀力致使岩石被破坏。在高纬度及高海拔的冰冻地区,抗冻性是评价工程岩石抗风化稳定性的重要物理指标。岩石的抗冻性通常用抗冻系数及质量损失率来表征。

岩石的抗冻系数 R_p 是指岩石冻融试验后的抗压强度 p_{cr} 与未经冻融（冻融试验前）的抗压强度 p_c 之比的百分率，即

$$R_p = \frac{p_{cr}}{p_c} \times 100\% \tag{2.17}$$

岩石的质量损失率 k_m 是指岩石冻融前后的干质量差 $(m_s - m_{sr})$ 与冻融试验前的干质量 m_s 之比的百分率，即

$$k_m = \frac{m_s - m_{sr}}{m_s} \times 100\% \tag{2.18}$$

测定岩石的 R_p 及 k_m 时，要求先将岩石试样浸水饱和，然后在 $-20\ ℃$ 温度下冷冻，冻后融化，融后再冻，如此反复冻融 25 次或更多次。具体冻融次数可以依据工程地区的气候条件而定。

岩石的抗冻性主要取决于岩石中大开空隙数量、亲水性和可溶性矿物含量，以及矿物间连结力大小等。当含水量一定时，岩石中大开空隙越多，亲水性和可溶性矿物含量越高，矿物间连结力越小，岩石的抗冻性便越差；反之，岩石的抗冻性就越好。一般认为，$R_p > 75\%$、$k_m < 2\%$ 的岩石抗冻性好，尤其是吸水率 $w_a < 5\%$、软化系数 $S_d > 0.75$ 及饱水系数 $j < 0.8$ 的岩石具有足够的抗冻能力。

岩石抗冻性的表示方法有多种，例如，采用抗压强度降低率来表示岩石的抗冻性。岩石的抗压强度降低率是指岩石冻融试验前后的抗压强度差 $(p_c - p_{cr})$ 与冻融试验前的抗压强度 p_c 之比的百分率，即

$$R_c = \frac{p_c - p_{cr}}{p_c} \times 100\% \tag{2.19}$$

式中　R_c——岩石的抗压强度降低率。

一般认为，$R_c < 20\%$ 的岩石是抗冻的，而 $R_c > 25\%$ 的岩石是不抗冻的。

常见岩石的基本物理性质指标参考值见表 2.1。

表 2.1　常见岩石基本物理性质指标参考值

岩石名称	$\gamma/(kN \cdot m^{-3})$	$\rho_s/(g \cdot m^{-3})$	$\rho/(g \cdot m^{-3})$	G_s	$n/\%$	$i/\%$	$w_a/\%$	$w_p/\%$	j
花岗岩	26～27	2.5～2.84	2.3～2.8	2.5～2.84	0.4～0.5	0.1～0.92	0.1～4.0	0.84	0.55
石英闪长岩	—	—	—	—	—	—	0.32	0.54	0.59
闪长岩		2.6～3.1	2.52～2.96	2.6～3.1	0.2～0.5		0.3～5.0		
闪长玢岩	—	2.6～2.84	2.4～2.8	—	2.1～5.0		0.4～1.7	0.42	0.83
辉长岩	30～31	2.7～3.2	2.55～2.98	2.7～3.2	0.3～4.0		0.5～4.0		
辉绿岩	—	2.6～3.1	2.53～2.97	2.6～3.1	0.3～5.0		0.8～0.5		
玄武岩	28～29	2.6～3.3	2.5～3.1	2.6～3.3	0.5～7.2	0.31～2.69	0.3～2.8	0.39	0.69
安山岩	22～23	2.4～2.8	2.3～2.7	2.4～2.8	1.1～4.5	0.29	0.3～4.5		
流纹岩	24～26	—	—		4.0～6.0				
粗玄岩	30～30.5				0.1～0.5				
砂　岩	20～26	2.6～2.75	2.2～2.71	2.5～2.75	1.6～28.0	0.2～12.19	0.2～9.0	11.99	0.60
页　岩	20～24	2.57～2.77	2.3～2.62	2.57～2.77	0.4～10.0	1.8～3.0	0.5～3.2	—	—

续表 2.1

岩石名称	$\gamma/(kN\cdot m^{-3})$	$\rho_s/(g\cdot m^{-3})$	$\rho/(g\cdot m^{-3})$	G_s	$n/\%$	$i/\%$	$w_a/\%$	$w_p/\%$	j
灰　岩	22～26	2.82～2.85	2.3～2.77	2.48～2.76	0.5～27.0	0.1～4.45	0.1～4.5	0.25	0.36
泥灰岩	20.1～24.3	2.7～2.8	2.1～2.7	2.7～2.75	1.0～10.0	—	0.5～3.0	—	—
白云质灰岩	21.5～25.6	—	—	—	—	—	0.74	0.92	0.80
白云岩	25～26	2.6～2.9	2.1～2.7	2.2～2.9	0.3～25.0	—	0.1～3.0	—	—
片麻岩	29～30	0.63～3.01	2.3～3.0	2.63～3.01	0.7～2.2	0.1～3.15	0.1～0.7	—	—
片　岩	26～29.7	2.6～2.96	2.1～2.85	2.75～3.02	0.4～3.6	—	0.1～1.8	—	—
云母片岩	24～28.2	—	—	—	—	—	0.13	1.31	0.10
大理岩	26～27	2.8～2.85	2.6～2.7	2.7～2.87	0.1～6.0	0.1～0.8	0.1～1.0	—	—
石英岩	26.5	2.53～2.84	2.4～2.8	2.63～2.84	0.1～8.7	0.1～1.45	0.1～1.5	—	—
板　岩	26～27	2.7～2.85	2.3～2.8	2.84～2.86	0.1～0.5	0.1～0.95	0.1～0.3	—	—

2.2　岩石水理性

一般情况下,岩石的各种空隙中均含有水。由于水的存在,必然导致岩石的物理性质发生一定的变化。这种岩石受水浸湿所表现出来的物理性质称为水理性。工程中经常碰到的岩石水理性有渗透性、膨胀性、崩解性及软化性等。

2.2.1　渗透性

岩石的渗透性是指水在岩石空隙中透过的能力,存在一定水压力的作用。由于受岩石组构的各向异性和空隙分布的不均匀与不连续性等多种复杂因素的强烈影响,致使水在岩石中渗流规律目前尚不完全清楚,其研究方法也不够完善。通常近似假定水在节理岩石中渗流服从达西(Darcy)定律,即

$$v=KI \qquad (2.20)$$

式中　v——渗透水流速;

　　　K——渗透系数,取决于岩石的物理性质;

　　　I——水头梯度,表示水流单位长度距离水头的损失,由下式确定:

$$I=\Delta H+\frac{p}{\gamma_w} \qquad (2.21)$$

式中　ΔH——水流过单位长度距离位置的竖向高差;

　　　p——渗流水压力;

　　　γ_w——水的容重。

当位置竖向高度没有变化(不存在竖向落差)或不考虑重力效应时,取 $\Delta H=0$。

一般情况下,岩石均具有各向异性的渗透性。此时,若渗流的总水力势为 $U=h+p/\gamma_w$,其中 h 为渗流起点到终点之间的竖向高差,p 和 γ_w 的含义同上。这样,达西定律又可以写成如下形式:

$$\begin{cases} v_x = K_x\, \dfrac{\partial U}{\partial x} \\[2mm] v_y = K_y\, \dfrac{\partial U}{\partial y} \\[2mm] v_z = K_z\, \dfrac{\partial U}{\partial z} \end{cases} \tag{2.22}$$

式中　v_x、v_y、v_z——x、y 及 z 方向的渗透水流速；

　　　K_x、K_y、K_z——x、y 及 z 方向的渗透系数。

如果渗流起点与终点处于相同高度（二者之间不存在竖向高差），即 $h=0$，或者不考虑重力效应，则有

$$\begin{cases} v_x = \dfrac{K_x}{\gamma_w}\dfrac{\partial p}{\partial x} \\[2mm] v_y = \dfrac{K_y}{\gamma_w}\dfrac{\partial p}{\partial y} \\[2mm] v_z = \dfrac{K_z}{\gamma_w}\dfrac{\partial p}{\partial z} \end{cases} \tag{2.23}$$

研究表明，渗透系数 K 除了主要取决于岩石的物理性质外，还与水的物理性质及地应力状态等有关。若岩石为类似土的多孔介质，并且水在其中均匀渗流，则其渗透系数为

$$K = \frac{\gamma_w c d^2}{\mu_w} \tag{2.24}$$

式中　γ_w——水的容重；

　　　μ_w——动黏滞系数；

　　　c——与连通空隙几何形状有关的无因次比例系数；

　　　d——连通空隙的有效直径或渗透裂隙的张开宽度（简称为张开度）。

如果岩石中具有一组平行的裂隙，并且裂隙间距为 l，裂隙张开度为 e，则其渗透系数为

$$K = \frac{\gamma_w e^3}{12\mu_w l} \tag{2.25}$$

当岩石中只有单一裂隙时，其渗透系数为

$$K = \frac{\gamma_w e^2}{12\mu_w} \tag{2.26}$$

应当指出，以上各式只适用于渗流速度较小的平流运动（各点处渗流方向一致）。如果水在较大的空隙中运动，或者水力坡度很高，由于流速大而发生紊流运动，则服从紊流运动定律，即

$$v = K I^{\frac{1}{2}} \tag{2.27}$$

有时，岩石中水的渗透运动形式介于平流运动与紊流运动之间，称为混流运动，则可以采用下式表示其运动规律：

$$v = K I^{\frac{1}{m}} \tag{2.28}$$

其中，m 值变化于 $1\sim2$ 之间。

岩石中空隙水的表面张力及其中所含的气泡往往使渗透发生极大困难，甚至阻塞渗透。岩石渗透性的变化范围比较大，有的岩石基本不透水，其渗透系数 $K < 10^{-10}$ cm/s，如坚硬而致密的花岗岩及灰岩；但是，有的多空隙岩石的渗透性比较强，例如，某些砂岩及页岩的渗

透系数 $K > 10^{-3}$ cm/s。上述岩石渗透系数的计算公式均属于经验或半经验的,在实际工程中往往需要根据具体情况由试验测定岩石的渗透系数。关于岩石的渗透系数的测定方法,可以查阅有关文献资料。

岩石的渗透性随着地应力大小不同而发生变化的根本原因在于,地应力可以改变岩石中空隙的张开度与连通性,甚至使某些空隙闭合,从而扩大或降低渗透系数 K 的值;此外,地应力又可以改变空隙水压力,致使岩石的渗透性发生变化。某些岩石的渗透系数 K 的参考值见表 2.2。

表 2.2　某些岩石的渗透系数 K 的参考值

岩石名称	地质特征	渗透系数 $K/(\text{cm} \cdot \text{s}^{-1})$
花岗岩	新鲜完整	$(5 \times 10^{-7}) \sim (6 \times 10^{-7})$
玄武岩	裂隙弱发育	$(1 \times 10^{-3}) \sim (1.9 \times 10^{-3})$
安山质玄武岩	裂隙弱发育	1.16×10^{-3}
	裂隙中等发育	1.16×10^{-2}
	裂隙强烈发育	1.16×10^{-1}
片岩	新鲜	$(1.2 \times 10^{-2}) \sim (1.9 \times 10^{-2})$
	风化	1.4×10^{-5}
凝灰质角砾岩	—	$(1.5 \times 10^{-4}) \sim (2.3 \times 10^{-4})$
凝灰岩	—	$(6.4 \times 10^{-4}) \sim (4.4 \times 10^{-3})$
灰岩	小裂隙	$(1.4 \times 10^{-7}) \sim (2.4 \times 10^{-4})$
	中裂隙	3.6×10^{-2}
	大裂隙	5.3×10^{-2}
	大通道	$4 \sim 8.5$
泥质页岩	新鲜、微裂隙	3×10^{-4}
	风化、中等裂隙	$(4 \times 10^{-4}) \sim (5 \times 10^{-4})$
砂岩	新鲜	$(4.4 \times 10^{-5}) \sim (3 \times 10^{-4})$
	新鲜、中等裂隙	8.6×10^{-3}
	大裂隙	$(0.5 \times 10^{-2}) \sim (1.3 \times 10^{-2})$

2.2.2　膨胀性及崩解性

某些由黏土矿物组成的岩石浸水后,因黏土矿物具有较强的亲水性,致使岩石中颗粒间的水膜增厚,或者水渗入矿物晶体的内部,从而引起岩石的体积或长度膨胀,这就是岩石的膨胀性。由于吸水膨胀作用,致使岩石内部出现非均匀分布的应力,加之有的胶结物被溶解,因而造成岩石中颗粒及其集合体分散,称之为岩石的崩解性。这种岩石吸水膨胀与崩解作用往往给水工建筑物地基及地下硐室围岩的稳定性带来较大危害,例如,某些岩基或围岩发生的隆起、挠曲、塌陷及鼓出等现象就与岩石的膨胀和崩解有关。

室内试验研究岩石的膨胀性主要是确定其膨胀量、膨胀力及膨胀速率等。岩石膨胀量的测定方法与土的膨胀试验类似,分为无侧限和有侧限两种试验,要求将岩石试件加工成边长或厚度不小于 15 mm 的立方体或圆饼状。岩石膨胀力的测定方法有再固结法、减压法及加载法等,具体试验原理及操作步骤详见有关岩石(岩体)物理力学性质试验方面的文献资料。岩石膨胀速率可以通过其膨胀量与时间关系曲线计算获得。常用膨胀应变量作为岩石膨胀性的度量指标,膨胀应变是指膨胀变形量与岩石试件原长度(厚度)之比。

岩石的崩解性一般采用其湿化耐久性指标(I_d)来表征。岩石的 I_d 是在室内通过干湿循环法试验测定的,即为岩石试件浸水后(浸水时间一般为 10 min 左右)的烘干重量 W_2 与其浸水前的烘干重量 W_1 之比的百分数,即 $I_d = (W_2/W_1) \times 100\%$。测定岩石 I_d 的干湿循环法试验可以查阅有关岩石(岩体)物理力学性质试验方面的文献资料。

2.2.3 软化性

岩石的软化性是指岩石浸水后引起其强度降低的性能。这种浸水造成岩石强度降低的作用称为水对岩石的软化作用。而岩石抵抗水软化作用的能力主要取决于岩石中亲水性和易溶性(可溶性)矿物或胶结物的类型及含量,此外也与岩石中孔隙及裂隙的发育程度关系密切。岩石中亲水性或可溶性矿物含量越多,岩石中孔隙及裂隙越发育,连通性越好,岩石便越容易被水软化,因而其强度降低也就越大。另外,水的化学活动性越大,越能够促使岩石软化。环境地温也有助于加速水对岩石的软化作用。一般采用软化系数来描述岩石的软化性。岩石的软化系数(S_d)是通过室内岩石抗压强度试验测定的,即岩石试件饱水状态抗压强度 R_{cd}(湿抗压强度)与其干燥状态抗压强度 R_c 之比值,即 $S_d = R_{cd}/R_c$。多数岩石的软化系数 S_d 的变化范围为 0.24~0.97。

2.3 岩石热理性

与其他力学材料一样,岩石也具有热胀冷缩性质,并且有时表现相当明显。当温度升高时,岩石不仅发生体积及线膨胀,而且其强度会降低,变形特性也随之改变。例如,灰岩在常温条件下由脆性向塑性转化需要增加 500 MPa 围压,而在 500 ℃ 温度条件下,由脆性向塑性转化只需要增加 0.1 MPa 围压。值得注意的是,在受约束条件下,当温度升高时,岩石由于膨胀受限制而产生较大的膨胀压力,致使其内应力状态发生变化。这种由于温度变化致使岩石表现出来的物理力学性质称为热理性。当今,随着地下岩体工程不断向深部发展,尤其是在高地热异常区,岩体(岩石)力学性质的温度效应往往显得很重要。研究岩石热理性经常应用的指标有体胀系数、线胀系数、热导率、地温梯度及热流密度等。

2.3.1 体胀系数与线胀系数

岩石受热后体积或长度发生膨胀的性质称之为热胀性,常用体胀系数或线胀系数来度量。岩石的体胀系数(α)是指温度上升 1 ℃ 所引起体积的增量与其 0 ℃ 时的体积之比。线胀系数(β)是指温度上升 1 ℃ 所引起长度的增量与其 0 ℃ 时的长度之比。二者的计算式分别为

$$\alpha = \frac{V_t - V_0}{V_0} \tag{2.29}$$

$$\beta = \frac{L_t - L_0}{L_0} \tag{2.30}$$

式中　V_0、L_0——岩石在 0 ℃ 时的体积及线长度;

　　　V_t、L_t——岩石在 t ℃ 时的体积及线长度。

一般认为,岩石的体胀系数(α)是线胀系数(β)的 3 倍,即 $\alpha = 3\beta$。某些岩石的线胀系数 β 的参考值见表 2.3。

表 2.3　某些岩石的线胀系数 β 的参考值

岩石名称	线胀系数 $\beta/(\times 10^{-5}℃^{-1})$	岩石名称	线胀系数 $\beta/(\times 10^{-5}℃^{-1})$
粗粒花岗岩	0.6~6.0	石英岩	1.0~2.0
细粒花岗岩	1.0	白云岩	1.0~2.0
辉长岩	0.5~1.0	灰岩	0.6~3.0
辉绿岩	1.0~2.0	页岩	0.9~1.5
片麻岩	0.8~3.0	大理岩	1.2~3.3

2.3.2　热导率

岩石的热传导性能常用热导率来度量。岩石的热导率(D)是指当温度上升 1 ℃时,热量在单位时间内传递单位距离时的损耗值,其计算式为

$$D = \frac{Q}{LtT} \tag{2.31}$$

式中　L——热量传递的距离;

t——热量传递 L 距离所用的时间;

T——上升的温度。

岩石的热导率(D)不仅取决于它的矿物组成及结构构造等,还与赋存的环境关系密切。也就是说,同一种岩石在不同地区,D 是不同的。某地几种岩石的热导率见表 2.4。

表 2.4　某地几种岩石的热导率、地温梯度及热流密度

岩石名称	凝灰角砾岩	粗安岩	石英岩	铁矿体
热导率 $D/[\times 10^{-3}(4.19\,J \cdot cm^{-1} \cdot s^{-1} \cdot ℃^{-1})]$	4.33	4.48	9.88	10.00
地温梯度 $B/[℃ \cdot km^{-1}]$	40.0~50.0	35.0~40.0	17.0~20.0	17.0~20.0
热流密度 $R/[\times 10^{-6}(4.19\,J \cdot cm^{-2} \cdot s^{-1})]$	1.80~1.88			

2.3.3　地温梯度

地温梯度(B)也称地热增温率,是指深度每增加 100 m 时,地温上升的度数。此外,也有采用地温梯级(J)的。地温梯级(J)是指地温每上升 1 ℃时所需增加的深度,在数值上它与地温梯度成反比,即 $J = 1/B$。不同地区岩体(岩石)中的地温梯度是不同的,主要取决于深部上升热流量的大小及距离热源远近等,当然也与岩石自身特性有关。某地几种岩石的地温梯度见表 2.4。

2.3.4　热流密度

岩石的热流密度(R)是指地温梯度(B)与岩石热导率(D)的乘积,即 $R = BD$。一般情况下,同一地区岩石的热流密度(R)为一常数。而不同地区岩石的热流密度(R)的差异往往较大,主要取决于各地所处的大地构造位置。在构造活动区的热流密度高达 $R = [(1.0 \times 10^{-6}) \sim (2.5 \times 10^{-6})] \times 4.19\,J/(cm^2 \cdot s)$,而在稳定地台区的热流密度 $R = [(1.1 \times 10^{-6}) \sim (1.3 \times 10^{-6})] \times 4.19\,J/(cm^2 \cdot s)$。某地几种岩石的热流密度见表 2.4。

2.4　岩石的导电性及磁性

任何一种岩石均具有一定的导电性及磁性。在工程上,在进行岩体(岩石)变形及破坏规律预测预报时,有的需要应用岩石这两种物理性质及其相关参数。此外,在实施岩体工程地质勘查过程中,有时也用到岩石的导电性及磁性。

2.4.1　导电性

岩石的导电性主要取决于它的矿物成分,绝大多数金属矿物的导电性极好,而主要造岩矿物(如石英、长石、角闪石、辉石及云母等)的导电性相当差。赋存于岩石空隙中的具有一定化学活动性的流体(以水为主)是良好的导电介质,有助于提高岩石的导电性能。因此,干燥岩石的导电性能远不如潮湿岩石的导电性能。此外,岩石的导电性尚与其中孔裂隙的发育程度有关,岩石中空隙越发育,空隙水(具有一定矿化度)含量越多,岩石的导电性就越好。岩石导电性的度量指标为电阻率。大量试验研究表明,岩浆岩电阻率普遍较高,变质岩电阻率次之,而沉积岩电阻率变化范围很大。值得一提的是,电阻率是指当电流均匀通过岩石时,单位体积岩石所具有的电阻值,其单位为欧·米(记为 $\Omega \cdot m$),$1\ \Omega \cdot m$ 表示 $1\ m^3$ 岩石具有 $1\ \Omega$ 的电阻值。某些岩石的电阻率参考值见表 2.5。

表 2.5　某些岩石的电阻率参考值

岩石名称	电阻率值 $\rho/(\Omega \cdot m)$	岩石名称	电阻率值 $\rho/(\Omega \cdot m)$
花岗岩	$(3\times10^2)\sim(3\times10^6)$	片岩	$(1\times10)\sim(1\times10^4)$
花岗斑岩	$(4.5\times10^3)(湿)\sim(1.3\times10^6)(干)$	片麻岩	$(6.8\times10^4)(湿)\sim(3\times10^6)(干)$
长石斑岩	$(4\times10^3)(湿)$	板岩	$(6\times10^2)\sim(4\times10^7)$
闪长岩	$(1\times10^4)\sim(1\times10^5)$	大理岩	$(1\times10^2)\sim(2.5\times10^8)(干)$
闪长玢岩	$(1.9\times10^3)(湿)\sim(2.8\times10^4)(干)$	矽卡岩	$(2.5\times10^2)(湿)\sim(2.5\times10^8)(干)$
英安岩	$2\times10^4(湿)$	石英岩	$(1\times10)\sim(2\times10^8)$
辉绿玢岩	$(1\times10^4)(湿)\sim(1.7\times10^5)(干)$	页岩	$(2\times10)\sim(2\times10^3)$
辉绿岩	$(2\times10)\sim(5\times10^7)$	砾岩	$(2\times10^3)\sim(1\times10^4)$
辉长岩	$(1\times10^3)\sim(1\times10^6)$	灰岩	$(5\times10)\sim(1\times10^7)$
熔岩	$(1\times10^2)\sim(5\times10^4)$	白云岩	$(3.5\times10^2)\sim(5\times10^2)$
玄武岩	$(1\times10)\sim(1.3\times10^7)(干)$	砂岩	$1\sim(6.4\times10^8)$
橄榄岩	$(3\times10^3)(湿)\sim(6.5\times10^3)(干)$	泥灰岩	$3\sim(7\times10)$
角岩	$(8\times10^3)(湿)\sim(6\times10^7)(干)$	湿黏土	2×10
凝灰岩	$(2\times10^3)(湿)\sim(1\times10^7)(干)$	黏土	$1\sim(1\times10^2)$
正长岩	$(1\times10^2)\sim(1\times10^6)$	冲积砂	$(1\times10)\sim(8\times10^2)$

岩石的电阻率常用岩心标本或在现场进行测定,图 2.1 为测定岩心电阻率的试验装置。电阻率的计算公式为

$$\rho = \frac{S}{L}R = \frac{S}{L}\frac{U}{I} \tag{2.32}$$

式中　ρ——电阻率；

　　　R——试件电阻；

　　　S——试件横截面面积；

　　　L——试件长度；

　　　U——测量回路上的电压；

　　　I——测量回路上的电流。

2.4.2　磁性

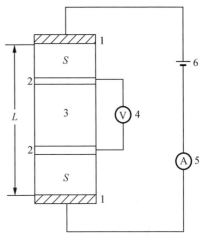

岩石属于磁性介质。岩石的磁性包括感应磁性及剩余磁性两种，感应磁性是指岩石被现代地磁场磁化而产生的磁性，剩余磁性是指岩石在形成过程中被当时地磁场磁化所保留下来的磁性。用于表征这两种磁性强弱的指标分别为感应磁化强度及剩余磁化强度，二者之和即为总磁化强度，反映岩石所具有的总磁性大小。影响岩石磁性强度的主要因素有岩石

图 2.1　测定岩心电阻率的试验装置

1—金属帽；2—金属环；3—岩心试件；
4—电压表；5—电流表；6—干电池

结构、岩石中铁磁性矿物的含量和粒度、岩石形成时温度和地应力及地磁场强度等。一般来说，铁磁性矿物的含量越多，粒度越大，磁化率便越高，岩石的磁化强度也就越大；岩石形成时温度较高且矿物快速冷却结晶，便能保留较大的剩余磁化强度；岩石形成时地应力越大，剩余磁化强度也往往越强；地磁场强度越大，岩石总磁化强度无疑将越高。总体来看，火成岩的磁性最强，沉积岩的磁性最弱，变质岩的磁性介于二者之间，但是取决于其原岩的磁性。对于火成岩来说，由酸性到基性或超基性岩，随着 SiO_2 含量逐渐减小，铁磁性矿物的含量不断增多，其磁性将发生由弱到强的递变；同种化学成分的火成岩、喷出岩的磁性变化范围较侵入岩的磁性变化范围大，并且前者的剩余磁化强度也大。沉积岩的磁化率较火成岩及变质岩的磁化率小，如果沉积岩中不含铁质物，则其磁化率接近于零，沉积岩的剩余磁化强度很微小（没有勘探意义）。变质岩的磁性基本上接近其原岩的磁性。

习　　题

1.简述岩石的容重、密度、比重的概念。

2.简述岩石空隙率的概念及其分类。

3.简述岩石空隙指数的概念及其测定方法。

4.简述岩石的吸水率、饱水率及饱水系数的概念。

5.简述岩石的抗冻系数及质量损失率的概念。

6.简述岩石的水理性的概念。工程中常见的岩石水理性有哪些？

7.简述岩石的膨胀性及崩解性的概念。

8.简述岩石的软化性、软化系数的概念。

9.简述岩石的体胀系数、线胀系数、热导率、地温梯度及热流密度的概念。

10.影响岩石导电性的主要因素有哪些？

11.影响岩石磁性强度的主要因素有哪些？

第 3 章　岩体的形成

岩体可以明确地定义为赋存于地质环境中的、经历过变形及破坏改造的，并且具有一定岩石成分及结构的地质体。在岩体力学中，岩体是作为力学作用对象看待的，将具有一定结构规律的岩体抽象为地质模型。岩体的定义包括两部分内容：其一是岩体的岩石成分及结构，属于地质实体，表征一定的地质作用过程；另一是岩体赋存的环境条件，属于岩体地质特征的重要组成部分，也为岩体定义的条件。因此，讨论岩体的形成，必须从岩体的岩石成分、结构及赋存环境三个方面考察岩体的建造与改造过程。

3.1　岩体形成的建造过程

岩体形成的建造过程实际为长期而复杂的地质作用过程，包括岩浆作用、变质作用、风化作用、搬运作用、沉积作用、成岩作用及构造作用等各种内动力地质作用和外动力地质作用，这些地质作用均具体体现在岩体的岩石成分和结构上，并且由此反映岩体赋存的环境条件。在建造过程中，首先形成岩体的岩石成分，如岩浆岩、沉积岩及变质岩等；建造过程中形成的岩石成分依赖于其赋存环境的物理化学条件，若环境物理化学条件发生改变，则岩体的岩石成分将随之发生变化，例如，灰岩在温度及围压力升高的变质作用过程中将转变为大理岩，这种过程也称改造过程。其次，在建造过程中形成了岩体的原生结构，其类型及特征取决于其形成过程及赋存环境的物理化学条件，例如，沉积岩中碎屑结构和层理、岩浆岩中结晶结构和流动面理，以及变质岩中变晶结构和片麻理等的产生均直接受控于其形成过程中环境物理化学条件与变形条件。此外，在建造过程中，多数情况下竖向地应力（γz，其中 z 为深埋）高于水平地应力 $[\xi \gamma z, \xi = \mu/(1-\mu)]$，但是，若伴随发生构造变形，由于存在构造应力的强烈影响，水平地应力将大于竖向地应力。一般情况下，在变质岩形成过程中，水平地应力往往高于竖向地应力。位于构造带中的岩浆岩在形成过程中，水平地应力高于竖向地应力是常有的事。在断陷盆地中，水平地应力包含相当大的构造应力成分，所以在沉积岩形成过程中，水平地应力高于竖向地应力；而在拗陷盆地中，由于水平地应力中含有很少量的构造应力成分或不含有构造应力成分，所以水平地应力基本低于竖向地应力。

3.2　岩体形成的改造过程

在建造过程中形成的岩体，由于后来赋存环境物理化学条件改变，加之构造变形的强烈叠加与改造作用，致使其岩石成分及结构发生不同程度的变化，这就是岩体形成的改造过程。该过程分为内动力地质作用及外动力地质作用两种类型。内动力地质作用一般具有区域性，以构造作用为主，次之为变质作用及岩浆作用等，构造作用以使岩体原生结构发生变化为主要特征，而岩体的岩石成分变化一般不明显（高温变形作用或变质变形作用除外），变质作用使岩体的岩石成分及结构发生变化,但是多数情况下使岩体的岩石成分变化更突出,例如,由构造作用形成的节理化岩体的岩石成分与原岩体(建造过程中形成的岩体)的岩石成分基本一致,但是节理化岩体中结构面则较其原岩体大为增加;又如,由变质作用形成的长英质片麻岩体不仅岩石成分与其原花岗质岩体存在很大差别,而且二者的结构也不一样,长英质片麻岩体中广泛发育片麻理等结构面,原花岗质岩体可能为块状结构。若原岩体内部存在较大差异,例如,岩体的岩石成分软、硬性质不同,或者有先存的间断面,则改造结果将使这种差异性更加明朗或扩大化。总之,经过内动力地质作用全面改造的岩体虽然岩石成分、结构及赋存地应力状态等环境条件均与其建造过程中的不同,但是最主要的变化为改变了岩体的结构,从而增加或扩大了岩体的不连性,以广泛发育断层、节理、劈理及其他变质变形叶理为遭受内动力地质作用改造岩体的显著特征,这种不连续性使岩体在力学性质上各向异性更加明显,在力学作用上结构的控制作用更加突出。因此,研究岩体结构时应以构造作用改造形成的结构为主。

在岩体形成的改造过程中,外动力地质作用有剥蚀、沉积及风化作用等。剥蚀作用属于卸荷过程,改变岩体的初始地应力状态,使岩体发生回弹变形,结果一方面使岩体中原有裂隙进一步扩大,另一方面又在岩体中形成新的结构面,称之为卸荷回弹裂隙。沉积作用为加载过程,也是建造过程,但是沉积作用对岩体的加载改造与剥蚀作用对岩体的卸荷改造相比显得很不重要。风化作用促使岩体赋存环境物理化学条件发生改变,包括物理变化及化学或生物化学变化两种过程,为了适应这种变化了的新环境条件,岩体的岩石成分及结构无疑将发生一定的变化,物理变化在岩体中形成风化裂隙,化学变化使岩体矿物成分及化学成分发生变化(如形成黏土矿物)。风化作用一般导致岩体力学性质软弱化,岩体中风化带或风化壳是工程地质条件的薄弱环节,在岩体工程中应引起足够的重视。

在讨论岩体改造过程时,岩体的岩石成分及结构的变化较容易引起重视,而岩体赋存环境条件的改变往往被忽略。事实上,岩体赋存环境条件的改变也是岩体改造过程的一个重要方面。在建造过程中岩体内地下水主要存在于孔隙中,而在经过改造的岩体内地下水主要存在于裂隙中,有利于岩体变形及破坏。在建造过程中岩体内地应力一般以自重应力为主,而经过改造的岩体内应力增加了构造应力及剥蚀残余应力成分,致使岩体内地应力更加复杂化,但是岩体内地应力分布仍然是有规律的。例如,改造后岩体内地应力在竖向剖面中分布可以确定出三个带,自地表至地下深处依次为风化卸荷作用带、剥蚀卸荷作用带及自重力作用带。在风化卸荷作用带内,竖向地应力即为自重力,并且其值大于水平地应力,向下延伸可达几十米。在剥蚀卸荷作用带内,水平地应力值一般大于竖向地应力,向下延伸可达数百米至数千米。在自重应力作用带内,竖向地应力值有的大于水平地应力,有的等于水平地应力,这主要取决于岩体侧压力系数。

而今的自然岩体均是在建造过程中形成、又在改造过程中遭受变形及破坏作用改造的地质体,具有一定的岩石成分及结构特征,赋存于一定的地质环境中,其力学性质受地应力、地下水及地温等各种因素的影响。工程岩体力学研究的主要任务是,不断探索已经过变形及破坏作用改造的地质体在工程力作用下发生再变形与再破坏的规律,以便指导工程实践。为此,必须从岩体形成的建造及改造全过程上把握岩体的总特征,进一步预测、预报岩体在工程力作用下的变化状况。

3.3 岩体赋存的环境条件

岩体赋存的环境条件直接影响与制约岩体的力学性质,在岩体力学研究中务必引起足够的重视。一般来说,岩体赋存的环境条件包括地应力、地下水及地热三种易变的活性因素。迄今为止,对于地应力及地下水的认识比较深入,而地热尚没有提到岩体工程所需的研究日程上。这是因为地应力及地下水对岩体变形与破坏的作用是直接的,例如,90%以上的斜坡岩体失稳均与地下水关系密切。

3.3.1 地应力

地应力可以概要地定义为存在于岩体中的自然应力,呈三维状态有规律分布而构成地应力场。地应力具有双重属性,一方面是岩体赋存的环境条件,另一方面是岩体的无形组成成分,左右着岩体的力学特性。在建立岩体变形力学模型时,总是将地应力作为初始条件处理,这就意味着地应力为岩体赋存环境条件。岩体的形成包括建造及改造两个过程,也伴随着地应力的形成与积累和改造与释放两个不断变化的过程,从而形成地应力场。在地应力形成与积累过程中,岩体中矿物发生结晶长大,并且被改造,这样便在矿物内部形成封闭应力或冻结应力。而在地应力改造与释放过程中,岩体因遭受构造变形而积蓄一部分构造应力;此外,当岩体经历风化剥蚀等改造作用时,不仅岩体中的构造应力要释放一部分,而且存在于矿物内部的冻结应力也因封闭条件被破坏而部分或全部被释放出来。也就是说,存在于岩体中的地应力包括构造残余应力和冻结应力两种成分。构造残余应力即为弹性变形应力,地应力现场测量实际上是促使岩体发生回弹变形,因而测得的应力为构造残余应力。而单个岩石试件破坏所释放出来的地应力则是封闭于矿物内部的冻结应力,所以室内岩石变形试验所测的地应力与现场测得的地应力完全是两回事。构造残余应力一般作为岩体赋存的环境地应力处理,运用于岩体力学计算及工程实践中。应当指出,构造残余应力是只与岩体变形相伴生的,也就是说,脱离岩体变形,简单将构造残余应力作为外力施加于岩体地质模型之上有时是不正确的。由于岩体中存在冻结应力,相当于给岩体加了预应力,因而提高了岩体抵抗外力变形的能力,致使岩体变形曲线发生畸变。冻结应力可以由单轴压缩变形试验测定。

对于岩体来说,通常测得的地应力并非岩体形成的初始地应力,而是扰动后残留在岩体中的地应力,因为岩体形成之后均经历了多期次各种地质作用的不同程度叠加与改造,致使其初始地应力状态被破坏。但是,相对岩体工程而言,施工之前测得的地应力应属于初始地应力。赋存于一定地应力场中时,岩体本来保持相对平衡状态,由于工程活动破坏了岩体中初始地应力的平衡状态,触发岩体发生变形及破坏。地应力对岩体的本构特征有较大影响,由于地应力对提高岩体围压力有很大贡献,所以地应力越高,岩体围压力也就越大,致使岩体承载力随之增大;此外,随着地应力的增大,岩体由脆性破坏向黏性(塑性)流动变形转变,也与地应力促使岩体围压力提高关系密切;还有,由于地应力增大而引起围压力提高,岩体逐渐由不连续介质向连续介质转变,从而影响岩体中应力传播法则。因此,研究岩体力学,尤其是在岩体工程中研究岩体力学,必须考虑地应力的影响。

（1）地应力的成因认识。

关于岩体中地应力的成因认识，早期存在这样两种观点：其一，认为岩体中的地应力是由自重力产生的（海姆，1878），并且符合静水压力理论，也就是说，岩体中竖向地应力（σ_z）与水平地应力（σ_x，σ_y）相等，即 $\sigma_x=\sigma_y=\sigma_z=\gamma z$，其中 γ 为岩体容重，z 为埋深；其二，也是认为岩体中的地应力是由自重应力产生的（金尼克，1925～1926），竖向地应力仍然为 $\sigma_z=\gamma z$，但是水平地应力与岩体侧胀性质有关，取决于岩体的泊松效应，即 $\sigma_x=K_{xz}\sigma_z$，$\sigma_y=K_{yz}\sigma_z$，$K_{xz}=\mu_{xz}/(1-\mu_{xz})$，$K_{yz}=\mu_{yz}/(1-\mu_{yz})$，其中 K_{xz}、K_{yz} 分别为 x 方向及 y 方向的侧压力系数，μ_{xz}、μ_{yz} 分别为 x 方向及 y 方向的泊松比。事实上，这两种观点的本质是一致的，均认为岩体形成后遭受构造变形时地应力不发生改变，岩体中水平地应力是由岩体侧胀效应引起的，第一种观点是岩体泊松比为 0.5 的特例，也就是高塑性区岩体变形条件；而第二种观点是基于弹性理论提出的，考虑了岩体泊松比小于 0.5，并且岩体为各向异性非均质体的情况。

以上两种地应力成因观点显然不符合实际情况，因为构造变形及其他地质作用不仅改变了岩体的结构，而且也使岩体中地应力状态发生变化；此外，绝大多数自然岩体均为各向异性非均质体，所以第一种地应力成因观点的条件很少得到满足。大量的地应力测量结果表明，水平地应力（σ_x、σ_y）与竖向地应力（σ_z）之比通常大于 1（在构造变形区尤其如此），并且岩体中水平地应力（σ_x）不是地应力的最大主应力 σ_1（最大主应力 σ_1 与区域构造作用关系密切），也不是水平方向的（一般与水平面成锐角）。这些均与岩体中地应力的自重力成因观点相矛盾。

岩体中地应力的第三种成因观点是，认为岩体中水平地应力主要是由地球自转及自转速率变化产生的（李四光，1963）。当然，地球自转及自转速率变化对形成岩体中地应力的作用是不容忽视的，但这只是形成岩体中地应力的主要原因之一，而并非岩体中高水平地应力的唯一成因。在很多情况下，现今岩体中的地应力状态与最新构造应力场不同，而恰恰与古老构造应力场相吻合，这与岩体中地应力的地球自转及自转速度变化成因观点相悖。许多地应力研究成果揭示，现今岩体中地应力主要为构造残余应力，满足剥蚀残余理论。因此说，岩体中地应力是多成因的。

（2）地应力的分布规律。

根据大量的地应力测量资料，可以归纳出岩体中地应力分布的若干规律，对地应力的进一步研究无疑具有重要的指导意义。

① 在地表以下埋深一定范围内[据 H. K. Булии（1975）研究结果，该埋深为 $z=25\sim2\,700$ m]，竖向地应力 σ_z 随着埋深 z 呈线性增长，其增长速率大致相当于岩体平均容重 γ，即有 $\sigma_z=\gamma z$。而在接近于地表的岩体中竖向地应力分布比较复杂，或大或小，有时表现为拉应力，但是多数情况下的竖向地应力 σ_z 的实测值远远大于 γz 的计算值。

② 岩体中水平地应力（σ_x，σ_y）分布比较复杂，若取 $\sigma_{max}=\max(\sigma_x,\sigma_y)$，那么最大水平地应力 σ_{max} 与竖向地应力 σ_z 的比值一般为 0.5～5.5，多数为 0.8～1.2，有的达到 30 或更大。岩体中最大主应力 σ_1 方向与水平面的夹角多数小于 30°。平均水平地应力 $(\sigma_x+\sigma_y)/2$ 分布大致存在两种情况：其一是 $(\sigma_x+\sigma_y)/2>\sigma_z$；其二是 $(\sigma_x+\sigma_y)/2<\sigma_z$；此外，若按照大地构造单元划分，则在地台盖层内岩体中多数情况下 $(\sigma_x+\sigma_y)/2<\sigma_z$，而在地台基底内岩体中往往为 $(\sigma_x+\sigma_y)/2>\sigma_z$，造成这种现象的原因有多种，主要与构造变形作用有关。最小水平地应力 $\sigma_{min}=\min(\sigma_x,\sigma_y)$ 经常为地应力最小主应力 σ_3。在地表以下埋深不超过 1 000 m，岩体中

最大主应力 σ_1 与最小主应力 σ_3 之差近似为一常数,即 $\sigma_1-\sigma_3=2\tau_{max}\approx 20$ MPa;在地应力稳定地区的最大剪应力 τ_{max} 可以达到 12 MPa,而在地应力非稳定地区岩体中最大剪应力 τ_{max} 局部可达 20 MPa,这对于认识地壳浅部及表部层次中岩体变形与破坏具有重要意义。一般来说,无论是在较大的区域上,还是在工程影响范围内,岩体中水平地应力(σ_x、σ_y)总有一定的变化,并且有 $\sigma_x/\sigma_y=0.2\sim0.8$,大多数情况为 $\sigma_x/\sigma_y=0.4\sim0.7$。

③ 将地应力测量资料与区域构造变形研究结果对比分析发现,现今岩体中地应力状态多半与区内具有控制性的构造应力场保持一致,如果晚期构造变形强度小于早期构造变形强度,则早期构造应力场很难被晚期构造变形所改变,后者只能对前者有一定影响。

总之,在接近地表的岩体中,现今地应力状态主要为构造残余应力场,与区内最强的一期构造应力场关系密切。构造运动促使岩体隆起抬升,并且遭受剥蚀作用,导致岩体中构造应力大量释放,但是仍然保留部分残余应力。岩体中的应力状态是非稳定的,地壳浅部及表部层次的岩体中地应力状态绝大多数是以水平应力为主的三向不等的空间应力场,三个主应力的大小及方向均是随时间变化的,其变化速率时大时小。在相对稳定的地区及时期,岩体中地应力变化相当微小;而在构造运动较为活跃的地区及时期,尤其是在地震作用前后,近地表岩体中地应力变化是显著的。因此,在研究岩体中地应力时,应该同时关注地应力的时、空变化规律。

应当指出,一般来说,岩体中地应力随着埋深增大,但是当遇到软弱夹层时,便出现低值,这是因为岩体中地应力值随着其弹性模量的提高而增大,当然这只是就相邻的不同岩性岩体而言。在软、硬相间的层状岩体中,高弹性模量的硬性岩体中最大主应力 σ_1 方向一般与区域最大主应力方向一致,而较低弹性模量的软弱岩体中最大主应力 σ_1 方向很可能与区域最大主应力方向不吻合(这是应力软化的结果)。在均质岩体中,一般不会出现这种现象。此外,在不太大的区域内,岩体中地应力状态虽然是可变的,但是其地应变场 ε 很可能是不变的常数 C,即 $\varepsilon=\sigma/E=C$,这是一个地区岩体中地应力状态的特征值,具有十分重要的意义,据此表征岩体中地应力状态也许较直接采用地应变来描述更优越。

(3)高地应力分布区地质标志。

自然岩体中存在高地应力分布区是常有的事,而高地应力又往往给岩体工程带来较大的危害,所以正确识别岩体中高应力场分布区具有重要的理论及实际意义。地应力测量是确定岩体中高应力场分布区的最好手段。此外,也可以从地质上判别岩体中是否存在高地应力分布区,从而取得事半功倍的效果。岩体中存在高地应力分布区的地质标志表现在以下几方面。

① 岩爆及剥离。

当岩体中存在高地应力分布区时,由于岩体工程活动,如地下硐室开挖及采动等,将触发岩体中初始地应力集中,从而导致岩体在瞬间或短时间内发生脆性破坏,岩体碎块四射,或在岩体中形成许多张性裂隙,称之为岩爆或剥离。如果岩体中出现大量张性裂隙,那么锤击时便发出哑声,也可以帮助判别岩体中是否存在高地应力分布区。进一步研究表明,当岩体中初始地应力 $\sigma_0>\sigma_t/2$(σ_t 岩体抗拉强度)时,即出现剥离,甚至发生岩爆。

② 饼状岩心。

在岩体中高地应力分布区钻井,往往出现饼状岩心。试验研究表明,饼状岩心是岩体中高地应力作用的产物,由于剪张破裂产生饼状岩心,其形成的应力条件为 $\sigma_r=K_1+K_2\sigma_a$,其

中 σ_r、σ_a 分别为围压力及轴向压力(钻进方向压力);K_1 及 K_2 均为试验参数;饼状岩心的产生与地应力差有关,围压力 σ_r(垂直于钻进方向应力)越大,越容易产生饼状岩心,而轴向压力 σ_a(钻进方向压力)越大,越不容易产生饼状岩心。饼状岩心产生的地应力条件受岩体抗拉强度的影响大于受岩体抗压强度的影响。应当指出,饼状岩心只能定性地反映岩体中地应力的状态,而不能给出地应力的定量数值。

③ 孔硐缩径。

在高地应力分布区的软弱岩体中开挖地下硐室或钻井时,经常出现硐径及孔径收缩现象,这是由于工程活动触发岩体中初始地应力集中而使得孔硐壁应力(切向应力)超过岩体强度(抗压强度)所致。孔硐缩径的变形机制属于软弱岩体发生流变或柔性剪切破坏作用。由塑性力学理论可知,软弱岩体柔性剪切破坏判据为

$$[\sigma_1]=\frac{1+\sin\varphi}{1-\sin\varphi}\sigma_3+\frac{2C\cos\varphi}{1-\sin\varphi} \tag{3.1}$$

式中　C、φ——岩体的内聚力及内摩擦角;

　　　σ_1、σ_3——地应力的最大主应力及最小主应力;

　　　$[\sigma_1]$——岩体处于极限平衡状态时的许用应力。

由于在孔硐壁处 $\sigma_3=\sigma_r=0$,则式(3.1)变为

$$[\sigma_1]=\frac{2C\cos\varphi}{1-\sin\varphi}=\sigma_c \tag{3.2}$$

式中　σ_c——岩体的抗压强度。

对岩体中均匀地应力场内断面为圆形的孔硐来说,当孔硐壁切向应力 $\sigma_\theta\geqslant2\sigma_0$($\sigma_0$ 为初地应力)时,软弱岩体将发生流变作用,即出现孔硐缩径现象。将此条件代入式(3.2)中,可以求得岩体中初始地应力 σ_0 的计算公式,即

$$\sigma_0=\frac{C\cos\varphi}{1-\sin\varphi} \tag{3.3}$$

④ 斜坡错动台阶。

如果岩体中存在高地应力分布区,那么当开挖基坑或进行其他边坡工程时,由于卸荷回弹变形,很可能导致斜坡错动台阶。如图 3.1(a)所示,当斜坡岩体的层间抗剪强度较高,由开挖卸荷作用引起的回弹变形是连续的,也就不至于出现斜坡错动台阶。而当斜坡岩体中存在软弱结构面或软弱夹层时,由于开挖卸荷作用触发的回弹变形可能产生斜坡错动台阶,如图 3.1(b)所示,在软弱结构面或软弱夹层处的回弹变形是非连续的,其水平错距为 Δl,据此可以估算地应力值。这种卸荷回弹变形作用的力学模型如图 3.2 所示,其中 Ox 为水平方向(岩层层面方向),Oz 为竖向,h 为软弱结构面或软弱夹层的上覆岩层厚度,Ox 位于软弱结构面或软弱夹层面内。根据库伦强度准则,可以写出软弱结构面或软弱夹层抗剪强度 τ 的表达式,即

$$\tau=\sigma_z\tan\varphi_j+c_j \tag{3.4}$$

式中　σ_z——作用于软弱结构面或软弱夹层上的竖向地应力;

　　　c_j、φ_j——软弱结构面或软弱夹层的内聚力及内摩擦角。

沿着软弱结构面或软弱夹层层面方向的极限平衡条件为

$$\sum F_x=\tau\mathrm{d}x+\sigma_x h-(\sigma_x+\mathrm{d}\sigma_x)h=0 \tag{3.5}$$

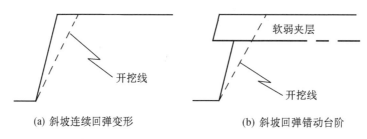

(a) 斜坡连续回弹变形　　　　　(b) 斜坡回弹错动台阶

图 3.1　斜坡岩体回弹变形

式(3.5)进一步变为

$$d\sigma_x = \frac{(\sigma_z \tan \varphi_j + c_j) dx}{h} \quad (3.6)$$

由虎克定律得

$$\varepsilon_x = \frac{dx}{u_x} = \frac{E}{\sigma_x} \Rightarrow dx = \frac{E}{\sigma_x} u_x \quad (3.7)$$

将式(3.7)代入式(3.6)得

$$\sigma_x dx = (\sigma_z \tan \varphi_j + c_j) \frac{E}{h} u_x \quad (3.8)$$

边界条件为

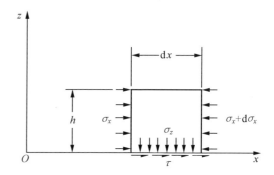

图 3.2　斜坡岩体卸荷回弹变形力学模型

$$\begin{cases} 当\ u_x = 0\ 时, \sigma_x = \sigma_z \\ 当\ u_x = \Delta l\ 时, \sigma_x = 0 \end{cases} \quad (3.9)$$

应当指出,由于软弱夹层处于完全塑性状态,所以其侧压力系数 $K_0 = 1$,即当 $u_x = 0$ 时, $\sigma_x = \sigma_z = h\gamma, \gamma$ 为软弱夹层的上覆岩层容重。

将式(3.8)积分,并且代入边界条件式(3.9)得

$$\sigma_x = \sqrt{\frac{2E}{h}(\sigma_z \tan \varphi_j + c_j) \Delta l} \quad (3.10)$$

由式(3.10)可以估算出高地应力分布区岩体中的水平地应力值,该值在岩体工程中具有较为重要的参考价值。

⑤ 岩体物理力学性质指标现场原位测试值比室内试验值高。

对高地应力分布区岩体来说,有关岩体(岩石)物理力学性质指标,如弹性模量及声波速度等,现场原位测定值往往高于室内试验值。试验研究表明,岩体弹性模量及声波速度等物理力学性质指标与赋存环境的应力条件关系密切。一般来说,岩体物理力学性质指标值随着围压力(σ_3)的增大而提高;此外,当 σ_3 一定时,又随着轴向压力(σ_1)的增大而提高。因此,在现场原位测试岩体物理力学性质指标时,由于受环境高地应力条件的影响,致使 σ_3 及 σ_1 均较大,所以测得的岩体物理力学性质指标值无疑较高。而在室内试验测定岩体物理力学性质指标值时,由于岩体脱离了环境高地应力条件的影响,一般不会产生很高的 σ_3 及 σ_1,因而测得的岩体物理力学性质指标值较现场原位测定值低。

⑥ 原位变形试验曲线有截距。

在高地应力分布区岩体中进行原位变形试验时,其变形曲线在纵坐标轴 $O\sigma$ 上经常有截距 σ_i,如图 3.3 所示。图中, σ_i 为预压缩的初始地应力,是岩体中高地应力作用的结果。应当指出, σ_i 绝非岩体中真正初始地应力 σ_0,实际上岩体中初始地应力 σ_0 值远远大于 σ_i 值。

但是，σ_i 是岩体中存在高地应力分布区的标志。

还可以列举其他一些岩体中存在高地应力的地质标志，例如，高地应力分布区岩体中有时可见较为发育的水平层状节理或破劈理，这是由于构造抬升，加之剥蚀作用致使岩体发生竖向卸荷回弹所致。又如，在高地应力分布区进行地下岩体工程时，经常发生煤瓦斯突出及涌水等工程事故。高地应力分布区岩体中地下隧硐有时被横向截断，并且发生错移。因此，岩体中存在高地应力区的地质标志是多方面的。

（4）地应力测量概述。

对岩体中地应力状态的认识过程是与地应力测量技术的逐步提高、地应力现场测量的广泛开展以及地应力测量资料的不断积累等相一致的。目前，地应力测量是获取岩体中地应力信息的可靠途

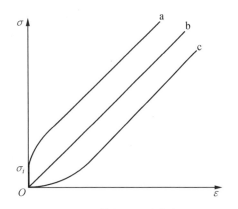

图 3.3　岩体变形试验曲线
a—高地应力时岩体变形试验曲线；
b—低地应力时完整岩块变形试验曲线；
c—低地应力时裂隙岩块变形试验曲线

径，备受重视。地应力研究手段多达数十种，但是可以概括为三个方面，即地应力理论分析、现场地应力测量及地应力室内试验模拟等。其中，现场地应力测量是最基本且极为有效的，至于地应力理论分析和地应力室内试验模拟则只是辅助方法，二者的研究成果仅能对地应力状态做定性解释。以大量实测地应力资料为基础，并且针对某种条件进行统计分析的地应力研究方法日益获得广泛应用。早在 20 世纪 20 年代，人们便着手试图通过现场地应力测量来取得岩体中地应力状态的定量资料，但是，直到 20 世纪 50 年代，地应力测量技术才得到完善与发展，并且应用于岩体工程实践中。60 多年来，地应力测量在原理、方法及应用等方面均有长足的进展。然而，迄今为止，现场地应力测量尚难以直接区别所测出的构造应力、非构造应力及残余应力等，还必须结合地质构造、地形地貌、岩石力学性质、测点布置及室内试验等资料进行综合分析，方可以正确认识地应力的成因类型。

众所周知，在外力作用下，岩体各项物理力学指标，如光、电、磁、波、声、热、应力及应变等均随之发生变化，据此可以反推岩体中地应力变化状况，地应力测量实际上就是根据岩体这些物理力学指标的受力变化来推断、计算地应力的状态。从不同角度出发，可以将地应力测量方法划分为多种类型，例如，由于观测对象及内容不同而分为地质与地球物理地应力测量；由于观测对象尺度不同而分为宏观、微观及超微观等地应力测量；由于考虑地应力情况而分为绝对地应力测量和相对地应力测量。至今尚无统一的地应力测量方法分类的主要标准。很明显，地应力测量方法分类的主要标准，必须参照各种方法的原理及操作特点。此外，地应力测量又可以分为广义的和狭义的地应力测量两种。广义的地应力测量是指采用地质及仪器的各种方法测定岩体中不同空间的点应力状态（一般是测定现今地应力，也有测定构造残余地应力）。应当指出，地应力的测量方法虽然很多，但是真正意义上直接测定出地应力的方法尚罕见，一般均是基于岩体变形或有关物理量的测量，再经过适当变换而推算出地应力的状态。因此，如何直接而有效地准确测量岩体中的地应力，仍然是一个有待进一步研究的重要课题。值得一提的是，从 20 世纪 60 年代发展起来的水压致裂地应力测量技术已成为直接测定深部岩体中地应力状态的相当有效的方法，早已引起众多学者的强烈关

注。

经常采用的地应力测量方法有地应力绝对值测量和相对值测量两大类型。

①地方力绝对值测量。根据测量原理不同,又可以将地应力绝对值测量进一步划分为应力解除法、水力压裂法超声波法、应力恢复法等。所谓地应力绝对值测量是指测定不变的地应力值,事实并不绝对,原因在于岩体中任一地应力均随着时间而变化。当然,由于这种变化量级一般不超过 10^{-2},可以忽略不计,因而认为是绝对值。严格来说,这种地应力绝对值测量称作地应力瞬时值测量更确切。

a.应力解除法。应力解除法一直被广泛采用。假定岩体为各向同性而均匀的连续弹性体,将测量元件设置于钻孔中,在测量元件周围岩体中掏槽或套孔而使装有测量元件的岩心与围岩体分开,即解除围岩体中地应力对岩心的作用,岩心发生弹性恢复变形,于是测量元件便直接或间接测定出这种弹性恢复变形值,根据不同方向上弹性恢复变形值的变化情况可以计算出地应力的大小和方向。

b.水力压裂法。水力压裂法是测量深部岩体中地应力的有效方法,一般测深可达几百米,甚至几千米。假定岩体为各向同性而均匀的脆性线弹性体,钻孔轴线方向与测点某一主应力方向平行。在竖向钻孔中测量地应力时,选取岩体完整的孔段,用两个封隔器将该孔段上、下密封,再用泵将水压入钻孔中,当水压力达到一定值(临界压力)时,钻孔围岩体由于受张力作用而产生垂直于最小主应力方向的张性破裂。通过连续泵入压力水使岩体中张性破裂扩展开来,使水压回路保持密封,关闭压力泵,并且记录维持张性破裂处于张开状态的压力(封闭压力)。用印模封隔器来确定破裂产状。根据所记录的临界压力、封闭压力及有关岩体力学参数,可以计算出地应力。由于受限于岩体特性,水力压裂法测定地应力的精度很难保证,尤其是当剪应力超过一定值而导致岩体发生剪切破裂时,其测量结果往往是错误的。

c.超声波法。超声波法测量地应力是利用岩体在不同应力条件下超声波传播速度的差别进行的。因此,需要在岩体中钻孔,一个孔中安放声波发射器,另一个孔中设置声波接收器,测定超声波速度。根据同样岩体的室内超声波传播速度标定,可以推算地应力的大小;再由实测不同方向地应力的变化情况,便可以确定地应力状态。试验研究表明,在岩石试件无压力条件下,其中各向超声波速基本相同,超声波矢量分布近于圆形;而在单向加压条件下,岩石试件中超声波沿着加压方向随着压力的增加,传播速度加大,超声波矢量分布则近似于椭圆形,其长轴方向为加压方向。同样,据此测定岩体中超声波速度的空间分布情况,即可得到地应力的状态及主应力的方向和大小。

d.应力恢复法。采用应力恢复法测量地应力,首先应在岩体表面设置应变测量仪,然后在岩体中挖槽,并放入液压千斤顶(用水泥等浆液固定),再采用压力泵给千斤顶加压至应变仪的读数恢复到挖槽以前的读数,此时压力计上的测量值便可以用来推算地应力。

②地应力相对值测量。地应力相对值测量是测定同一点地应力的数值方向随着时间相对变化的情况,对岩体工程稳定性或事故的预测预报颇具实际意义。就数值而言,地应力相对值测量仅为绝对值测量的百分之几或千分之几,所以地应力相对值测量对仪器灵敏度的要求比绝对值测量要高。此外,由于地应力相对值测量需要长期连续观测,因此还要求仪器具有长期的稳定性。岩体的非均匀、不连续和蠕变等性质及地下水和地热等变化往往给地应力相对值测量带来较大困难。依据测量时间长短,可以将地应力相对值测量划分为趋势

性相对地应力测量和短期异常相对地应力测量两种,其中趋势性相对地应力测量可以获得长期或中长期趋势的地应力变化情况,往往按照年、月及日等时间单位分析地应力的异常特征,为岩体工程长期稳定性分析提供重要依据;而短期异常相对地应力测量则能够取得较短时间内地应力的相对变化情况,一般选用自动连续性观测,要求观测系统具有高灵敏度,短期异常是指在几天、几小时、几分钟,甚至更短时间内地应力曲线的突然跳动。基于探头埋置深度,又可以将地应力相对值测量划分为表层相对地应力测量(测量深度不超过地下 20 m)、浅层相对地应力测量(测量深度一般在地下数十米至二三百米范围内)及深层相对地应力测量(测量深度可达地下数百米至数千米)。地应力相对值测量的方法有很多,其原理及仪器设备基本与地应力绝对值测量一致,只是地应力相对值测量要求仪器具有长期的稳定性及较高的灵敏度。地应力相对值测量经常采用埋掩法和钻孔法。

a.埋掩法。埋掩法可以用于矿井或断层带内岩体中地应力相对值测量,要求仪器埋设地点平坦,埋深一般为几米至几十米,尽量避开工程活动的扰动。埋掩法的测量仪器多数采用压阻式、差动变压器式、电容式及张弦式等。

b.钻孔法。钻孔法往往用于岩体中地应力相对值测量,其前提条件是假定岩体为均匀且各向同性的弹性体,同时地应力不超过岩体的屈服点。在岩体中钻 100 m 左右的深孔,将测量仪器放入其中。当地应力随着时间变化时,孔径便发生径向位移,测量仪器读数也随之发生变化。根据测量仪器不同时刻的读数,可以推算出地应力的相对变化值。

(5) 地应力模拟分析的应用。

地应力测量固然是获得岩体中地应力信息的唯一可以依赖的方法,但是地应力测量也存在周期长、投资高及可重复性差等不足。在定性研究岩体中的地应力分布规律时,也可以采用地应力模拟分析,包括物理(模型)模拟和数值模拟两种。地应力模拟分析主要用于反映地应力测量过程中岩体地应力分布扰动程度,据此检验地应力测量的准确性;此外,在现场地应力测量的基础上,采用地应力模拟分析,基于工程需要而拟合出一定范围的场地地应力状态,或者作为一种相对独立方法,以位移资料来反演场地地应力的状态;在探讨岩体中地应力的基本分布规律时,应结合地应力模拟分析,以弥补现场地应力测量在技术可行性及经济合理性等方面无法实现的不足。当然,由于地应力模拟分析的人为因素比较大,所以在具体实施之前务必详细研究区域或场地的地形地貌、岩性及构造条件等。

(6) 地应力研究的工程意义。

地应力研究的工程意义是多方面的,可以归纳出以下几个主要方面。

① 加强对自然岩体性质及结构等的进一步认识,促使岩体力学研究更切合工程实际。

② 有助于从岩体力学角度出发探讨地震、滑坡、岩爆及涌水等灾害的成因机制和触发条件,提高对这些灾害的预测预报水平,并且拟定出恰当的工程处理及设防措施。

③ 在地下岩体工程中,利于稳妥设计工程的走向及断面的形状和尺度等,并且选择合理的施工方案及支护方式和时间等。

④ 为大型或特大型地面工程,如高坝及人工边坡等的合理设计和施工提供依据。

⑤ 由于有的工程活动往往诱发地震,如水库地震,在控制与减轻这种诱发地震方面经常需要地应力研究成果资料。

⑥ 对某些大型工程来说,区域稳定性预测与工程选址规划及场地稳定性分析等至关重要,一般需要进行地应力测量。

3.3.2 地下水

地下水作为岩体赋存环境因素之一,直接影响与制约着岩体的变形及破坏形式,往往导致工程岩体失稳。据统计,60%~90%的岩体工程事故均与地下水直接或间接相关。正因如此,对于地下水在岩体中的分布状态、活动规律及其对工程岩体稳定性影响这一重大课题的研究日益深入,并且由此形成了岩体力学的一个新分支或学科方向,即岩体水力学。岩体水力学是岩体力学与渗流力学互相渗透的一门应用性边缘交叉学科,是研究当岩体与水流耦合作用时,岩体的再变形及再破坏规律,并且据此解决岩体工程中的某些地质工程问题。

(1) 地下水的类型及作用。

通常情况下,岩体中地下水按照存在方式不同可以分为吸着水和重力水两种类型。吸着水又称束缚水,是由于岩石颗粒或矿物对水分子的吸附力超过了重力而产生的,水分子运动主要受控于表面势能。吸着水在岩石颗粒或矿物表面形成一层水膜,水膜有三种作用,即联结作用、润滑作用及水楔作用。联结作用也称水胶作用,是指水膜通过水分子吸引力作用将相邻的岩石或矿物颗粒拉近与拉紧,起到胶结作用。润滑作用是指由于可溶盐或胶体联结作用,致使岩石或矿物颗粒间的联结力削弱,抗摩擦力减小,水因此起到了一种润滑剂的作用。岩体中的水楔作用如图 3.4 所示,若相邻岩石或矿物颗粒靠得很近,当有水分子补充到颗粒表面时,颗粒利用其表面吸附力将水分子吸附于自己周围,在颗粒接触处由于吸附力作用,使得水分子拼命地向颗粒间的缝隙内挤入,这种现象称为水楔作用。当外载压力小于吸附力时,水分子便挤入相邻岩石或矿物颗粒中间,使二者的间距增大,这样就产生两种结果:其一,岩石体积膨胀,当岩石处于不可变形状态时,便产生膨胀压力;其二,水膜联结作用代替了可溶盐或胶体联结作用,因而产生润滑作用。一般来说,当岩石中亲水性矿物越多时,在水作用下,其力学性能就越不稳定。对含亲水性矿物岩石来说,当含水量低时,岩石强度较高,压缩性小,呈脆性破坏,具有弹性介质特征;而当含水量高时,岩石强度降低,表现为塑性介质破坏。

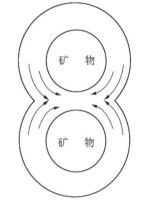

图 3.4　岩体中的水楔作用

岩体中重力水又称为自由水,水的运动主要受控于自重力,具有自由水面。重力水一般表现为孔隙压力作用及溶蚀与潜蚀作用。

(2) 地下水的属性。

岩体中的地下水具有双重属性。首先,地下水既是岩体赋存的环境条件,又是岩体的组成成分。此外,在力学作用上,地下水既能够使岩体力学性能发生增加或削减变化,又可以作为岩体中地应力的组成成分看待。事实上,岩体属于二相介质体,即由矿物-岩石固相物质和含于孔隙或裂隙内水液相物质所组成。由于岩体中水是可变的,所以与水有关的岩体力学特性也是变化的,这种变化表征着岩体赋存的环境状态。基于水与岩体相互作用的力学效应考虑,可以将岩体赋存的环境划分三种状态,即风干状态、潮湿状态及浸水状态。

①风干状态。地下水仅吸附于岩石或矿物颗粒表面,水膜与胶体共同对岩石或矿物颗粒产生联结作用。然而,这是一种非稳定状态。岩体中含水量一旦增加,这种状态的力学效应便立刻消失。

②潮湿状态。理论上,这种状态介于最大分子含水量与最大吸着水含量之间,属于亲水性岩石力学性质变化最大的含水量区间,亲水性岩石在这一区间可以由最大水胶联结到水胶联结丧失。如图 3.5 所示,在这种状态下,随着岩体中含水量的增加,亲水性岩石的力学性质迅速降低,并且趋于稳定。因此,这是亲水性岩石的力学性质最易变动的状态。

③浸水状态。在浸水状态下,地下水属于自由水或重力水。地下水在重力作用下形成的静水压力 σ_w 为

$$\sigma_w = \rho_w H \tag{3.11}$$

式中　ρ_w——水的密度;

$\qquad H$——水柱高度。

当岩体中地下水受到隔水层阻挡时,便形成巨大的水压力 P,即

$$P = \frac{1}{2}\rho_w H_0^2 \tag{3.12}$$

式中　H_0——水深。

地下水遇隔水层时压力 P 的成因,如图 3.6 所示。若岩体全部浸于水中,由于浮托力作用,将使得岩体中结构体之间的有效接触压力 σ_e 减小,即有

$$\sigma_e = \sigma_a - \sigma_w \tag{3.13}$$

式中　σ_a——岩体中任一点的接触压力;

$\qquad \sigma_w$——孔隙水压力。

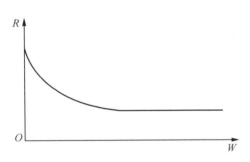

图 3.5　亲水性岩石的力学性质随着含水量
W 的变化状况(图中 R 为亲水性岩石的力学性质)

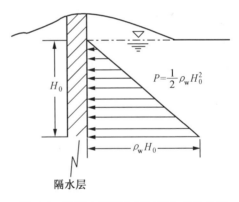

图 3.6　地下水遇隔水层时压力 P 的成因

如图 3.7 所示,由于孔隙水压力 σ_w 的存在,将使岩体强度降低。结合材料力学理论,可以求得岩体中任一面上有效正应力 σ'_n 及有效剪应力 τ'_n(图 3.8),即有

$$\begin{cases} \sigma'_n = \dfrac{(\sigma_1 - \sigma_w) + (\sigma_3 - \sigma_w)}{2} - \dfrac{(\sigma_1 - \sigma_w) - (\sigma_3 - \sigma_w)}{2}\cos 2\alpha = \\[2mm] \qquad \dfrac{\sigma_1 + \sigma_3}{2} - \dfrac{\sigma_1 - \sigma_3}{2}\cos 2\alpha - \sigma_w = \sigma_n - \sigma_w \\[2mm] \tau'_n = \dfrac{(\sigma_1 - \sigma_w) - (\sigma_3 - \sigma_w)}{2}\sin 2\alpha = \dfrac{\sigma_1 - \sigma_3}{2}\sin 2\alpha = \tau_n \end{cases} \tag{3.14}$$

式中　σ_1、σ_3——地应力的最大主应力及最小主应力;

$\qquad \sigma_n$、τ_n——不考虑孔隙水压力 σ_w 时岩体中任一面上的正应力及剪应力;

$\qquad \alpha$——岩体中任一面与最小主应力 σ_3 方向的夹角。

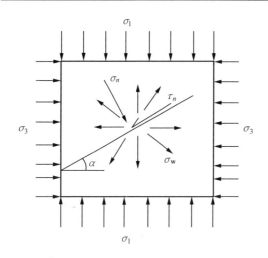

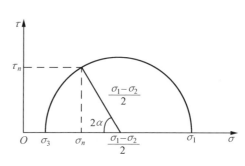

图 3.8　岩体中任一面上正应力及剪应力
与地应力的关系

图 3.7　岩体中存在隙水压力时应力的组合关系

根据莫尔库伦破坏准则，可以写出存在孔隙水压力时岩体抗剪强度 τ_w 的表达式，即

$$\tau_w = (\sigma_n - \sigma_w)\tan\varphi_w + c_w \tag{3.15}$$

式中　φ_w、c_w——浸水状态下岩体内的摩擦角及内聚力。

因此，由于存在孔隙水压力作用，致使浸水岩体中较干燥岩体的抗剪强度降低了 $\Delta\tau = \tau - \tau_w$，即

$$\Delta\tau = (\sigma_n\tan\varphi + c) - [(\sigma_n - \sigma_w)\tan\varphi_w + c_w] =$$
$$\sigma_w\tan\varphi_w + \sigma_n(\tan\varphi - \tan\varphi_w) + (c - c_w) \tag{3.16}$$

式中　$\sigma_w\tan\varphi_w$——由孔隙水压力引起的岩体抗剪强度的降低量；

$\sigma_n(\tan\varphi - \tan\varphi_w)$——由吸着水软化引起的岩体抗剪强度的降低量；

$c - c_w$——由吸着水软化引起的岩体内聚力的降低量。

式（3.16）即为水导致岩体抗剪强度变化的综合效应。

（3）地下水分布规律及活动特征。

如前所述，按照存在方式，可以将岩体中的地下水划分为吸着水和重力水两种类型。吸着水可以改变岩体力学的性质，重力水则能转变岩体中地应力的状态。吸着水既来自渗透水的补给，又来自凝结水的转移。渗透水的补给表现为大气降水等渗入地下而转变为吸着水，其运动主要依靠毛细作用。凝结水是指空气中水分由于温度差异而吸附于岩体表面，并且逐渐向岩体内部转移。吸着水的运移实际上是通过汽化与凝结及毛细作用实现的，对地下硐室周壁围岩中含水量的测定结果很好地证实了这种现象。一般来说，直接裸露于空间的岩体，其表部的含水量较低，而岩体内部的含水量较高，并且趋于稳定，如图 3.9(a) 所示；相反，如果在岩体内开挖地下硐室，由于凝结水的吸附作用，致使硐室周壁岩体表面含水量较高，而岩体内部含水量逐渐降低，并且稳定于初始含水量，如图 3.9(b) 所示，这便是岩体中吸着水的分布规律。事实表明，现场原位试验结果并不一定能表征岩体的实际力学性质，因为在岩体表部或硐室周壁围岩中含水量由于凝结水和渗透水的补给而发生变化，所以测得的岩体力学性质指标也随之变化。因此，在深部测得的岩体力学性质往往不能代表岩体表部或硐室周壁围岩的岩体力学性质。同理，在岩体表部或硐室周壁围岩中测得的岩体力学性质也不能反映深部岩体的力学性质。由于岩体中吸着水的含量是可变的，所以为了正

确评价工程岩体的变形及破坏趋势,必须详细研究岩体中的含水量,包括含水量在时间及空间上的变化两个方面。

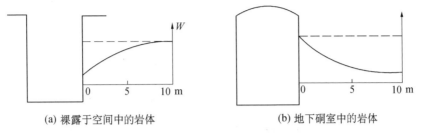

(a) 裸露于空间中的岩体　　　(b) 地下硐室中的岩体

图 3.9　岩体中含水量变化

重力水即为狭义地下水,在重力作用下可以自由流动,存在于透水岩体中,包括孔隙透水岩体及裂隙透水岩体两种。岩体经常被若干隔水体分隔成几个透水岩体。

地下水埋藏条件决定着其活动特征,而地下水埋藏条件则取决于岩体的岩性及结构。例如,完整结构岩体中地下水主要为孔隙水,若岩体中孔隙不连通,地下水在其中无法运动,则可以称之为不透水体或隔水体,而对层状岩体来说,这种隔水体又称隔水层。碎裂结构岩体中地下水主要存在于结构面内,这种岩体多数为含水体,由于受岩性及地应力状态的控制,有的结构面张开,有的结构面闭合或愈合,并且不同部位结构面张开或闭合程度也各异,使得同一岩体内有的为含水层(体),有的为不含水层或隔水层。

总之,岩体结构控制岩体的水力性质及地下水活动特征,而地应力及岩体工程活动又是地下水活动特征的重要影响因素。首先,岩体结构限定了地下水的分布空间及运移途径,岩体的水力性质严格受控于岩体结构及结构面变形性能,而岩体工程活动又可以改变岩体结构及地应力的状态。因此,在研究地下水活动特征及其对岩体变形及破坏的影响与制约作用时,务必综合考虑以上这些方面。

在分析岩体中地下水分布规律及活动特征时,往往需要查明岩体结构及地应力状态,在此基础上组织试验研究,并且进行数值模拟。对具有碎裂结构的岩体来说,理清结构面或裂隙空间分布规律及裂隙与地应力的关系非常重要,因为这种岩体的导水往往是各向异性的,一般是平行于最大主应力方向的导水性最强。而对具有完整块结构及层状结构的岩体来说,地下水分布规律及活动特征既受控于结构面发育状况,又与软弱夹层关系密切,在查清结构面或裂隙导水率及软弱夹层渗透率前提下,再通过试验或数值模拟来寻求这种岩体的导水性。如果岩体中结构面或裂隙继续发育,那么情况便较为复杂,因为这种岩体具有地下水渗透不连续性,但是也存在连续通道,所以其导水性必须由试验来测定。

清楚了地下水在岩体中的分布规律及活动特征之后,便可以采用数学与力学方法探讨地下水对岩体变形及破坏的影响。

（4）地下水运动定律。

试验研究表明,地下水在孔隙透水岩体中运动符合达西定律,即

$$v = K_R(I - I_0) \tag{3.17}$$

式中　v——地下水流速;

　　　K_R——岩体渗透系数;

　　　I——水力坡度;

I_0——初始水力坡度。

地下水在岩体中单一裂隙内运动规律仍然可以写成达西定律的形式,即

$$V = K_f I \qquad (3.18)$$

式中 K_f——裂隙导水系数,是裂隙开度 e 的函数。

对节理来说,由于地下水流具有层流特征,从而有

$$K_f = \frac{kge^2}{12\gamma c} = \beta e^2 \qquad (3.19)$$

式中 k——节理连续性系数(节理张开面积与总面积之比);

c——取决于节理粗糙度的系数[节理粗糙度为 h/D_h,h 为节理面凸起高度(定义为节理起伏差),$D_h = 2e$(定义为水力直径)];

g——重力加速度;

γ——水流动黏滞系数。

另据 Louis(1974)研究结果,系数 c 可以表示为

$$c = 1 + 8.8(h/D_h)^{1.5} \qquad (3.20)$$

若裂隙内有充填物,则裂隙导水系数 K_f 将取决于充填物的渗透性。一般来说,充填物的渗透性远比其围岩的渗透性高。

如果岩体被一组结构面切割,那么岩体中地下水的流量与结构体(岩石)的渗透性、结构的面导水性及有效水力坡度等关系密切,即

$$Q = \sum q = \sum \left[eK_f I + bK_R(I - I_0) \right] \qquad (3.21)$$

式中 Q——岩体中地下水的流量(沿着结构面方向单位时间流量);

b——结构体的过水断面尺寸。

若整个岩体的过水断面尺寸为 a,那么由上述结果便可以得到地下水在这种岩体中的运动定律,即

$$v = \frac{q}{a} = \eta K_f I + (1 - \eta) K_R (I - I_0) \qquad (3.22)$$

式中,$\eta = e/a$(岩体裂隙率),$a = b + e$。

(5) 地下水力学测试概述。

地下水力学测试主要研究地下水的力学作用,包括地下水对岩体的地应力状态、变形特征、破坏形式及最终强度等的影响与制约。地下水的力学作用规律主要取决于岩体的水力性质,而岩体的水力性质又受其结构及变形特征的影响。地下水力学测试总体上应包括岩体的成分、结构、变形指标及渗透系数等内容。鉴于岩体的成分、结构及变形指标等亦已在有关部分叙及,所以在这里仅讨论对岩体渗透系数的测试。

岩体渗透系数是岩体水力学的核心参数。一般来说,岩体结构限定了地下水的分布空间及运移途径,从而决定了岩体的渗透性,即地下水在岩体中渗透的定向性和非均匀性。因此,表征岩体渗透性的参数属于定向渗透系数。所以,岩体渗透系数测试的原理、技术及方法等均有其特殊性。

岩体渗透系数可以通过室内模拟试验及现场原位测试两个途径获得。由于岩体的水力性质存在尺寸效应,所以为了获取切合实际的资料,通常采用现场原位测试途径得到岩体渗透系数。测试岩体渗透系数方法有很多,主要可以归纳为抽水试验、压水试验或注水试验三

大类。抽水试验是测试岩体渗透系数较为理想的方法,但是只能用于测试地下水位以下的岩体渗透系数,而无法测试地下水位以上的岩体渗透系数。压水试验或注水试验则可以用于测试地下水位以上的岩体渗透系数。应当指出,在采用压水试验测试裂隙岩体渗透系数时压力不宜过高,其原因是过高的压力将使闭合裂隙张开,从而增大岩体渗透系数。也就是说,采用压水试验测试岩体渗透系数时,合理选择注水压力至关重要,而选择注水压力时无疑需要考虑岩体中初始地应力的状态,并且在分析试验结果时也要考虑注水压力的影响(注水压力一般不超过 1 MPa)。

为了精确地测试岩体渗透系数,当岩体位于地下水位以下时,最好选用抽水试验。抽水试验是确定岩体水力性质的有效方法之一,所获得的成果一般能够代表较大面积,比单个点上或室内模拟试验结果可靠得多。采用三联水力传感器和渗透仪进行抽水试验,可以得到岩体定向渗透系数。抽水试验的基本方法是从井内抽水,测量水流量及水位降深,并且在适当距离内打一定数量的观测孔以便确定由于抽水而引起的水位变化。抽水试验结果正确与否主要取决于两方面因素:其一是观测方法及设备的可靠性与精度;其二是所选用公式与水力模型是否吻合。观测孔数量对试验结果的精度有很大影响,例如,单一观测孔只能分析岩体的平均渗透系数,而两个以上位于不同距离处的观测孔则可以研究时间与水位降深的关系以及距离与水位降深的关系,这既能够提高试验结果的精度,又使得具有代表性,最好采用三个以上观测孔。观测孔的深度及距离与所测试岩体的渗透性有关,岩体渗透性越小,要求观测孔距离抽水井越近,并且深度要浅;相反,岩体渗透性越大,降水漏斗也越大,则要求观测孔距离抽水井稍远些,并且深度也要大些。目前,水位测量方法有机械式、电动式、电子式、压力式、声呐式、核子式及程控式等多种,水流量测量方法有容积法、交变压力差法、固定压力差法、电磁法及流速法等。

压水试验虽然可以测试地下水位以下的岩体渗透系数,但是仍主要用来测试地下水位以上的岩体渗透系数。传统的抽水试验只能测试岩体平均渗透系数,而无法测试岩体定向渗透系数。C. Louis(1974)所创立的三联水力探测法则可以较好地测试岩体定向渗透系数。三联水力探测法是在压水井中段通过分隔器限控平面流压水试验,利用中段上、下分隔器水流量之差给出中段渗流水量 Q,并且测量中段实际压力水头 P_0;然后,与抽水试验一样,在距压水井一定距离 r 处设置观测孔,测量水流经过压力降后的压力水头 P。这样,便可以计算岩体定向渗透系数 K。对于各向同性岩体,$K=[Q\ln(r/r_0)]/[2\pi L(P_0-P)]$,其中 r_0 为压水井半径,L 为压水井中段长度。三联水力探测设备分为水力测量探测器及电测量探测器两种主要类型。压水井及观测孔方向视研究目的而定,如果岩体为各向同性介质体,那么其方向将取决于工作是否方便;如果需要测试岩体定向渗透系数,那么压水井及观测孔方向应与结构面或裂隙面垂直。压力井试验段长度要确保中段为平面流,应该结合观测孔与压水井距离考虑试验段长度。至于压水井及观测孔直径,从理论上看,直径越大越好,因为直径越小,周围紊流范围也就越大。试验压力一般不宜超过 1 MPa,但是对于结构完整的岩浆岩来说,其封闭压力可以达到 4~8 MPa,显然能够适当提高试验压力。也就是说,试验压力因岩性及岩体结构而定。

3.3.3 地热

地热是岩体力学作用因素之一,其对岩体力学性质的影响是不可忽视的。地热的作用主要表现在两个方面:其一,是促使岩体风化及力学性质蜕化,属于物理化学作用,主要有水参与;其二,是引起岩体发生热应力变化,属于热应力物理作用,有的需要有水参与,有的可以单独进行。热应力的物理作用往往是一种因加载-卸荷产生的岩体力学效应,从而改变岩体中地应力的状态。地温变化 1 ℃在岩体中所产生的地应力变化值称为热应力系数(βE,MPa/℃)。一般来说,温度变化 1 ℃将在岩体中产生 0.4～0.5 MPa 的地应力变化,地表年温度变化可以导致岩体 20～30 MPa 的地应力变化,这是十分可观的。因此,在探讨岩体力学作用时,必须查明岩体中地热或地温状况。

地热特征一般用地温及热流密度来表示。地温用地温绝对值、地温梯度(G,℃/km)及地温梯级(B,km/℃)等描述。地温梯度 G 与地温梯级 B 之间呈倒数关系,即 $G=1/B$。

地温随着埋深变化可以划分为两个带,即变温带和恒温带。变温带是指地表及地下浅层地温主要受控于太阳辐射的地带,地温具有日、年、世纪的周期性变化,一般情况下地温日变化影响深度仅为 1～2 m,年变化影响深度为 20～40 m,世纪变化影响深度可达 80～100 m。变温带之下即为恒温带。恒温带是指地温不受太阳辐射影响的地带,但是地温并非为不变的常量。恒温带的地温主要受岩性及构造变形作用(深部热流上升)的影响与制约。岩性对地温的影响主要体现在岩石(岩体)的热导率[K,J/(cm・s・℃)]上;研究表明,对于同一地区(尤其是同一钻孔),地温梯度 G 与岩石导热率 K 成反比,这是因为地温梯度 G 与岩石导热率 K 之积为热流密度[Q,J/(cm²・s)],即 $Q=KG$,而热流密度 Q 对同一地区来说为常量。不同地区的热流密度 Q 各异,这与区域构造活动关系密切。区域构造活动越强烈的地区,其热流密度 Q 也越大,例如,古老地台区的热流密度一般为 $(4.6～5.5)\times 10^{-6}$ J/(cm²・s),而年轻造山带或构造活动带的地区热流密度可达 $(8.4～10.5)\times 10^{-6}$ J/(cm²・s)。这也是地温梯度 G 与区域构造活动直接相关的原因之一。而另一原因是岩石的热导率及古老结晶基底岩石热导率较年轻山带或构造活动带岩石的热导率高。因此,地盾或地台区地温梯度 G 多数为 15～30 ℃/km,年轻造山带或构造活动带区的温梯度 G 通常为 30～50 ℃/km,而现代活火山地区的地温梯度 G 可达 200 ℃/km,特别是现代活动断层上及其附近地区的地温梯度 G 往往异常高,这主要是由大量深部热流沿着断层带上升所致。所以,在这些地区进行岩体力学研究或岩体工程活动时,务必对地热引起足够重视。

几种常见的岩石弹性模量及热应力效应参数见表 3.1。

表 3.1　几种常见的岩石弹性模量及热应力效应参数

岩石的类型	线膨胀系数 β /($\times 10^{-5}$ ℃$^{-1}$)	弹性模量 E /($\times 10^4$ MPa)	热应力系数 βE /(MPa・℃$^{-1}$)
辉长岩	0.5～1	9～6	4～5
辉绿岩	1～2	4～3	4～5
粗粒花岗岩	0.6～6	8～1	4～6
细粒花岗岩	1	4	4
片麻岩	0.8～3	6～3	4～9
石英岩	1～2	4～2	4

续表 3.1

岩石的类型	线膨胀系数 β /($\times 10^{-5}$℃$^{-1}$)	弹性模量 E /($\times 10^4$ MPa)	热应力系数 βE /(MPa·℃$^{-1}$)
页 岩	0.9~1.5	4	4~6
石灰岩	0.6~3	4	2~10
白云岩	1~2	4.2	4

习 题

1.简述岩体形成的主要过程。

2.岩体形成建造过程中存在哪些地质作用?

3.岩体建造过程中,竖向地应力与水平地应力存在几种相互关系?

4.岩体形成改造过程中存在哪些地质作用?

5.举例说明经过改造的岩体中,地应力分布的规律性。

6.岩体赋存的环境条件有哪些?

7.岩体中高地应力分布区的地质标志有哪些?

8.地应力绝对值有哪几种测量方法?

9.简述岩体中地下水的类型及其作用。

10.基于水与岩体相互作用力学效应的岩体赋存环境的状态是如何划分的?

11.现场原位测试岩体渗透系数的主要方法与适用条件有哪些?

12.地热效应是如何影响岩体力学性能的?

第4章　岩体结构

岩体力学性质主要取决于岩性、结构及赋存条件三个方面,而岩体结构又是其重点内容。岩体区别于连续介质岩石主要在于其具有结构的特殊性,而这种结构的特殊性对岩体力学性质往往具有强烈影响与控制作用,正因为如此,岩体力学的性质与同种介质岩石力学的性质一般存在很大差别。所以,岩体力学是基于岩体结构控制论发展起来的,岩体结构力学效应是岩体力学理论的核心。总体来看,岩体结构力学效应由三个部分组成,即岩体力学性质的结构效应、岩体变形的结构效应及岩体破坏的结构效应。可以认为,查明了岩体结构的特征就等于岩体力学研究工作完成了一半。

在自然条件下,岩体均被各种地质界面分割成若干块体,这些块体有序或无序地组合在一起便形成岩体。在岩体力学中,通常将岩体中各种地质界面抽象为结构面,而把被结构面分割的所有岩石块统称为结构体,结构面和结构体均属于岩体的结构单元或结构要素,岩体结构可以定义为结构单元在岩体中排列与组合的形式。就概念、内涵而言,岩体结构这一术语赋有三个含义,即结构单元、组合及排列。结构单元包括各类硬性结构面、软弱结构面或软弱夹层及结构体等,这些结构单元在岩体中不同的排列与组合形式便构成各异的岩体结构。组合即为各类结构单元在岩体中的相互搭配关系,例如,硬性结构面与块状结构体搭配成碎裂结构,软弱结构面与板状结构体搭配成板裂结构等。排列是指各类结构单元在岩体中分布是有序的、还是无序的,是连续的、还是断续的等。岩体结构是有序级及规模的,并且序级大、结构单元规模便小,类似于地质构造的序级与规模之间的对应关系,明确岩体结构的序级有助于发现与把握岩体结构的力学效应。岩体结构在岩体中分布还有透入性结构与非透入性结构之分。所谓透入性结构是指在整个岩体中均匀分布的一种结构形式,例如,整个岩体均表现为板裂结构,反映整个岩体经历了相同性质的变形与破坏作用;而非透入性结构则是指那些仅仅发育于岩体局部位置上的结构形式,以碎裂结构为例,如果一个较大的岩体仅被某条线状断层切割,那么由脆性变形作用而产生的碎裂结构只存在于断层中及其附近。当然,岩体结构的透入性结构与非透入性结构只是相当于考查尺度而言,例如,有的宏观上观察为透入性结构形式,而从微观上看便不具有透入性结构;相反,有的结构形式在微观上或在露头尺度上表现为透入性结构,但是从较大范围上看则是非透入性结构。不过,岩体结构的透入性结构是相对的,非透入性结构才是绝对的事实。从工程应用角度考虑,根据设计精度要求,合理确定岩体结构的透入性与否,具有重要意义。

众所周知,岩体形成之后在长期地质历史进程中经历了各种内、外动力地质作用的反复叠加改造与破坏,从而形成多样的结构形式。在工程上,研究岩体力学的目的是探讨由于工程活动使岩体赋存环境条件改变而导致其发生再变形及再破坏的规律,而影响与控制岩体的这种再变形及再破坏方式的主要因素在于岩体的结构形式。从工程应用角度来说,强调从岩体实际出发,确定表述岩体的组成、结构及变形特征的地质模型,据此抽象出物理模型及力学模型,并且建立岩体变形本构方程,研究其再变形及再破坏规律。由此可知,地质模型是工程岩体的力学模型基础,而地质模型的特征标志是岩体的结构形式,足见岩体结构的工程意义。

4.1　结　构　面

一般来说,结构面在岩体结构力学效应中往往居于主导地位,也是岩体结构研究的重点。结构面力学性质与其成因及演化过程密切相关。因此,在分析结构面力学性质时,必须以成因及演化过程研究为基础,抓住分布的几何空间规律,以此取得较为理想的结果。岩体力学研究的主要基础之一是结构面力学性质。

4.1.1　结构面成因类型

按照自然成因不同,可以将广泛发育于岩体中的各种结构面归纳为三种类型,即原生结构面、构造结构面及次生结构面。原生结构面是指在岩体形成过程中产生的结构面,包括内动力地质作用及外动力地质作用两种成因。构造结构面是指由于岩体受构造变形作用所产生的结构面,属于内动力地质作用成因。次生结构面是指岩体因受各种风化及卸荷作用而产生的结构面,主要为外动力地质作用成因,但是卸荷作用有的是构造抬升卸荷,因此所产生的结构面应属于内动力地质作用成因。严格意义上讲,绝大多数构造结构面是在岩体形成之后产生的,应归于原生结构面。各种结构面均有其特定的地质特征,据此可以鉴别结构面的成因类型,并且有助于分析其力学性质。

在岩体力学中,结构面只是根据一定的地质实体抽象出来的概念而已,与几何学中平面或曲面的意义有相同之处,但是也存在较大差别。也就是说,结构面是由一定物质所组成的,并且存在表面结构特征(如凸起及沟槽等),在切向上具有二维平面内无限延展的几何学中面的特征;但是,在法向上往往有一定厚度,与几何学中平面或曲面不同。因此,结构面实质上是一种地质实体。但是,从运动学及动力学角度考察,这种地质实体在一定程度上又具有几何学中平面或曲面作用机理。结构面在变形上表现为张开、闭合、压缩及滑动等机理,在破坏上即为沿着其滑动与(追踪)剪切破裂机理。在岩体力学研究中,结构面概念的提出为将有关岩体变形与破坏的信息抽象为地质模型及物理力学模型奠定了关键性的基础。

在自然条件下,多数结构面处于张开状态,也有很少部分属于闭合结构面。张开结构面有的是干净的,有的充填了其他物质:若张开结构面为干净的,或者被坚硬碎屑物质所充填,则称之为硬性结构面;反之,如果张开结构面中夹有一定厚度的软弱物质,那么软弱夹层对结构面力学性质将产生强烈影响,一般情况下,随着软弱夹层厚度的增加,结构面强度便降低,而当软弱夹层达到某一临界厚度后,结构面强度将趋于稳定,并且取决于软弱夹层强度,这种含软弱夹层的张开结构面又称软弱结构面。闭合结构面包括三种情况,即压力愈合结构面、弱胶结结构面及强胶结结构面。压力愈合结构面又称隐结构面,是指在较高地应力作用下迫使结构面闭合,呈假胶结状态,当应力释放后或受其他外力扰动时,这种结构面又回弹张开成为显结构面;弱胶结结构面是指结构面因钙质及泥质等胶结闭合,胶结作用较弱而很容易被破坏,此外有的片麻理、片理及层理等也属于弱胶结结构面;强胶结结构面是指结构面因硅质等胶结闭合,胶结作用很强,胶结物强度达到或超过结构面的原组成物质及结构面两壁岩石强度,很难被破坏。有关原生结构面、构造结构面及次生结构面的地质特征与鉴别标志,请查阅《构造地质学》《地质力学》及《岩石学》教科书。

4.1.2 软弱夹层

在某些沉积岩形成过程中,由于沉积条件发生暂时性变化,往往出现一些局部的软弱夹层,例如,杂砂岩中夹有泥质薄层状页岩,石英砂岩中夹有钙质薄层,白云岩中夹有灰岩薄层等。这些软弱夹层受力时很容易滑动破坏而引起工程事故,不少斜坡危岩体、地下硐室围岩及其他岩石地基失稳即与软弱夹层关系密切,所以在进行岩体工程设计及施工过程中务必加强软弱夹层的勘探与研究,努力查明软弱夹层力学性质及变形特征。

软弱夹层的软弱是相对于其赋存的主体岩层而言的,可以采用能干性这一术语来描述软弱夹层与主体岩层之间变形行为的差异。通常把岩层按照能干性的不同划分为能干的和不能干的两种类型,能干的也就是力学性质强的岩层,而不能干的则是力学性质弱的岩层,软弱夹层即为不能干的岩层。这只是指在相同变形条件下,能干的岩层较不能干的岩层难以发生塑性流变或剪切破坏。因而,在一定程度上,也可以采用黏度比来表示岩层的能干性差异。应该指出,有时也把岩层的能干性差异与韧性差异相混用。严格意义上说,韧性差异是指岩层达到破坏时塑性变形量的差异,并不完全与能干性差异的含义一致。对于具体的工程岩体,可以根据其构造变形特征观察及变形试验研究结果,排列出包括软弱夹层在内的不同岩层能干性大小的顺序。在同样的变形条件下,相对能干的岩层可以在不发生明显的内部变形时便出现脆性破裂或弹塑性挠曲;而相对不能干的岩层或软弱夹层则以发生很大的内部应变来调节总体变形。岩层的能干性主要取决于碎屑成分和粒度、胶结物类型和胶结性质以及结构等。据此,可以归纳出常见的沉积岩能干性由强到弱的排序如下:

1. 硅质岩	5. 杂砂岩	9. 砾岩	13. 板岩
2. 石英砂岩	6. 岩屑砂岩	10. 粗粒灰岩	14. 泥灰岩
3. 长石砂岩	7. 硅化灰岩	11. 细粒灰岩	15. 页岩
4. 长石石英砂岩	8. 砂砾岩	12. 粉砂岩	16. 岩盐、硬石膏

4.1.3 层间滑动面及其成因机制

层间滑动面属于一种软弱结构面,介于相邻的硬性岩层(能干层)之间,较为普遍存在于层状岩体(如沉积岩)中。所谓层间滑动是指仅在层面或软弱夹层内发生滑动,滑动面与岩层面平行一致、而不切割岩层面。层间滑动多数存在于软、硬相间岩体中的软弱夹层内部,有的连续延伸,有的断续发育。在岩体力学研究中,应该重视层间滑动面,因为层间滑动面是一种极为重要的软弱结构面,也是不少岩体工程事故的主要隐患。一般情况下,层间滑动面的厚度变化在几毫米至几十厘米之间。层间滑动面的结构包括:① 破劈理带;② 糜棱化—泥化带;③破劈理带、糜棱岩化—泥化带及主滑动面,如图 4.1(d)所示。层间滑动面的成因是岩体发生多次往返层间滑动作用,其形成机理如图 4.1 所示。若坚硬岩层(如砂岩层)中含有软弱夹层(如页岩),如图 4.1(a)所示;当岩层发生剪切作用时,首先在软弱夹层中形成破劈理,如图 4.1(b)所示,破劈理与岩层面所成锐角指向与本盘剪切滑动方向相反,锐角的大小与软弱夹层的塑性程度有关,软弱夹层的塑性程度越大,锐角就越小。由于构造变形绝大多数为振荡式运动,当岩层发生反向剪切作用时,便在软弱夹层中形成反向破劈理,如图 4.1(c)所示;这样,先期形成的破劈理将被错断,从而使之不连续、不贯通,并且有重叠现象。如此,在多种往返剪切作用下,促使软弱夹层劈理带中部分岩石糜棱岩化且形成主滑动面,如图 4.1(d)所示,主滑动面上可见不同方向的擦痕及透镜体等。在软弱夹层中形成主滑动面之后,层间滑动自然被其所控制,在主滑动面附近不可能再产生新的层间滑动面。主滑动面多数发育于软弱夹层底部,与其邻近的是鳞片状糜棱岩化破劈理带。主滑动面及糜棱岩化破劈理带由于渗透水及风化作用而泥化成断层泥,这是岩体中强度最弱的部位之一,在岩体工程中要特别引起注意。

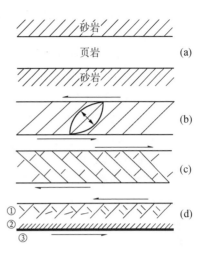

图 4.1 层间滑动形成过程示意图
①—破劈理带;②—糜棱岩化—泥化带;③—主滑动面

4.1.4 结构面等级划分

结构面规模不同,对岩体的稳定性影响也有所不同。在研究岩体力学性质时,不仅要查明各种类型结构面及其地质特征,还应该按照力学作用差别对结构面进行等级划分。结构面中含有软弱物质的属于软弱结构面,而无充填物的则为硬性结构面,软弱结构面具有重要的工程岩体力学意义。工程岩体总是有一定范围的,一定范围岩体中所发育的结构面依据其规模及力学效应可以划分为Ⅰ、Ⅱ、Ⅲ及Ⅳ四个等级,分述如下。

(1)Ⅰ级结构面。

Ⅰ级结构面规模最大,延长几千米至数十千米以上,贯穿整个岩体,结构面内破碎带宽度达几米至数十米,经常见到的有较大断层或断层破碎带。这种结构面属于软弱结构面(有时可以作为一种独立的力学模型,即软弱夹层处理),构成岩体力学作用边界,控制岩体变形及破坏方式。对于这种结构面来说,应该注重研究结构面的物质成分、形态、产状及组合形式等。

(2)Ⅱ级结构面。

Ⅱ级结构面规模较大或中等,与所研究的岩体相当,延长一般为几千米,结构面内破碎带宽度为几厘米至数米,一般为小断层及层间滑动面。这种结构面也属于软弱结构面,构成具有相同结构特征的岩体边界及次级地应力场边界,控制岩体变形及破坏方式。同样,应该注重研究这种结构面的物质成分、形态、产状及组合形式等。

(3)Ⅲ级结构面。

Ⅲ级结构面规模较小,延长几米(或更短)至几十米,结构面内无破碎带,也不夹泥(有时可见泥膜),有的发生错动,有的未错动,通常表现为各种节理、劈理、小断层(开裂)层面及次生裂隙等,少数结构面呈弱结合状态。这种结构多数属于硬性结构面,也有很少量软弱结构面,参与将岩体切割成结构体,是确定岩体结构类型的重要依据,也是岩体结构效应的基础,对岩体力学的性质往往具有控制作用,一般构成次级地应力场边界。对于这种结构面,应该注重研究结构面的产状、组数、密度及组合形式等。

(4)Ⅳ级结构面。

Ⅳ级结构面规模相当小(肉眼难以看到),并且连续性差,包括断续小节理、隐节理、片理、片麻理、韧性变形叶理及层面等。这种结构面属于硬性结构面,为岩体力学性质结构效应的基础,在岩体内很容易形成应力集中。

通常情况下,结构面的形态与其力学性质密切相关,例如,张性结构面多数粗糙起伏,或者呈锯齿状,而扭性结构面则平直光滑。与工程岩体规模相当的结构面起伏不平状况,可以采用起伏差或起伏角(爬坡角)来描述。爬坡角的力学效应与结构面内充填物厚度有很大关系。一般来说,当结构面内充填物厚度小于起伏差时,爬坡角才有力学效应;而当充填物厚度大于起伏差时,爬坡角的力学效应便消失。值得提出的是,如果结构面上齿坎啃断比爬坡更容易时,那么也存在爬坡角的力学效应。

结构面内充填物的力学效应取决于其物质成分、厚度及结构等。结构面内充填物成分有泥质、钙质、硅质、矿物碎屑、岩屑及角砾等多种类型,其中泥质及钙质充填物的强度与其压密程度和含水量有很大关系,并且同时表现于内聚力和内摩擦角两个方面,硅质充填物的强度也主要表现在内聚力和内摩擦角两个方面,而碎屑及角砾充填物的强度则与其黏土质量有很大关系(黏土质量越多,强度越低),并且突出表现于内摩擦角和咬合程度两个方面。结构面内充填物厚度可以分为薄膜、薄层及厚层三种类型:薄膜(厚度一般小于 1 mm)多数为次生的黏土矿物及蚀变矿物,使得结构面强度大为降低;薄层(与结构面起伏差相当)的存在致使结构面强度主要决定于充填物的力学性质及充填度,并且岩体主要沿着结构面滑移破坏;厚层(厚度远远超过结构面起伏差)的存在导致岩体破坏方式不仅是沿着结构面滑移,而且表现为充填物塑性流变。应该指出,当含有厚层充填物时,结构面应视为一种特殊的力学模型,即软弱夹层,往往使岩体发生大规模破坏,所以应做专门研究;此外,若结构面内含薄层状充填物,也使之成为岩体中重要的软弱结构面,需要引起特别注意。结构面内充填物结构对岩体强度及破坏方式影响较大。

对岩体稳定性来说,软弱结构面不一定是控制岩体稳定性的危险结构面。软弱结构面成为危险结构面还必须具备临空及产状两个条件。就上述的 Ⅰ、Ⅱ 级结构面而言,结构面的产状将控制岩体破坏条件及沿着结构面滑动机制;而 Ⅱ 级结构面的产状则是岩体强度的影响因素之一。岩体沿着结构面滑动破坏往往是由两个以上结构面适当组合交切所致,而在岩体中由结构面组合交切形成块体滑动的控制因素是组合交线的产状,所以在分析岩体稳定性时,必须认真观测 Ⅰ、Ⅱ 级结构面的产状及分布规律。如果含有(软弱)充填物,那么 Ⅰ、Ⅱ 级结构面将对岩体破坏具有强烈的影响与控制作用,因为此时岩体会优先沿着结构面滑动破坏。Ⅲ 级结构面不仅粗糙、起伏不平,而且是非贯通性的,在多数情况下主要影响岩体力学性质,而不会对岩体的破坏方式产生控制作用,所以只含有 Ⅲ 级结构面岩体的破坏主要受控于岩体中地应力的状态及岩体力学的性质。Ⅲ 级结构面对岩体力学性质的影响主要体现在结构面的密度、分散性及产状上,结构面的密度是指单位面积或单位体积内结构面条数(当然,也可以用结构体的大小来描述);而结构面的分散性可以用岩体中结构面产状组数来表示,岩体中结构面的产状组数越多,结构体的形状越复杂,岩体力学性质的随机性越大,结构体之间镶嵌咬合能力越强。Ⅳ 级结构面虽然很小且不连续,但是在岩体中大量分布,多数弯曲、粗糙,由于很容易出现应力集中,所以将对岩体强度产生一定影响。

4.1.5 结构面统计分析

通过实测方法来获取结构面的产状、间距、宽度及面积等信息,然后采用适当的指标数据或图表形式将这些资料直观地表示出来,从而寻求岩体中结构面的产状特征、发育程度及组合形式等统计规律,以此作为分析与评价岩体质量的基本依据。

(1) 结构面统计图。

为了表示岩体中结构面的产状及分布情况,往往根据极射赤平投影原理编制结构面的极点图和等密图,或者由产状数据直接编制结构面的玫瑰花图等。

① 结构面走向玫瑰花图。

将所有的结构面走向换算成 NE 及 NW 方位角,根据结构面实际发育情况按照一定间隔对其方位角进行分组,一般采用 5°或 10°为间隔角矩,例如分成 0°~9°,10°~19°,20°~29°,… 然后,统计每组中的结构面数目。再计算每组结构面的平均走向,例如 0°~9°组内有走向为 6°、5°、4°三个结构面,则其平均走向为 5°。选取单位长度线段表示一个结构面,据此将每组中的结构面数目均按比例转化为一定长度的线段。以数目最多的那一组结构面的线段长度为

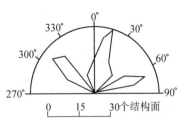

图 4.2　结构面走向玫瑰花图

半径作半圆,并且过圆心画出南北及东西直线,在圆周上标明方位角(代表结构面走向方位角)。从 0°~9°的第一组结构面开始,按照每组结构面的平均走向方位角基于圆心确定半径方向,再依据代表每组结构面数目的线段长度,将圆心作为起点,沿着每组结构面走向方位角所对应的半径上定出表示结构面走向及数目的各点。用直线线段将这些点顺序(走向方位角大小变化顺序)连接即得结构面走向玫瑰花图,如图 4.2 所示。值得注意的是,如果其中某组的结构面数为零,则连线便回到圆心,然后再从圆心引出与下一组结构面点的连线。

② 结构面倾向玫瑰花图。

结构面倾向玫瑰花图与上述的结构面走向玫瑰花图类似,只不过是在结构面倾向玫瑰花图中采用的是整圆,半径方向或圆周方位代表结构面的平均倾向方位角,如图 4.3 所示。按照一定间隔角矩根据结构面倾向方位角对其进行分组,并且求出每组中结构面的数目及平均倾向,用圆周方位表示每组结构面的平均倾向,半径长度表示每组结构面的数目,具体作图方法与结构面走向玫瑰花图相同。

③ 结构面倾角玫瑰花图。

根据上述结构面倾向方位角的分组结果,求出每组结构面的平均倾角,然后用结构面的平均倾向及平均倾角作图,圆半径长度代表结构面的平均倾角大小,而半径方向或圆周方位代表结构面的平均倾向方位角,由圆心至圆周的平均倾角变化为 0°~90°,至于找点及连线方法与结构面倾向玫瑰花图完全一样。一般将结构面倾向玫瑰花图与倾角玫瑰花图重叠作于同一图上,如图 4.3 所示。

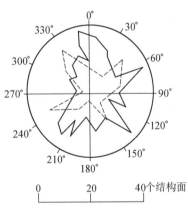

图 4.3　结构面倾向玫瑰花图(图中实线)及倾角玫瑰花图(图中虚线)

④ 结构面极点图。

结构面极点图通常是在赖特网上编制的,网中放射线方位代表结构面的倾向(变化于 0°~360°之间),不同半径的同心圆代表结构面的倾角(由圆心至网基圆周变化于 0°~90°之间)。根据实测结构面的倾向及倾角在赖特网上进行投点,从而形成结构面极点图,如图 4.4 所示。

在图 4.4 中,每个点均代表一个结构面的产状,实际为结构面的法线投影点,所以称之为结构面极点图。由图 4.4 可以看出,在岩体中有三种产状的结构面较为发育,其产状分别为 $(325°\sim335°) < (63°\sim76°)$,$(57°\sim63°) < (64°\sim66°)$,$(145°\sim153°) < (52°\sim56°)$。

⑤ 结构面等密图。

结构面等密图是基于极点图编制的。采用密度计在图 4.4 上统计各处结构面极点密度,然后用光滑曲线连接结构面数目相同的点即得结构面等值线,并且由此构成结构面等密图。图 4.5 就是在图 4.4 基础上做出的结构面等密图。应该指出,在统计结构面极点图上各处极点数目时,所采用密度计的小圆面积为赖特网基圆面积的 1%,因此在各处密度计小圆面积范围内的结构面极点数目与赖特网基圆面积范围内的结构面总极点数目之比的百分数称为结构面的百分比,例如,若基圆内的结构面总极点数目为 60 个,而某处密度计小圆内的结构面极点数目为 6 个,则该处(小圆内)结构面极点数目之比为 10%,也就是结构面极点密度。根据结构面等密图,可以清楚地看出岩体中不同产状结构面分布或发育的集度程度。结构面密度值(结构面极点数目之比)越高,则表明某种产状的结构面在岩体中分布越密集。

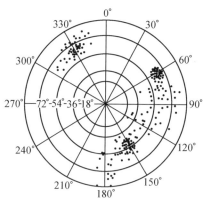

图 4.4 结构面极点图

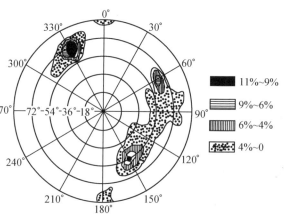

11%~9%
9%~6%
6%~4%
4%~0

图 4.5 结构面等密图

(2) 结构面统计密度。

为了定量表示岩体中结构面的发育程度,经常采用结构面频率和结构面度两个指标来标定。

① 结构面频率。

岩体中单位长度直线所穿过的结构面数目称为结构面频率,用符号 k_1 表示。如果结构面的平均间距为 $d = 1/k$,并且被结构面所切割出的最小单位结构体能够近似看作是立方体,那么其体积可以采用下列式子计算,即

$$V_{NB} = d_a d_b d_c = \frac{1}{k_{1a}} \frac{1}{k_{1b}} \frac{1}{k_{1c}} = \frac{1}{k_{1a} k_{1b} k_{1c}} \tag{4.1}$$

式中 V_{NB}——最小单元结构体体积;

d_a、d_b、d_c——三个不同产状结构面平均间距;

k_{1a}、k_{1b}、k_{1c}——三个不同产状结构面频率。

② 结构面度。

结构面度分为二维结构面度及三维结构面度两种。二维结构面度是指在岩体中平行于结构面的面积与整个截面(包括结构面)的面积之比,用符号 k_2 表示,如图 4.6 所示,据此可

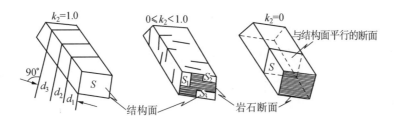

图 4.6 岩体中二维结构面度计算示意图

以写出其计算式为

$$k_2 = \frac{S_1 + S_2 + S_3 + \cdots + S_n}{S} = \frac{\sum\limits_{i=1}^{n} S_i}{S} \tag{4.2}$$

式中 S——岩体中平行于结构面的截面总面积;

$S_1, S_2, \cdots, S_n$——各结构面的面积。

由式(4.2)可以看出,当岩体中平行于结构面的截面上无结构面通过时,那么二维结构面度 $k_2 = 0$;当平行于结构面的截面上布满结构面时,则二维结构面度 $k_2 = 1.0$。

所谓三维结构面度是指岩体中某一组结构面的总面积与岩体的体积之比,用符号 k_3 表示,可以采用以下式子进行间接计算,即

$$k_3 = k_1 k_2 \tag{4.3}$$

式中 k_1——结构面频率;

k_2——二维结构面度。

4.2 结 构 体

岩体被结构面切割出的各种分离块体或岩块统称为结构体。结构体的特征可以采用其形状、产状及块度等来描述。与结构面一样,结构体也是有等级之分的。结构体与结构面的依存关系主要表现在三个方面:其一,结构体形状取决于结构面组数及其组合形式,一般来说,结构面组数越多,结构体形状越复杂;其二,结构体块度(尺度或规模)与结构面间距密切相关,结构面间距越大,结构体块度越大;其三,结构体等级划分主要依据结构面类型或等级(当然,也要考虑结构体块度),对于工程岩体,与结构面类型相应的结构体可以归纳为Ⅰ级结构体和Ⅱ级结构体两个等级。Ⅰ级结构体是指被断层及层间滑动面等软弱结构面切割出的大型岩块,Ⅱ级结构体则为由各种节理、层理及劈理等硬性结构面切割出的小岩块。结构体等级划分是研究结构体的基础,此外还要进行结构体分类,而结构体分类主要依据结构体形状。结构体形状主要与结构面组数有关,而结构面组数又取决于结构面力学性质,通常情况下,在一个不大的区域内,软弱结构面很少超过三组,而硬性结构面可以多达五六组,与之相应的结构体形状也有多种类型,有板状、柱状、锥状及楔形等几何形状,如图 4.7 所示。在轻微构造变形地区,岩体中的结构体往往仅表现为一种形状,例如,玄武岩体中常见柱状结构体,花岗岩体中多数为短柱状结构体,平缓层状岩体中一般是板状及短柱状结构体。而在强烈构造变形地区,岩体中便同时出现多种形状结构体。结构体产状是用其长轴方位表示的,如图 4.7 所示,(a)(b)(c)结构体产状用 l 表示,(d)(e)结构体产状用 m 表示,(f)(h)(i)

结构体产状用 p 表示,(g)结构体产状用 g 表示,(j)结构体产状用 r 表示。

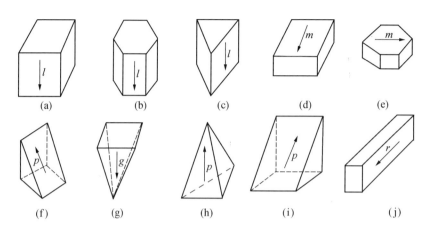

图 4.7　结构体典型形状

(a)(b)(c)为柱状结构体;(d)(e)为短柱状或板状结构体;

(f)(g)(h)(i)为楔形或锥状结构体;(j)为板状结构体

①板状结构体。在岩体中由较为发育的一组结构面切割形成板状结构体,如劈理、节理及断层等均可以在岩体中切割出板状结构体;此外,软、硬相间的岩层发生层间滑动破坏时也能够产生板状结构体。

②柱状结构体。在岩体中由两组以上陡倾斜或竖直结构面切割形成柱状结构体,经常见到的是玄武岩体中柱状节理切割出的柱状结构体,此外,砂岩(尤其是水平层状砂岩)也往往被陡倾斜及近于竖直的节理或断层切割产生柱状结构体。

③六面体状结构体。六面体状结构体常见于多种岩体中,在轻微构造变形地区的岩体被棋盘格式节理切割形成六面体状结构体,块状岩浆岩体在原生节理切割下可以产生六面体状结构体,甚至泥裂也能够在沉积岩体中切割出六面体状结构体。六面体状结构体也属于柱状结构体。

④四面体状结构体。四面体状结构体也广泛存在于各种岩体中,由四组以上结构面切割形成,有的为软弱结构面,有的为硬性结构面。

以上介绍了自然岩体中较为发育的几种形状结构体。事实上,岩体中结构体的形状远远超过这几种。结构体的形状与构造变形强度密切相关,例如,在轻微构造变形地区岩体中多数情况下发育棋盘格式节理,从而切割出广泛分布的六面体状结构体;而在强烈构造变形地区岩体中结构面组数多(一般超过 4 组),所以能切割出多边形、棱柱状、楔形及锥状等多种形状结构体,并且结构体有时呈弯曲形态;此外,在劈理发育地区,岩体一般被切割出板状结构体。结构体的形状还受岩性或岩石类型影响,例如,新近(第三纪或新生代以来)形成的玄武岩体及流纹岩体中一般只有柱状或块状结构体,花岗岩体及闪长岩体等往往被原生节理切割出短柱状或块状结构体,厚层砂岩体及灰岩体经常由块状结构体组成,薄层及中厚层砂页岩互层岩体由于层间滑动破坏作用将产生板状结构体。基于力学作用特征可以将岩体中所有结构体归纳为两大类,即块状结构体和板状结构体。块状结构体包括柱状结构体、楔形结构体及锥状结构体等,其几何特征是不同方向尺寸基本相等或相差不大,力学作用以压碎、滚动、旋转及滑移为主;板状结构体几何特征是其厚度与长度或宽度之比小于 1/15,力学作用主要表现为弯曲变形或溃折破坏。

由于任何一种岩体绝不是只由一种形状结构体组成的,各种形状结构体在岩体中的份额及主要成分、结构体的形状和所占比例对认识岩体力学性质和确定岩体力学模型均具有重要意义。为此,可以采用概率分析方法研究岩体中结构体形状。根据岩体中结构体形状与结构面组数之间关系密切这一基本事实,并且做以下基本切合实际的假定:

① 同一组结构面中各结构面之间互相平行。

② 结构体面数与结构面组数之间的关系存在两种情况;其一是结构体面数等于结构面组数;其二是若结构体面数超过结构面组数,那么同一组结构面在同一个结构体上最多只能出现两次。

③ 结构面是均匀分布的,并且各组结构面之间相交的机会是均等的。

④ 同一组结构面中各结构面之间均满足最大间距 $D_{\max} \leqslant 2L_{\min}$ ($L_{\min}$ 为结构面最小长度),这就确保了各组结构面之间相互完全切割。因此,构成多面结构体的条件有:a. 若岩体中有 n 组结构面,那么 $n \geqslant 3$ 是构成多面结构体的必要条件;b. n 组结构面构成的多面结构体的最多面数为 $2n$;c. 多面结构体的最少面数为四面结构体;d. n 组结构面最多能构成 $2n-3$ 种多面结构体;e. 三组结构面只能构成六面体状结构体,而六面体状结构体可以由三、四、五、六组结构面分别构成;f. 如果 $n>3$ 组结构面均参与构成同一个结构体,则可以构成 $n \sim 2n$ 种结构体。

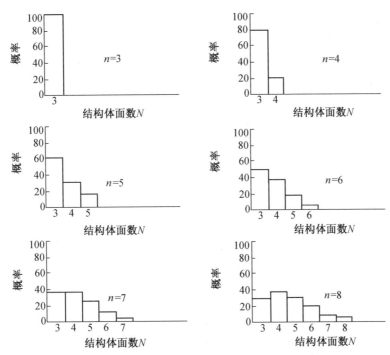

图 4.8　岩体中结构面组数(n)与构成结构体面数(N)概率分布图

基于上述概念及假定,对结构体形状与结构面组数之间的关系进行概率分析,可以获得下面几点认识:

① 岩体中发育有 n 组结构面,并非每一组结构面均是等机遇或等概率地参与构成结构体。如图 4.9 所示,当结构面组数 $n<6$,参与构成结构体的结构面数 $N=3$ 时概率最大;而

当结构面组数 $n>7$ 时,则参与构成结构体的结构面数(也即结构体面数)$N=3$ 时概率变小。

② 当岩体中存在 n 组结构面时,可能构成各种形状结构体的概念是不同的。很有意思的是,若结构面组数由 $n=3$ 变化到 $n=8$,则最大概率的结构体形状为六面体,如图 4.9 所示。

③ 通常情况下,岩体的稳定性与结构体的稳定性有一定的关系。很显然,在重力作用下,倾斜结构面切割可能导致岩体失稳,而水平结构面切割对岩体稳定是有利的。因此,在结构体形状构成中,水平结构面切割的概率备受重视。由图 4.10 可以看出,随着结构面组数 n 的增加,水平结构面切割的概率逐渐减小。

此外,结构体形状与结构面间距密切相关,结构体块度还受控于结构面间距(密度)及岩层厚度,这是显而易见的。结构体产状可以用结构体上最大结构面的长轴方向表示,如图 4.7 所示,而这一产状特征参数与结构体变形及运动关系密切。

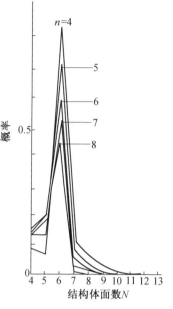

图 4.9 岩体中结构面组数(n)与结构体面数(N)之间关系概率分布图

需要特别强调的是,结构体的力学性质主要取决于其组成的岩石材料性质或岩性,即受控于矿物力学性质、矿物颗粒间联结特征及微裂隙状况等。例如,大多数岩浆岩、变质岩及部分沉积岩的矿物颗粒间均属于结晶联结,所以其结构体表现为弹性变化及脆性破坏;而沉积岩中的砂岩、页岩、泥质岩、灰岩及碳酸盐岩等的矿物颗粒间则属于柔性胶体联结,因而其结构体显示塑性变形及韧性或脆—韧性被破坏。当然,胶体联结经过脱水陈化也可能转化为刚性联结。矿物颗粒间联结特征不仅影响与制约结构体的变形及破坏机制,而且与其强度大小直接相关,若矿物颗粒间联结强度超过矿物强度,则胶结物对结构体强度的效应将退居次要地位,此时结构体强度取决于其

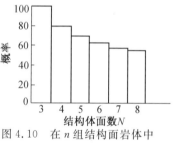

图 4.10 在 n 组结构面岩体中水平结构面切割的概率分布

组成矿物的力学性质。存在于岩石及矿物中的各种微裂隙也对结构体力学性质产生一定影响,例如,在对同一组岩石试件(相当于结构体)做变形及强度试验时,结果往往出现明显的分散性,这主要是因为不同岩石试件中微裂隙含量各异所致。

4.3 岩体的结构类型

亦已叙及,岩体力学性质的结构效应是相当重要的。但是,各种结构对于岩体力学性质的影响与控制作用是不一致的。因此,开展岩体结构的分类研究具有重要的理论及实际意义。由于岩体中结构面的类型、性质、规模、产状、密度及组合形式等不同,岩体力学的性质无疑将不一样,所以根据结构面的等级及组合形式对岩体结构进行分类是必要的。具体划分方案是,将由Ⅰ、Ⅱ级结构面切割的岩体分别定义为整体块状结构岩体,把由Ⅲ、Ⅳ级结构

面切割的岩体定义为层状结构及碎裂结构岩体,而存在于断层破碎带(未胶结)及风化破裂带中的破碎岩体则被定义为散体结构岩体。事实上,真正的整体结构岩体是十分罕见的,一般是把结构面极不发育的岩体,或者是先存结构面均被后来物质所充填及高强度胶结的岩体看作是整体结构岩体。下面将介绍各类岩体结构的地质特征。

4.3.1　整体块状结构

整体块状结构的岩体可以进一步划分为两个亚类,即整体结构和块状结构。整体结构的结构体呈完整状态或巨型块体,岩体属于连续介质体,结构面间距超过 100 cm,构造变形轻微的岩浆岩、变质岩及巨厚层沉积岩等,多数为整体结构或近似于整体结构。块状结构的结构体呈长方体、立方体、菱形体及其他多面块体等,岩体属于连续或不连续介质体,结构面间距变化于 50~100 cm 之间,构造变形较弱和中等的岩浆岩、变质岩及厚层沉积岩等,基本为块状结构。

4.3.2　层状结构

层状结构的岩体也可以进一步划分为两个亚类,即层状结构和薄层状结构。层状结构的结构体呈长方体、柱状体、厚板状体及块体,岩体属于不连续介质体,结构面间距变化于 30~50 cm 之间,构造变形较弱和中等的、单层厚度超过 30 cm 的层状岩体,一般归于层状结构。薄层状结构的岩体呈复合(组合)板状或薄板状体,岩体也属于不连续介质体,结构面间距小于 30 cm,构造变形较弱和中等的、单层厚度小于 30 cm 的薄层状岩体,均为薄层状结构,具有明显褶皱变形及层间滑动表象。

4.3.3　碎裂结构

碎裂结构的岩体能够进一步划分为三个亚类,即镶嵌结构、层状碎裂结构及碎裂结构。镶嵌结构的结构体,其形态及大小不一,棱角分明且互相咬合,岩体近似于连续介质体,结构面间距小于 50 cm,一般发育于脆性岩层的挤压破碎带内,岩体中节理及劈理等结构面组数多且密度大。层状碎裂结构的结构体为大小不等且形态各异的岩块,软弱破碎带以碎屑、碎块、岩粉及夹泥为主,岩体为不连续介质体,结构面(主结构面)间距超过 100 cm,一系列近于彼此平行的软、硬相间的岩层组合(通常为软弱破碎带与较完整的岩层组合)因构造变形作用往往产生层状碎裂结构。碎裂结构的结构体为大小不等且形态各异的岩块及碎屑,岩体为不连续或近似于连续介质体,结构面间距小于 50 cm,在岩性复杂多样且构造变形强烈(各种节理及断层等相当发育)的岩体中极易发育碎裂结构,此外强烈风化带内的岩体中也广泛存在碎裂结构。

4.3.4　散体结构

散体结构的岩体普遍存在于经历强烈构造变形的断层破碎带和侵入接触破碎带,以及强烈风化破碎带的岩体中,结构体为各种碎块、碎屑、碎片、岩粉及夹泥等,呈未胶结的松散状态,岩体近似于连续介质体,其原生结构已完全消失。

岩体结构单元即为结构体和结构面,各种类型岩体结构的结构单元组合及排列形式是不同的,这就是岩体结构分类的依据。不同的岩体结构在岩体变形特征上的反映是很鲜明的,例如,整体结构岩体因结构面不发育,所以岩体变形主要表现为结构体压缩及剪切变形作用;碎裂结构岩体由于有大量结构面,所以岩体变形将同时包括结构体及结构面变形作用;而块状结构岩体变形主要受控于连续贯通的结构面,一般情况下,若外荷载不太大,岩体变形突出表现为沿着结构面滑动破坏作用,而结构体变形可以忽略不计。因此,进行岩体结构的类型划分不仅有助于合理评价岩体质量,还将为正确确定岩体的力学介质类型提供可靠的依据,此外对于探讨岩体变形及破坏机制也是有意义的。

4.4 岩体地质模型

如前所述,岩体是经历过变形及破坏作用改造的地质体,具有一定的岩石组成及结构形式。岩体的岩石组成主要取决其成因或建造过程,此外也与改造作用有一定联系。而岩体的结构形式与其建造过程及改造作用(尤其是构造变形)关系均相当密切。当然,这些均属于地质作用过程。不同岩体具有不同的岩石组成及结构形式,所体现的建造及改造地质作用过程也各异。因此,可以做这样的定义,表征岩体的组成和结构特征以及建造和改造过程地质特征即为岩体地质模型。据此,可以将各种地质体抽象为若干岩体地质模型。应当指出,岩体地质模型是岩体力学研究的基础,也是岩体质量评价的重要因素之一。分析岩体地质模型必须基于岩体结构的研究结果,次之是岩石组成。经常碰到的岩体地质模型有水平层状岩体、倾斜层状岩体、直立层状岩体、弯曲层状岩体、完整岩体、块状岩体、碎裂岩体、岩溶岩体及糜棱状岩体等,其地质特征简述如下。

4.4.1 水平层状岩体

水平层状岩体以各种碎屑及化学沉积建造为主,次之为变质岩及火山岩,侵入岩中也偶见水平层状岩体。对于由沉积建造形成的水平层状岩体来说,岩体基本保持原生的水平产状。总体上看,水平层状岩体所经历的构造变形作用比较弱,往往发育成棋盘格式 X 形共轭节理。

4.4.2 倾斜层状岩体

倾斜层状岩体的倾角基本变化于 $5°\sim85°$ 之间,以各种沉积建造岩石为主,并且含少量岩浆岩,有的未变质或仅表现为轻微变质作用,有的发生了中高级变质作用,多数经历了明显或强烈的褶皱及断裂等构造变形作用,例如,有的倾斜层状岩体即为褶皱的一个翼,或者位于褶皱转折端,有的只是构造运动使之产状由原生的水平变为倾斜,而没有发生其他明显的变形作用。当然,有的倾斜层状岩体的倾斜产状是由于沉积盆地底部或边缘倾斜所致(也称原生同沉积倾斜),而与后来的构造变形无关。在倾斜层状岩体中广泛发育各种力学性质结构面,常见层间滑动现象,X 形共轭节理夹角一般为锐角。依据倾角可以将倾斜层状岩体进一步划分为缓倾斜层状岩体(倾角小于 70°)及陡倾斜层状岩体(倾角大于 70°)两种。

4.4.3 直立层状岩体

直立层状岩体的倾角超过 85°,以中高级变质岩石为主,少量未变质或轻微变质岩石,其原岩绝大多数为沉积建造,次之为岩浆岩,如板岩、千枚岩、片岩、片麻岩、碎屑岩(砂岩)及大理岩等。直立层状岩体的直立产状均为强烈的构造变形所致,岩体中各种力学性质结构面极为发育,层间滑动现象相当明显,从而表现出层状碎裂结构。

4.4.4 弯曲层状岩体

弯曲层状岩体主要为褶皱变形所致,位于褶皱弯曲部位,岩层弯曲,往往发育成张性及压性结构面,层间常有虚脱现象,并且表现出明显的层间滑动作用。极少数的弯曲层状岩体实际上为同沉积褶皱岩层(原生褶皱),是由沉积盆地底起伏引起的,而与后来的构造变形作用无关,结构较为完整。弯曲层状岩体一般为层状碎裂结构,还有镶嵌结构、碎裂结构及层状结构等。弯曲层状岩体既有沉积建造,也有岩浆岩或火成岩,有的经历了变质作用,有的为未变质岩石。

4.4.5 完整岩体

完整岩体仅为相对意义上的概念,只是其结构面稀少而已,并且这些结构面在岩体工程中基本可以忽略不计。完整岩体主要为燕山期以来的深成侵入体,基本未经构造变形的改造作用。完整岩体突出表现为整体结构。

4.4.6 块状岩体

块状岩体主要为各种厚层碎屑沉积岩(砂岩)、厚层灰岩、岩浆岩及大理岩等,次之为片麻岩及片岩等。燕山期、海西期及喜山期岩浆岩中有不少属于块状岩体。块状岩体中结构面较少,并且以节理为主。块状岩体以发育典型块状结构为特征。块状岩体与完整岩体之间往往表现为渐变过渡关系,例如对岩浆体来说,深部为完整岩体,而中浅部则为块状岩体,再上升致表层即转变为碎裂岩体。完整岩体及块状岩体发育地区,构造变形作用是较弱的。

4.4.7 碎裂岩体

碎裂岩体与块状岩体之间呈渐变过程关系,多数情况下具有变质及挤压变形特征。岩体中结构面分布一般是无规律的,以碎裂结构为特征。古老的变质岩、加里东期以前的岩浆岩及断裂带中构造岩往往为碎裂岩体。

4.4.8 岩溶岩体

岩溶岩体为石灰岩、白云岩及石膏等岩溶地区的最典型而具有代表性的岩体,其中不同程度地发育有溶沟、石芽、石林、落水洞、溶蚀谷及溶蚀盆地等喀斯特地形或地貌。岩溶岩体中溶洞有的被充填,有的仍为空穴,有的结构面已被方解石等愈合,因而表现为完整结构。

4.4.9 糜棱状岩体

糜棱状岩体为韧性变形构造带的特征造岩,属于韧性及脆—韧性变形作用的产物,其中广泛发育各种糜棱结构,常见单矿物及其集合体发生拔丝变形。糜棱状岩体的力学性质相当复杂,有的较坚硬,有的很弱。糜棱状岩体本为构造岩,其原岩可以是形成于任何时代的各种岩性岩体。

习 题

1.什么是岩体结构？岩体结构的两大要素是什么？

2.什么是结构面？什么是结构体？

3.岩体结构的透入性与非透入性是如何定义的？

4.简述结构面的类型及其成因。

5.闭合结构面存在哪几种情况？各具有哪些特点？

6.岩体能干性的主要影响因素有哪些？

7.岩体层间滑动面存在哪些结构？岩体层间滑动面成因及其形成机理是什么？

8.结构面依据其规模及力学效应可划分为哪几个等级？

9.结构面根据其充填物厚度可划分为哪些类型？分别对结构面有何影响？

10.结构面发育程度的标定指标有哪些？

11.软弱结构面对岩体稳定性有何影响？

12.结构体与结构面的依存关系主要表现为哪些方面？

13.举例说明矿物颗粒间联结作用对结构体力学性质的影响。

14.岩体结构类型有哪些？

15.举例说明岩体结构类型差异在岩体变形特征上是如何体现的？

16.常见的岩体地质模型有哪些？

第5章 岩石变形的特性

在这里,首先将岩石作为一种连续介质材料看待来讨论其变形及强度特征,目的是为后续岩体力学研究做铺垫。事实上,非连续介质岩体力学是在连续介质岩石材料力学的基础上发展起来的,许多岩体力学理论提出及模型建立均是与连续介质力学分不开的。不少岩体力学试验,就其本质而言,仍然属于连续介质岩石材料试验,对于这些试验结果的合理解释及正确应用也往往需要岩石变形及强度理论。此外,某些物质组成及组构较均匀且结构面不发育的岩体地基同样可以作为岩石地基处理,在适当选取安全系数条件下,是足以满足工程对精度需求的。因此,无论是岩体力学学科发展,还是岩体工程实践,均需要对岩石变形行为及强度准则有较深入的、系统的认识。

5.1 岩石变形的性质及破坏形式

从广义上说,岩石变形是指岩石在各种因素作用下发生形状及体积的变化。工程上,主要关心的是岩石在力的作用下所发生的形状及体积的改变。岩石破坏主要是指岩石在力的作用下由于发生屈服、流变或塑流、扭曲、压碎、张裂及剪破等变形而导致其强度降低或软化,承载力下降或失去,以致于地基及边坡等失稳。岩石变形与破坏是从量变到质变的过程,二者属于一个问题的两个方面。

5.1.1 岩石变形的性质

按照岩石在变形过程中所表现出应力—应变—时间关系的不同,可以将岩石变形划分为弹性、塑性及黏性三种性质各异的基本变形作用。

(1) 弹性变形。

岩石在外力作用下发生变形,当外力撤去后又恢复其原有的形状及体积的性质称为弹性。外力撤去后能够恢复的变形称为弹性变形。在弹性变形过程中,若应力 σ 与应变 ε 之间呈线性变化关系,即 $\sigma = k\varepsilon$,k 为线弹性模量,称为线弹性,如图 5.1(a)所示;若应力 σ 与应变 ε 之间呈非线性变化关系,即 $\sigma = f(\varepsilon)$,f 为非线性函数,如图 5.1(b)所示,称为非线弹性。

(2) 塑性变形。

岩石在超过其屈服极限外力作用下发生变形,当外力撤去后不能完全恢复其原有的形状及体积的性质称为塑性。外力撤去后不能恢复的变形称为塑性变形。屈服极限又称屈服应力,用 σ_y 表示。理想的塑性变形应力 σ 与应变 ε 之间的关系曲线如图 5.2(a)所示,当应力 σ 低于屈服应力 σ_y 时,岩石表现为弹性性质,即有 $\sigma = k\varepsilon$(线弹性)或 $\sigma = f(\varepsilon)$(非线弹性),撤去外力后变形能够完全恢复;而当应力 σ 达到屈服应力 σ_y 时,岩石表现为塑性性质,在应力 σ 保持为屈服应力 σ_y 不变的情况下变形不断发展,应力 σ 与应变 ε 之间关系曲线为平行

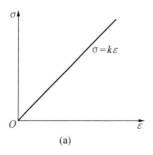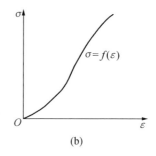

图 5.1　弹性变形应力与应变关系曲线

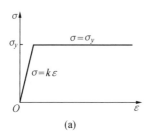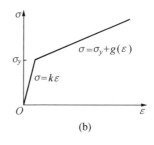

图 5.2　塑性变形应力与应变关系曲线

于 ε 轴的水平线,即有 $\sigma=\sigma_y$,撤去外力后塑性变形不能恢复而被全部保存下来;此外,对于具有这种塑性变形性质的岩石,当外力达到屈服应力 σ_y 之后,无法再对其进行加荷,也就是说,岩石所能承受的最大荷载即为相当于屈服应力 σ_y。还有另一种岩石材料,在应力 σ 超过其屈服应力 σ_y 之后,应力 σ 与应变 ε 之间的关系曲线并非平行于 ε 轴的水平线,而是呈上升的倾斜曲线或直线,如图 5.2(b) 所示,即有 $\sigma=\sigma_y+g(\varepsilon)$,$g(\varepsilon)$ 为线性或非线性增函数,说明应力 σ 随应变 ε 的增加而增大,撤去外力后变形也不能恢复而被完全保存下来,这种现象称为应变硬化,也就是说,即使应力 σ 超过屈服应力 σ_y,但是随着变形的发展,岩石的承载力也会越来越大。

值得提出的是,塑性也可以理解为岩石发生永久变形而没有失去其承载力,有时也称塑性为韧性。如果岩石承载力随着其变形的增加而递减,则称这种性质为脆性。从这种意义上说,韧性应该与脆性相对应,而塑性与弹性相对应。

（3）黏性变形。

岩石在外力作用下变形不能在瞬间完成,并且应变速率 $d\varepsilon/dt$ 是应力 σ 的函数,也可以说,随着应变速率 $d\varepsilon/dt$ 的增大,应力 σ 也上升,而当外力撤去后不能恢复其原有形状及体积,这种变形性质称为黏性。所发生的具有黏性性质的变形作用称为黏性变形。理想的黏性变形是应力 σ 与应变速率 $d\varepsilon/dt$ 之间的关系曲线为通过原点的直线,即有 $\sigma=\eta d\varepsilon/dt$,$\eta$ 为黏滞系数,如图 5.3 所示。这种应变速率 $d\varepsilon/dt$ 随着应力 σ 而变化的变形也称流变变形或流动变形。

自然界中岩石一般并不是仅表现为上述某种单一的变形性质,实际情况往往是集两种或两种以上变形性质于一体,如弹塑性、黏弹性、黏塑性及弹—黏塑性等变形性质。

在外力作用下,岩石表现出何种变形性质首先取决于其自身的物质组成及结构构造,其次是与受力条件有关,例如,与荷载性质或类型、荷载组合形式、荷载大小、加载方式、加载速

率、加载过程及载荷时间等密切相关。此外,岩石赋存的环境
条件,如地应力状态、温度、围压及地下水等对其变形性质的
影响也较大,甚至有时起控制性作用。

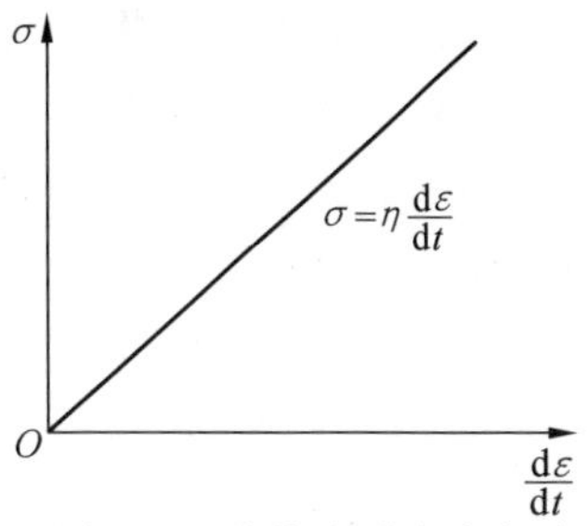

5.1.2　岩石的破坏形式

根据岩石在破坏之前所产生变形量的大小,可以将其破
坏形式划分为两种基本类型,即脆性破坏和延性破坏。

（1）脆性破坏。

绝大多数岩石在常温常压或较低温压条件下均表现为脆
性破坏。也就是说,在外力作用下,岩石在破坏之前的变形量很微小,表现为突然破坏。脆
性破坏的另一特征是出现明显的破裂面或非连续面,并且产生各种碎裂岩。

（2）延性破坏。

延性破坏又称塑性破坏或韧性破坏。在较高温压条件下,并且有时存在地下水等流体
作用时,岩石往往表现为延性破坏。也就是说,在外力作用下,岩石在破坏之前的变形量较
大,表现出很明显的塑性变形或流动变形行为。延性破坏的另一种形式是不产生明显的破
裂面,表现为应变逐渐加强的狭长高应变带,如图 5.4 所示,组成矿物及其集合体发生强烈
拔丝拉长,但是没有被拉断。

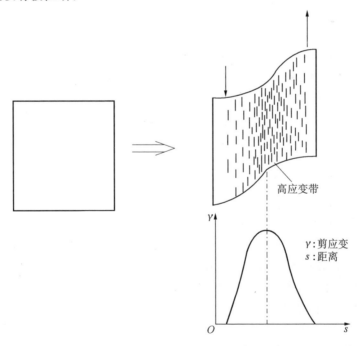

图 5.4　岩石延性破坏示意图

研究表明,岩石脆性破坏成因机制是其中先存微裂隙及在变形过程中次生微裂隙逐渐
扩展的结果(均可以归为剪裂隙的扩展),而延性破坏成因机制则是其组成矿物晶格位错的
结果(主要包括晶体位错滑移及攀移等)。岩石的脆性破坏与延性破坏一般是伴随发生的,
并且随着环境及外力作用条件的变化又可以相互转化。影响或制约岩石脆性破坏及延性破

图 5.3　黏性变形应力与应
变速率关系曲线

$\sigma = \eta \dfrac{\mathrm{d}\varepsilon}{\mathrm{d}t}$

坏的因素有岩石的矿物组成和结构构造、环境温度、围压、地应力和地下水等流体，荷载性质、大小和组合形式，加载方式、速率和过程，以及载荷时间等。

如果结合岩石破坏之前的变量、作用力性质及微观破坏机制等三个方面，又可以将岩石的破坏形式划分为溯流、压碎、张裂、剪破及挠曲五种类型。务必明确，在工程荷载作用下，岩体的实际破坏形式是相当复杂的，可能同时具有多种破坏形式。

5.2 岩石的抗压强度

岩石的抗压强度是指岩石在单轴压力作用下达到破坏的极限强度，在数值上等于破坏时的最大压应力。岩石的抗压强度一般是在压力机上对岩石试件进行加压试验测定的，如图 5.5 所示。根据试验结果，岩石的抗压强度为

$$R_c = \frac{P_c}{S} \qquad (5.1)$$

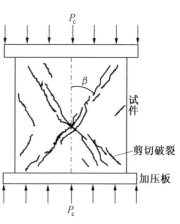

图 5.5 岩石抗压强度试验

式中 R_c——岩石单轴抗压强度；

P_c——岩石试件破坏时所加的轴向压力；

S——岩石试件横断面面积。

岩石试件通常取圆柱状或长方柱状。圆柱状试件断面直径取 $D=5$ cm 或 7 cm，高取 $h=(2\sim2.5)D$。长方柱状试件断面取 $S=5$ cm×5 cm 或 7 cm×7 cm，高则取 $h=(2\sim2.5)\sqrt{S}$。当试件高度不足时，其两端与加压板之间的摩擦力将影响抗压强度的测定结果。当试件被破坏时，其破裂面与荷载轴线的夹角近似为 $\beta=45°-\varphi/2$，φ 为岩石内摩擦角，试验结果与理论值相吻合。

大量试验结果证实，影响岩石抗压强度的因素很多，可以归纳为两大方面，即岩石自身因素及试验因素。岩石自身因素有矿物组成、结构与构造、容重、风化程度及含水状况等。由不同矿物组成的岩石具有不同的抗压强度，这是由不同矿物具有不同的抗压强度所致；即使是同种矿物组成的岩石，也因为矿物粒度、互相包裹与胶结状况及生长条件等不同，而导致岩石抗压强度相差较大。矿物结晶程度和粒度对岩石抗压强度的影响也是显著的。一般来说，结晶岩石比非晶质岩石抗压强度高，细晶岩石比粗晶岩石抗压强度高（这是因为细晶粒总接触面积大，联结力强，所以岩石抗压强度也就高）。对沉积岩来说，影响或制约岩石抗压强度的因素主要有碎屑类型和粒度、胶结物类型及胶结形式等，尤其是胶结物类型及胶结形式对岩石抗压强度影响很大。岩石生成条件也很影响其抗压强度，因为生长条件首先直接控制着岩石的结晶程度、矿物类型及其他组构特征等；而生成条件另一方面是埋藏深度，一般情况下，深埋岩石较浅埋岩石抗压强度高，这是由于岩石埋深越大，所受的围压力越大，孔隙率也就越小，因而抗压强度增加。风化作用会导致岩石抗压强度大幅度降低，这是由于风化作用破坏了岩石结构及构造，同时还产生许多破裂面等，例如，新鲜花岗岩抗压强度一般超过 100 MPa，而强风化花岗岩抗压强度仅为 4 MPa。水对岩石抗压强度也产生很明显的影响，当岩石浸水时，水便沿着裂隙及孔隙进入岩石内部，由于水分子浸入而改变了矿物的物理状态，削弱了矿物颗粒间联结力，因而使岩石强度降低，其抗压强度降低程度取决于

岩石的裂隙或孔隙发育情况、矿物亲水性、含水量及水的物理化学活性等,所以岩石饱水状态抗压强度(湿抗压强度)较其干燥状态抗压强度小,前者与后者的比值称为软化系数。容重是岩石抗压强度大小的重要反映,一般地讲,容重越大,岩石抗压强度便越高,例如,石灰岩容重从 14 kN/m³ 增至 27 kN/m³,则其抗压强度便由 5 MPa 增加到 180 MPa。对于具有层理或其他结构面的岩石,其抗压强度往往表现出各向异性,一般而言,垂直于层理的抗压强度大于平行于层理的抗压强度,并且岩石越硬,$R_c^\perp / R_c^\parallel$ 比值越小,而岩石越软,$R_c^\perp / R_c^\parallel$ 比值越大,其中 $R_c^\perp$ 为垂直于层理的抗压强度,$R_c^\parallel$ 为平行于层理的抗压强度。

影响岩石抗压强度的试验因素主要有岩石试件的形状和尺寸、试件加工程度、加压板与试件之间接触情况及加荷速率等。一般来说,圆柱状试件的抗压强度高于棱柱状试件的抗压强度,这是由于后者在棱角上发生应力集中之缘故;而在棱柱状试件中,六角形截面试件的抗压强度高于四角形截面试件的抗压强度,四角形截面试件的抗压强度又高于三角形截面试件的抗压强度,这种影响称为形状效应;试件尺寸越大,抗压强度便越低,反之,抗压强度就越高,这种影响称为尺寸效应;由于广泛分布于岩石中的各种微观或细微裂隙是其受力破坏的基础,因此试件尺寸越大,所包含的裂隙也就越多,破坏概率便越大,显然抗压强度要降低。岩石抗压强度与试件断面尺寸之间的关系存在如下经验公式:

$$R_c = R_{c0} \left(\frac{D_0}{D} \right)^m \tag{5.2}$$

式中　R_c——截面直径或边长为 D 的抗压强度;

　　　R_{c0}——截面直径或边长为标准值 D_0 的抗压强度;

　　　m——变化于 0.1～0.5 之间的指数(与岩石中裂隙度成正比)。

加荷速率对岩石抗压强度有时产生重大的影响,加荷速率越快,抗压强度越大,其原因是快速加荷具有动力特性。加压板与试件之间的接触情况对抗压强度的影响也是十分显著的,如果接触面有摩擦,则有利于轴向受力的侧向扩展,从而提高抗压强度;此外,由于不同的接触条件将在试件内产生不同的应力分布,所以也使抗压强度不同。

5.3　岩石的抗拉强度

岩石的抗拉强度是指岩石在单轴拉力作用下达到破坏的极限强度,在数值上等于破坏时的最大拉应力。与岩石的抗压强度相比,对岩石的抗拉强度研究要薄弱得多,这也许是直接进行抗拉强度试验比较困难的原因。长期以来,一般是进行各种间接岩石破坏试验,将这些试验结果通过理论公式计算出抗拉强度。而这方面的试验方法尚未标准化,还有待于进一步发展与统一。

据试验结果,岩石的抗拉强度比抗压强度要小得多。即使是最坚硬的岩石,其抗拉强度也只有 30 MPa 左右。许多岩石的抗拉强度均不超过 2 MPa。一般情况下,岩石的抗拉强度不超过其抗压强度的 1/10。

测定岩石抗拉强度的试验示意图如图 5.6 所示。试验时,将试件两端用夹子固定于拉力机上,然后对试件施加轴向拉力直至破坏。根据试验结果,按下式计算岩石的抗拉强度:

$$R_t = \frac{P_t}{S} \tag{5.3}$$

式中　R_t——岩石单轴抗拉强度；

　　　P_t——岩石试件破坏时所加的轴向拉力；

　　　S——岩石试件横断面面积。

以上直接抗拉强度试验的缺点是，试件制作困难，试件不易与拉力机固定，被固定的试件附近往往出现应力集中，并且试件两端面难免有弯矩产生。所以，这种试验方法不常用。

目前，常用劈裂法测定岩石的抗拉强度。一般采用圆柱体及立方体试件，如图 5.7(a)所示，沿着圆柱体直径方向施加集中压力 P（可以在试件与上、下承压板接触处各放一根钢线来实现）。这样，试件将沿着受力的直径方向裂开，如图 5.7(b)所示。用弹性力学理论处理试验结果。沿着施加集中力 P 的直径方向产生近似均匀分布的水平拉应力，其平均值 σ_x 为

$$\sigma_x = \frac{2P}{\pi DL} \tag{5.4}$$

式中　P——作用于岩石试件上的压力；

　　　D——岩石试件的直径；

　　　L——岩石试件的长度。

而在水平方向直径平面内产生非均匀分布的竖向压应力，其在试件中轴线上的最大压应力 σ_y 为

$$\sigma_y = \frac{6P}{\pi DL} \tag{5.5}$$

水平方向拉应力 σ_x 及竖向压应力 σ_y 在试件中的分布情况如图

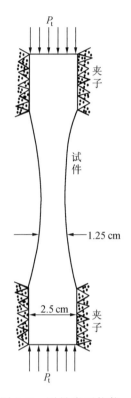

图 5.6　测量岩石抗拉强度的试验示意图

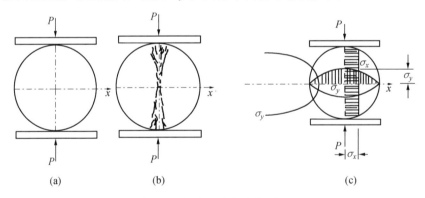

(a)　　　　　　(b)　　　　　　(c)

图 5.7　岩石劈裂试验示意图

5.7(c)所示。由此可见，圆柱状试件的压应力 σ_y 为拉应力 σ_x 的 3 倍，但是岩石抗压强度往往是抗拉强度的 10 倍，所以在这种试验条件下试件总表现为受拉破坏。因此，可以采用劈裂法试验结果求解岩石的抗拉强度，只需要用试件破坏时的最大压力 $P_{\max}$ 代替式(5.4)中 P 即可得岩石的抗拉强度 R_t，即

$$R_t = \frac{2P_{\max}}{\pi DL} \tag{5.6}$$

如果为立方体试件，则岩石抗拉强度 R_t 为

$$R_t = \frac{2P_{max}}{\pi a^2} \tag{5.7}$$

式中　a——立方体试件的边长。

　　岩石劈裂试验的优点是,简便易行,无须特殊设备,只要普通压力机就可以,因此在工程中已经获得了广泛的应用。然而,采用劈裂法试验,试件内应力分布较为复杂,所获得的结果只能代表某种条件下的特征值,而并不能反映岩石的真正抗拉强度。劈裂不是对试件进行简单的张拉作用,而是在三维应力条件下的张破裂,必须明确这一点。

　　也可以采用圆盘、圆环及薄板状岩石试件进行劈裂试验测定抗拉强度。研究表明,当这三种试件受对称压力作用时,可以用下列公式计算岩石抗拉强度 R_t:

$$R_t = \frac{KP_{max}}{HT} \tag{5.8}$$

式中　K——试件形状系数,圆盘状试件取 $K=2/\pi$,圆环状试件按照图 5.8(a)取 K 值,薄
　　　　　板状试件按照图 5.8(b)取 K 值,不规则状试件取 $K=0.9$;

　　　P_{max}——岩石试件破坏时所加的最大压力;

　　　H——试件的高度或直径;

　　　T——试件的厚度,对于不规则形状试件,$H=T$。

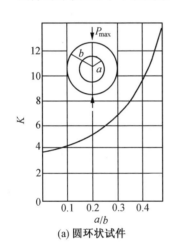

(a) 圆环状试件

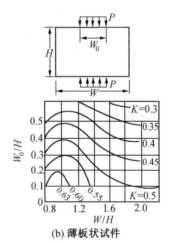

(b) 薄板状试件

图 5.8　岩石试件劈裂时形状系数 K 取值曲线

　　有时,也可以采用近似方法估算岩石抗拉强度 R_t。将不规则试件(尽量取接近于球状的岩块)放到压力机上加压至破坏,采用以下公式计算岩石抗拉强度 R_t:

$$R_t = \frac{P_{max}}{V^{\frac{2}{3}}} \tag{5.9}$$

式中　P_{max}——岩石试件破坏时所施加的最大压力;

　　　V——岩石试件的体积。

　　由以上各式可看出,岩石的抗拉强度与抗压强度之间存在线性关系,可以近似表示为

$$R_c = CR_t \tag{5.10}$$

式中　C——岩石类型系数,一般取 4～10。

5.4 岩石的抗剪强度

岩石的抗剪强度是指岩石抵抗剪切破坏或滑动的极限强度,以岩石被剪破或滑动时的极限应力表示。岩石的抗剪强度是最重要的工程力学特性之一,往往比岩石的抗压强度及抗拉强度更有意义。岩石抗剪强度的力学指标为内聚力 c 和内摩擦角 φ,通过各种岩石剪切试验进行测定。为了密切结合工程实际,可以将岩石的抗剪强度进一步划分为三种类型,即抗剪断强度、抗剪强度及抗切强度。

5.4.1 抗剪断强度

抗剪断强度是在垂直压力 P 作用下,在水平方向施加剪切力 T,直到岩石试件被剪断为止,如图 5.9(a)所示。此时,剪切面上正应力 σ 及剪应力 τ 分别为

$$\begin{cases} \sigma = \dfrac{P}{S} \\ \tau = \dfrac{T}{S} \end{cases} \tag{5.11}$$

式中　P、T——试件剪断时所施加的最大垂直压力及最大水平剪切力;

　　　S——剪切面面积。

由莫尔—库伦强度理论可知,岩石抗剪断强度 τ_f 为

$$\tau_f = \sigma \tan \varphi + c \tag{5.12}$$

式中　τ_f——式(5.11)中的 τ。

5.4.2 抗剪强度

抗剪强度是岩石试件具有先存剪切面时,在垂直压力 P 作用下,在水平方向施加剪切力 T,直到试件发生剪切滑动为止,如图 5.9(b)所示。此时,剪切面上正应力 σ 及剪应力 τ 也分别为

$$\begin{cases} \sigma = \dfrac{P}{S} \\ \tau = \dfrac{T}{S} \end{cases} \tag{5.13}$$

式中　P、T——试件开始沿着先存剪切面发生滑动时所施加的最大垂直压力及最大水平剪切力;

　　　S——先存剪切面面积。

由莫尔—库伦强度理论可知,岩石抗剪强度 τ_f 为

$$\tau_f = \sigma \tan \varphi \tag{5.14}$$

式中　τ_f——式(5.13)中的 τ。

由于岩石中有先存剪切面,所以式(5.14)中没有包括内聚力 c。显然,岩石的抗剪强度大大低于抗剪断强度。

5.4.3 抗切强度

抗切强度是在没有垂直压力 P 作用的条件下,在水平方向施加剪切力 T 直到岩石试件

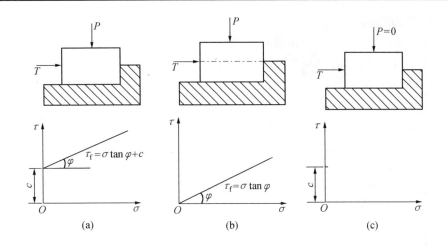

图 5.9 岩石试件剪切试验示意图

剪断为止,如图 5.9(c)所示。此时,剪切面上无正应力 σ,仅有剪应力 τ,为

$$\tau = \frac{T}{S} \tag{5.15}$$

式中 T——试件剪断时所施加的最大水平剪切力。

由莫尔－库伦强度理论可知,岩石抗切强度 τ_f 为

$$\tau_f = c \tag{5.16}$$

式中 τ_f——式(5.15)中的 τ。

岩石的抗剪强度试验及计算公式也可以用于确定岩体中软弱结构面的抗剪强度。测定岩石的抗剪断强度、抗剪强度的试验分为现场试验及室内试验两大类。现场试验主要为直接剪切试验,有时也做三轴强度试验。室内试验常用设备有直接剪切仪、棱形剪切仪及三轴压缩仪等。

5.5 岩石在单轴压力作用下的变形特征

通过对岩石进行系统的单轴压力变形试验研究,可以获得有关岩石的应力－应变关系曲线,如图 5.10 所示,综合反映了岩石在单轴压力作用下的各种变形特征。

5.5.1 变形阶段及特征应力

根据图 5.10 所示的岩石变形应力－应变关系曲线,可以将岩石在单轴压力作用下变形全过程划分出五个变形阶段,分述如下。

(1) 第一变形阶段。

第一变形阶段为图 5.10 中 Oa 段曲线,属于微型隙压密阶段,岩石中微裂隙在压力作用下逐渐被压密,因而岩石的应力－轴向应变($\sigma - \varepsilon_a$)曲线呈上凹形,其斜率随应力的增加而增大。岩石的应力－侧向应变($\sigma - \varepsilon_c$)曲线较陡。而岩石的应力－体积应变($\sigma - \varepsilon_v$)曲线略向上凹,体积随应力的增加而压缩,所以 $\varepsilon_c > 0$。曲线上 a 点所对应的应力 σ_a 为压密极限强度。

（2）第二变形阶段。

第二变形阶段为图 5.10 中 ab 段曲线，属于弹性变形阶段，岩石中微裂隙进一步闭合及压密，孔隙被压缩，因而岩石的应力－轴向应变（$\sigma-\varepsilon_a$）曲线为曲型的直线形式。岩石的应力－侧向应变（$\sigma-\varepsilon_c$）曲线也近似为直线形式。岩石的应力－体积应变（$\sigma-\varepsilon_v$）曲线呈凹向左侧，说明岩体压缩率逐渐降低，$\varepsilon_v > 0$。曲线上 b 点所对应的应力 σ_e 为弹性极限强度或比例极限。

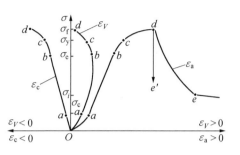

图 5.10　在单轴压力作用下岩石变形应力－应变关系曲线

ε_a—轴向应变；ε_c—侧向应变；

ε_v—体积应变

（3）第三变形阶段。

第三变形阶段为图 5.10 中 bc 段曲线，属于初期膨胀阶段，岩石的应力－轴向应变（$\sigma-\varepsilon_a$）曲线及应力－侧向应变（$\sigma-\varepsilon_c$）曲线均从 b 点开始偏移直线而再度转变为曲线，并且略凹向下，尤其是应力－体积应变（$\sigma-\varepsilon_v$）曲线的斜率随应力 σ 的增大而变陡，直至由向左倾斜变为向右倾斜，说明岩石的体积由压缩转为膨胀。该变形阶段也可以看作是弹性变形阶段到破坏阶段的过渡。曲线上 c 点所对应的应力 σ_y 为屈服极限。

（4）第四变形阶段。

第四变形阶段为图 5.10 中 cd 段曲线，属于破坏阶段，岩石的应力－轴向应变（$\sigma-\varepsilon_a$）曲线及应力－侧向应变（$\sigma-\varepsilon_c$）曲线均从 c 点开始进一步变缓，并且凹向下，应力－体积应变（$\sigma-\varepsilon_v$）曲线继续向左上方延伸，反映岩石体积膨胀加速，变形随应力迅速增长，应力至 d 点达到最大值。曲线上 d 点所对应的应力 σ_f 为峰值强度或单轴极限抗压强度。

（5）第五变形阶段。

第五变形阶段为图 5.10 中 de 段曲线，属于峰值后变形与破坏阶段。由于普通压力机刚度不够，加之采用传统的等速率方式加载，所以在岩石受压变形过程中，压力机将储存巨大变形能，而当施加于岩石上应力超过其强度极限时，岩石破裂控制不了压力机巨大变形能的突然释放，致使岩石急剧破坏（如图 5.10 中 de′线所示）。因而无法获得 d 点之后的变形曲线。采用刚性压力机做岩石单轴压缩变形试验，便可以得到 d 点之后的应力－应变曲线。d 点之后的应力－轴向应变（$\sigma-\varepsilon_a$）曲线 de 表明，岩石破坏后并非完全失去承载力，而是保持较小的数值。也就是说，经过 d 点时试件彻底被破坏，而后经过较大变形，应力下降到一定值之后到达 e 点便保持为常数。曲线上 e 点所对应的应力 σ_r 为残余强度。

最后值得提出的是，由于成分及构造不同，加之试验条件上的差异，并非所有岩石的单轴压缩变形应力－应变曲线均存在明显的五个变形阶段。

5.5.2　变形曲线的基本形式、变形机制及变形模量

（1）峰期前变形阶段。

① 变形曲线的基本形式及变形模量。

岩石峰期前应力－轴向应变（$\sigma-\varepsilon_a$）曲线可以归纳出四种基本形式，即直线形、下凹形、上凹形及 S 形，如图 5.11 所示。

根据岩石峰期前变形阶段应力－轴向应变曲线，可以确定岩石的变形模量。工程上，最

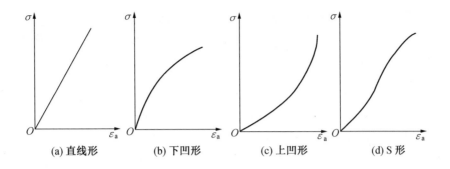

(a) 直线形　　(b) 下凹形　　(c) 上凹形　　(d) S 形

图 5.11　岩石峰期前变形阶段应力－轴向应变曲线的基本形式

常用岩石的弹性模量 E 及泊松比 μ。弹性模量 E 是指在单轴压缩条件下轴向压应力与轴向应变之比。当岩石的应力－轴向应变曲线为直线形时,则其弹性模量 E 为

$$E = \frac{\sigma}{\varepsilon} \tag{5.17}$$

式中　σ、ε——岩石的应力－轴向应变曲线上任一点 M 的轴向应力及轴向应变,如图 5.12(a)所示。

当应力－轴向应变曲线为非直线形时,可以采用以下几种变形模量描述岩石的变形特征,如图 5.12(b)所示。

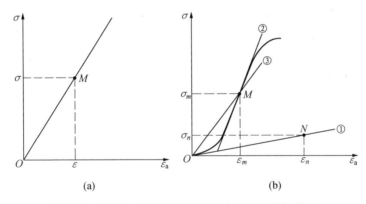

(a)　　　　　　　(b)

图 5.12　由应力－轴向应变曲线确定岩石的弹性模量

a. 初始模量。应力－轴向应变曲线在坐标原点处的切线斜率定义为初始模量 E_i。图 5.12(b)中的直线①斜率便为 E_i,即有

$$E_i = \frac{\sigma_n}{\varepsilon_n} = \frac{\mathrm{d}\sigma}{\mathrm{d}\varepsilon}\bigg|_{\varepsilon=0} \tag{5.18}$$

式中　σ_n、ε_n——过原点切线①上任一点 N 的轴向应力及轴向应变。

b. 切线模量。应力－轴向应变曲线上的直线段斜率,或者应力－轴向应变曲线上除坐标原点之外,其他任一点 M 处的切线斜率定义为切线模量 E_t。图 5.12(b)中的直线②斜率便为 E_t,即有

$$E_t = \frac{\sigma_m}{\varepsilon_m} = \frac{\mathrm{d}\sigma}{\mathrm{d}\varepsilon}\bigg|_{\varepsilon=\varepsilon_m} \tag{5.19}$$

式中　σ_m、ε_m——切线②上任一点 M 的轴向应力及轴向应变。

c. 割线模量。应力—轴向应变曲线上任一点与坐标原点连线的斜率定义为割线模量 E_s。一般情况下,取相当于极限强度 50% 的曲线上点与坐标原点连线的斜率作为割线模量 E_s。图 5.12(b) 中的直线③斜率便为 E_s,即

$$E_s = \frac{\sigma_m}{\varepsilon_m} \qquad (5.20)$$

式中 σ_m、ε_m——割线③上任一点 M 的轴向应力及轴向应变。

岩石另一重要力学指标是泊松比 μ。岩石在轴向应力作用下,不仅沿着轴向发生应变 ε_a,而且在横向上也发生应变 ε_c。而泊松比 μ 是指岩石在轴向受压条件下横向应变 ε_c 与轴向应变 ε_a 之比,即

$$\mu = \frac{\varepsilon_c}{\varepsilon_a} \qquad (5.21)$$

一般来说,泊松比 μ 是由弹性理论导出的,只适用于弹性变形作用。所以,当岩石内部出现破裂时,泊松比 μ 也就失效了。

② 变形机理。

由于岩石的成分及组构不同,所以其峰期前变形机理比较复杂。大致可以归纳为以下三种不同类型的变形机理:

a. 以裂隙行为为主的变形。

若岩石中较易发育各种裂隙,包括矿物晶体之间及晶体内部裂隙,并且绝大多数裂隙与矿物颗粒粒度属于同一数量级,那么裂隙将对岩石的变形与破坏起控制作用。这类岩石的应力—轴向应变曲线,主要反映裂隙在单轴压力条件下的力学行为,其应力—轴向应变曲线属于图 5.11 中的 S 形,说明岩石在轴向压力作用下经历了裂隙闭合→线弹性变形→非线性变形→加速变形及破坏四个变形阶段。参见图 5.10 中的 $\sigma - \varepsilon_a$ 曲线,即有:

Oa 段——裂隙闭合阶段   在压应力作用下,岩石中裂隙逐渐闭合,岩石刚度加大,应力—轴向应变曲线斜率趋于增大,因而呈上凹形。岩石的初始模量反映裂隙闭合刚度。

ab 段——线弹性变形阶段   在压应力作用下,岩石发生线弹性变形作用,因为其应力—轴向应变曲线为直线,说明应力与应变之间呈线性正比例关系。然而,若卸去压力后,岩石变形并不能退回到坐标原点 O 处。如图 5.13 所示,在 b 点卸荷后,ab 段的卸荷曲线基本平行于加荷曲线退回,但是当卸荷点到达 ε_a 轴时与坐标原点 O 仍然相差 $\Delta\varepsilon_a$,应变没有恢复。研究表明,残余应变 $\Delta\varepsilon_a$ 由 Oa 段裂隙闭合造成的,也就是说,在加荷初期阶段闭合的裂隙,在卸荷过程中没有完全恢复,残余应变 $\Delta\varepsilon_a$ 与 ab 段弹性变形没有关系。

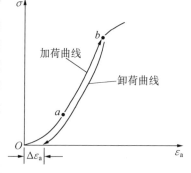

图 5.13   岩石线弹性变形阶段加载与卸荷曲线

bc 段——非线性变形阶段   在压应力作用下岩石中裂隙开始稳定扩展,产生新的裂隙,因而应力—轴向应变曲线偏离直线。随着裂隙继续产生与扩展,岩石的体积应变增量由压缩转为膨胀,这个力学过程称为扩容作用。扩容作用是岩石破坏的前兆,有助于地震预报。

cd 段——加速变形及破坏阶段   随着岩石中裂隙进一步扩展,裂隙在试件某些部位加

密及搭接,从而形成宏观裂隙。宏观裂隙又通过裂隙的阶梯状连接,形成具有强烈应变集中的裂隙带,并且不断向试件端部延伸,直至试件破裂。这种过程表现为应力－轴向应变曲线斜率迅速减少,并且呈下凹形。

b. 以弹性变形为主的变形。

对于坚硬而结构致密的岩石,在轴向压力作用下,其应力－轴向应变曲线呈直线形,图5.11(a)所示,特点是无裂隙压密段(Oa),曲线斜率一般较大,比例极限 σ_e 和屈服极限 σ_y 十分靠近,并且变形很快达到峰值。如果中途卸荷,变形则可以完全恢复。这些均说明,岩石变形主要为弹性变形,变形作用是由于岩石中由质点组成的空间格架受力后发生压密及歪斜所致。变形曲线斜率代表岩石固有的弹性模量。

c. 以塑性变形为主的变形。

某些以黏土矿物为主要组成成分的岩石,在轴向压力作用下,其应力－轴向应变曲线呈下凹形,如图 5.11(b)所示,特点是没有明显的变形阶段,随着压应力的增大,变形加速发展(应变速率越来越大),卸荷后绝大部分变形不能恢复。变形曲线斜率随着应力的增加而降低。这种变形作用机制是矿物晶格内部及矿物聚片体之间的滑动,不能简单地用弹性模量来表征这种变形作用,而应该采用应力－应变曲线描述。在加荷速率较低情况下,岩盐及饱水泥岩也表现为这种变形作用。

(2) 峰期后变形阶段。

岩石峰期后应力－轴向应变($\sigma-\varepsilon_a$)曲线实质上是岩石破坏过程曲线。在应力达到峰值时,岩石只出现宏观破裂,但是并未完全失去承载力,即未完全破坏。

由于峰期后岩石应变值难以测定,所以一般采用荷载－位移曲线代替应力－应变曲线来研究岩石峰期后的破坏全过程。根据峰期后变形曲线特征,可以将岩石峰期后变形与破坏发展方式分为两种类型,即稳定破裂传播型和非稳定破裂传播型。

① 稳定破裂传播型。

稳定破裂传播型的荷载－位移曲线如图 5.14 所示。试件所储存的变形能在峰期后并不能使破裂继续扩展,而只有再对试件做功,才能够使试件进一步破坏。也就是说,试件在峰期后仍能保持一定的强度,但是随着位移的增加,其承载力将降低,并且降低的曲线不是光滑的,由于产生宏观裂隙而使峰期后承载力降低曲线表现出大循环、鼓包与平缓部分相交替现象。每产生一个宏观裂隙,峰期后承载力降低曲线就出现一个大循环和一个鼓包,直到曲线降落接近于水平线为止。较软弱岩石峰期后往往出现这种变形与破坏形式。

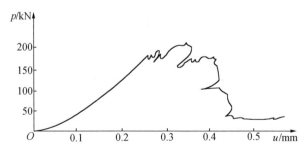

图 5.14　稳定破裂传播型的荷载－位移曲线

② 非稳定破裂传播型。

非稳定破裂传播型的荷载－位移曲线如图 5.15 所示。在峰期之后,尽管压力机不再对试件做功,但是试件所储存的能量足以使破裂继续发展,岩石的承载力不断降低。坚硬而脆性大的岩石峰期后表现为这种变形与破坏形式。

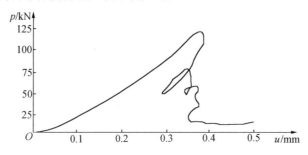

图 5.15　非稳定破裂传播型的荷载－位移曲线

应该指出,以上两种类型峰期后的变形与破坏方式,并非完全取决于岩石自身的组成成分、结构与构造及物理力学性质等,且与试验时的加载速率有关。如果改变加载速率,岩石峰期后变形与破坏方式也就发生变化。

5.5.3　加荷条件对岩石变形及强度影响

(1)加荷方式的影响。

岩石单轴载荷试验中,经常采用以下两种加载方式。

①单调加载。单调加载是在峰期前,岩石承受的荷载一直增加,又分为等加载速率加载和等应变速率加载两种情况。等加载速率加载是将力作为控制变量,以恒定的加载速率加载来实现,这种加载方式为传统普通压力机所用,不能得到峰期后岩石变形曲线。等应变速率加载是将变形作为控制量,以控制不变的应变速率进行加载,这种加载方式为后来的刚性压力机所特有,可以获得峰期后岩石变形曲线。

②循环加载。循环加载是采用按照时间循环方式进行加载,又分为逐级循环加载和反复循环加载两种情况。逐级循环加载是指在岩石载荷试验过程中,当荷载达到一定值时,将荷载全部卸除,然后又加载至比原来卸载点更高的压力值,再卸载,如此反复循环。反复循环加载是指在同一压力水平上反复加载与卸载。

a.逐级循环加载条件下岩石变形的特征。

在逐级循环加载条件下岩石变形全过程如图 5.16 所示。

(a)第一个载荷循环后,岩石变形有以下三种情况:

其一,卸载后,应力－卸载应变曲线将(基本)沿着原先加载曲线上返回到原点,如图 5.17(a)所示。这种情况只有在卸荷点 M 的应力 σ_M 低于岩石比例极限 σ_e 时出现。恢复的变形为弹性变形。

其二,卸载后,大部分变形很快恢复,但是还有一部分变形需要经过一段时间后才得以恢复。这种现象称为弹性滞后,是由岩石的岩性造成的。卸载曲线与加载曲线不重合,如图 5.17(b)所示。

其三,卸载后,变形不能完全恢复,如图 5.17(c)所示,能够恢复的变形称为弹性变形 ε_e,不能够恢复的变形称为塑性变形 ε_p。

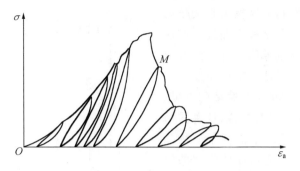

图 5.16　在逐级循环加载条件下岩石变形全过程

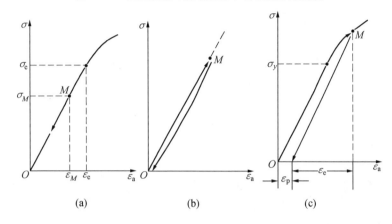

图 5.17　第一载荷循环岩石变形曲线

（b）多次载荷循环岩石变形性状。

由图 5.16 可以看出,在多次循环加载与卸荷条件下,岩石在峰期前、后的变形情况差别十分大。

峰期前变形情况　每一次卸荷曲线及重新加载曲线的斜率均比前一次加载曲线斜率大,说明岩石强度随着每一个载荷循环在不断提高,这种现象称为应变强化。此外,加载曲线与卸荷曲线不在同一条线上,而是形成一个封闭的环,称之为滞回环、滞回圈或塑性滞环等。当每一次重新加载到前一次卸荷点后,变形曲线便不再按照重新加载曲线斜率上升,而是按照前一次加荷曲线(或初次加荷曲线)上升,称之为岩石的记忆。

岩石的应变强化成因有可能是岩石中细微孔隙或裂隙受压坍塌所致。也有人认为,岩石在受压过程中,其内部脆弱部分被破坏,而被应力不断调整转移到较坚硬的受力骨架上,从而强化了岩石的受力结构,所以每一次重新加荷曲线斜率均比前一次加荷曲线斜率大,只要每一次加荷力水平不超过前一次卸载时的应力值,那么重新加荷仍然会反映出这种逐次强化了的受力结构。而当每一次加荷超过前一次卸载时的应力值时,在前一次应力水平下未破坏的较脆弱部分在新的应力水平之下又将继续被破坏,使变形曲线斜率变缓而按照前一次(初次)加载曲线上升,这就是岩石的记忆。

对于绝大多数岩石来说,滞回环成因与岩石中闭合裂隙之间的摩擦有关。如图 5.18 所示,由于加载与卸载岩石变形方向不同,所以裂隙间互相滑动方向要随之变换,而裂隙间滑动方向做反向变换时需要克服裂隙之间的静摩擦力,等方向变换后滑动时裂隙之间的静摩擦力又变为滑动摩擦力,静摩擦力是大于滑动摩擦力的,这就是为什么变形曲线在卸荷初期较陡、而后又变缓的原因所在。卸载及加载曲线构成的封闭滞回环反映在加载一卸载循环中消耗于裂隙间相互摩擦的能量。而对于塑性变形为主的岩石来说,这种滞回环反映在加载一卸载循环中消耗于矿物晶格内部(位错滑移)及矿物聚片体之间的滑移作用。

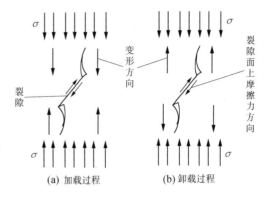

图 5.18　载荷循环时裂隙面上摩擦力方向改变示意图

峰期后变形情况　由图 5.16 可以看出,在峰期后岩石并未完全失去承载力,例如在 M 点卸载,岩石的部分变形仍然可以恢复,但是变形曲线斜率将随着载荷循环次数而逐渐降低,说明岩石刚度随着其破坏程度的增加而降低。此外,峰期后每一次加载曲线上均有一个最高点,但是这种最高点均比峰期应力值低。

b. 反复循环加载条件下岩石变形的特征。

在单调加载条件下,岩石变形全过程曲线如图 5.19 所示,即其中的 Oabcde 曲线。如果从 b 点开始,若对岩石施加同一应力水平的循环荷载,则岩石在循环荷载作用下变形不断增长,即岩石变形的应力一应变曲线由 b 点直接到 d 点,然后再沿着 de 曲线发展下去,其应

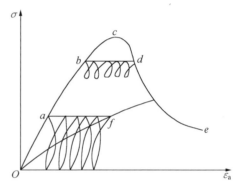

图 5.19　岩石在循环荷载作用下应力一轴向应变曲线

力一应变全过程曲线为 Oabde。由此可见,在循环荷载作用下,岩石将在比峰值应力低的应力水平下破坏,这种现象称为疲劳破坏。而使岩石发生疲劳破坏时的循环荷载的应力水平值称为疲劳强度。有必要指出的是,岩石的疲劳强度并非定值,而与循环荷载持续的时间或循环次数有关。荷载循环次数越多,岩石的疲劳强度就越小。但是,并非只要是循环荷载,无论其应力水平怎样低,也能使岩石破坏。试验表明,存在一个极限应力水平。当循环荷载的最大应力低于极限应力水平时,应变在这种循环荷载作用下达到一定值之后,无论循环次数是多少,应变也不再增长,岩石不会被破坏。在图5.19中,自 a 点施加循环荷载时,当变形增长至 f 点以后便再也不增长。图中的 Of 曲线即为在各级循环荷载作用下(各级应力水平均低于极限应力水平),岩石变形稳定时的应力一最终应变曲线。岩石在循环荷载作用下所表现出的这种变形特征,与岩石在长期荷载作用下所表现出的蠕变特征十分相似。

(2)加载速率的影响。

在对岩石进行压缩试验时,可以用应力速率 $d\sigma/dt$ 或应变速率 $d\varepsilon/dt$ 表示加载速率。并且经常按照岩石的应变速率 $d\varepsilon/dt$ 来划分荷载动态性质,$d\varepsilon/dt<10^{-1}s^{-1}$ 量级的荷载为静荷载。一般情况下,静载试验是指 $d\varepsilon/dt=10^{-6}\sim10^{-1}s^{-1}$ 的试验,$d\varepsilon/dt<10^{-1}s^{-1}$ 的试验为蠕变试验。在这里,所讨论的是 $d\varepsilon/dt=10^{-6}\sim10^{-1}s^{-1}$ 的岩石变形及强度。关于加载速率对

岩石变形的影响,许多学者已做过广泛研究。现在,将主要研究成果摘录如下:

① 岩石强度随着加载速率的增大而增加。但是,当加载速率在同一数量级范围内变化时,对岩石强度的影响不大。Houpert 通过对花岗岩压缩试验研究后提出,岩石抗压强度或峰期强度 σ_c 与加载速率 $d\sigma/dt$ 之间存在如下关系:

$$\sigma_c = 1\ 450 + 100\ \lg \frac{d\sigma}{dt} \tag{5.22}$$

式中,应力单位为 MPa,时间单位为 min。

② 岩石抗压强度虽然随着加载速率的增大而增加,但是其对应变速率的敏感程度则因岩石性质不同而各异。对绝大多数岩石,在由静载($d\varepsilon/dt < 10^{-1}\ s^{-1}$)向动载($d\varepsilon/dt > 10^{-1}\ s^{-1}$)转变时,岩石强度急剧上升。

③ 大多数岩石,在弹性变形阶段,加载速率对岩石强度的影响不明显。但是,当变形进入裂隙扩展阶段,则表现出很明显的岩石强度随着加载速率的增大而增加的特征。

④ 岩石变形及强度受加载速率影响的原因有多种解释。一般认为,由于岩石变形包含部分黏性流动,所以加载速率对其变形及强度有影响,软弱岩石的变形尤其如此。也有学者强调,应该从岩石中裂隙扩展速度方面分析岩石变形及强度与加载速率的关系;Mott 通过研究单轴拉伸条件下岩石中裂隙扩展速度,得出 $v = 0.38 \sqrt{E(1 - C_0/C)/\rho}$,$E$、$\rho$ 分别为岩石弹性模量及密度,C 为裂隙长度之半。对压缩条件下岩石中裂隙扩展速度的研究结果表明,岩石中裂隙扩展在毫秒级时间内即已完成,而裂隙通过搭接与归并以形成宏观破裂则需要较长的时间;因此,如果应变速率快,将意味着裂隙扩展时间短暂,裂隙来不及搭接与归并,所以强度就高。

5.6　岩石在单轴拉力作用下的变形特征

有关岩石在拉应力作用下的变形特征的文献资料所见甚少,主要原因是受岩石变形试验条件的限制。以往的试验仪器无法定量分析在拉应力作用下岩石中裂隙扩展、变形与破坏的规律,而关于岩石在拉应力作用下变形时间效应的试验研究更难实现。此外,实际岩体工程涉及的绝大多数也处于压应力状态,所以压应力作用下岩石变形与破坏规律的力学研究自然备受重视,由此获得的岩石变形破坏的力学模型已基本满足岩体工程计算的需要。至于拉应力作用下的岩石力学问题,一般只是按照岩石抗拉强度对岩石破坏与否进行简单判断。但是,近十几年来,随着基础建设的迅猛发展,岩体工程中出现了许多在拉应力作用下岩石中裂隙扩展及其变形破坏的新问题,继续沿用压应力作用下的岩石力学模型及破坏准则已不能满足实际工程的要求。为此,陆续有一些学者已在拉应力作用下岩石变形特征及力学模型方面做了不少有价值的探索性研究工作。以下介绍的金丰年等在这方面的研究成果相当有价值。

金丰年等在日本东京大学采用伺服控制刚性试验机,在不同载荷速度条件下对砂岩、灰岩、大理岩及花岗岩等 10 多种岩石进行了单轴拉伸试验,成功地获得了岩石变形的应力-应变全过程曲线,如图 5.20 所示。在图 5.20 中,Oa 段应力-应变曲线基本为直线,反映了岩石弹性变形过程。随着应力不断增加,应力与应变的非线性关系越来越明显,ab 段应力-应变曲线上各处的斜率是变化的,并且逐渐减小。当变形达到破坏强度后(图中 b 点之

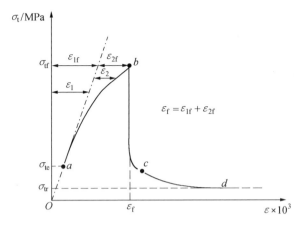

图 5.20　岩石单轴拉伸应力－应变全过程曲线

后),在应变保持不变情况下应力急速下降,即为 bc 段应力－应变曲线。大约降到 1/4 强度而至 c 点时,又转为应变加速发展而应力缓慢降低,直到 d 点应力趋于稳定。图中,σ_{te} 为单轴拉伸弹性极限,σ_{tf} 为单轴拉伸强度极限,σ_{tr} 为单轴拉伸残余强度。因此,与压应力作用下变形一样,在单轴拉伸条件下,岩石也具有弹性变形、延性破坏及残余强度等现象。岩石变形由弹性应变 ε_1 及非弹性应变 ε_2 两部分组成,即总应变 $\varepsilon=\varepsilon_1+\varepsilon_2$。当达到单轴拉伸强度极限 σ_{tf} 时,记弹性应变 ε_1 为 ε_{1f},非弹性应变 ε_2 为 ε_{2f},总应变 ε 为 ε_f,则有 $\varepsilon_f=\varepsilon_{1f}+\varepsilon_{2f}$。由图 5.20 可知,非弹性应变 ε_2 不受试验机刚性的影响,而是由岩石变形产生的。进一步研究表明,在双对数平面直角坐标系 $\varepsilon_2/\varepsilon_{2f}\sim\sigma_t/\sigma_{tf}$ 中,非弹性应变与拉应力之间表现出良好的线性关系,即

$$\varepsilon_2/\varepsilon_{2f}=A(\sigma_t/\sigma_{tf})^{\beta} \tag{5.23}$$

式中　A、β——与岩性有关的试验常数。

A 值变化于 0.92～1 范围内,可以近似看作为 $A\approx1$,则式(5.23)改写为

$$\varepsilon_2/\varepsilon_{2f}=(\sigma_t/\sigma_{tf})^{\beta} \tag{5.24}$$

对于延性破坏岩石,β 值较小;对于脆性破坏岩石,β 值较大。β 值变化于 2.2～7.38 之间。岩石在单轴拉伸条件下表现出非线性黏弹性体变形特征。据此,建立的变形本构方程为

$$\varepsilon=\varepsilon_1+\varepsilon_2 \tag{5.25}$$

$$\varepsilon_1=\frac{\sigma_t}{E} \tag{5.26}$$

$$\mathrm{d}\varepsilon_2/\mathrm{d}t=\sigma_t^n(C_1\varepsilon_2^{-m_1}+C_2+C_3\varepsilon_2^{-m_2}) \tag{5.27}$$

式中　E——弹性模量;

　　　n——变形的载荷速率效应参数,即岩石强度与载荷速率的 $1/(n+1)$ 次方成正比,由不同载荷速率条件下的岩石变形试验确定;

　　　m_1、m_2——与应力－应变曲线及蠕变曲线形状有关的参数,m_1 主要影响强度破坏点以前的应力－应变曲线或一次蠕变曲线的形状,m_2 主要影响强度破坏点以后应力－应变曲线或三次蠕变曲线的形状,可以通过应力－应变曲线的模拟确定 m_1 及 m_2 值,也可以通过蠕变速率与蠕变应变在双对数坐标

系中的关系曲线,由一次蠕变及三次蠕变阶段的曲线斜率来取 m_1、m_2 值。

这种变形本构方程较好地描述了岩石在单轴拉伸条件下变形破坏的全过程。式(5.27)中的第一项 $C_1\sigma_t^n\varepsilon_2^{-m_1}$ 主要影响强度破坏点以前的应力—应变曲线,第二项 $C_1\sigma_t^n$ 主要影响强度破坏点附近的应力—应变曲线,第三项 $C_3\sigma_t^n\varepsilon_2^{-m_2}$ 主要影响强度破坏点以后的应力—应变曲线。

在单轴拉伸条件下,岩石所产生的非弹性应变与裂隙受拉扩展直接相关。Okubo 等基于岩石三点弯曲载荷速度试验结果,提出了如下描述裂隙扩展的力学模型:

$$\frac{\mathrm{d}a}{\mathrm{d}t}=\frac{K^n}{B} \tag{5.28}$$

式中　a——裂隙扩展的长度;

　　　t——时间;

　　　K——应力强度因子;

　　　B——与裂隙扩展的长度 a 有关的系数。

式(5.28)表明,裂隙扩展的速度 $\mathrm{d}a/\mathrm{d}t$ 与应力强度因子 K 的 n 次方成正比。

Fukui 等在岩石三点弯曲蠕变试验的基础上也建立了与式(5.28)类似的裂隙扩展方程式,即

$$\frac{\mathrm{d}a}{\mathrm{d}t}=K^n(D_1a^{-m_1}+D_2) \tag{5.29}$$

式中　D_1、D_2——试验常数。

式(5.29)较好地描述了在不同蠕变应力条件下裂隙扩展及裂隙扩展速度随时间的变化规律,与试验结果相当吻合。为了进一步拓宽该力学模型对不同岩石的适用程度,可以将式(5.29)扩展为

$$\frac{\mathrm{d}a}{\mathrm{d}t}=K^n(D_1a^{-m_1}+D_2+D_3a^{m_2}) \tag{5.30}$$

式中　D_1、D_2、D_3——试验常数。

式(5.30)与式(5.27)的结构形式完全相同。式(5.27)表示非弹性应变速度与应力之间的关系,即非弹性应变速度与应力的 n 次方成正比。式(5.30)表示裂隙扩展速度与应力强度因子之间的关系,即裂隙扩展速度与应力强度因子的 n 次方成正比。其中,非弹性应变与裂隙扩展的长度相对应,应力与应力强度因子相对应。由此可见,在拉应力作用下,岩石非弹性应变随着应力的变化规律,与裂隙扩展随着应力强度因子的变化规律具有相似性。可以认为引起非弹性应变增加的主要原因在于岩体中裂隙的扩展。

应当指出,岩石单轴拉伸与单轴压缩的变形试验结果存在一定的相同或相似之处,例如,岩石在单轴拉伸过程中同样存在延性破坏及残余强度,并且由单轴拉伸和单轴压缩这两种岩石变形试验所得到的应力—应变曲线的总体形状很接近;岩石受拉强度和受压强度的载荷速率效应具有相同的规律性;此外,岩石单轴拉伸和单轴压缩这两种形式的蠕变寿命随着蠕变应力的变化也具有十分相似的规律性。

5.7　岩石在三轴应力作用下的变形及强度

在实际工程中,岩石一般处于空间三维应力场中,所以仅局限于单轴应力条件研究岩石

变形特征是不够的,必须基于三轴试验分析岩石在三轴应力作用下的变形及强度。根据应力空间组合方式,可以将岩石三轴应力试验分为两种类型,即常规或普通三轴应力试验和三轴不等应力试验:常规三轴应力的组合方式为 $\sigma_1 > \sigma_2 = \sigma_3$,主要研究围压($\sigma_2 = \sigma_3$)对岩石变形、强度及破坏的影响;三轴不等应力的组合方式为 $\sigma_1 > \sigma_2 > \sigma_3$,主要研究中间主应力 σ_2 对岩石变形及强度的影响。

5.7.1 岩石在三轴等围压条件下的变形及强度

(1)围压对岩石刚度的影响。

围压对岩石刚度的影响因岩性不同而各异。对于高强度坚硬而致密的岩石,其弹性模量并不因围压不同而有明显变化。例如,辉长岩的 $\varepsilon_1 \sim (\sigma_1 - \sigma_3)$ 曲线的切线斜率受围压(σ_3)影响很小,如图 5.21(a)所示,说明在三种围压 $\sigma_3 = 34.5$ MPa,69 MPa,138 MPa 条件下,辉长岩弹性模量基本一致。

对于岩性较弱的岩石,其弹性模量随着围压的增大而提高。例如,砂岩的 $\varepsilon_1 \sim (\sigma_1 - \sigma_3)$ 曲线的切线斜率随着围压(σ_3)增大而增加,曲线明显变陡,如图 5.21(b)所示,说明在三种围压 $\sigma_3 = 0$ MPa,34.5 MPa,138 MPa 条件下,砂岩弹性模量越来越大。其原因是这种岩石具有较多的先存孔隙或裂隙(通常合称为空隙),在围压 σ_3 作用下,由于空隙不断闭合而使岩石刚度逐渐提高。

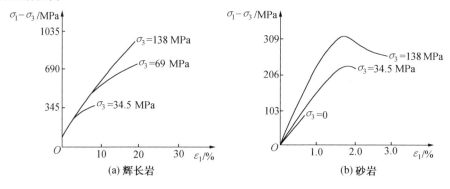

图 5.21 在不同围压 σ_3 条件下岩石变形 $\varepsilon_1 \sim (\sigma_1 - \sigma_3)$ 曲线

$\sigma_1 - \sigma_3$—应力差(轴向应力 σ_1 与围压 σ_3 之差);σ_3—围压;ε_1—轴向应变

(2)围压对岩石破坏方式的影响。

在不同围压条件下,岩石可以发生物态的变化。在较低围压条件下,岩石一般以固态形式存在;而在较高或很高围压条件下,岩石可以表现为塑性状态。大理岩在不同围压 σ_3 条件下的 $\varepsilon_1 \sim (\sigma_1 - \sigma_3)$ 曲线如图 5.22 所示。由图 5.22 可以看出,随着围压 σ_3 的增大,大理岩变形的 $\varepsilon_1 \sim (\sigma_1 - \sigma_3)$ 曲线表现出如下三种形式:

其一,当围压 σ_3 较小时,曲线屈服点不明显,峰期应变值很小。峰期后岩石迅速被破坏,破坏时应力急剧下降,峰期强度与残余强度差值很大。图 5.22 中围压 $\sigma_3 < 60$ MPa 的曲线即属于此种形式。

其二,当围压 σ_3 较大时,达到峰期后岩石经历一定的塑性变形才被破坏,破坏后的应力降(峰期强度与残余强度之差)不是很大。图 5.22 中围压 $\sigma_3 = 85 \sim 105$ MPa 的曲线为此种形式。

  其三,当围压 σ_3 很大时,屈服后岩石发生很大塑性变形,并且随着变形的发展,应力 σ_1 几乎保持不变或者缓慢增长,没有明显应力降。图 5.22 中围压 $\sigma_3 > 145$ MPa 的曲线就是此种形式。

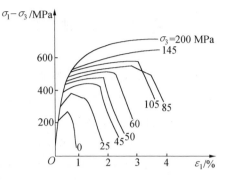

图 5.22   大理岩在不同围压 σ_3 条件下的变形 $\varepsilon_1 \sim (\sigma_1 - \sigma_3)$ 曲线

  岩石变形的 $\varepsilon_1 \sim (\sigma_1 - \sigma_3)$ 曲线随着围压 σ_3 的增大而改变,反映岩石的塑性程度是围压 σ_3 的增函数。也就是说,随着围压 σ_3 的增大,岩石的破坏表现为由脆性破坏向延性破坏或延性流动转变。所谓脆性破坏是指岩石在破坏前变形很小,由弹性变形直接发展为急剧而迅速破坏,破坏后的应力降较大,图 5.22 中围压 $\sigma_3 < 60$ MPa 的曲线即反映这种变形与破坏过程。延性破坏是指岩石在破坏之前发生了较大的永久塑性变形,并且破坏后的应力降得很少,图 5.22 中围压 $\sigma_3 = 85 \sim 105$ MPa 的曲线即反映这种变形与破坏过程。而延性流动则是指当应力增大到一定程度(相当于峰期应力或接近于峰期应力)后,应力增大很微小或保持不变时,应变持续不断地增长但不出现破裂,也即是有屈服而无破裂的延性流动,图 5.22 中围压 $\sigma_3 > 145$ MPa 的曲线即反映这种变形过程。

  可以采用延性度来表征脆性破坏、延性破坏及延性流动。延性度是指岩石在破坏之前的全应变或永久应变。一般情况下,脆性破坏的延性度小于 3%,延性破坏的延性度大于 5%,而延性度介于 3% ~ 5% 的为延性流动。

  岩石受力后表现为何种形式破坏,一方面取决于岩石自身性质,另一方面则与岩石赋存环境的温度、围压、地应力及地下水等条件关系密切。对于岩石由脆性破坏向延性破坏转变的围压条件,尚有待于进一步研究。据现有资料,这种转化围压为 $\sigma_3 = (1/3 \sim 2/3)\sigma_c$,$\sigma_c$ 为岩石单轴抗压强度。

  (3)围压对岩石强度的影响。

  由图 5.21 及图 5.22 可以看出,围压 σ_3 对岩石在三轴等围压受力条件下的极限强度(峰值强度)具有较大影响,随着围压 σ_3 的增大,岩石三轴极限强度也增大。但是,对于不同的岩石及不同的破坏形式,其

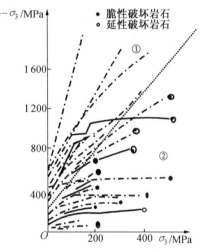

图 5.23   岩石极限应力差 $\sigma_{1f} - \sigma_3$ 与围压关系曲线

①为脆性破坏区;

②为延性破坏区

三轴极限强度随着围压 σ_3 的增大而增加的速率是不同的。现在,将各种岩石的极限应力差 $\sigma_{1f} - \sigma_3$ 与围压关系曲线综合绘于图 5.23 中。由图 5.23 可以看出,脆性破坏岩石的极限强度 σ_{1f} 随着围压 σ_3 增长变化很快,并且二者表现为线性或近似线性互增关系,而延性破坏岩石的极限强度 σ_{1f} 随着围压 σ_3 增长变化缓慢。此外,在图 5.23 中,脆性破坏区与延性破坏区之间具有较明显的分界线。

5.7.2 岩石在三轴不等应力条件下的变形及强度

岩石三轴不等应力试验又称为真三轴试验,是 20 世纪 60 年代末才开始的岩石力学试验技术,其原理是岩石在三个彼此正交的方向上受不同力作用,从而获得 $\sigma_1 > \sigma_2 > \sigma_3$ 的应力状态,以便重点研究中间主应力 σ_2 对岩石变形及强度的影响。张金铸通过对 69 个中细粒砂岩试件进行真三轴试验获得以下几点认识:

(1) 当中间主应力 σ_2 较低时(在一定区间内),岩石三轴极限强度 σ_{1f} 随着 σ_2 增加而有所增长,但是增长的程度较 σ_3 对其的影响小;但当中间主应力 σ_2 较高时,岩石三轴极限强度 σ_{1f} 则随着 σ_2 增加而有所下降,如图 5.24 所示。其中,σ_{1f} 表示最大主应力 σ_1 的极限强度。

(2) 当中间主应力 σ_2 较低时,岩石弹性模量 E 随着 σ_2 增加而有所增长;但当中间主应力 σ_2 较高时,岩石弹性模量 E 则随着 σ_2 增加而有所下降,如图 5.25 所示。

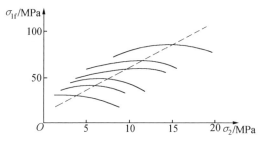

图 5.24　中细粒砂岩三轴极限强度 σ_{1f} 随 σ_2
　　　　　变化分布曲线

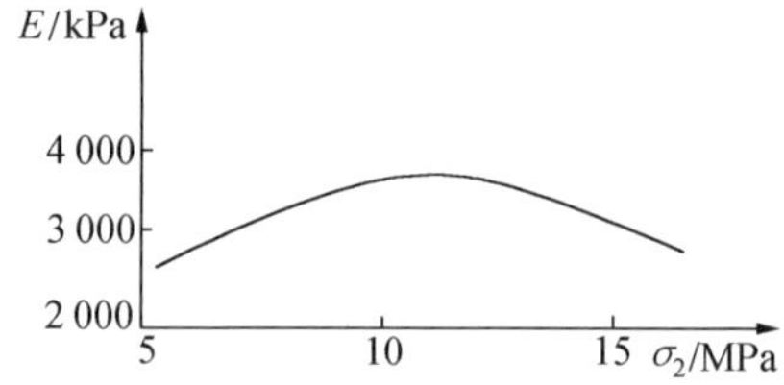

图 5.25　中细粒砂岩弹性模量 E 随 σ_2
　　　　　变化曲线

(3) 在低围压真三轴应力条件下,岩石破坏可以分为剪切、拉剪及拉裂三种类型。它们的发生条件为:

① 当 $\sigma_2/\sigma_3 < 4$ 时,主要为剪切破坏,破坏角 $\theta = 22°$(θ 为破裂面与最大主应力 σ_1 夹角)。

② 当 $4 \leqslant \sigma_2/\sigma_3 \leqslant 8$ 时,主要为拉剪破坏,破坏角 $\theta \approx 15°$。

③ 当 $\sigma_2/\sigma_3 > 8$ 时,主要为拉裂破坏,破坏角 $\theta \to 0°$。

由此可见,随着中间主应力 σ_2 由 $\sigma_2 = \sigma_3$ 向 $\sigma_2 = \sigma_1$ 发展,应力状态由三轴不等压向类似于二维应力转变,致使岩石的脆性增长。

中间主应力 σ_2 对各向异性岩石变形及强度具有很明显的影响。研究表明,当中间主应力 σ_2 与岩石中片理等结构面垂直时,σ_2 对岩石极限强度 σ_{1f} 的影响最大,随着 σ_2 的增加 σ_{1f} 快速增大。而当中间主应力 σ_2 与岩石中片理等结构面平行或呈较小的锐角相交时,σ_2 对岩石极限强度 σ_{1f} 的影响而言,存在一个 σ_2 极限值 σ_{2p},若 $\sigma_2 < \sigma_{2p}$,则 σ_{1f} 随着 σ_2 的增加而明显增大;若 $\sigma_2 > \sigma_{2p}$,则 σ_{1f} 随着 σ_2 的增加变化不大或基本不变化。对片岩来说,$\sigma_{2p} = 100 \sim 150$ MPa。

综上所述,中间主应力 σ_2 对岩石三轴极限强度 σ_{1f} 及变形是有一定影响的,但是 σ_2 的影响较 σ_3 的影响小得多。因此,一般情况下,不考虑中间主应力 σ_2 影响的莫尔破坏准则对岩石是适用的,各向同性岩石尤其如此。但是,对各向异性岩石来说,当岩石中软弱结构面走向垂直于中间主应力 σ_2 时,σ_2 对岩石极限强度 σ_{1f} 的影响有时可以达到 20%。

5.7.3 应力途径对岩石变形及强度的影响

应力途径是指岩石中某一点或某一岩石试件的应力变化过程,也就是在应力坐标系中,岩石中某一点或某一岩石试件的应力轨迹。在三轴试验中,岩石试件受力由变形到破坏,可以有多种不同的应力途径,图 5.26 所示即为其中的两种应力途径。图 5.26(a)所示的应力途径是,先使岩石试件三向均匀受压($\sigma_1=\sigma_2=\sigma_3$)至 d 点,然后保持围压($\sigma_2=\sigma_3$)不变而增加轴向压力(σ_1)到 f 点,试件被破坏。图 5.26(b)所示的应力途径是,先使岩石试件三向均匀受压($\sigma_1=\sigma_2=\sigma_3$)至 d 点,接着保持围压($\sigma_2=\sigma_3$)不变而增加轴向压力(σ_1)至 e 点,最后保持轴向压力(σ_3)不变而降低围压($\sigma_2=\sigma_3$)到 f 点,试件被破坏。

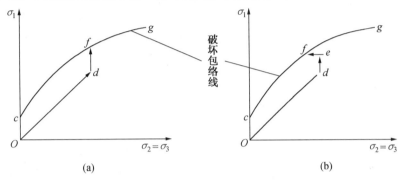

图 5.26 岩石三轴压缩试验应力途径

研究应力途径对岩石的变形及强度的影响具有十分重要的意义。例如,在地下岩体工程中,由于荷载及渗透压力变化而引起的地应力重新分布并出现应力集中现象,加之岩石松弛与蠕变,致使岩体中各点应力在不断变化,分析这些应力变化过程或应力途径对岩石变形及强度的影响,将有利于围岩稳定性评价。然而,目前国内外在岩石力学或岩体力学方面研究应力途径的文献资料不多见。因此,岩石变形及强度与应力途径的关系是一个有待深入研究的课题。斯瓦楚等通过对花岗岩进行试验研究认为,岩石强度与应力途径无关。而许车俊等曾先后对大理岩、辉长岩及花岗岩进行如图 5.26 所示的两种应力途径试验研究表明,岩石强度与应力途径有关。但是,图 5.26(b)中减低围压($\sigma_2=\sigma_3$)起点 e 的应力值应该接近并略低于扩容点应力值,否则岩石强度将与应力途径无关。此外,试验还证实,如果采用图 5.26(b)所示应力途径,在岩石破坏前减低围压($\sigma_2=\sigma_3$),便可以使岩石由延性破坏向脆性破坏转化,岩石也不可能只是由于最大主应力 σ_1 增加而发生变形及破坏,中间主应力 σ_2 和最小主应力 σ_3 变化(尤其是最小主应力 σ_3 变化)对岩石扩容及强度的影响很值得重视。

5.7.4 温度对岩石变形及强度的影响

温度对岩石变形及强度的影响是很明显的。在 500 MPa 的高围压条件下,取不同的环境温度,分别对玄武岩、花岗岩及白云岩所做的变形试验结果如图 5.27 所示。由图5.27可以看出,对于各种岩石,在围压一定时,随着温度上升,岩石强度下降、延性增长,从而出现屈服现象。

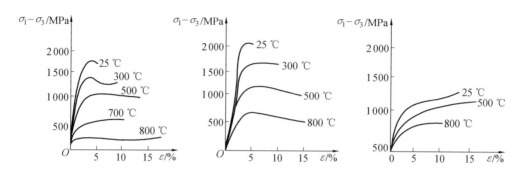

图 5.27　变形试验结果

5.8　岩石变形时间效应

　　岩石变形时间效应是指时间对岩石变形特性的影响。严格地说,岩石任何变形行为并非瞬时即完的,而均具有一定的时间历程。所以,作为一个与岩石变形有关的重要参数,时间理应包含于各种与应力及应变有关的方程式中。当然,在多数情况下,忽略时间的影响,能够较好地获得岩石变形的计算与分析结果。但是,有时则不行,例如,当岩石对应力或应变的变化反应迟缓时,即称之为黏滞性状,讨论岩石变形行为时,必须考虑时间因素。

　　岩石力学已形成一个重要分支,即岩石流变学(pheology of rock),专门研究岩石变形与时间的依存关系,主旨是建立岩石变形的应力及应变与时间的本构方程(应含温度在内),还包括研究岩石破坏与时间关系(疲劳及蠕变破坏)。岩石变形所产生的永久形状变化称为流动,流动只引起岩石形状变化而无体积改变。在稳定不变荷载作用下,岩石缓慢流动称为蠕变。在岩石保持一定的应变状态条件下,应力随时间逐渐减小称为松弛,即应力释放。在长期荷载作用(应变速率小于 10^{-6} s)下,岩石的强度称为长期强度。岩石流动符合牛顿流动定律的性质称为黏性,即剪应力与变形速率成正比。岩石力学性状随时间而变化的现象也称时效作用。

　　岩石的流变性主要包括蠕变、松弛、流动及长期强度四个方面。其中,岩石的蠕变及松弛是一种非常复杂的物理力学过程,目前的研究远非深入。研究岩石的蠕变可以在实验室进行,尽管维持长期加载稳定性和量测设备长期稳定性均有不少困难,但是可以比较容易克服。然而,进行岩体的现场原位蠕变试验的难度就更大,所以岩体结构流变学研究进展缓慢。

　　研究岩石变形时间效应存在两种情况,其一是将岩石看成连续介质,其二是把岩石当作非连续体。如果将岩石看成连续介质或连续体,就可以引进连续介质力学,如固体力学的黏弹性理论及黏塑性理论等,以便求得近似解。事实上,岩石是非连续体,所以有人强调应该研究岩石的结构流变学(structural pheology)。若基于结构流变学考虑,则必须将岩石看作是由各种岩块(结构体或结构单元)通过结构面镶嵌而成的岩体,其总的力学性质取决于这些结构体和结构面性质以及结构体镶嵌条件,这已超出本节研究的范畴。故在以下讨论中,仅将岩石作为连续介质看待。

　　当今,各种岩石工程的规模越来越大,结构越来越复杂,场地条件越来越恶劣,精度要求越来越高,例如,地下硐室衬砌及支护结构上应力或围压如何确定、如何评价岩石地下结构的收敛变形及稳定性、岩石高边坡蠕变及稳定性计算、重型结构地基蠕变分析等,均碰到很多越来越棘手的岩石时效作用问题。因此,岩石流变特性已成为十分重要的科研课题,尤其是岩石的蠕变及长期强度,与岩石工程变形及稳定性密切相关。

5.8.1　岩石蠕变及流动

(1) 岩石蠕变曲线。

为了获得某种岩石在各种荷载作用下的蠕变曲线,可以对同样的岩石试件,分别施以不同大小的恒定荷载,测定各试件在不同时间的应变值,便能够得到一组蠕变曲线。图 5.28所示为一组石膏蠕变曲线,它是采用单轴压缩试验获得的,其中每一条曲线代表一种荷载或压力。由图 5.28 可以看出,石膏蠕变与所加轴向压应力大小关系密切:在较低轴向压应力作用下,石膏蠕变可以逐渐趋于稳定,而不至于被破坏;在较高轴向压应力作用下,石膏蠕变加速发展,从而很快被破坏;轴向压应力越大,石膏蠕变速率越快,反之则越慢。这种现象说明,岩石蠕变试验是较为难做的,因为若所加的应力或荷载太小,则只发生微小蠕变影响;而若所加应力过大,则随即发生加速蠕变及破坏。所以,对岩石蠕变试验来说,选择合适的应力或荷载至关重要。

归纳与总结各种岩石在不同应力或荷载作用下的蠕变试验成果,可以根据作用应力或荷载大小不同,将岩石蠕变曲线(包括正应变时间 $\varepsilon-t$ 曲线、剪应变时间 $\gamma-t$ 曲线及位移时间 $U-t$ 曲线三种形式)分为两种类型,即趋于稳定蠕变曲线和加速发展蠕变曲线,如图5.29所示。

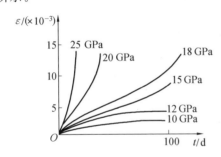

图 5.28　石膏蠕变曲线

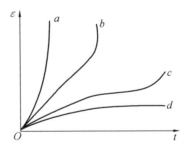

图 5.29　岩石蠕变曲线类型
a、b—加速发展蠕变曲线
c、d—趋于稳定蠕变曲线

① 趋于稳定蠕变曲线。

趋于稳定蠕变曲线反映在较小的应力或荷载作用下,岩石变形随时间延续的发展规律,即应变速率随时间延续而递减,变形最终趋于稳定,如图 5.29 中 c、d 曲线所示。

② 加速发展蠕变曲线。

加速发展蠕变曲线显示当岩石所受应力或荷载超过某一极限值时,很快导致破坏,如图5.29 中 a、b 曲线所示。

岩石典型蠕变曲线如图 5.30 所示。据此,可以将岩石蠕变过程分为四个阶段,即瞬时变形阶段、第一蠕变阶段、第二蠕变阶段及第三蠕变阶段。

① 瞬时变形阶段。

瞬时变形是指加上荷载即发生瞬时弹性变形,瞬时应变 ε_e 是由岩石中先存微裂隙闭合引起的。瞬时变形后接着进入第一蠕变阶段。

② 第一蠕变阶段。

第一蠕变阶段又称初始蠕变、阻尼蠕变或过渡蠕变,应变 ε 最初随时间 t 增长较快,但是应变速率 $d\varepsilon/dt$ 很快降低且趋于稳定,变形稳定后达到 E 点的应变量可能比瞬时应变 ε_e 增加 $30\% \sim 40\%$。初始蠕变曲线如图 5.30 中 AE 段

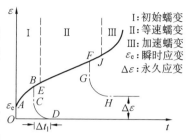

图 5.30　岩石典型蠕变曲线

所示。若在初始蠕变曲线 AE 段上某点 B 处将荷载卸到零,则变形曲线便沿着 BCD 段完全恢复,其中竖向直线段长度 $\overline{BC} = \overline{AO}$,为瞬时应变 ε_e,在瞬间即可恢复。而曲线段 CD 表示在初始蠕变阶段产生应变的恢复过程,其完全恢复需要一段时间 Δt_1。第一蠕变阶段变形很快趋于稳定而进入第二蠕变阶段。

③ 第二蠕变阶段。

第二蠕变阶段又称等速蠕变或稳态蠕变,应变 ε 随时间 t 近于等速增长,应变速率 $d\varepsilon/dt$ 基本保持为常数。等速蠕变曲线如图 5.30 中 EJ 段。若在等速蠕变曲线 EJ 上某点 F 处将荷载卸到零,变形曲线便沿着 FGH 段恢复,其中竖向直线段长度 $\overline{FG} = \overline{AO}$,为瞬时弹性 ε_e,瞬间即可恢复。而 G 点以后的曲线表示在初始蠕变阶段及等速蠕变阶段产生应变的恢复过程,需要恢复时间。当变形恢复到 H 点后就不再恢复而保留永久应变 $\Delta\varepsilon$。由于这种蠕变最终是稳定的,所以一般不会造成工程危害。对于某些较软弱的岩石(如页岩),当蠕变达到一定值时,就以某种应变速率 $d\varepsilon/dt$ 无限增长,直至岩石破坏。而对于一般岩石,在第二阶段蠕变完成后,还需要经过第三阶段蠕变,才达到破坏。

④ 第三蠕变阶段。

第三蠕变阶段又称加速蠕变,应变 ε 随时间 t 加速增长,应变速率 $d\varepsilon/dt$ 越来越大。当应变速率 $d\varepsilon/dt$ 趋于无穷大时,岩石被破坏,如图 5.30 中 J 点以后的加速蠕变曲线所示。

应该指出,并非所有的岩石蠕变过程均出现等速蠕变阶段。在岩石蠕变过程中,只有结构的软化与硬化达到动态平衡,其蠕变速率才能保持不变,从而进入等速蠕变阶段。

(2) 岩石应力-应变速率曲线。

岩石应力-应变速率曲线体现了岩石的流变性质。由岩石应力-应变速率曲线可以求得岩石蠕变及流动的特征指标,即黏滞系数 η。

在图 5.28~5.30 中,每一条曲线均代表在某一特定应力或荷载条件下岩石蠕变过程。由此可见,在岩石蠕变过程中,尽管应力或荷载保持不变,但是应变速率则是时间的函数。也就是说,每一条蠕变曲线上不同点应变速率是不一致的。每一条蠕变曲线($\varepsilon - t$ 曲线或 $\gamma - t$ 曲线)上均有一个最小应变速率 $\dot{\varepsilon}_{min}$ 或 $\dot{\gamma}_{min}$($\dot{\varepsilon} = d\varepsilon/dt,\dot{\gamma} = d\varepsilon/dt$)点。对于具有等速蠕变阶段的蠕变曲线,其最小应变速率 $\dot{\varepsilon}$ 或 $\dot{\gamma}$ 就是等速蠕变阶段的应变速率,即为等速蠕变阶段直线的斜率($\varepsilon - t$ 曲线或 $\gamma - t$ 曲线上直线段的斜率)。而不具有等速蠕变阶段的蠕变曲线,其最小应变速 $\dot{\varepsilon}$ 或 $\dot{\gamma}$ 就是初始蠕变阶段向加速蠕变阶段转变时的应变速率,即为蠕变曲线($\varepsilon - t$ 曲线或 $\gamma - t$ 曲线)上初始蠕变与加速蠕变阶段转换处切线的斜率。

岩石应力-应变速率曲线($\dot{\varepsilon} - \sigma$ 曲线或 $\dot{\gamma} - \tau$ 曲线)是这样建立的,即选取一组岩石试

件,分别在不同的应力或荷载条件下进行蠕变试验并绘
制蠕变曲线,再量测各条蠕变曲线上的最小斜率——最
小应变速率 $d\dot{\varepsilon}/dt$ 或 $d\dot{\gamma}/dt$,然后以最小应变速率 $\dot{\varepsilon}$ 或 $\dot{\gamma}$
为横坐标,以与之对应的应力 σ 或 τ 为纵坐标,作出应力
—应变速率($\sigma-\dot{\varepsilon}$)曲线或($\tau-\dot{\gamma}$)曲线,如图 5.31 所示。

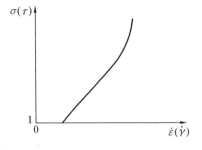

图 5.31　岩石应力—应变速率曲线

由岩石—应变速率曲线 $\sigma-\dot{\varepsilon}$ 曲线或 $\tau-\dot{\gamma}$ 曲线直线
段斜率,可以求得岩石的黏滞系数 η,即

$$\begin{cases} \eta=\dfrac{\sigma}{\dot{\varepsilon}} \\ \eta=\dfrac{\tau}{\dot{\gamma}} \end{cases} \quad (5.31)$$

式中　σ、τ——正应力及剪应力;

　　　$\dot{\varepsilon}$、$\dot{\gamma}$——正应变速率及剪应变速率,s^{-1};

　　　η——黏滞系数,$Pa \cdot s$、$kPa \cdot s$ 或 $MPa \cdot s$。

在常温常压条件下,饱水软弱泥岩的黏滞系数为 $\eta=(1\times10^{12})\sim(1\times10^{13})Pa \cdot s$,灰岩
及硬质砂岩的黏滞系数为 $\eta=(1\times10^{15})\sim(1\times10^{16})Pa \cdot s$。

(3)岩石蠕变经验公式。

研究岩石变形的时间效应,一般采用两种方法寻找其蠕变规律,即经验法和流变模型
法。经验法是通过对岩石做一系列蠕变试验,获取试验数据后,再利用曲线进行拟合,求得
蠕变公式。这种方法求得的岩石蠕变公式属于经验公式,虽然与具体试验相结合,但是若推
广到其他条件时往往带来较大误差,甚至得出完全错误的结论。流变模型法是根据具体情
况将岩石抽象成一系列弹簧、阻尼器及滑块等元件组成的体系,这些元件之间各种组合分别
代表岩石不同的蠕变特性,如果求解所对应的蠕变规律或定律,那么需要首先确定采用何种
流变模型,然后根据岩石试验结果只是确定与选定流变模型所对应的元件组合有关的常数
或待定系数,而并非确定定律本身,这种方法的适应性较经验法好,尤其适用于数值计算。
这里仅简单介绍经验法。本节后面将另辟一部分,重点讨论流变模型法。

由于岩石蠕变全过程包括瞬时弹性变形、初始蠕变、等速蠕变及加速蠕变四个变形阶
段,所以在长期荷载作用下,总的蠕变变形可以表示为

$$\varepsilon(t)=\varepsilon_e+\varepsilon_1(t)+\varepsilon_2(t)+\varepsilon_3(t) \quad (5.32)$$

式中　ε_e——瞬时弹性变形;

　　　$\varepsilon_1(t)$——初始蠕变;

　　　$\varepsilon_2(t)$——等速蠕变,$\varepsilon_2(t)=kt$;

　　　$\varepsilon_3(t)$——加速蠕变。

根据不同条件下的试验结果,可以给出式(5.32)中各项不同的函数形式,从而得出不同
的岩石蠕变经验公式。然而,目前的绝大多数岩石蠕变经验公式均是表示初始蠕变和等速
蠕变的,尚未找到既合适又简单的加速蠕变的公式。对岩石初始蠕变和等速蠕变,现有的经
验公式主要有三种函数形式,即幂函数、指数函数及对数函数。

① 幂函数。

幂函数的基本形式为

$$\varepsilon(t) = At^n \tag{5.33}$$

式中　A、n——待定常数,取决于应力水平、温度及岩石结构等。

Cottrell 指出,$0 < n < 1$。Singh 通过对大理岩研究,得到

$$\begin{cases} 初始蠕变:\varepsilon_1(t) = 0.439\ 5t^{0.492\ 9} \times 10^{-4} \\ 等速蠕变:\varepsilon_2(t) = (0.181\ 7t - 0.802\ 2) \times 10^{-4} \end{cases} \tag{5.34}$$

式中　$\varepsilon_1(t)$、$\varepsilon_2(t)$——轴向应变。

② 指数函数。

Evans 通过对花岗岩、砂岩及板岩研究,得到

$$\varepsilon(t) = A[1 - \exp(B - Ct^n)] \tag{5.35}$$

式中　A、B、C——待定常数,取决于应力水平、温度及岩石结构等,$n = 0.4$。

Hardy 研究表明,岩石初始蠕变的公式为

$$\varepsilon_1(t) = B[1 - \exp(-Ct)] \tag{5.36}$$

式中　B、C——待定常数,由应力水平、温度及岩石结构等控制。

③ 对数函数。

Griggs 研究了灰岩、滑石及页岩等的蠕变特性,提出如下蠕变公式:

$$\varepsilon(t) = \varepsilon_e + B\lg t + Dt \tag{5.37}$$

式中　B、D——待定常数,取决于应力性质及水平。

Hobbs 研究了灰岩、泥岩、页岩、粉砂岩及砂岩等的蠕变特性,获得的初始蠕变及等速蠕变的公式为

$$\varepsilon(t) = \frac{\sigma}{E_c} + g\sigma^f t + K\sigma\lg(t+1) \tag{5.38}$$

式中　E_c——平均增量模量;

　　　σ——应力;

　　　k、g、f——待定常数,取决于岩石种类等。

Roberstson 根据 Kelvin 模型,并且经过岩石蠕变试验曲线校正,从而得到岩石在恒定应力或荷载条件下的蠕变半径验公式为

$$\varepsilon(t) = \varepsilon_e + A\ln t \tag{5.39}$$

式中　ε_e——瞬时弹性应变;

　　　A——蠕变系数。

单轴压缩时,有

$$A = \left(\frac{\sigma}{E}\right)^{n_c} \tag{5.40}$$

三轴压缩时,有

$$A = \left(\frac{\sigma_1 - \sigma_3}{2G}\right)^{n_c} \tag{5.41}$$

式中　E、G——岩石的弹性模量及剪切模量;

　　　n_c——蠕变指数,低应力时取 $n_c = 1 \sim 2$,高应力时取 $n_c = 2 \sim 3$。

Farmer 根据岩石在不同应力条件下的蠕变系数 A,将岩石划分为准弹性、半弹性及非弹性三种类型,见表 5.1。准弹性岩石主要有坚硬的岩浆岩及变质岩等,如花岗岩、玄武、石英岩、闪长岩、辉长岩及辉石岩等,在工程条件下不发生蠕变。半弹性岩石基本是绝大多数沉积岩,既有弹性变形也有蠕变。非弹性岩石包括较软弱的泥灰岩、页岩、片岩及灰岩等,在应力不大时便发生蠕变,所以工程上必须考虑蠕变的影响。

最后值得提出的是,由于岩石的种类及试验条件不同,岩石蠕变经验公式也是多种多样的,因此在处理实际工程问题时,必须根据具体的岩石成分与结构、试验方式与应力水平及温度状况等合理选用。

表 5.1　不同应力条件下岩石蠕变系数 A

岩石的类型	$E/$ ($\times 10^4$ MPa)	$\sigma = 10$ MPa $n_c = 1.5$	$\sigma = 50$ MPa $n_c = 1.7$	$\sigma = 100$ MPa $n_c = 1.85$
准弹性	12	7.6×10^{-7}	1.8×10^{-6}	2.2×10^{-6}
	10	1.0×10^{-6}	2.4×10^{-6}	2.9×10^{-6}
	8	1.4×10^{-6}	3.5×10^{-6}	4.3×10^{-6}
半弹性	6	2.1×10^{-6}	5.8×10^{-6}	7.4×10^{-6}
	4	4.0×10^{-6}	1.2×10^{-6}	1.5×10^{-6}
非弹性	2	1.1×10^{-5}	3.8×10^{-5}	5.3×10^{-5}
	0.5	8.9×10^{-5}	1.6×10^{-4}	2.5×10^{-3}

5.8.2　岩石长期强度

由图 5.28 可以看出,在进行岩石蠕变试验时,随着荷载条件逐渐加大,岩石变形由趋于稳定蠕变(图中单轴压应力为 10 GPa、12 GPa 曲线)转变为趋于非稳定蠕变(图中单轴压应力为 15~25 GPa 曲线),即岩石由不破坏蠕变转变为经过蠕变而破坏。因此,在趋于稳定蠕变与趋于非稳定蠕变之间,必然存在某一临界应力值或荷载条件,当岩石所受应力小于该临界应力值时,蠕变将趋于稳定,岩石不被破坏;而当岩石所受应力大于该临界应力值时,蠕变不会趋于稳定,岩石最终达到破坏。这一临界应力值称为岩石长期强度或极限长期强度(也称第三屈服值)。从物理意义上说,岩石所受的应力越大,达到破坏所需的时间也就越短;而岩石所含的应力越小,达到破坏所需的时间便越长。因此,长期强度也就是使岩石在无限长时间内连续蠕变而不至于破坏所能承受的最大应力值或极限应力值,用 σ_∞ 或 τ_∞ 表示。长期强度 σ_∞ 或 τ_∞ 是岩石流变特性的重要力学指标之一。确定岩石长期强度 σ_∞ 或 τ_∞,可以按照以下步骤操作:

(1)取一组岩石试件,在每一试件上施加不同应力进行蠕变试验,从而可以获得一组在不同应力作用下的岩石蠕变曲线($\varepsilon - t$ 曲线或 $\gamma - t$ 曲线),如图 5.28 所示。

(2)对图 5.28 中各蠕变曲线,取相应于不同时刻($t=0, t=t_1, t=t_2, \cdots, t=t_n, t_n \to \infty$)的应力及应变值,据此可以绘制图 5.32 所示的对应于不同时刻 $t=0, t_1, t_2, \cdots, t_n$ 的一系列岩石蠕变应力-应变等时曲线。

(3)由图 5.32 中岩石蠕变应力-应变等时曲线可以看出,各条曲线的开始部分或前一段均为直线,直线段的斜率即为岩石弹性模量 E,弹性模量 E 随着时间 t 的增大而减小。各条曲线的后部分均为曲线,时刻 t 值越大,则曲线越早趋于平缓。根据这样的变化趋势,总可以找到一条 $t \to \infty$ 的平行于横坐标轴 ε 的直线,而该直线与纵坐标轴 σ 相交的应力值 σ_∞ 即为岩石长期强度或极限长期强度。在进行岩石蠕变试验时,若所施加的应力或荷载超过其长期强度 σ_∞,则岩石将由蠕变发展至破坏,如图 5.32 中阴影部分所示。

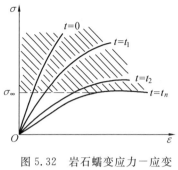

图 5.32 岩石蠕变应力—应变
等时曲线

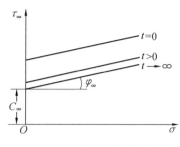

图 5.33 岩石强度包络线随时间
变化

由此可见,如果要求表征长期剪切强度 τ_∞ 的极限长期内聚力 C_∞ 及内摩擦角 φ_∞,那么至少需要采用四组岩石试件,每组包括六个以上岩石试件。使各组岩石试件分别受不同的法向应力作用,而各岩石试件组中的每一岩石试件虽然所受的法向应力 σ 相同,但是剪应力 τ 不同。这样,便可以求得在四个不同法向应力 σ 作用下岩石的极限长期剪切强度 τ_∞。然后,再作法向应力 σ 与长期剪切强度 τ_∞ 的关系曲线,从而求得与长期剪切强度 τ_∞ 对应的极限长期内聚力 C_∞ 及内摩擦角 φ_∞,如图 5.33 所示。

因此,若采用以上方法求岩石长期剪切强度指标 φ_∞ 及 C_∞,则至少需要 24 个岩石试件。很明显,做这样的岩石蠕变试验在时间及设备上均存在困难,并且很不经济。为此,陈宗基曾提出一种求岩石长期剪切强度指标 φ_∞ 及 C_∞ 的简单方法。这种方法是基于 Boltzmann 叠加原理,对一个岩石试件分 n 级加长期荷载进行蠕变试验,代替对 n 个岩石试件加一级荷载做蠕变试验。如图 5.34 所示,在四个岩石试件上分别加不同的法向应力 σ_{n1}、σ_{n2}、σ_{n3}、σ_{n4},然后对每一岩石试件分五级施加剪应力 τ_1、τ_2、τ_3、τ_4、τ_5,每一级剪应力均延续相同时间,这样就可以获得每一岩石试件五条不同的蠕变 $\tau-t$ 曲线。根据 Boltzmann 增加原理,将图 5.34 所示的岩石蠕变曲线整理成如图 5.35 所示的岩石试件在各级法向应力(σ_{n1},σ_{n2},σ_{n3},σ_{n4})作用下并具有相同剪切时程的前应力—剪应变曲线,即为在不同法向应力(σ_{n1},σ_{n2},σ_{n3},σ_{n4})作用下的四组 $\tau-t$ 曲线。若用普通岩石蠕变试验方法获得这四组 $\gamma-t$ 曲线,那么至少需要 20 个岩石试件,同时做试验需要 20 台仪器设备。正是因为这样,陈宗基所建议的求岩石长期剪切强度指标 φ_∞ 及 C_∞ 的简单方法正日益被广泛采用。

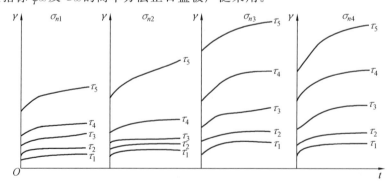

图 5.34 分级对岩石试件加长期荷载变形 $\gamma-t$ 曲线

莫尔—库伦强度理论认为,连续介质材料的强度与时间无关,所以其强度包络线固定不变。但是,岩石本属于流变体,所以其强度是时间的函数(强度随时间延续而降低),不同时间的强度包络线各异,而极限长期强度包络线是最低的一条包络线,即为 $t=-\infty$ 时的包络线。事实上,岩石从 $t=0$ 时的强度包络线下降到 $t=-\infty$ 的强度包络线需要长达几十年甚至更长时间。因此,在评价岩体工程稳定性时,有时要求根据 $t=\infty$ 时的强度包络线进行校核。

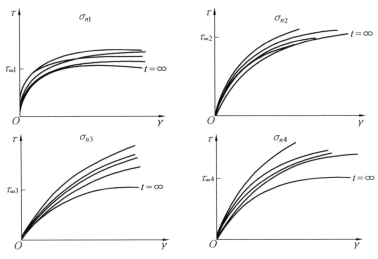

图 5.35　在各级法向应力 σ_n 作用下并具有相同剪切时程的
剪应力一剪应变曲线

5.8.3　岩石流变模型

从微观角度来看,岩石是由骨架和充填于其中的流体组成的复杂聚合体,骨架为坚硬的或刚性的、弹性的及塑性的等不同力学性质的固态物质,而流体包括各种液体及气体等,所以决定岩石具有流变特性。如果从微观结构着手研究岩石流变特性无疑是相当困难的,甚至是不可能的。岩石的流变是一个十分复杂的物理力学过程,为了较直观地将其表示出来,往往采用简单的机械元件及其不同组合,即流变模型,模拟岩石的流变行为。流变模型概念清楚,有助于认识岩石的弹性及塑性等各种分量。流变模型的数学表达式能够直接描述岩石的蠕变及应力松弛等现象。此外,流变模型不但可以探讨岩石模型数学表达式中各参数的物理意义,而且还有利于认识岩石流变的本质规律。当然,由于岩石流变特性多变而复杂,并非简单的流变模型所能完整表述的,因此岩石流变模型的适应范围是有一定限度的。

(1) 岩石基本力学模型。

岩石基本力学性质包括刚性、弹性、塑性及黏性等。因此,岩石基本力学模型是刚性体、弹性体、塑性体及黏性体等,属于一维的。

① 刚性体。

刚性体又称欧几里得(Euclid)体,简称为 Eu 体,用来描述岩石在任何荷载作用下均不发生变形,其模型是用一根无伸缩的刚性杆来表示的,如图 5.36(a)所示。这种模型的应力一应变方程(本构方程)为

$$\begin{cases} \varepsilon = 0 \\ \gamma = 0 \end{cases} \tag{5.42}$$

式中 ε、γ——正应变及剪应变。

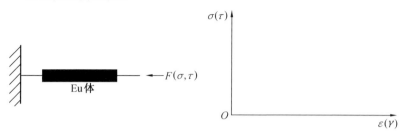

图 5.36 刚性体模型(Eu 体)

② 弹性体(理想弹性体)。

弹性体又称虎克(Hooke)体,简称为 H 体,用来描述岩石在荷载作用下服从虎克线弹性定律,其模型是用一根弹簧来表示的,如图 5.37(a)所示。这种模型的本构方程为

$$\begin{cases} \sigma = E\varepsilon \\ \tau = G\gamma \end{cases} \tag{5.43}$$

式中 σ、τ——正应力及剪应力;

ε、γ——正应变及剪应变;

E、G——弹性模量及剪切模量。

式(5.43)所表示的应力-应变关系如图 5.37(b)所示。

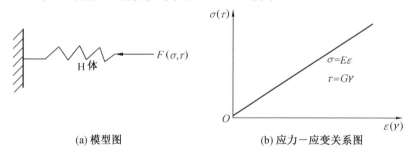

(a)模型图　　　　　　　(b)应力-应变关系图

图 5.37 弹性体模型(H 体)

③ 塑性体(理想塑性体)。

塑性体又称圣维南(St. Venant)体,简称为 St. V 体,用来描述岩石在超过屈服应力荷载作用下发生塑性变形,其模型是用一对摩擦块来表示的,如图 5.28(a)所示。这种模型的本构方程为

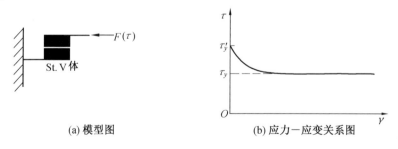

(a)模型图　　　　　　　(b)应力-应变关系图

图 5.38 塑性体模型(St. V 体)

$$\tau = \tau_y \tag{5.44}$$

式中　τ_y——摩擦块接触面屈服应力；

　　　τ ——施加于摩擦块接触面上的剪应力。

当 $\tau < \tau_y$ 时,不发生变形;当 $\tau \geqslant \tau_y$ 时,接触面便屈服而发生塑性变形(即摩擦块相互滑动)。式(5.44)所表示的应力－应变关系如图 5.38(b)所示。事实上,摩擦块之间未滑动之前存在静摩擦力 τ'_y(施加荷载后才表现出来),滑动之后便是滑动摩擦力 τ_y,即为理想塑性体的屈服应力,$\tau_y < \tau'_y$。

④ 黏性体(理想黏滞液体)

黏性体又称牛顿(Newton)体,简称为 N 体,用来描述岩石在荷载作用下服从牛顿粘滞定律,其模型是用一个黏壶来表示的,如图 5.39(a)所示。这种模型的本构方程为

$$\begin{cases} \sigma = \eta\dot{\varepsilon} = \eta\dfrac{\mathrm{d}\varepsilon}{\mathrm{d}t} \\[2mm] \tau = \eta\dot{\gamma} = \eta\dfrac{\mathrm{d}\gamma}{\mathrm{d}t} \end{cases} \tag{5.45}$$

式中　σ、τ——正应力及剪应力；

　　　$\dot{\varepsilon}$、$\dot{\gamma}$——正应变速率及剪应变速率；

　　　η——黏滞系数；

　　　ε、γ——正应变及剪应变；

　　　t——时间。

式(5.45)所表示的应力－应变速率关系如图 5.39(b)所示。此外,这种模型的应力及应变与时间的关系如图 5.39(c)(d)所示。

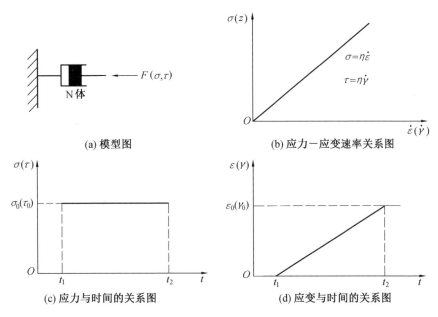

图 5.39　黏性体模型(N 体)

(2)岩石流变组合模型。

在实际工程中所碰到的岩石往往并非以上单一力学模型能够描述的。也就是说,地质

环境中的岩石不可能是理想的弹性体或黏性体等,而是具有某两种以上力学性质的复合体或组合体,如黏弹性体、黏塑性体及弹-黏塑性体等;此外,即使是同一种岩石,由于环境及受力条件不同,也可以表现出具有一种以上力学性质的组合体,例如,在近地表常温常压条件下岩石表现为黏弹性体,但是在埋深较大的较高温高压条件下岩石表现为黏塑性体。因此,有必要根据岩石变形的实际情况,将上述各种基本力学模型(元件)通过串联或并联方式而构成具有不同力学性质的组合模型。元件之间并联用符号"‖"表示、串联用符号"—"表示。并联时,每个元件模型所承担的荷载之和等于组合模型的总荷载,而各元件模型的位移速率或应变是相等的。串联时,每个元件模型所承担的荷载均相等,并且等于组合模型的总荷载,而各元件模型的位移速率或应变之和等于组合模型的总位移速率或总应变。这两点即为建立各种组合模型本构方程的基本依据。

① 弹黏性体。

弹黏性体又称马克斯韦尔(C. Maxwell)体,简称为 M 体。这种模型是由弹性元件(H)和黏性元件(N)串联而成的,模型符号为 M＝H—N,如图 5.40 所示。这种模型用两个变形强度指标剪切模量 G 及黏滞系数 η 来描述。

图 5.40 弹黏性体(M 体)

M 体总应变为

$$\begin{cases} \gamma = \gamma_e + \gamma_r \\ \dot{\gamma} = \dot{\gamma}_e + \dot{\gamma}_r \end{cases} \tag{5.46}$$

式中 γ、$\dot{\gamma}$——总剪应变及总剪应变速率;

γ_e、$\dot{\gamma}_e$——H 体的剪应变及剪应变速率;

γ_r、$\dot{\gamma}_r$——N 体的剪应变及剪应变速率。

M 体总应力为

$$\tau = \tau_e = \tau_r \tag{5.47}$$

式中 τ——总剪应力;

τ_e、τ_r——H 体及 N 体所承受的剪应力。

又因为

$$\begin{cases} \tau_e = G\gamma_e \Rightarrow \dot{\gamma}_e = \dfrac{1}{G}\dot{\tau}_e \\ \tau_r = \eta\dot{\gamma}_r \Rightarrow \dot{\gamma}_r = \dfrac{1}{\eta}\tau \end{cases} \tag{5.48}$$

将式(5.48)代入式(5.46)中的第二式,并且注意式(5.47)得

$$\dot{\gamma} = \frac{1}{G}\dot{\tau} + \frac{1}{\eta}\tau \tag{5.49}$$

式(5.49)的解为

$$\tau = \exp\left(-\frac{G}{\eta}t\right)\left[\tau_0 + G\int_0^t \exp\left(\frac{G}{\eta}t\right)\dot{\gamma}\,\mathrm{d}t\right] \tag{5.50}$$

式中 τ_0——初始剪应力,$\tau_0 = G\gamma_0$,γ_0 为初始剪应变。

a. M 体在松弛情况下应力与时间的关系。

在松弛情况下,剪应变速率 $\dot{\gamma} = 0$,初始剪应变 γ_0 保持不变,初始剪应力 τ_0 逐渐减少,直至为零。将这些条件代入式(5.50)得

$$\tau = G\gamma_0 \exp\left(-\frac{G}{\eta}t\right) \tag{5.51}$$

$$\Rightarrow \tau = \tau_0 \exp\left(-\frac{G}{\eta}t\right) \tag{5.52}$$

令 $\lambda = \dfrac{\eta}{G}$，代入式(5.52)得

$$\tau = \tau_0 \exp\left(-\frac{t}{\lambda}\right) \quad \text{（M 体松弛方程）} \tag{5.53}$$

式(5.53)即为在剪应变保持不变条件下，剪应力随时间衰减的方程式，其衰减曲线如图5.41 所示。由此可见，M 体在松弛情况下剪应力随时间呈指数函数衰减。

由式(5.53)可知，当 $t = \lambda$ 时，$\tau = \tau_0/e$。λ 为松弛时间，其物理意义是在剪应变保持不变条件下，使初始剪应力 τ_0 衰减到 τ_0/e 所需要的时间。

应当指出，在以上剪切变形时，$\lambda = \eta/G$；而当压缩变形或拉伸变形时，$\lambda = \eta/E$，E 为弹性模量。

b. M 体在蠕变情况下应变与时间的关系。

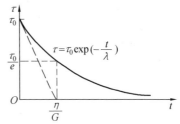

图 5.41 M 体应力衰减曲线

在蠕变情况下，初始剪应力 τ_0 保持不变，而初始剪应变 γ_0 逐渐增大直至稳定于某一较大值，剪应力变化速率 $\dot{\tau} = 0$。将这些条件代入式(5.49)得

$$\dot{\gamma} = \frac{\tau_0}{\eta} \tag{5.54}$$

式(5.54)的角为

$$\gamma = \frac{\tau_0}{\eta}t + C \tag{5.55}$$

式中 C——待定常数，取决于初始条件。

当 $t = 0$ 时，只发生瞬时弹性变形而产生剪应变 γ_0。将此初始条件代入式(5.55)得

$$C = \gamma_0 = \frac{\tau_0}{G} \tag{5.56}$$

将式(5.56)代入式(5.55)得

$$\gamma = \frac{\tau_0}{G} + \frac{\tau_0}{\eta}t \quad \text{（M 体蠕变方程）} \tag{5.57}$$

式(5.57)即为在剪应力保持不变条件下，剪应变随时间递增的方程式，其递增曲线如图5.42 中直线 ABC 所示。式(5.57)可以改写为

$$\gamma = \frac{\tau_0}{G}\left(1 + \frac{G}{\eta}t\right) = \gamma_0\left(1 + \frac{t}{\eta}\right) \tag{5.58}$$

由式(5.58)可知，M 体在蠕变情况下，当剪应力保持不变时，剪应变 γ 可以分为两部分。其一，是在剪应力 τ_0 作用下，发生的瞬时弹性剪应变 γ_0；其二，是在剪应力 τ_0 保持不变条件下，随时间而增加的剪应变 $\gamma_0 t/\lambda$，即为蠕变变形。如果在 t 时刻卸去荷载，那么弹性剪应变 γ_0 将在瞬时恢复，而在 $0-t$ 时间内由蠕变变形产生的剪应变 $\gamma_0 t/\lambda$ 将不可恢复。如图5.42 所示，在 B 点卸去全部荷载，$\overline{BD} = \overline{OA} = \gamma_0$ 为瞬时恢复的弹性剪应变，之后的曲线为平行于 t 轴的水平直线 DE。

由式(5.58)还可以看出，当时间 $t \ll \lambda$ 时，M 体几乎完全表现为弹性变形，蠕变变形不明显，可以将其视为弹性体；当时间 $t \gg \lambda$ 时，蠕变变形远远超过弹性变形，可以将其视为黏性体。当时间 t 与松弛时间 λ 为同一数量级时，M 体同时具有弹性及黏性两种变形特性。

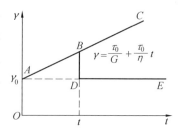

图 5.42 M 体蠕变曲线及卸荷
曲线($\overline{BD}=\overline{OA}=\gamma_0$)

② 黏弹性固体。

黏弹性固体又称凯尔文(Kelvin)体或沃尹特(Voigt)体，简称为 K 体。这种模型是由弹性元件(H)和黏性元件(N)并联而成的，模型符号为 K=H∥N，如图 5.43 所示。这种模型用两个变形强度指标剪切模量 G 及黏滞系数 η 来描述。

K 体总应力为

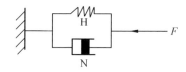

图 5.43 黏弹性固体(K 体)

$$\tau = \tau_e + \tau_r \qquad (5.59)$$

K 体总应变为

$$\gamma = \gamma_e = \gamma_r \qquad (5.60)$$

又因为

$$\begin{cases} \tau_e = G\gamma_e \\ \tau_r = \eta\dot{\gamma}_r \end{cases} \qquad (5.61)$$

将式(5.61)代入式(5.59)，并注意式(5.60)得

$$\tau = G\gamma + \eta\dot{\gamma} \qquad (5.62)$$

$$\Rightarrow \dot{\gamma} = \frac{1}{\eta}(\tau - G\gamma) \qquad (5.63)$$

式(5.63)的解为

$$\gamma = \exp\left(-\frac{G}{\eta}t\right)\left[C + \frac{1}{\eta}\int_0^t \tau \exp\left(\frac{G}{\eta}t\right)dt\right] \qquad (5.64)$$

式中 C——取决于已知条件的待定常数。

在蠕变情况下，初始剪应力 τ_0 保持不变。将 $\tau=\tau_0$ 代入式(5.64)得，$C=0$。将 $C=0$ 代入式(5.64)解得

$$\gamma = \frac{\tau_0}{G}\left[1 - \exp\left(-\frac{G}{\eta}t\right)\right] \quad \text{(K 体蠕变方程)} \qquad (5.65)$$

式(5.65)即为在剪应力保持不变条件下，剪应变随时间递增的非线性方程式，其递增曲线如图 5.44 中曲线 OAB 所示。当时间 $t=0$ 时，$\gamma=0$；当时间 $t\to\infty$ 时，$\gamma=\tau_0/G$，即剪应变趋于常数 τ_0/G，也就是当剪应力完全由弹簧承担时的弹性剪应变值 $\gamma_0=\tau_0/G$。

如果在 t_0 时刻卸去荷载，则将 $\tau=0$ 代入式(5.62)得

$$\eta\dot{\gamma} + G\gamma = 0 \qquad (5.66)$$

由式(5.66)解得

$$\gamma = De^{-\frac{G}{\eta}t} \quad \text{(K 体卸荷后变形方程)} \qquad (5.67)$$

式中 D——待定常数，取决于卸荷瞬间应变条件。

由式(5.65)可以求出 t_0 时刻卸荷瞬间的剪应变为

$$\gamma_{t_0} = \frac{\tau_0}{G}\left[1 - \exp\left(-\frac{G}{\eta}t_0\right)\right] \tag{5.68}$$

由式(5.67)也可以求出 t_0 时刻卸荷瞬间的剪应变为

$$\gamma_{t_0} = D \quad [\text{应将 } t=0 \text{ 代入式(5.67)}] \tag{5.69}$$

由式(5.68)和式(5.69)联立解得

$$D = \frac{\tau_0}{G}\left[1 - \exp\left(-\frac{G}{\eta}t_0\right)\right] = \gamma_0' \tag{5.70}$$

将式(5.70)代入式(5.67)得

$$\gamma = \gamma_0' \exp\left(-\frac{G}{\eta}t\right) \quad (t \geq 0) \tag{5.71}$$

由式(5.71)可知,在 t_0 时刻卸载瞬间[$t=0$ 代入式(5.71)]的剪应变为 $\gamma_t = \gamma_0^1$,之后剪应变逐渐恢复到零,即 $\gamma_{t \to \infty} = 0$。$t_0$ 时刻卸载后变形恢复曲线如图 5.44 中曲线 AC 所示。

综合上述,K 体模型反映了岩石剪应力—剪应变曲线的时间差,即当剪应力最终由弹簧承担后,剪应变就停止了,标志岩石蠕变变形结束。所以,这种模型的作用是使弹性变形滞后效应发生,称之为弹性滞后或弹性后效。

将式(5.65)对时间 t 求导得

$$\frac{\mathrm{d}\gamma}{\mathrm{d}t} = \frac{\tau_0}{G}\frac{G}{\eta}\exp\left(-\frac{G}{\eta}t\right) \tag{5.72}$$

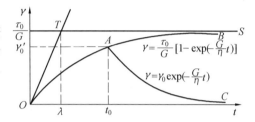

图 5.44　K 体蠕变曲线及卸荷曲线

再将 $t=0$ 代入式(5.72)得

$$\frac{\mathrm{d}\gamma}{\mathrm{d}t} = \frac{\tau_0}{G}\frac{1}{\dfrac{\eta}{G}} = \frac{\tau_0}{G\lambda} \tag{5.73}$$

所以,图 5.44 中蠕变曲线 OAB 过原点 O 的切线 OT 方程为

$$\gamma = \frac{\mathrm{d}\gamma}{\mathrm{d}t}t = \frac{\tau_0}{G\lambda}t \tag{5.74}$$

蠕变曲线 OAB 水平渐近线 $T-S$ 方程为

$$\gamma = \frac{\tau_0}{G} \tag{5.75}$$

由式(5.74)和式(5.75)联立解得 $t=\lambda$,这就是蠕变曲线 OAB 过原点 O 的切线 OT 与其水平渐近线 TS 交点 T 所对应的时间,即为松弛时间 λ。

将 $t=\lambda$ 代入式(5.65)得

$$\gamma = \frac{\tau_0}{G}\left[1 - \exp\left(-\frac{G}{\eta}\right)\right] = \frac{\tau_0}{G}\left[1 - \exp\left(-\frac{G}{\eta}\frac{\eta}{G}\right)\right] = 0.632\frac{\tau_0}{G} \tag{5.76}$$

式(5.76)说明,当剪应力 τ 为常量时,相当于松弛时间 λ 所产生的剪应变为最终应变 τ_0/G 的 63.2%。由式(5.65)还可以看出,当时间 $t \ll \lambda$ 时,相当于图 5.44 中蠕变曲线 OAB 开始阶段,表现为蠕变性质;而当 $t \gg \lambda$ 时,相当于图 5.44 中蠕变曲线接近其水平渐近线 $T-S$ 部分,表现为弹性性质。

总之,K 体模型反映了在应力作用下,应变不能瞬间达到弹性应变值,而是经过一个滞后过程才能达到。因此,这种模型也可以称为延迟模型或稳黏性模型。

应当指出,K 体模型的蠕变曲线通过坐标原点,即当时间 $t=0$ 时,剪应变 $\gamma=0$,不具有瞬时弹性变形。这与绝大多数岩石实际蠕变曲线不符合。因此,有人在 K 体模型上串联一弹性元件 H,称为广义 K 体模型,模型符号为 HK=H—K=H—(H∥N)。此外,在 K 体模型上串联一黏性元件 N,则又构成广义 M 体模型,模型符号为 NK=N—K=N—(H∥N)。

③ 黏弹性体。

黏弹性体又称伯格(J. M. Burgers)体,简称 Bu 体。这种模型是由马克斯韦尔体(M 体)和凯尔文件(K 体)串联而成的,模型符号为 Bu=M—K=(H—N)—(H∥N),如图5.45所示。这种模型用四个变形强度指标来描述,即两个剪切模量 G_1、G_2 及两个黏滞系数 η_1、η_2。

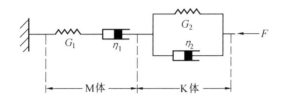

图 5.45 黏弹性体(Bu 体)

Bu 体总应变为

$$\begin{cases} \gamma=\gamma_K+\gamma_M \\ \dot{\gamma}=\dot{\gamma}_K+\dot{\gamma}_M \end{cases} \tag{5.77}$$

式中　γ、$\dot{\gamma}$——Bu 体的剪应变及剪应变速率;

　　　γ_K、$\dot{\gamma}_K$——K 体的剪应变及剪应变速率;

　　　γ_M、$\dot{\gamma}_M$——M 体的剪应变及剪应变速率。

Bu 体总应力为

$$\tau=\tau_K=\tau_M \tag{5.78}$$

式中　τ——Bu 体的剪应力;

　　　τ_K——K 体的剪应力;

　　　τ_M——M 体的剪应力。

对于 M 体,有

$$\dot{\gamma}_M=\frac{1}{G_1}\dot{\tau}+\frac{1}{\eta_1}\tau \tag{5.79}$$

由式(5.77)中的第二式得

$$\dot{\gamma}_K=\dot{\gamma}-\dot{\gamma}_M \tag{5.80}$$

将式(5.79)代入式(5.80)得

$$\dot{\gamma}_K=\dot{\gamma}-\frac{1}{G_1}\dot{\tau}-\frac{1}{\eta_1}\tau \tag{5.81}$$

$$\Rightarrow \ddot{\gamma}_K=\ddot{\gamma}-\frac{1}{G_1}\ddot{\tau}-\frac{1}{\eta_1}\dot{\tau} \tag{5.82}$$

对于 K 体,有

$$\tau_K=G_2\gamma_K+\eta_2\dot{\gamma}_K \tag{5.83}$$

由式(5.78)和式(5.83)得

$$\tau K=G_2\gamma_K+\eta_2\dot{\gamma}_K \tag{5.84}$$

$$\Rightarrow \dot{\tau}=G_2\dot{\gamma}_K+\eta_2\ddot{\gamma}_K \tag{5.85}$$

将式(5.81)及式(5.82)代入式(5.85)得

$$G_2\dot{\gamma}+\eta_2\ddot{\gamma}=\frac{\eta_2}{G_1}\ddot{\tau}+\left(1+\frac{G_2}{G_1}+\frac{\eta_2}{\eta_1}\right)\dot{\tau}+\frac{G_2}{\eta_1}\tau \tag{5.86}$$

式(5.86)即为 Bu 体状态方程。下面将讨论 Bu 体在蠕变情况下应力与应变关系。

在蠕变情况下,应力保持常量,即有

$$\tau=\tau_0 \tag{5.87}$$

由式(5.58)得

$$\gamma_M=\frac{\tau_0}{G_1}\left(1+\frac{G_1}{\eta_1}t\right) \tag{5.88}$$

由式(5.65)得

$$\gamma_K=\frac{\tau_0}{G_2}\left[1-\exp\left(-\frac{G_2}{\eta_2}t\right)\right] \tag{5.89}$$

将式(5.88)及式(5.89)代入式(5.77)第一式得

$$\gamma=\frac{\tau_0}{G_1}+\frac{\tau_0}{\eta_1}t+\frac{\tau_0}{G_2}\left[1-\exp\left(-\frac{G_2}{\eta_2}t\right)\right] \tag{5.90}$$

式(5.90)即为 Bu 体蠕变方程。它由三部分组成:第一部分$\frac{\tau_0}{G_1}$为 M 体弹性元件产生的瞬时弹性变形;第二部分$\frac{\tau_0}{\eta_1}t$为 M 体黏性元件产生的等速蠕变,其变形与时间成正比;第三部分$\frac{\tau_0}{G_2}\left[1-\exp\left(-\frac{G_2}{\eta_2}t\right)\right]$为 K 体产生的趋稳蠕变或弹性后效变形,即经过一定时间后 K 体弹性元件变形量将达到$\frac{\tau_0}{G_2}$。Bu 体蠕变曲线如图 5.46 中 ABC 曲线所示。如果在 t_1 时刻卸荷,则瞬时恢复的弹性变形为$\overline{BD}=\overline{OA}=\frac{\tau_0}{G_1}$,弹性后效变形沿 DE 线发展,其值为$\frac{\tau_0}{G_2}\left[1-e\left(-\frac{G_2}{\eta_2}t\right)\right]$,不可恢复的变形为$0\sim t_1$ 时间内产生的等速蠕变$\frac{\tau_0}{\eta_1}t$。

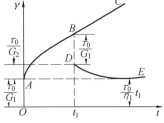

图 5.46　Bu 体蠕变曲线及卸荷曲线

④ 黏塑性体。

黏塑性体简称为 VP 体。这种模型是由黏性元件(N)和塑性件(St. V)并联而成的,模型符号为 VP=N∥St. V,如图 5.47 所示。这种模型用两个变形强度指标屈服应力 τ_y 及黏滞系数 η 来描述。

VP 体总应力为

$$\tau=\tau_\gamma+\tau_p \tag{5.91}$$

式中　τ——总剪应力;

　　τ_γ——N 体的剪应力;

　　τ_p——St. V 体的剪应力。

VP 体总应变为

$$\gamma = \gamma_\gamma = \gamma_p \tag{5.92}$$

式中 γ——总剪应变；

γ_γ——N 体的剪应变；

γ_p——St. V 体剪应变。

$$\begin{cases} 对于黏性元件(N), \tau_\gamma = \eta \dot{\gamma} \\ 对于塑性元件(St. V), \tau_p = \tau_y \end{cases} \tag{5.93}$$

式中 $\dot{\gamma}$——总剪应变速率，即黏性元件剪应变速率。

将式(5.93)代入式(5.91)得

$$\tau = \tau_y + \eta \dot{\gamma} \quad (本构关系方程) \tag{5.94}$$

式(5.94)即为 VP 体应力—应变速率方程，其关系曲线如图 5.48 所示。当 $\tau \geqslant \tau_y$ 时，$\tau = \tau_y + \eta \dot{\gamma}$，变形无限增长；当 $\tau < \tau_y$ 时，$\gamma = 0$，不发生变形。

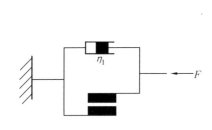

图 5.47 黏塑性体(VP 体)

图 5.48 VP 体应力—应变关系曲线(本构关系)

⑤ 弹—黏塑性体。

弹—黏塑性体又称宾汉(Bingham)体，简称为 B 体。这种模型是由弹性元件(H)和 VP 体串联而成的，模型符号为 B＝H—VP＝H—(N‖St. V)，如图 5.49 所示。这种模型用剪切模量 G、黏性系数 η 及屈服应力 τ_y 三个变形强度指标来描述。

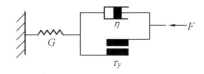

图 5.49 弹—黏塑性体(B 体)

B 体总应力为

$$\tau = \tau_e = \tau_r + \tau_y \tag{5.95}$$

式中 τ——总剪应力；

τ_e——H 体的剪应力；

τ_r——N 体的剪应力；

τ_y——S$_t$. V 体的剪应力(屈服应力)。

B 体总应变为

$$\begin{cases} \gamma = \gamma_e + \gamma_{VP} \\ \gamma_{VP} = \gamma_r = \gamma_p \end{cases} \tag{5.96}$$

式中 γ——总剪应变；

γ_e——H 体的剪应变；

γ_{VP}——VP 体的剪应变；

γ_r——N 体的剪应变；

γ_p——St. V 体的剪应变。

$$对于 H 体，\tau_e = G\gamma_e$$
$$对于 N 体，\tau_r = \eta\dot{\gamma}_r \tag{5.97}$$

由式(5.96)得

$$\gamma_r = \gamma - \gamma_e \tag{5.98}$$
$$\Rightarrow \dot{\gamma}_r = \dot{\gamma} - \dot{\gamma}_e \tag{5.99}$$

将式(5.97)中的第二式代入式(5.95)得

$$\tau = \tau_y + \eta\dot{\gamma}_r \tag{5.100}$$

将式(5.99)代入式(5.100)得

$$\tau = \tau_y + \eta(\dot{\gamma} - \dot{\gamma}_e) \tag{5.101}$$
$$\Rightarrow \tau = \tau_y + \eta\left(\dot{\gamma} - \frac{\dot{\tau}_e}{G}\right) \tag{5.102}$$

当 $\tau > \tau_y$ 时，式(5.102)变为

$$\dot{\gamma} = \frac{\dot{\tau}}{G} + \frac{\tau - \tau_y}{\eta} \tag{5.103}$$

式(5.103)即为 B 体本构关系方程。

a. B 体在蠕变情况下应变与时间的关系。

在蠕变情况下，初始剪应力 τ_0 保持不变，即 $\tau = \tau_0$，而初始剪应变 γ_0 将逐渐增大，直至稳定于某一较大值，剪应力变化速率 $\dot{\tau} = 0$。将这些条件代入式(5.103)得

$$\dot{\gamma} = \frac{\tau_0 - \tau_y}{\eta} \tag{5.104}$$

将式(5.104)进一步积分得

$$\gamma = \gamma_0 + \frac{\tau_0 - \tau_y}{\eta}t \tag{5.105}$$

式(5.105)即为在剪应力保持不变条件下，剪应变随时间递增的方程式，其递增曲线如图 5.50 中直线 ABC 所示。由式(5.105)及图 5.50 可知，B 体在蠕变情况下，剪应变可以分为两部分：其一是在 $0 \sim t_1$ 时间内，在剪应力由 0 逐渐增大到 τ_0 过程中所发生的弹性剪应变 γ_0；其二是当剪应力 τ 超过屈服应力 τ_y 时，即 $\tau = \tau_0 > \tau_y$，在剪应力 $\tau = \tau_0$ 保持不变条件下，随时间而增加的剪应变 $(\tau_0 - \tau_y)t/\eta$，即为蠕变变形。如果在 t_2 时刻卸去荷载，那么在 $0 \sim t_1$ 时间内发生的弹性变形 γ_0 将在瞬时恢复，即 $\overline{BD} = \gamma_0$，而 $t_1 \sim t_2$ 时间内由蠕变变形产生的剪应变 $(t_2 - t_1)(\tau_0 - \tau_y)/\eta$ 将不可恢复，弹性恢复后的曲线为平行 t 轴的水平直线 DE。

b. B 体在松弛情况下应力与时间关系。

在松弛情况下，初始剪应变 γ_0 保持不变，即 $\gamma = \gamma_0$，$\dot{\gamma} = 0$，初始剪应力 τ_0 将逐渐减小，直至为 τ_y。将这些条件代入式(5.103)得

$$\dot{\tau} = -\frac{G}{\eta}(\tau - \tau_y) \tag{5.106}$$

式(5.106)的解为

$$\tau = \tau_y + (\tau_0 - \tau_y)\exp\left(-\frac{G}{\eta}t\right) \tag{5.107}$$

式(5.107)即为在剪应变保持不变条件下,剪应力随时间衰减的方程式,其衰减曲线如图 5.51 所示。由此可见,B 体在松弛情况下剪应力随时间呈指数函数逐渐衰减。当 $t=0$ 时,$\tau=\tau_0$,为衰变前的初始剪应力。而当 $t\to\infty$ 时,$\tau=\tau_y$,为衰变结束后的残余剪应力,即为屈服应力。当 $\tau<\tau_y$,只发生弹性变形。

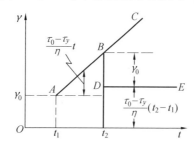

图 5.50 B 体蠕变曲线及卸荷曲线

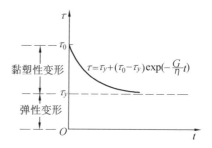

图 5.51 B 体衰减曲线

习　题

1. 岩石的破坏形式有哪些?

2. 岩石的抗压强度与抗拉强度哪个大? 为什么?

3. 岩石的抗剪强度分为哪几种? 各有什么不同?

4. 请画出岩石的应力-应变全过程曲线。

5. 简述岩石刚性试验机的工作原理。

6. 加荷条件对岩石变形及强度有何影响?

7. 岩石在单轴与三轴压缩下的破坏特征有何异同?

8. 岩石的典型蠕变曲线的主要特征有哪些?

9. 岩石的基本力学介质模型有哪些?

10. 基本介质模型的元件串联与并联的力学特征有何不同?

第6章 岩体变形及强度

在岩体上建造大型结构物或在岩体内部开挖地下硐室时,要考虑两个问题:其一,岩体中重新分布的地应力是否超过岩体强度,若超过则会引起局部或整体破坏与失稳;其二,岩体变形是否在结构物中产生过大的应变,以致造成结构物损伤与破坏。下面将讨论这两个问题。

与连续介质岩石材料不同,岩体是赋存于一定地质环境中的复杂地质体,其中存在着各种软弱结构面,因此岩体强度不仅与组成岩体的岩石力学性质有关,软弱结构面的物质组成、发育程度、组合类型及力学性质等对岩体强度往往也会产生强烈影响,有时软弱结构面对岩体强度甚至起严格控制作用。此外,环境的地应力、温度和地下水及岩体受力条件等对岩体强度也有不同程度的影响。由于软弱结构面对岩体强度的影响是岩体力学性质区别于连续介质岩石材料力学性质的根本原因,所以研究岩体变形及强度重点在于软弱结构面的力学效应。

一般情况下,对新鲜且岩性坚硬的岩体来说,由于组成岩体的岩石(结构体)强度较高,而软弱结构面强度显得很低,所以岩体强度主要取决于软弱结构面强度及其产状与组合形式。对风化破碎且岩性软弱的岩体来说,由于组成岩体的岩石(结构体)强度也很低,软弱结构面的作用就不那么突出,所以岩体强度同时决定于岩石材料及软弱结构面这两个方面。尤其是当组成岩体的岩石材料强度与软弱结构面强度相关性很小时,岩体强度则主要受控于岩石材料(结构体)强度。

6.1 岩体破坏形式

由于岩体实际受力条件是多种多样的,加之岩体自身的物质组成、结构特征和力学性质各异,以及复杂的环境因素等不同程度影响,所以任何单一的岩体破坏形式均不会居于主导地位。也就是说,在实际工程中,某种岩体的破坏包括多种破坏形式,并且这些破坏形式所起的作用相差一般并不很大。但是,在一些特殊情况下,在岩体破坏过程中,挠曲、剪切、拉伸及压缩四种破坏形式中的任何一种均起着关键的作用。

(1)挠曲破坏。

挠曲破坏是指由于岩体弯曲而产生拉伸张裂,并且这种张裂逐渐发展扩大,从而导致岩体破坏。这种破坏形式经常发生于矿井及其他地下硐室顶部层状围岩中,如图 6.1(a)所示。在自重力作用下,硐室顶部岩层可能脱离其上面的岩体而形成岩梁,这种岩梁在自重力作用下又继续向下挠曲。当岩梁中部开始出现裂缝时,其中性轴便随之上升,裂缝逐渐延伸,直至贯穿整个岩梁,致使部分岩体向硐内松动或塌落等。此外,位于高角度斜坡上的岩体,由于岩层向临空面翻转与坍塌,也可能引起挠曲破坏(崩塌破坏)。

(2)剪切破坏。

剪切破坏是指由于剪应力达到或超过岩体极限抗剪强度时而形成的剪切裂面。当破坏后的岩体沿着剪破裂面发生滑动时,剪应力便随之消减(消散)。在性质软弱、类似土的岩体中开挖斜坡,或者在压性(压扭性)断层破碎带中进行其他岩体工程,剪切破坏是常见的现象。此外,在矿石坚硬且顶、底板比较软弱的矿井中,也可能出现剪切破坏形式,如图 6.1(b)所示,由于上覆荷载或其他原因触发的强大剪应力可能使矿井侧壁的矿柱向上"冲压"到顶板中,或者向下"冲压"到底板中。在岩体中开挖其他地下硐室,也会发生剪切破坏现象。

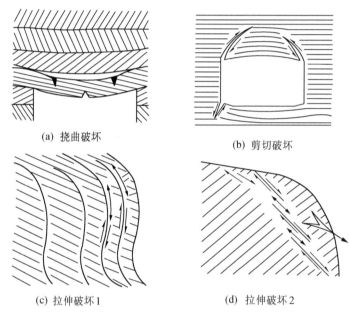

(a) 挠曲破坏

(b) 剪切破坏

(c) 拉伸破坏1

(d) 拉伸破坏2

图 6.1　岩体破坏形式

(3)拉伸破坏。

拉伸破坏是指当拉应力(张应力)超过岩体极限抗拉强度时而形成张性破裂面。如图 6.1(c)所示,在凸向临空面的斜坡岩层中往往发生拉伸破坏,这是由于斜坡下部坡度很陡,加之岩层产状又是高角度,位于斜坡上部凸起处的岩层超过依靠摩擦力所能维持稳定时,便需要由斜坡顶部凸起处稳定岩层的拉力来弥补它与岩层自重力之间的平衡,而当这种拉力超过岩层抗拉强度时,就产生张性破裂面。对具有横向结构面的斜坡岩体来说,其破坏机理也属于拉伸破坏,如图 6.1(d)所示。由于拉力作用而产生张性破裂面,当各个张性破裂面互相联通时便形成贯穿的滑动面,致使岩体整体下滑。当压力隧硐中的内水压力或气体压力过大而超过硐壁围岩极限抗拉强度时,也会在岩体中发生拉伸破坏,形成径向张裂面。张性破坏面较为粗糙,并且没有压碎的岩体颗粒或其他碎片;反之,剪切破裂面较为光滑,并且其中往往有许多因岩体受辗压而形成粉末。

(4)压缩破坏。

压缩破坏是一种相当复杂的岩体破坏形式,其破坏过程包括拉伸(张性)裂缝的形成、由挠曲和剪切作用引起裂缝的增长,以及它们之间的相互影响等。由压缩破坏所形成的裂缝中会出现很细的岩石粉末。地下硐室开挖,在切向上由于加载有时会发生压缩破坏。在矿井中,由于过分开采拓宽空间,致使矿柱所承受的上覆荷载及自重力超过其极限抗压强度时,也将发生压缩破坏。此外,对于大型或特大型建筑物或构筑物的岩石地基来说,当实际承受的荷载超过其极限抗压强度时,发生压缩破坏也是常有的事。

务必强调,在荷载作用下,岩体的实际破坏情况是相当复杂的,经常同时具有以上几种破坏形式。迄今为止,根本没有任何一种岩体破坏试验能够做到只模拟某种单一的破坏形式而完全排除其他破坏形式的干扰,也就是说,现有的每种岩体破坏试验均只能做到以需要模拟的某种破坏形式为主而已。

6.2　岩体变形特征

由于岩体变形对工程往往具有较大的限制作用,无论是工程施工(施工方案及施工速度),还是正常运营,均要求岩体变形不超过某一极限值,地下硐室工程及高坝等构筑物对岩体变形量的要求尤其严格,所以变形控制是岩体工程设计的基本准则之一。为了合理选择能够使基岩与建筑物或构筑物协调工作的设计方案,并且确保工程施工顺利进行,必须详细研究岩体变形特征。因为岩体中存在各种结构面,所以岩体变形是结构体、结构面及充填物三者变形的综合反映,一般情况下后二者的变形对岩体变形具有控制作用。岩体变形特征通常由现场岩体变形试验所测量的压力—变形曲线及相应的变形指标来描述。岩体变形现场试验方法很多,包括静力法及动力法两大类,其中静力法有承压板法、单轴压缩法、狭缝法、协调变形法及钻孔弹模计测定法等,而动力法主要有声波法、超声波法及地震法等,目前广泛应用的是承压板法和动力法。由于各种方法的试验条件不同,致使处于同一地质环境中的相同种类岩体用不同方法进行变形试验测得的变形指标相差往往较大,所以分析与使用时应加以注意。

6.2.1　岩体变形曲线及变形指标

在岩体(半无限体)变形试验中,对岩体试件进行逐级循环加载,并记录每一次加载、卸载后岩体变形稳定时的变形值 W 及与之对应的荷载压力 p ,然后分别以荷载压力 p 为纵坐标,以变形值 W 为横坐标在直角坐标系中绘制出岩体压力—变形曲线,即 $p-W$ 曲线,如图 6.2 所示。逐级循环加载包括逐级一次循环加载及逐级多次循环加载两种方式。所谓逐级一次循环加载是指每一级荷载循环一次(加载与卸载)便进行下一级加载循环;而逐级多次循环加载则是每一级荷载循环若干次后再进行下一级加载循环,两种逐级循环加载方式所获得的岩体压力—变形曲线($p-W$ 曲线)基本是一致的,如图 6.2(a)(b)所示。

由图 6.3 所示的岩体弹性变形及塑性变形示意图可知,对应每一级荷载压力 p 的总变形值 W ,均包括弹性变形值 W_e 及塑性变形值或残余变形值 W_p 两部分。根据荷载压力 p 及其相应的总变形值 W .计算所得的模量,称为岩体变形模量 E_o 。岩体变形模量 E_o 的确切定义为岩体在无侧限受压条件下的应力与总应变之比,其计算公式因岩体变形试验方法不同而各异。对采用承压板法进行岩体变形试验,岩体变形模量 E_o 的计算公式为

$$E_o = \frac{p a (1-\mu^2) \omega}{W_o} \tag{6.1}$$

式中　p ——压应力(承压板单位面积上的压力),MPa;

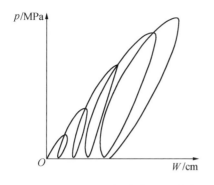 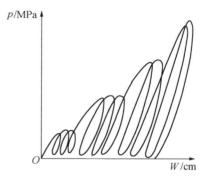

(a) 逐级一次循环加载 $p-W$ 曲线　　　　(b) 逐级多次循环加载 $p-W$ 曲线

图 6.2　岩体压力－变形曲线

W_0——相对于各级压应力 p 条件下的岩体试件总变
形值，cm；

E_0——岩体变形模量，MPa/cm；

a——承压板的边长或直径，cm；

μ——岩体的泊松比；

ω——与承压板形状及刚度有关的系数。

岩体弹性模量 E 是由岩体弹性变形值 W_e 及所加的荷
载压力 p 计算得到的。岩体弹性模量 E 的确切定义为岩体
在无侧限受压条件下的应力与弹性应变之比。若采用承压
板法进行岩体变形试验，则可以将各级荷载压应力 p 及其
相应的弹性变形值 W_e 代入下式来计算岩体弹性模量 E，即

图 6.3　岩体弹性变形及塑性变
形示意图

W_e—弹性变形；W_p—塑
性变形；W_0—总变形

$$E = \frac{p a (1-\mu^2)\omega}{W_e} \qquad (6.2)$$

应当指出，在岩体变形试验中，荷载压力 p 一部分因为
产生塑性变形做功而消耗掉，另一部分用于弹性变形来储存弹性应变能，所以采用式（6.2）
计算出的弹性模量无疑将大于岩体发生理想弹性变形（在整个变形过程中不出现塑性变形
作用）的弹性模量。因此，在应用由岩体变形试验测得的弹性模量时，必须考虑这一点。

关于表征岩体变形的力学指标，世界各国不尽相同。例如，美国往往采用塑性变形值
W_p 与总变形值 W_0 之比 W_p/W_0 作为岩体变形指标；法国则认为采用弹性变形值 W_e 与总
变形值 W_0 之比 W_e/W_0 作为岩体变形指标；德国通常将弹性模量 E_e 与变形模量 E_0 之比
E_e/E_0 作为岩体变形指标。至于采用什么方式表征岩体变形的力学指标无关紧要，但是有
一点必须注意，就是无论用何种模量或变形比值来描述岩体的变形特性，均需要明确是在哪
一级加载压力水平下卸荷求得的岩体变形指标。因为在不同加载压力水平下测出的岩体变
形指标是各异的。这种变形指标随着加载压力水平不同而变化的规律也是岩体重要的变形
特征之一。

6.2.2　岩体变形曲线的类型及成因解释

通过对各种岩体变形曲线详细研究发现，岩体压力－变形曲线可以划分为四种类型，即

直线型、上凹型、下凹型及复合型,如图 6.4 所示。

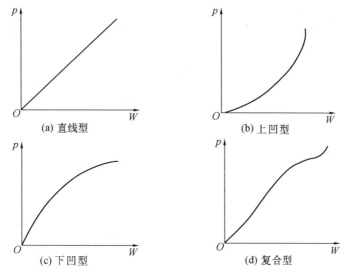

图 6.4　岩体变形曲线类型

（1）直线型。

直线型岩体变形曲线简称为 A 型,是一条经过坐标原点的直线,其方程为

$$\begin{cases} p = f(W) = KW \\[2mm] \dfrac{\mathrm{d}p}{\mathrm{d}W} = K \\[2mm] \dfrac{\mathrm{d}^2 p}{\mathrm{d}W^2} = 0 \end{cases} \tag{6.3}$$

式中　K——比例常数,反映在荷载压力作用下岩体变形 W 随压力 p 成正比例增加。

岩性均匀（岩体中裂隙分布均匀）的岩体变形曲线多数为这种类型,如图 6.4（a）所示。直线型岩体变形曲线又可进一步划分为不同特点的两个亚类,即 A—1 型和 A—2 型。

① A—1 型。

A—1 型岩体变形曲线如图 6.5 所示,具有以下特点:

a. p—W 曲线斜率很陡,说明岩体刚度大。

b. 卸除荷载压力后,曲线几乎恢复到坐标原点,标志岩体以弹性变形为主。

坚硬、完整、致密、均匀的岩体,一般属于这种类型变形曲线。

② A—2 型。

A—2 型岩体变形曲线如图 6.6 所示,具有以下特点:

a. p—W 曲线斜率较缓,说明岩体刚度较小。

b. 卸除荷载压力后,曲线不能恢复到坐标原点,标志岩体变形只能部分恢复,有很明显的塑性变形或残余变形,因而变形曲线表现为较突出的滞回圈。

应当指出,A—2 型岩体变形曲线虽然也表现为直线形式,但是绝不能认为岩体发生完全弹性变形。当岩体中较为发育多组软弱结构面致使岩体结构疏松而严重破碎时,但其在岩体中裂隙分布比较均匀情况下,可以具有这种类型的变形曲线。

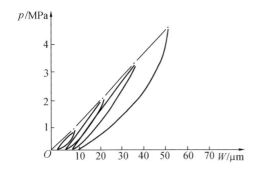

图 6.5　A－1 型岩体变形曲线

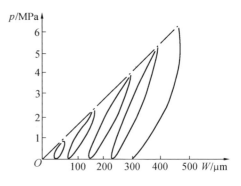

图 6.6　A－2 型岩体变形曲线

（2）上凹型。

上凹型岩体变形曲线简称为 B 型,是一条经过坐标原点的上凹曲线,其方程为

$$\begin{cases} p = f(W) & （增函数） \\ \dfrac{\mathrm{d}p}{\mathrm{d}W} = F(p) & （增函数） \\ \dfrac{\mathrm{d}^2 p}{\mathrm{d}W^2} > 0 \end{cases} \tag{6.4}$$

式中　p——W 的非线性函数,并且随着 W 的增大而加速增加（p 随着 W 开始增加的速度
较小,后来增加的速度越来越快,属于变加速度的增加过程）;

$\mathrm{d}p/\mathrm{d}W$——p 的非线性函数,并且随着 p 增大而加速增加,也属于变加速度的增加过
程。

层状及节理岩体的变形曲线经常表现为这种类型,如图 6.4(b)所示。上凹型岩体变形
曲线又可以进一步划分为特点不同的两个亚类,分别称为 B－1 型和 B－2 型。

① B－1 型。

B－1 型岩体变形曲线如图 6.7 所示,具有以下特点:

a. 随着载荷循环次数增加,每次加压 p－W 曲线斜率逐渐变陡,说明岩体刚度因载荷
循环次数增加而不断增大。

b. 每条退荷曲线均比较缓,并且互相平行,弹性变形值 W_e 与总变形值 W_o 之比 $W_e/$
W_o 随着 p 的增加或随着载荷循环次数的增加而有所增大,标志着岩体弹性变形所占的份
额因 p 或载荷循环次数的增加而逐渐提高。

在垂直于层状或节理岩体的层面、节理面方向加载荷压力进行变形试验条件下,多数情
况得到这种类型曲线。在试验过程中,随着载荷压力逐渐增大及载荷循环次数不断增多,岩
体中软弱夹层及层间空隙等将被逐渐压密与闭合,所以岩体刚度不断增大、弹性变形量不断
减小。又因为在试验时岩体中结构面未发生明显错动,所以卸荷退压时具有较大的弹性变
形。

② B－2 型。

B－2 型岩体变形曲线如图 6.8 所示,具有以下特点:

a. 随着每级荷载压力 p 增加,每次加压 p－W 曲线斜率逐渐变陡,说明岩体刚度因每
级荷载压力增加而不断增大。此外,荷载循环次数对于岩体刚度也有一定影响,也就是说,

随着荷载循环次数的增加,岩体刚度也有所增大。

b. 各个退荷曲线虽然互相平行,但是均非常陡,标志在每次退荷后岩体大部分变形均不能恢复,反映了在加载过程中塑性变形所占的比例相当大。

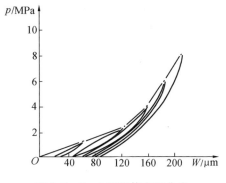

图 6.7　B—1 型岩体变形曲线

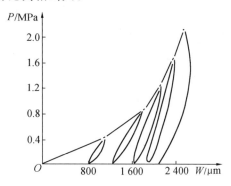

图 6.8　B—2 型岩体变形曲线

这种变形情况往往发生在具有高角度裂缝(相对于加压方向而言,即裂缝面与加压方向之间的夹角相当小)的节理岩体条件下,岩体被节理强烈切割成形状各异的结构体,在压力作用下这些结构体岩块相互嵌密楔紧,卸荷退压后大部分变形自然难以恢复。此外,若岩体中存在软弱夹层,那么当垂直于层面加压时,由于软弱夹层大部分被挤出及受压固结,塑性变形占绝对优势,所以卸荷退压后可恢复的变形很小,也可以出现这种类型变形曲线。

(3) 下凹型

下凹型岩体变形曲线简称为 C 型,是一条经过坐标原点的下凹曲线,其方程为

$$\begin{cases} p = f(W) & (增函数) \\ \dfrac{\mathrm{d}p}{\mathrm{d}W} = F(p) & (增函数) \\ \dfrac{\mathrm{d}^2 p}{\mathrm{d}W^2} < 0 \end{cases} \tag{6.5}$$

式中　p——W 的非线性函数,并且开始时 p 随着 W 的增大而增加比较快,但后来 p 随着 W 的增大而增加逐渐减慢,最终 p 可能趋于某一定值;

$\mathrm{d}p/\mathrm{d}W$——p 的非线性函数,并且随着 p 的增大而递减,最终 $\mathrm{d}p/\mathrm{d}W$ 也许会变为零。

若岩体中存在较为发育软弱夹层,或者较为发育节理裂隙且这些节理裂隙中具有泥质等软弱充填物,或者组成岩体的岩石性质软弱,或者岩体较深处(坚强岩体下面)埋藏有软弱夹层,或者岩体遭受强烈风化作用等,均可能出现这种类型的变形曲线或与之类似的变形曲线。其主要原因是,在试验过程中,组成岩体的性质软弱的结构体或岩体中软弱夹层及裂隙中软弱充填物在前期载荷循环阶段不断受压固结,所以岩体刚度逐渐提高(即为变形硬化作用);但是,在载荷循环后期阶段,由于岩体刚度不能再被提高,所以其变形 $p-W$ 曲线趋于水平。

总之,岩体变形 $p-W$ 曲线的斜率均随着载荷循环次数及压力 p 的增加而逐渐变缓,每次加荷曲线在压力 p 较小时往往近似相互平行,但是当压力 p 较大时,随着压力 p 的增加每次加荷曲线不断变缓,并且塑性变形值 W_p 与总变形值 W_o 之比 W_p/W_o 随着压力 p 的

增加而提高。这些变形现象的机理因岩体不同而各异。对由软弱岩石或结构组成的岩体来说，岩体变形 $p-W$ 曲线变缓反映了岩体中微裂纹逐渐扩展。对裂隙被泥质等软弱物质所充填的节理岩体来说，岩体变形 $p-W$ 曲线变缓反映岩体结构随着压力 p 的增大而逐渐波动，并且向外侧挤出。对深部埋藏有软弱夹层的岩体来说，岩体变形 $p-W$ 曲线变缓反映了随着压力 p 的增大，岩体受压层增厚及深部软弱岩层压缩与固结。

（4）复合型。

复合型 $p-W$ 岩体变形曲线如图 6.4(d)所示，该曲线呈阶梯状。当组成岩体的岩石或结构体性质不均匀，或者结构体在岩体中分布不均匀，或者结构面（节理裂隙）在岩体中分布不均匀等，总之当岩体性质及结构不均匀时，其变形曲线一般为复合型曲线。

最后值得提出的是，岩体在载荷压力作用下变形的力学行为是十分复杂的，包括结构体和软弱夹层的压密与受压固结、节理裂隙的闭合、结构体沿着结构面的滑移与转动、结构体之间的嵌密与楔紧及结构面之间的相互错动等，加之岩体受压边界条件又随着压力增大而不断改变，所以当岩体的物质组成及结构不均匀时，其多级循环载荷变形曲线往往表现出各种复杂的形状。在实际工程中应用岩体载荷压力试验变形曲线时，务必先弄清各种变形曲线所反映的物理意义及变形机理。

6.2.3 岩体变形结构效应

岩体变形结构效应是指岩体结构对其变形性质的影响与控制作用，包括结构体、结构面及其组合关系三个方面，其中结构面对岩体变形的效应尤为突出。

（1）结构面产状效应。

结构面产状决定了岩体力学性质的各向异性。结构面产状对岩体变形的影响主要表现为因作用力与结构方向之间的夹角不同而导致岩体不同的变形结果，对于仅发育有 1~2 组结构面的岩体的影响尤其如此。图 6.9 中标绘了地下硐室围岩径向变形的变形量与结构面产状的关系曲线。由图 6.9 可以看出，无论是总变形 W_o 还是弹性变形 W_e，其最大变形值均发生于结构面法线方向上（径向作用力与结构面垂直的方向），而在平行于结构面的方向上变形量最小。此外，虽然总变形 W_o 曲线与弹性变形 W_e 曲线形状较相似，但是弹性变形值 W_e 与总变形值 W_o 之比 W_e/W_o 则因方向不同而各异。在结构面法线方向上，W_e/W_o 比值最小，说明结构面压密变形（不可恢复变形）的变形量占岩体总变形量的更大部分。而在平行于结构面的方向上，$W_e/W_o \approx 1$，反映了弹性变形值 W_e 与总变形值 W_o 近似于相等，也就是说，在

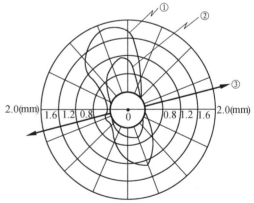

图 6.9 地下硐室围岩径向变形的变形量与
结构面产状的关系曲线
①总变形；②弹性变形；③结构面产状方向

有侧限条件下，当在平行于结构面方向施加荷载压力时，岩体变形主要表现为岩石材料的弹性变形。

如果岩体中存在多组结构面而将岩体切割成支离破碎，那么在非胶结或裂隙中仅充填

泥质及钙质等软弱物质情况下,尽管岩体强度大幅度降低,并且变形量也很大,但是结构面产状对岩体变形的效应将十分不明显。

(2) 结构面性质效应。

结构面性质包括结构面的张开与闭合程度、充填物性质与充填程度及粗糙程度等,它与岩体变形性质关系密切。图 6.10 中标绘了地下硐室围岩径向变形的变形量与结构面性质的关系曲线,方向 1 为片麻理法线方向,方向 2 为张开裂隙法线方向(水平方向)。由图 6.10(a)可以看出,在灌浆前,对不同的荷载压力水平,岩体最大变形方向发生明显改变,即当荷载压力较低时($p=0.4\sim0.9$ MPa)岩体最大变形为水平方向(方向 2);而当荷载压力较高时($p=1.9\sim2.4$ MPa),岩体最大变形为片麻理法线方向(方向 1)。又由图 6.10(b)可以看出,在灌浆后,基本消除了水平方向(方向 2)上张裂面对岩体变形的影响,而灌浆对片麻理法线方向(方向 1)上岩体变形的影响很小。也就是说,在灌浆后,无论荷载压力水平怎样变化,岩体最大变形均发生于片麻理法线方向,即方向 1。对比图 6.10(a)与(b)足以说明,结构面的性质对岩体变形的影响是不可忽视的。在水平方向(方向 2)上,荷载压力方向垂直于无充填的结构面张开裂隙,当压力水平较低时,因结构面裂隙闭合而使岩体产生很大变形;而在灌浆后,由于浆液易于进入结构面张开裂隙,并且使之充满,浆液固结大大提高了结构面的力学性质,所以无论荷载压力水平是高还是低,方向 2 对岩体变形的影响均不明显。而由硬、软矿物交替定向排列组成的片麻理,只有在较高的荷载压力水平下软矿物层才能被压密、片麻理进一步闭合,致使岩体变形量加大,这就是图 6.10(a)中所示的方向 1 在较低荷载压力水平下岩体变形量最小,而在较高荷载压力水平下岩体变形量最大的根本原因。由于对岩体进行灌浆时,浆液难以进入片麻理矿物层中,所以灌浆对片麻理的力学性质影响并不大,灌浆后岩体在片麻理法线方向(方向 1)的变形量仍然最大。

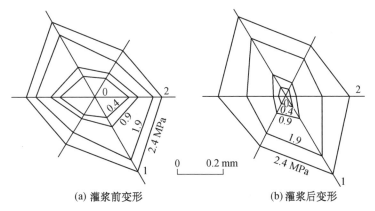

(a) 灌浆前变形　　　　　　　　(b) 灌浆后变形

图 6.10　地下硐室围岩径向变形的变形量与结构面性质的关系曲线

(3) 结构面密度效应。

结构面密度效应是指岩体中结构面发育密集程度对岩体变形性质的影响。一般的理解是,岩体中结构面越密集,岩体被切割越破碎,那么岩体的强度便越低,越容易发生各种变形。事实并非如此,岩体被结构面切割与破坏固然使其强度降低,但是这里有个岩体强度降低的临界值或极限值,也就是说,当岩体因大量结构面反复交错切割而使其强度降低到某一最低的临界值时,即使结构面密度再增大,岩体的强度也不再下降了,而稳定于该临界值不变。图 6.11 给出了岩体质量指标 RQD 与其模量降低系数 E_o/E 之间的关系,反映了岩体中结构面密度对岩体变形性质的影响,即随着岩体质量指标 RQD 的下降,岩体模量降低系数 E_o/E 快速降低,二者表现为斜率很陡的线性变化趋势。此外,岩体中结构面密度还可以用岩体中弹性纵波波速与岩石(材料)试件中弹性纵波波速之比的平方 $(V_a/V_b)^2$ 来表示。为此,图 6.12 给出了岩体弹性纵波波速平方比 $(V_a/V_b)^2$ 与其模量比 E_o/E 之间的关系,可以据此研究岩体中结构面密度对岩体变形性质的影响。由图 6.11 及图 6.12 可以看出,当岩体质量指标 RQD 或弹性纵波波速平方比 $(V_a/V_b)^2$ 由接近于 1 再到下降为 0.65 时,岩体模量降低系数 E_o/E 迅速降低。但是,若岩体弹性纵波波速平方比 $(V_a/V_b)^2$ 由 0.65 继续下降,岩体模量降低系数 E_o/E 将不再发生太大变化。相应于 $(V_a/V_b)^2=0.65$ 或 RQD=0.65 的模量降低系数 $E_o/E=0.14$,说明当岩体中结构面发展到一定程度致使 $(V_a/V_b)^2$ 或 RQD=0.65 时,岩体变形可以达到连续介质岩石材料变形的 1 或 0.14 倍;尔后,如果岩体中结构面密度再增加,对岩体变形性质的影响也不会有太大变化。

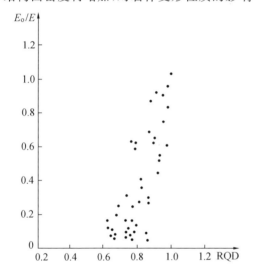

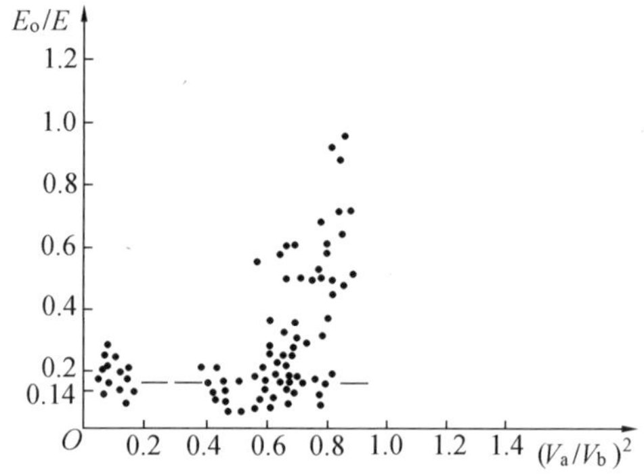

图 6.12 岩体纵波波速平方比 $(V_a/V_b)^2$ 与其模量比 E_o/E 之间的关系

V_a——岩体的纵波波速;V_b——岩石的纵波波速

图 6.11 岩体质量指标 RQD 与其模量降低系数 E_o/E 之间的关系

E_o——岩体变形模量;E——岩石弹性模量

工程实践表明,从定性方面来看,以上分析结果是正确的。但是,对各种岩石组成及结构特征的岩体,其临界值不一定均为 $(V_a/V_b)^2$ 或 RQD=0.65 及 $E_o/E=0.14$。

(4) 结构面组合效应。

当岩体中发育两组以上结构面时,结构面组合形式不同,对岩体变形性质的影响也较大。下面仅以岩体中存在两组结构面的二维问题为例,介绍关于岩体变形的结构面组合效应的模型试验研究结果。

① 结构面对缝式组合。

岩体中结构面对缝式组合试验模型如图 6.13 所示,图中 p_h 为水平围压力,p_z 为竖向有限面积荷载压力。所获得的以下三个试验结果是十分有意义的。

a. 如图 6.14 所示,当水平围压力 $p_h=0$ Pa、竖向荷载压力 $p_z=0.112$ MPa 时,位于加压板下面岩体中结构面沿着竖向形成破裂面,应力主要在破裂面所圈定范围内的岩体中传播,导致加压板下两竖行模型块压缩变形(其竖向压缩变形量 S 自上而下逐渐衰减),并且与周围模型块明显错开。在试验模拟过程中,周围模型块保持不动。

　　b. 如图 6.15 所示,在一定水平围压力作用下,当竖向载荷压力较小时,岩体中将不出现破裂而发生连续变形,变形不仅随着深度的增加而减小,而且变形影响范围也随之缩小。例如,在水平围压力 $p_h=0.082$ MPa 及竖向荷载压为 $p_z=0.19$ MPa 的条件下,第 2 层最大竖向压缩变形量 $S=5$ mm,变形影响范围为六个模型块;而第 6 层最大竖向压缩变形量 $S=2$ mm,变形影响范围仅缩为四个模型块。

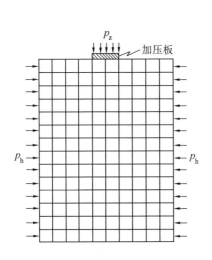

图 6.13　岩体中结构面对缝式组合试
　　　　　验
　　　　　模型

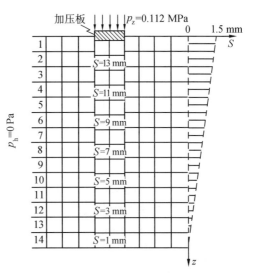

图 6.14　水平围压力 $p_h=0$ Pa 竖向荷载压力
　　　　　$p_z=0.112$ MPa 时对缝式组合结构
　　　　　面岩体变形特征

　　c. 如图 6.16 所示,在一定水平围压力作用下,当竖向荷载压力较大时,岩体中将出现破裂面(位于加压板下面)。在这种破裂面分割下,岩体中产生三个性质不同的变形区:Ⅰ 为直接压缩变形区,当竖向荷载压力大于结构体间抗剪力及下卧层支撑力时,位于加压板下面结构体因直接受竖向荷载压力作用而与相邻结构体错断形成竖向破裂面,表现为不连续变形,从而构成断裂压缩区;Ⅱ 为剪切连续变形区,位于直接压缩区四周外围的岩体在因直接压缩区结

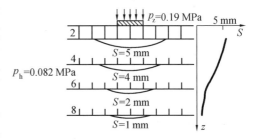

图 6.15　水平围压 $p_h=0.082$ MPa、竖向荷载
　　　　　压力 $p_z=0.19$ MPa 时对缝式组合
　　　　　结构面岩体变形特征

构体错断而引起的竖向剪应力作用下发生连续弯曲变形,其变形影响范围比较小;Ⅲ 为压应力作用下连续变形区,位于直接压缩变形区之下的岩体在由直接压缩区传递来的压应力作用下而发生连续压缩变形。

　　上述试验结果表明,对缝式组合结构面岩体的变形既存在连续性,也有不连续性。当水平围压力 p_h 较大而竖向载荷压力 p_z 较小时,岩体表现为连续变形作用,其变形服从于连续介质岩石材料变形规律。当水平围压力 p_h 较小或为零而竖向载荷压力 p_z 较大时,便发生不连续变形,岩体往往同时表现出连续及不连续两种性质不同的变形作用。图 6.17 非常直观地表示了对缝式组合结构面岩体的力学作用特征。很明显,剪切连续变形区及压应力作用下连续变形区内岩体中应力传播与变形发展均是连续的,并且直接压缩变形内岩体中应力及变形在作用力方向上的传播也是连续的;但是,由于直接压缩变形区与其周围连续变形区被破裂面所分隔,因而应力及变形在二者之间的传播是不连续的或突变的。这种结构面组合方式的岩体的变形量除了与组成岩体的结构体(连续介质岩石材料)及结构面的压缩变形特征有联系之外,尚与高角度结构面的抗剪强度关系密切。

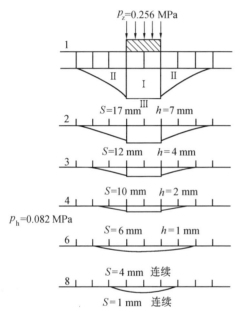

图 6.16　水平围压力 $p_h=0.082$ MPa、竖向荷载
　　　　压力 $p_z=0.265$ MPa 时对缝式组合结
　　　　构面岩体变形特征
　　　　S—竖向压缩变形量;h—断距

② 结构面错缝式组合。

岩体中结构面错缝式组合的试验模型如图 6.18 所示,p_h 为水平围压力,p_z 为竖向有限面积荷载压力。所获得的以下三个试验结果是十分有意义的。

a. 如图 6.19 所示,当水平围压力等于零时,在竖向荷载压力作用下,错缝式组合结构面岩体中出现不连续及连续两种变形带。其中不连续变形带产生于在竖向荷载压力作用下,上部岩体中沿着应力分布线方向会因结构体滑动而形成错缝破裂面,被错缝破裂面圈闭的岩体

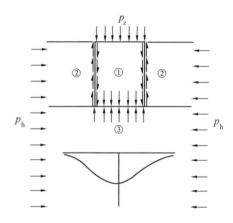

图 6.17　对缝式组合结构岩体力学作用模型
　　　　①—直接压缩变形区;②—剪切连
　　　　续变形区;③—压应力作用下的连
　　　　续变形区

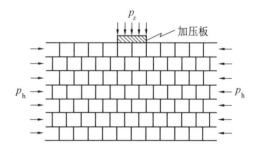

图 6.18　岩体中结构面错缝式组合的
　　　　试验模型

发生压缩变形,而错缝破裂面之外的岩体在内摩擦力及内聚力作用下发生剪切变形。但是,自上而下至一定深度后,便不再产生错缝破裂现象,岩体表现为连续变形(图中第 6 层以下的岩体)。

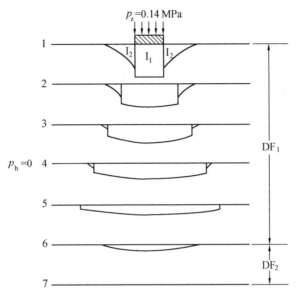

图 6.19　水平围压力 $p_h = 0$、竖向荷载压力 $p_z =$
0.14 MPa时错缝式组合结构面岩体变形特征
DF_1—不连续变形带;DF_2—连续变形带;
I_1—压缩变形区;I_2—剪切变形区

b. 在水平围压等于零条件下,当竖向荷载压力增大时,错缝式组合结构面岩体变形特征如图 6.20 所示。由图 6.20 可以看出,第 8 层以上岩体中不连续变形开裂线呈单层递增式扩展,每向下一层岩体变形便向两侧扩展一个结构体;而第 8 层至第 16 层之间的岩体中不连续变形开裂线呈退一层进两层式扩展,即每向下一层岩体变形便向两侧扩展 1.5 个结构体;第 21 层以下岩体变形就不再扩展。由此可见,当水平围压力 $p_h = 0$ Pa 时,在竖向荷载压力 p_z 作用下,岩体中应力传播形成两个区,即压应力直接传播区及剪应力作用区,前者为直接压缩变形区,后者为间接压缩变形区。开裂线扩展范围相当于结构体抗剪强度指标内摩擦力及内聚力作用范围。

c. 当水平围压力比较高时,在竖向荷载压力作用下,错缝式组合结构面岩体将表现为连续变形作用。如图 6.21 所示,在水平围压力 $p_h = 0.4$ MPa、竖向荷载压力 $p_z = 0.25$ MPa条件下,错缝式组合结构面岩体具有连续介质石材料变形特征,无论是从横剖面上还是从纵剖面上看,其变形分布与连续介质岩石材料变形分布均十分相似,模型内部没有产生因结构体之间沿着裂缝错开而不连续现象。

综上所述,错缝式组合结构面岩体与对缝式组合结构面岩体的应力传播规律基本相同,其变形包括不连续性及连续性两个方面,也存在三个变形区,即直接压缩变形区、剪切连续变形区及压应力作用下的连续变形区。但是,错缝式组合结构面岩体与对缝式组合结构面岩体的应力传播也有所不同,其不同点在于前者应力传播速度比较快(在较低水平围压力情况下尤其突出),并且变形不连续区也较小。错缝式组合结构面岩体的力学作用特征直观地表示于图 6.22 中。

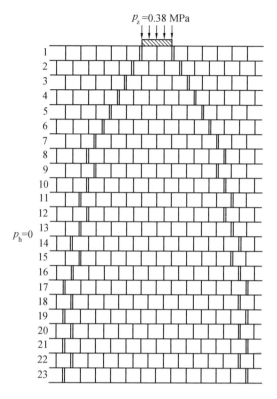

图 6.20　在水平围压力 p_h＝0 Pa 条件下错缝式
组合结构面岩体变形特征

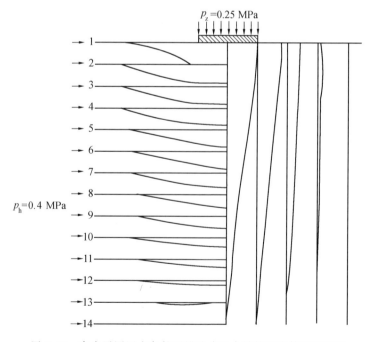

图 6.21　高水平围压力条件下错缝式组合结构面岩体变形特征

应当指出,错缝式组合结构面岩体中剪切变形区与对缝式组合结构面岩体中的剪切变形区有一重要不同点,那就是错缝式组合结构面岩体中剪切变形区临近破裂面 aa' 及 bb' 处(图 6.22)由于结构的原因而往往产生上宽下窄的破裂带,在该破裂带内应力传播及变形分布均不连续,从而在应力传播方面表现出明显的屏蔽效应。

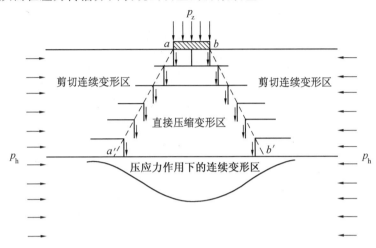

图 6.22 岩体结构面中错缝式组合的试验模型

③ 结构面斜缝式组合。

岩体中结构面斜缝式组合的试验模型如图 6.23 所示,p_h 为水平围压力,p_z 为竖向有限面积荷载压力。斜缝式组合结构面岩体的变形机理可以归结为楔的作用。当施加竖向荷载压力时,在加压板下面将由两组结构面切割出一个楔形体,并且楔入其围岩中而使围岩中结构体随着竖向荷载压力的增加越挤越紧,如图 6.23(a)所示,所以其多级循环加压曲线将变得越来越陡,说明岩体刚度越来越大,如图 6.24 所示。当卸除竖向荷载压力时,在加压板下面的外两组结构面又将切割出一个反向楔形体而使岩体的变形恢复受到阻碍,如图 6.23(b)所示,所以其退压曲线开始段较陡,直至压力退到很小,而等到楔形体表面抗剪强度大为降低时岩体的变形才有较大恢复,如图 6.24 所示。因此,这种斜缝式组合结构面岩体的变形量除了与结构体及结构面力学性质(压缩变形性质)有关外,还受楔形体表面的抗剪强度的影响。

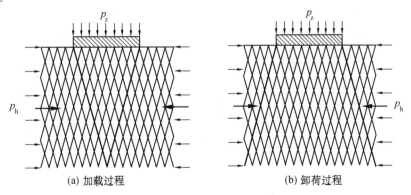

(a) 加载过程   (b) 卸荷过程

图 6.23 岩体中结构面斜缝式组合的试验模型

最后值得提出的是,以上关于岩体变形的结构面组合效应的各种分析是基于所承受的荷载压力小于其极限强度这一条件。当荷载压力达到岩体极限强度时,岩体中将形成完整而连续的滑动面,致使其结构体沿着滑动面发生相互错移与转动,而这种岩体的整体破坏已超出了岩体变形的研究范畴。

(5) 结构体效应。

许多岩体工程实践及岩体变形试验表明,岩体变形性质与结构体的关系也较为密切。结构体的物质组成、力学性质、形状、大小、排列方式及其与结构面的几何关系等对岩体变形性质往往会产生较大影响。但是,目前对岩体变形的结构体效应尚缺乏深入系统的试验研究。当然,从另一方面来看,岩体中结构面的发育程度及组合

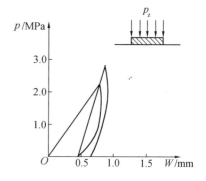

图 6.24 斜缝式组合结构面岩体
多级荷载循环变形曲线

形式等又严格限定了结构体的大小、形状及排列方式等,而结构体的物质组成归属于组成岩体的连续介质岩石的材料类型,二者又均与结构体的力学性质有关,所以岩体变形的结构体效应在岩体变形的结构面效应及岩石变形特征等有关讨论中均已涉及。此外,在"岩体结构"中也定性地介绍了岩体变形的结构体效应。

6.2.4 岩体变形时间效应及变形本构方程

与连续介质岩石材料一样,岩体变形也存在不可忽视的时间效应。事实上,任何一种效应均非真正瞬时的,岩体力学行为也不例外,所以时间理应被包含于岩体所有与应力及应变有关的变形本构方程中。当然,在很多情况下,不考虑时间的影响也能够获得较为满意的岩体变形计算结果。但是,在这几种情况下,岩体变形的应力或位移也许是时间的函数(随着时间发生较明显的变化):① 岩体上覆荷载压力发生变化时,如存在波浪和流水作用及工程开挖等;② 岩体的荷载承受面或工程开挖面的形状发生变化时,如由于进一步开挖使工程断面形状不断变化;③ 岩体力学性质发生变化时;④ 岩体所赋存的环境条件发生变化时,如由于地温及地下水的变化导致岩体由较坚硬变成较软弱;⑤ 岩体对应力或应变的变化反应迟缓时,如黏弹性岩体。

在以上所列的五种情况中,前三种情况的时间效应均能够在对岩体进行弹性分析中通过对应力增量进行适当叠加而考虑进去,而后两种情况的时间效应,即所谓的岩体黏滞性状,则需要进一步讨论。

如前所述,岩体中由于结构体和结构面的存在以及二者多变的组合关系,使得岩体变形机制十分复杂。因此,建立切合实际的岩体变形本构方程往往比较困难。下面仅就两种典型的岩体结构模型在适当简化条件下进行这方面分析。

在经过适当简化后,岩体变形主要由四种基本变形所引起:①结构体的连续介质岩石材料弹性变形;②结构体的连续介质岩石材料黏性变形;③结构面的弹性闭合变形;④结构面的滑移变形。其中,结构体的连续介质岩石材料弹性及黏性变形可以分别用虎克弹性元件和牛顿体来描述,结构面的弹性闭合及滑移变形则可以分别用碟式弹性元件和圣维南体来表示。结构体及结构面变形模型元件与本构方程见表6.1。

表 6.1　结构体及结构面变形模型元件与本构方程

变形类型	结构体变形		结构面变形	
	弹性变形	黏性变形	闭合变形	滑移变形
结构元件	〜〜〜	▬█▬	( )	▬▬
变形曲线	$\sigma(\tau)$ 对 $\varepsilon(\gamma)$ 线性上升	$\sigma(\tau)$ 对 $\dot{\varepsilon}(\gamma)$ 线性上升	σ 对 $\varepsilon(u)$ 指数上升，$\varepsilon_{h0}(u_{n0})$	$\sigma(\tau)$ 对 $u(\gamma)$ 渐近 $\sigma_0(\tau_0)$
本构方程	$\sigma = E\varepsilon$ $\tau = G\gamma$	$\sigma = \eta\dot{\varepsilon}$ $\tau = \eta\dot{\gamma}$	$\varepsilon = \varepsilon_{n0}\left(1 - e^{-\frac{\sigma}{E}}\right)$ $u = u_{n0}\left(1 - e^{-\frac{\sigma}{K}}\right)$	$\dfrac{\mathrm{d}\sigma}{\mathrm{d}u} = K(\sigma_0 - \sigma)$ $\dfrac{\mathrm{d}\tau}{\mathrm{d}\gamma} = G(\tau_0 - \tau)$

（1）弹性岩体变形力学模型及本构方程。

弹性岩体简化条件如下：①结构体及结构面均匀分布；②结构体为均质弹性体；③结构面表现为弹性闭合变形；④结构面为正交组合；⑤结构体的弹性模量为常量，结构面的闭合模量是可变量。这种弹性岩体的地质模型如图 6.25(a)、(b)所示，物理模型如图 6.25(c)所示，力学模型如图 6.25(d)所示。由图 6.25(d)所示的弹性岩体在轴向荷载压力作用下的变形力学模型可以求得总应变 ε 及总应力 σ，即

$$\begin{cases} \varepsilon = \varepsilon_e + \varepsilon_n \\ \sigma = \sigma_e = \sigma_n \end{cases} \tag{6.6}$$

式中　ε_e、σ_e——虎克弹性元件的应变及应力；

ε_n、σ_n——碟式弹性元件的应变及应力。

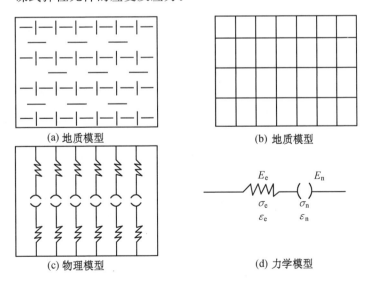

(a) 地质模型　　　　　　　(b) 地质模型

(c) 物理模型　　　　　　　(d) 力学模型

图 6.25　弹性岩体变形模型

$$\begin{cases} \varepsilon_e = \dfrac{\sigma_e}{E_e} = \dfrac{\sigma}{E_e} \quad \text{(虎克弹性元件)} \\[3mm] \varepsilon_n = \varepsilon_{n0}(1 - e^{-\frac{\sigma_n}{E_n}}) = \varepsilon_{n0}(1 - e^{-\frac{\sigma}{E_n}}) \quad \text{(碟式弹性元件)} \end{cases} \tag{6.7}$$

将式(6.7)代入式(6.6)的第一式得

$$\varepsilon = \frac{\sigma}{E_e} + \varepsilon_{n0}(1 - e^{-\frac{\sigma_n}{E_n}}) \tag{6.8}$$

式中 E_e、E_n——虎克弹性元件的弹性模量及碟式弹性元件的闭合模量;

ε_{n0}——σ 较大时碟式弹性元件的最大应变量。

式(6.8)即为由均质弹性岩石材料组成的,并且
弹性结构面均匀且正交分布的岩体变形本构方程,其
变形曲线如图 6.26 所示。该曲线比较理想地描述了
这种岩体在轴向荷载压力条件下进行变形试验所获
得的应力－应变关系。由式(6.8)可以看出,这种岩
体变形包括虎克弹性变形机制和碟式弹性变形机制
两种变形机制,应采用两个强度参数表征其变形本构
方程,因为岩体变形实际上由结构体弹性变形及结构
面闭合变形两种成分组成。这种岩体变形试验结果
表明,$E_e \gg E_{n0}$(σ 较大时的结构面闭合模量)。因此,

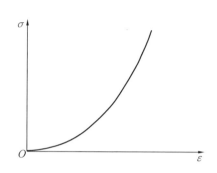

图 6.26　弹性岩体变形曲线

在实际岩体工程中,只有在较低地应力条件下,岩体总应变 $\varepsilon = \varepsilon_e + \varepsilon_n$,也就是说,此时结构
面闭合模量 E_n 才对岩体变形起作用;而在较高的地应力条件下,由于 $E_n \to E_{n0}$,$E_n \to \varepsilon_{n0}$(常
量),岩体总应变 $\varepsilon = \varepsilon_e + \varepsilon_{n0}$,所以结构面变 ε_n 对岩体变形的贡献将趋于常量 ε_{n0},岩体变形的
应力－应变曲线增量系由结构体弹性变形提供,即

$$\frac{d\varepsilon}{d\sigma} = \frac{1}{E_e} \tag{6.9}$$

式(6.9)表明,在较高的地应力条件下,岩体变形的应力－应变曲线已转变为直线,其斜
率为结构体弹性模量 E_e。这种结果十分有意义,为利用岩体在较高的地应力条件下变形的
应力－应变曲线分析结构体弹性模量 E_e 提供了理论依据。

上述变形力学模型主要适用于描述由坚硬岩石材料组成的岩体变形特征,要求结构面
与岩体所受的荷载压力方向垂直或近似垂直。这种岩体较常见于地壳浅部及表部层次中,
例如,各种侵入岩、石英砂岩或长石石英砂岩、石英岩和硅质岩,以及处于较低地应力条件下
的碳酸盐岩、板岩、长英质片岩和片麻岩等。

(2) 黏弹性岩体变形力学模型及本构方程。

黏弹性岩体简化条件:①结构体及结构面均匀分布;②结构体为弹性和黏性变形;③结
构面为弹性闭合变形;④结构面为正交组合;⑤结构体弹性模量和黏滞系数为常量而结构面
闭合模量是可变量。这种黏弹性体的地质模型如图 6.27(a)(b)(c)所示,物理模型如图
6.27(d)所示,力学模型如图 6.27(e)所示。由图 6.27(e)所示的黏弹性岩体在轴向荷载压
力作用下的变形力学模型可以求得总应变 ε 及总应力 σ,即

$$\begin{cases} \varepsilon = \varepsilon_e + \varepsilon_n + \varepsilon_\eta \\ \sigma = \sigma_e = \sigma_n = \sigma_\eta \end{cases} \tag{6.10}$$

式中　ε_e、σ_e——虎克弹性元件的应变及应力；

　　　ε_n、σ_n——碟式弹性元件的应变及应力；

　　　ε_η、σ_η——牛顿体的应变及应力。

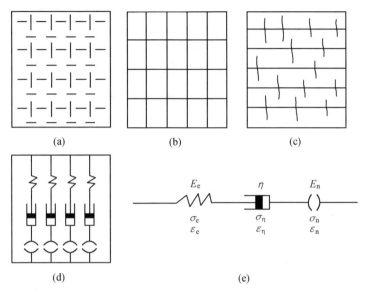

图 6.27　黏弹性岩体变形模型

将式(6.10)中的第一式对时间 t 微分得

$$\dot{\varepsilon}=\dot{\varepsilon}_e+\dot{\varepsilon}_n+\dot{\varepsilon}_\eta \tag{6.11}$$

$$
\begin{cases}
\text{对虎克弹性元件}: \dot{\varepsilon}_e=\dfrac{\dot{\sigma}_e}{E_e}=\dfrac{\dot{\sigma}}{E_e} \\[2mm]
\text{对碟式弹性元件}: \dot{\varepsilon}_n=\dfrac{\varepsilon_{n0}\dot{\sigma}_n e^{-\frac{\sigma_n}{E_n}}}{E_n}=\dfrac{\varepsilon_{n0}\dot{\sigma} e^{-\frac{\sigma}{E_n}}}{E_n} \\[2mm]
\text{对牛顿体}: \dot{\varepsilon}_\eta=\dfrac{\sigma_\eta}{\eta}=\dfrac{\sigma}{\eta}
\end{cases} \tag{6.12}
$$

将式(6.12)代入式(6.11)得

$$\dot{\varepsilon}=\frac{1}{E_e}\dot{\sigma}+\frac{1}{\eta}\sigma+\frac{1}{E_n}\varepsilon_{n0}\dot{\sigma}e^{-\frac{\sigma}{E_n}} \tag{6.13}$$

式中　E_e、E_n、η——虎克弹性元件的弹性模量、碟式弹性元件的变形模量及牛顿的体黏滞

　　　　　系数；

　　　ε_{n0}——σ 较大时碟式弹性元件的最大应变量。

式(6.13)即为由黏弹性岩石材料组成的且弹性结构面均匀、正交分布的岩体变形本构方程。下面将基于式(6.13)讨论不同加载方式的岩体变形曲线。

① 蠕变。

在蠕变过程中,应力保持为常量 σ_0,即有

$$
\begin{cases}
\sigma=\sigma_0 \\
\dot{\sigma}=0
\end{cases} \tag{6.14}
$$

将式(6.14)代入式(6.13)得

$$\dot{\varepsilon}=\frac{\sigma_0}{\eta} \qquad (6.15)$$

将式(6.15)进一步积分得

$$\varepsilon=\frac{\sigma_0}{\eta}t+C \qquad (6.16)$$

式中　C——待定常数,由初始条件确定。

当 $t=0$ 时(在岩体加荷载压力的瞬时),对岩体加荷载压力 $\sigma=\sigma_0$,岩体总应变 ε 为

$$\varepsilon=\varepsilon_e+\varepsilon_n=\frac{\sigma_0}{E_e}+\varepsilon_{n0}(1-e^{-\frac{\sigma_0}{E_n}}) \qquad (6.17)$$

将式(6.17)代入式(6.16),并且注意 $t=0$,得

$$C=\frac{\sigma_0}{E_e}+\varepsilon_{n0}(1-e^{-\frac{\sigma_0}{E_n}}) \qquad (6.18)$$

将式(6.18)代入式(6.16)得

$$\varepsilon=\frac{\sigma_0}{E_e}+\varepsilon_{n0}(1-e^{-\frac{\sigma_0}{E_n}})+\frac{\sigma_0}{\eta}t \qquad (6.19)$$

式(6.19)即为黏弹性岩体的蠕变方程,其蠕变曲线显然为一直线,如图 6.28 所示。

② 松弛。

在松弛过程中,应变保持为常量 ε_0,即有

$$\begin{cases}\varepsilon=\varepsilon_0 \\ \dot{\varepsilon}=0\end{cases} \qquad (6.20)$$

将式(6.20)代入式(6.13)得

$$\frac{1}{E_e}\dot{\sigma}+\frac{1}{E_n}\varepsilon_{n0}\dot{\sigma}e^{-\frac{\sigma}{E_n}}+\frac{1}{\eta}\sigma=0 \qquad (6.21)$$

式(6.21)进一步变为

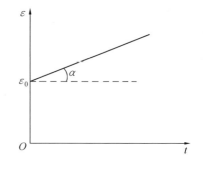

图 6.28　黏弹性岩体蠕变曲线

$$\frac{1}{E_n}\frac{d\sigma}{\sigma}+\frac{\varepsilon_{n0}}{E_n}\frac{e^{-\frac{\sigma}{E_n}}}{\sigma}d\sigma+\frac{1}{\eta}d\sigma=0 \qquad (6.22)$$

将式(6.22)积分得

$$\frac{1}{E_n}\ln\sigma+\frac{1}{\eta}t+\frac{\varepsilon_{n0}}{E_n}\int\frac{e^{-\frac{\sigma}{E_n}}}{\sigma}d\sigma=0 \qquad (6.23)$$

式(6.23)即为黏弹性岩体的松弛方程,其松弛曲线如图 6.29 所示。由图 6.29 可以看出,这种黏弹性岩体在松弛过程中,当应力降低到一定值时,便维持该值不变。

③ 应力速率控制加载。

在加载荷压力过程中,要求应力变化速率保持不变,即 $\dot{\sigma}=\dot{\sigma}_0$ 为常量。式(6.13)变为

$$\frac{d\varepsilon}{dt}=\frac{1}{E_e}\frac{d\sigma}{dt}+\frac{1}{\eta}\sigma+\frac{\varepsilon_{n0}}{E_n}\frac{d\sigma}{dt}e^{-\frac{\sigma}{E_n}} \qquad (6.24)$$

$$\Rightarrow d\varepsilon=\frac{1}{E_e}d\sigma+\frac{1}{\eta}\sigma dt+\frac{\varepsilon_{n0}}{E_n}e^{-\frac{\sigma}{E_n}}d\sigma \qquad (6.25)$$

$$\Rightarrow d\varepsilon=\frac{1}{E_e}d\sigma+\frac{1}{\eta}\sigma d\sigma\frac{1}{\frac{d\sigma}{dt}}+\frac{\varepsilon_{n0}}{E_n}e^{-\frac{\sigma}{E_n}}d\sigma$$

$$\Rightarrow d\varepsilon = \frac{1}{E_e}d\sigma + \frac{1}{\eta}\sigma d\sigma \frac{1}{\dot{\sigma}} + \frac{\varepsilon_{n0}}{E_n}e^{-\frac{\sigma}{E_n}}d\sigma \tag{6.26}$$

将 $\dot{\sigma} = \dot{\sigma}_0$ 代入式(6.26)得

$$d\varepsilon = \frac{1}{E_e}d\sigma + \frac{1}{\eta\dot{\sigma}_0}\sigma d\sigma + \frac{\varepsilon_{n0}}{E_n}e^{-\frac{\sigma}{E_n}}d\sigma \tag{6.27}$$

将式(6.27)进一步积分得

$$\varepsilon = \frac{\sigma}{E_e} + \frac{\sigma^2}{2\eta\dot{\sigma}_0} - \varepsilon_{n0}e^{-\frac{\sigma}{E_n}} + C \tag{6.28}$$

式中　C——待定常数,由初始条件确定。

初始条件为当 $\sigma = 0$ 时,$\varepsilon = 0$。将此初始条件代入式(6.28)得 $C = \varepsilon_{n0}$,从而式(6.28)变为

$$\varepsilon = \frac{\sigma}{E_e} + \frac{\sigma^2}{2\eta\dot{\sigma}_0} + \varepsilon_{n0}(1 - e^{-\frac{\sigma}{E_n}}) \tag{6.29}$$

式(6.29)即为在应力速率控制加载条件下岩体变形的应力－应变关系方程,其变形曲线如图 6.30 所示。

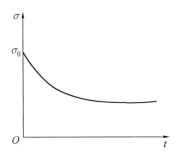

图 6.29　黏弹性岩体松弛曲线

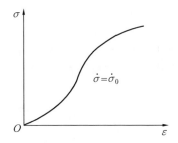

图 6.30　在应力速率控制加载条件下岩体变形曲线

④ 应变速率控制加载。

在加载荷压力过程中,要求应变变化速率保持不变,即 $\dot{\varepsilon} = \dot{\varepsilon}_0$ 为常量。因此式(6.13)变为

$$\frac{d\varepsilon}{dt} = \frac{1}{E_e}\frac{d\sigma}{dt} + \frac{1}{\eta}\sigma + \frac{\varepsilon_{n0}}{E_n}\frac{d\sigma}{dt}e^{-\frac{\sigma}{E_n}} \Rightarrow d\varepsilon = \frac{1}{E_e}d\sigma + \frac{1}{\eta}\sigma dt + \frac{\varepsilon_{n0}}{E_n}e^{-\frac{\sigma}{E_n}}d\sigma \Rightarrow$$

$$d\varepsilon = \frac{1}{E_e}d\sigma + \frac{1}{\eta}\sigma d\varepsilon \frac{1}{\frac{d\varepsilon}{dt}} + \frac{\varepsilon_{n0}}{E_n}e^{-\frac{\sigma}{E_n}}d\sigma \Rightarrow d\varepsilon = \frac{1}{E_e}d\sigma + \frac{1}{\eta\dot{\varepsilon}}\sigma d\varepsilon + \frac{\varepsilon_{n0}}{E_n}e^{-\frac{\sigma}{E_n}}d\sigma \tag{6.30}$$

将 $\dot{\varepsilon} = \dot{\varepsilon}_0$ 代入式(6.30)得

$$d\varepsilon = \frac{1}{E_e}d\sigma + \frac{1}{\eta\dot{\varepsilon}_0}\sigma d\varepsilon + \frac{\varepsilon_{n0}}{E_n}e^{-\frac{\sigma}{E_n}}d\sigma \tag{6.31}$$

式(6.31)进一步变为

$$d\varepsilon = \frac{\eta\dot{\varepsilon}_0}{E_e}\frac{d\sigma}{\eta\dot{\varepsilon}_0 - \sigma} + \frac{\eta\varepsilon_{n0}\dot{\varepsilon}_0}{E_n}\frac{e^{-\frac{\sigma}{E_n}}d\sigma}{\eta\dot{\varepsilon}_0 - \sigma} \tag{6.32}$$

将式(6.32)进一步积分得

$$\varepsilon = -\frac{-\eta\dot{\varepsilon}_0}{E_n}\ln|\eta\dot{\varepsilon}_0 - \sigma| + \frac{\eta\varepsilon_{n0}\dot{\varepsilon}_0 e^{\frac{\sigma_0-\sigma}{E_n}}}{\eta\dot{\varepsilon}_0 - \sigma} -$$

$$\int_0^\sigma \frac{E_n e^{\frac{\sigma_0-\sigma}{E_n}}}{(\eta\dot{\varepsilon}_0 - \sigma)^2}d\sigma \qquad (6.33)$$

式(6.33)即为在应变速率控制加载条件下岩体变形的应力—应变关系方程,其变形曲线如图6.31所示。

由式(6.33)可以看出,这种岩体变形包括三种变形机制,应采用三个强度参数表征其变形本构方程,因为岩体变形实际上由结构体弹性、黏性变形及结构面闭合变形三种成分组成。具有这种变形特性的岩体在岩体工程中十分常见,可以是各种成分及成因类型的岩体,无论是在较高地应力条件下,还是在较低地应力条件下,均广泛存在。但是,上述的变形力学模型要求结构面与岩体所受的荷载压力方向垂直或近似垂直。

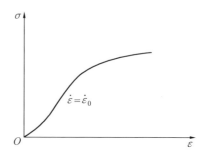

图 6.31　在应变速率控制加载条件下岩体变形曲线

最后需要指出的是,对于组成成分、力学性质、结构特征及受力条件等复杂的岩体,其变形的力学模型及本构方程尚有待于进一步研究。

6.3　结构面的力学性质

许多岩体工程实践及岩体变形试验表明,岩体中结构面的力学性质主要取决于结构面的物质组成、充填情况、表面特征或粗糙程度、几何形状、含水量及贯通性等。因此,结构面力学性质绝不能简单地仅仅依据岩体变形试验来研究,而必须采用结构面典型地质单元力学试验与结构面地质研究相结合的方法分析结构面的力学性质。

6.3.1　结构面力学性质的基本特点

一般来说,结构面力学性质的基本特点主要表现在三个方面,即结构面的法向变形、剪切变形及抗剪强度。

(1) 结构面的法向变形。

在垂直于结构面的法向应力作用下,结构面将发生法向变形。理论上,岩体结构面是没有厚度的。但是,由于岩体中结构面一般均具有一定的张开度及表面结构,此外软弱结构面本属于软弱夹层,所以结构面实际上是有厚度的。既然如此,结构面在法向应力作用下无疑会发生法向压缩变形。在研究软弱结构面力学性质时,既可以将其作为软弱结构面看待,也可以作为软弱夹层处理。而将它作为软弱结构面研究时,便无法描述其厚度,只能用变形刚度表征其变形特征。亦已公认,岩体中硬性结构面法向变形曲线通常是按照指数函数形式分布的。研究表明,软弱结构面与硬性结构面法向变形基本相同,其法向变形曲线也呈指数函数形式分布,如图 6.32 所示。因此,可以很好地采用下式描述软弱结构面法向变形曲线的分布,即

$$u_n = u_{n0}(1 - e^{-\frac{\sigma_n}{K_n}}) \qquad (6.34)$$

式中　σ_n——作用于软弱结构面上的法向压应力；

　　　u_n——在法向压应力 σ_n 作用下软弱结构面的
　　　　　　法向变形；

　　　u_{n0}——软弱结构面法向最大变形量；

　　　K_n——软弱结构面法向压缩刚度。

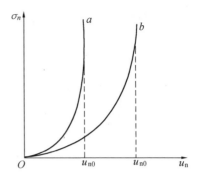

图 6.32　结构面法向变形分布曲线
a—硬性结构面；b—软弱结构面

（2）结构面的剪切变形。

在法向压应力作用下，沿着结构面切向施加剪应力，结构面便依照剪应力方向发生剪切变形，包括塑性及脆性剪切变形两种形式。结构面塑性剪切变形表现为在前期阶段剪应力随着变形量的增加而一直呈非线性递增，最终剪应力将稳定于某一值 τ_m，即使变形继续发展下去，剪应力也保持不变（相当于结构体蠕变变形），如图 6.33 所示。而结构面脆性剪切变形表现为一种脆性破坏作用，当剪应力达到剪切强度极限后，便发生显著的应力降，变形仍然继续发展，剪应力也将稳定于某一值 τ_n，如图 6.33 所示，结构面剪切变形分布曲线上的峰值剪应力即为结构面剪切强度极限或极限强度 τ_f。由于结构面剪切变形主要表现为结构体沿着结构面滑移，所以不能用应力—应变关系表征它的变形规律，而只能用应力—位移关系表征其变形规律，即采用剪切刚度 K_τ 描述岩体中结构面剪切变形特征。事实上，剪切刚度 K_τ 就是图 6.33 所示的结构面剪切变形分布曲线的斜率，即

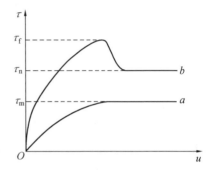

图 6.33　结构面剪切变形分布曲线
a—塑性剪切变形；b—脆性剪切破坏

$$K_\tau = \frac{\partial \tau}{\partial u} \quad \text{或} \quad K_\tau = \frac{\Delta \tau}{\Delta u} \qquad (6.35)$$

在岩体工程中，往往取结构面剪切变形分布曲线上屈服点之前的曲线斜率作为剪切刚度 K_τ 的计算值，能够满足实际精度要求。

在进行岩体中结构面剪切变形试验时，若采用不同法向应力 σ_n，则剪切变形 τ—u 分布曲线将表现出两种变化形式：其一，当结构面比较坚硬时，剪切变形 τ—u 曲线为常刚度型，即在屈服点前的剪切刚度 K_τ 保持不变，如图 6.34（a）所示；其二，当结构面比较软弱时，剪切变形 τ—u 曲线为变刚度型，即在屈服点前的剪切刚度 K_τ 随着法向应力 σ_n 不同而发生变化，法向应力 σ_n 越大，屈服点前的剪切刚度 K_τ 也就越大，如图 6.34（b）所示，在这种情况下，应该给出在何种法向应力 σ_n 条件下测得的结构面剪切刚度 K_τ。据孙广忠（1986）的研究结果，对变刚度型结构面剪切变形 τ—u 曲线，其屈服点前的剪切刚度 K_τ 与法向应力 σ_n 之前表现为线性关系，即

$$K_\tau = a\sigma_n + b \qquad (6.36)$$

式中　a、b——待定常数。

待定常数 a、b 与岩体类型及结构面力学性质等有关，通过结构面剪切刚度 K_τ 的试验

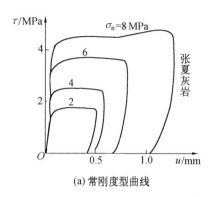
(a) 常刚度型曲线

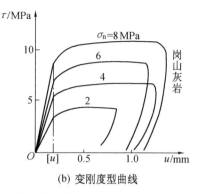
(b) 变刚度型曲线

图 6.34 结构面剪应力－位移曲线

确定,由试验结果绘制图 6.35 所示的结构面剪切刚度 K_τ 与法向应力 σ_n 关系直线,便可以测定待定常数 a 及 b 的值。

（3）结构面的抗剪强度。

岩体中结构面发生剪切变形达到破坏时的极限剪应力 τ 称为抗剪强度或峰值强度,它反映结构面受切向剪应力作用时抵抗剪切破坏的能力。结构面抗剪强度可以用库伦破坏准则表示,包括抗剪断强度、抗剪强度及抗切强度三种类型,即

$$\begin{cases} \tau = \sigma_n \tan \varphi + c & \text{（抗剪断强度）} \\ \tau = \sigma_n \tan \varphi & \text{（抗剪强度）} \\ \tau = c & \text{（抗切强度）} \end{cases} \quad (6.37)$$

式中 σ_n——作用于结构面上的法向应力;

φ、c——结构面的内摩擦角及内聚力。

结合岩体工程实际,结构面抗剪强度判据[式（6.37）]是以许用应力为标志建立起来的,而岩体中结构面破坏的控制量是变形。据此,可以采用结构面极限变形 $[u]$ 建立其破坏判据,即

$$\tau = K_\tau [u] \quad (6.38)$$

式中 K_τ——结构面剪切刚度。

当结构面剪切刚度 K_τ 为常量时,如图 6.34(a) 所示,则其极限变形 $[u]$ 为变量。根据

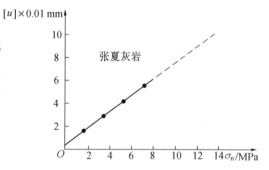

图 6.35 结构面剪切刚度 K_t 与法向应力 σ_n 关系

图 6.36 结构面极限变形与法向应力关系

图 6.34(a) 所示的结构面剪切变形分布曲线,可以做出如图 6.36 所示的结构面极限变形 $[u]$ 与法向应力 σ_n 的关系直线,从而得到

$$[u] = u_0 + f_u \sigma_n \quad (6.39)$$

将式（6.39）代入式（6.38）得

$$\tau = K_\tau u_0 + K_\tau f_u \sigma_n \quad (6.40)$$

将式（6.40）与式（6.37）中的第一式进行比较,得

$$\begin{cases} c = K_\tau u_0 \\ \tan\varphi = K_\tau f_u \end{cases} \qquad (6.41)$$

式(6.41)即为常刚度型结构面抗剪强度的位移判据。

绝大部分软弱结构面属于变刚度型。在结构面变刚度 K_τ 的试验中,破坏时的极限位移 $[u]$ 基本为常数。由式(6.36)及式(6.38)解得

$$\tau = a[u]\sigma_n + b[u] \qquad (6.42)$$

将式(6.42)与式(6.37)中的第一式进行比较,得

$$\begin{cases} c = b[u] \\ \tan\varphi = a[u] \end{cases} \qquad (6.43)$$

式(6.43)即为变刚度型结构面抗剪强度的位移判断。

6.3.2　平直光滑无充填物硬性结构面的力学性质

在岩体中,平直光滑无充填物硬性结构面往往表现为扭性与压扭性脆性断层及节理,例如,共轭的 X 型节理等。结构面为较理想的平面,既平直又光滑,平均凸起高度不超过 0.05 mm,张开度小于 0.2 mm,其中无任何充填物。结构面性质坚硬,在剪切变形过程中法向位移基本为零,并且不发生压缩或剪胀。在法向应力较低($\sigma_n \leqslant 200.0$ kPa)条件下,结构面剪切变形 τ—u 曲线如图 6.37 所示,其剪应力 τ 随着位移 u 增长到最大值 τ_m 后便保持不变,剪应力 τ 峰值强度 τ_m 也就是残余强度。结构面上只有内摩擦力,而无内聚力,所以其抗剪强度可以采用下式表示:

$$\tau = \sigma_n \tan\varphi \qquad (6.44)$$

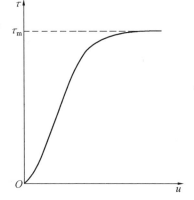

图 6.37　平直光滑无充填物硬性结构面
剪切变形 τ—u 曲线

式中　σ_n——作用于结构面上的法向压应力;

φ——结构面内摩擦角。

内摩擦角一般变化于 $\varphi = 12° \sim 32°$,多数集中于 $\varphi = 25° \sim 30°$。当作用于结构面上的法向压应力为 $\sigma_n = 2.0 \sim 200.0$ kPa 时,其抗剪强度一般为 $\tau = 10.0 \sim 100.0$ kPa。通常情况下,湿度对于结构面内摩擦角 φ 的影响比较大,并且往往出现反常现象。例如,对于平直而并不十分光滑的结构面,其干的内摩擦角比湿的内摩擦角 φ 约大 3°;而对于既平直又很光滑的结构面,其湿的内摩擦角 φ 反而比干的内摩擦角 φ 大,二者相差可达 10°左右。

在较高围压力条件下,这种结构面在剪切变形过程中将出现黏滑振荡现象。

6.3.3　起伏粗糙无充填物硬性结构面的力学性质

在岩体中,起伏粗糙无充填物硬性结构面一般属于张性及张扭性脆性断层及节理,或者是各种风化作用成因的脆性破裂面及沉积层理等,结构面起伏明显或较大,平均凸起较高,张开度较大,且无任何充填物。结构面性质坚硬,在剪切变形过程中,凸起容易被压碎与碾平,法向位移很明显,并且呈不稳定的跳跃式变化,出现剪胀现象。但是,结构面两壁岩石不因剪切变形而发生压缩变形,或压缩变形量甚微。这种结构面在剪切变形过程中的物理几

何变化相当复杂,所以为了研究其力学性质,往往需要做适当简化。下面仅就两种较为简单的情况,介绍结构面抗剪强度的确定方法。

(1) 规则锯齿状结构面抗剪强度。

假定结构面呈规则锯齿状,锯齿起伏角为 i,齿面内摩擦角为 φ,如图 6.38 所示。当施加于结构面上法向压应力 σ_n 较小时,则在切向剪应力作用下,将沿着锯齿面爬坡滑动,从而使结构面张开而产生剪胀现象,如图 6.38(a)所示。此外,可以将作用于结构面上的法向压应力 σ_n 及切向剪应力 S 分别沿着锯齿面法向、切向进行分解,如图 6.39 所示。这样,沿着锯齿面的滑动力 F 及抗滑力 T 便可以求出:

$$\begin{cases} F = S\cos i \\ T = \sigma_n \sin i + (\sigma_n \cos i + \sin i)\tan \varphi \end{cases} \tag{6.45}$$

当沿着锯齿面滑动处于极限平衡状态时,要求抗滑力 T 与滑动力 F 相等,并且作用于结构面上的切向剪应力 S 与结构面抗剪强度 τ 也相等。从而,基于式(6.45)得

$$\tau\cos i = \sigma_n \sin i + (\sigma_n \cos i + \tau \sin i)\tan \varphi \tag{6.46}$$

由式(6.46)解得

$$\tau = \sigma_n \tan(\varphi + i) \tag{6.47}$$

式(6.47)即为作用于结构面上的法向压应力 σ_n 较小时结构面抗剪强度计算公式。由式(6.47)可以看出,在这种情况下,若结构面锯齿状起伏增大,也即锯齿起伏角 i 增大,那么结构面抗剪强度便随之提高。此外,由图 6.38(a)中的②~④还可以看出,当作用于结构面上的法向压应力 σ_n 较小时,结构面在发生剪切变形过程中的法向位移 V 及切向位移 U 均随着切向剪应力 τ 呈线性正比例增加,并且其法向压应力 σ_n 也与切向剪应力 τ 之间保持线性正比例关系,或者说结构面抗剪强度 τ 与法向压应力 σ_n 之间成正比。

当施加于结构面上法向压应力较大时,则将限制沿着锯齿面爬坡滑动,并且使得锯齿在切向(结构面之切向)剪应力作用下被剪断与磨平,如图 6.38(b)所示,此时,不再发生剪胀现象。应当指出,理论上是不产生竖向位移 V 的,但是实际上总有一定竖向位移 V,只是十分小而已。在这种情况下,结构面抗剪强度 τ 将不再取决于锯齿面的内摩擦角 φ 及起伏角 i,而是由结构面两壁岩石材料或锯齿岩石材料抗剪断强度决定,即

$$\tau = \sigma_n \tan \varphi_f + c_f \tag{6.48}$$

式中　σ_n——作用于结构面上的法向压应力;

φ_f、c_f——结构面两壁岩石材料的内摩擦角及内聚力。

以上讨论是基于较为简化的条件。事实上,岩体中绝大多数的结构面并非如此。也就是说,即使是在极低的法向压应力 σ_n 作用下,岩体中结构面上的凸起也不可能一点不遭破坏;而在较高的法向压应力 σ_n 作用下,岩体中结构面上的凸起也不可能均被剪断。因此,式(6.47)及式(6.48)只能代表两种极端情况下岩体中结构面抗剪强度,而这两种极端情况在实际岩体工程中是不存在的。但是,就对起伏粗糙无充填物硬性结构面抗剪强度的认识而言,这两种极端情况又具有十分重要的实际及理论意义。二者明确表明,这种结构面的抗剪机制包括两个方面,即沿着凸起面爬坡摩阻及凸起被剪断。

(2) 不规则起伏结构面抗剪强度。

岩体中绝大多数粗糙无充填物硬性结构面是不规则起伏的。N. R. Barton(1982)提出,应该采用剪胀角来表示这种结构面的抗剪强度。剪胀角 α_n 定义为结构面在剪切变形过程

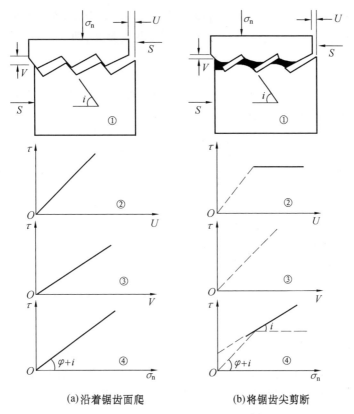

(a)沿着锯齿面爬　　　　　(b)将锯齿尖剪断

图 6.38　锯齿状结构面剪切机理

U,V——结构面切向及法向位移

中所发生的法向位移 V 与切向位移 U 之比的反正切值,即

$$\alpha_n = \arctan \frac{V}{U} \qquad (6.49)$$

N.R.Barton(1982)通过对这种结构面进行详细抗剪强度试验研究,较好地获得了其抗剪强度 τ 与剪胀角 α_n 之间关系表达式,即

$$\tau = \sigma_n \tan(1.78\alpha_n + 32.88°) \qquad (6.50)$$

式中　σ_n——作用于结构面上的法向压应力。

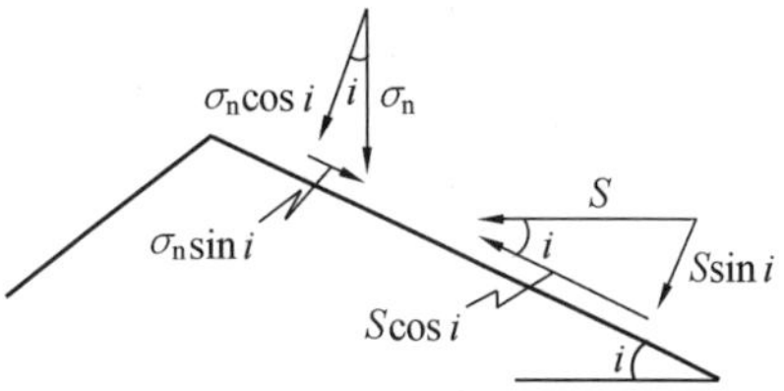

图 6.39　作用于结构面上的法向正应力 σ_n 及切向剪应力 S 沿着锯齿面之法向及切向分解

然而,由于这种结构面的剪胀角 α_n 并非为常数,主要受结构面粗糙程度、作用于结构面上法向压应力大小及结构面两壁岩石强度三个因素的影响。很显然,结构面粗糙程度越大,其剪胀角 α_n 也就越大,极为平直而光滑结构面的剪胀角 $\alpha_n = 0°$,原因是其不发生剪胀现象。对于粗糙程度相同的结构面来说,其剪胀角 α_n 因作用于结构面上的法向压应力 σ_n 大小而变化,当法向压应力 σ_n 较小时,沿着结构面上凸起表面爬坡上滑所受的摩阻力也就小,剪胀量增大,所以剪胀角 α_n 将随之变大;相反,当法向压应力 σ_n 较大时,则沿着结构面上凸起表面爬坡上滑所受的摩阻力便大,致使凸起在切向剪应力作用下被部分剪断与磨平,因而剪胀量减小,剪胀角 α_n 也随之变小。此外,结构面两壁岩石强度越大,其凸起就越不容易被剪断,从而越容易发生剪胀,所以剪胀角 α_n 便越大。

N. R. Barton(1982)认真研究了作用于结构面上的法向压应力 σ_n 及其两壁岩石抗压强度 σ_c 与剪胀角 α_n 之间的关系,并且获得三者之间相互变化关系式,即

$$\alpha_n = 10 \tan \frac{\sigma_c}{\sigma_n} \tag{6.51}$$

将式(6.51)代入式(6.50),并且考虑结构面粗糙程度的影响,可以得到表征不同粗糙程度且无充填物硬性结构面抗剪强度 τ 的统一公式,即

$$\tau = \sigma_n \tan\left(\text{JRClg} \frac{\text{JCS}}{\sigma_n} + \varphi\right) \tag{6.52}$$

$$\tau = \sigma_n \tan\left(\text{JCSlg} \frac{\sigma_1 - \sigma_3}{\sigma_n} + \varphi\right) \tag{6.53}$$

式中　τ——结构面的抗剪强度;

　　　　σ_n——作用于结构面上的法向压应力;

　　　　σ_1、σ_3——结构面两壁岩石三轴极限强度;

　　　　φ——岩石基本内摩擦角(岩石平滑锯开面的内摩擦角);

　　　　JRC——结构面的粗糙程度系数,由最平直光滑结构面至最粗糙结构面,JRC 的变化范围为 0~20,可以由图 6.40 所示的结构面典型粗糙剖面中查得各种结构面的 JRC 值;

　　　　JCS——结构面两壁岩石抗压强度,在岩石轻微风化情况下,可以利用岩心或石块进行常规单轴抗压试验或点荷载试验求得;而当岩石遭受较明显或强烈风化作用时,可以根据岩石的回弹系数 R 及容重 γ 从图 6.41 中查出 JCS 值。

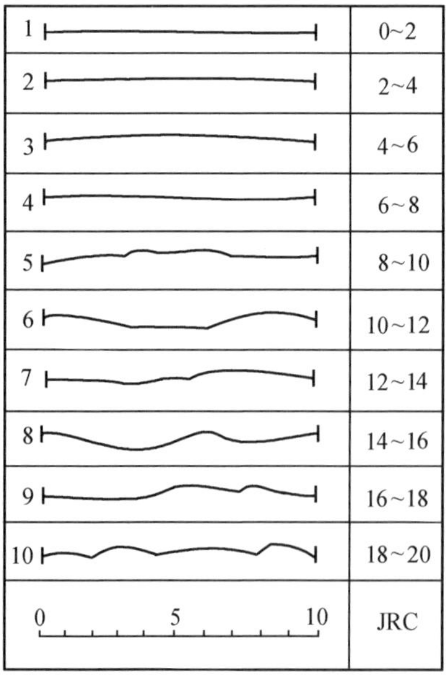

1 ├─────────┤	0~2
2 ├─────────┤	2~4
3 ├─────────┤	4~6
4 ├─────────┤	6~8
5 ├─────────┤	8~10
6 ├─────────┤	10~12
7 ├─────────┤	12~14
8 ├─────────┤	14~16
9 ├─────────┤	16~18
10 ├─────────┤	18~20
0　　　5　　　10	JRC

图 6.40　确定 JRC 值的结构面典型粗糙剖面

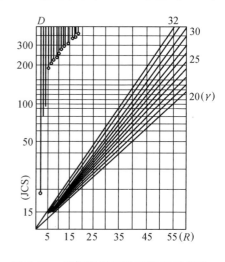

图 6.41　根据岩石回弹系数 R 和容重 γ 确定 JCS 值图解

R—施密特硬度;γ—岩石容量(kN/m³);D—大部分岩石强度平均离差(MN/m²);JCS—岩石表面抗压强度(MN/m²)

当作用于结构面上的法向压应力 σ_n 较低或为中等值时,采用式(6.52)计算其抗剪

强度;而当作用于结构面上的法向应力 σ_n 较高时,应该利用式(6.53)计算其抗剪强度。许多计算实例均证实,由这两个公式能够得到比较精确的岩体中各种粗糙程度且无充填物硬性结构面抗剪强度值。

6.3.4 断续结构面的力学性质

当沿着岩体中断续结构面发生剪切变形时,则剪切面所通过的裂隙及未贯通岩桥均将起抗剪作用。假定剪切面上的应力均匀分布,则可以导出这种结构面抗剪强度公式为

$$\tau = nc_j + (1-n)c_k + [nf_j + (1-n)f_k]\sigma_n \tag{6.54}$$

式中 τ——结构面的抗剪强度;

     σ_n——作用于结构面上的法向压应力;

     n——裂隙连通率;

     c_j、f_j——裂隙咬合力(相当于内聚力)及内摩擦系数;

     c_k、f_k——未贯通岩桥(岩石)内聚力及内摩擦系数。

应该指出,式(6.54)对实际情况做了很大简化,据此计算得到的断续结构面抗剪强度要比同等条件下连续结构面抗剪强度高,这与一般认识相吻合。但是,事实并非如此简单,因为对断续结构面来说,剪切面上的应力是不均匀分布的,剪切破坏是一个相当复杂的物理力学过程。剪切面上应力分布不均匀首先表现为岩桥所受的法向压应力 σ_n 较裂隙所受的大;其次,在沿着断续结构面发生剪切变形过程中,由于岩桥的架空作用及对相对位移的阻挡,致使裂隙的咬合力及内摩擦力不能充分发挥;最后,在裂隙尖端受力时将发生很大的应力集中,促使裂隙进一步扩展,所以处于裂隙尖端岩桥的抗剪强度无疑将低于连续介质岩石材料的抗剪强度。因此,在有些情况下,断续结构面的抗剪强度要低于连续结构面的抗剪强度。

岩体变形试验表明,断续结构面在法向压应力及切向剪应力作用下的变形与破坏往往需要经历线性变形→裂隙尖端产生张裂纹→张裂纹扩展这一复杂过程。同时,在相邻张裂纹之间形成压扭性裂纹→沿着压扭性裂纹面爬坡→出现剪胀现象及剪断与辗磨凸起→断续结构面完全贯通与试件破坏。适当引用断裂力学理论,并且建立裂纹扩展的压剪复合断裂判据,可望促使本项研究更加趋于成熟。

6.3.5 具有充填物软弱结构面的力学性质

许多岩体工程及岩体变形试验均表明,对于具有充填物的软弱结构面来说,其抗剪强度主要取决于充填物的物质成分、结构构造、充填程度及厚度等。目前,在这方面研究有的较为成熟,有的尚待加强。

(1)物质成分的影响。

充填物的物质成分对软弱结构面抗剪强度及剪切变形曲线分布等具有明显影响。充填物按照粒级可以分为泥化夹层与夹泥层、碎屑夹泥层及碎屑夹层等类型。充填物粒级对软弱结构面抗剪强度的影响表现为,软弱结构面抗剪强度随着充填物内黏土含量的增加而降低,随着碎屑成分的增加与颗粒的增大而上升。然而,当充填物为薄层状角砾时,软弱结构面抗剪强度不仅不降低,反而会提高。充填物粒级不同,软弱结构面剪切变形曲线分布也各异,如图6.42所示,说明其变形机制是有差别的:软弱结构面中含泥化夹层及夹泥层,其剪切变形曲线多数为Ⅰ型塑性曲线,变形达到峰值后,由于黏土颗粒及聚片体大部分定向排

列,并且被断续拉开,致使抗剪强度降低而趋于稳定,峰值强度即为残余强度,峰值后曲线一直处于水平或平缓延伸;软弱结构面中含以碎屑为主的夹层,其剪切变形曲线呈Ⅳ型过渡性曲线,由于存在颗粒间内聚力及碎屑颗粒间内摩擦力与咬合力等的联合作用,致使抗剪强度较高,峰值前曲线斜率陡,峰值后因碎屑颗粒间咬合被破坏而使曲线出现较小的应力降低,接着曲线保持水平延伸,残余强度也较大;软弱结构面中含碎屑夹泥层,其剪切变形曲线属于Ⅱ型准塑性曲线或Ⅲ型过渡性曲线,由于受黏土中所夹碎屑的影响,往往峰值后的曲线呈现阶梯状发展,但是总体上看残余强度与峰值强度相差不大;软弱结构面中含角砾碎屑夹层,并且起伏较大,其剪切变形曲线则是Ⅴ型准脆性曲线,剪切变形过程十分复杂,不仅有爬坡及剪断效应,而且碎屑之间还经常发生镶嵌与转动,曲线在峰值后出现很明显的应力降低,残余强度与峰值强度相差较大,破坏后的曲线呈水平延伸。应该指

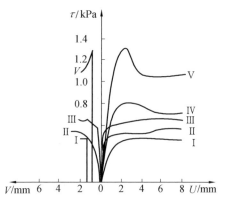

图 6.42 含不同充填物的软弱结构面剪切变形曲线

Ⅰ—塑性曲线;Ⅱ—准塑性曲线;Ⅲ、Ⅳ—过渡性曲线;Ⅴ—准脆性曲线;U—切向位移;V—法向位移

出,无论软弱夹层中含何种充填物,其峰值前的剪应力 τ 与位移 U 或 V 之间主要表现为线性正比例递增变化关系,随着夹层中黏土成分的减少,碎屑颗粒含量的增加,软弱结构面剪切变形曲线将由Ⅰ型塑性曲线转变成Ⅲ型或Ⅳ型过渡性曲线,而Ⅴ型准脆性曲线在夹层中较为少见。

(2)结构构造的影响。

充填物结构构造对软弱结构面抗剪强度及剪切变形曲线分布的影响较为复杂。在这方面做得较多的是对构造泥化夹层组构特征及其力学效应的研究,这些研究日益积累了丰富的资料。构造泥化夹层成因是断层岩或其他碎屑岩经过断层错动的强烈压碎与碾磨,加之与地下水长期物理化学作用,使之进一步转变成结构疏松、颗粒大小不均且定向排列(既有较大的宏观颗粒,也有一定量黏土成分)、粒间联结微弱的特殊软弱夹层。构造泥化夹层所在的带称为构造泥化带,简称为泥化带,可以分为两个亚带,即定向亚带和非定向亚带。定向亚带中往往存在两个以上产状相同的主滑面或主错动面,其厚度在几十微米至二三百微米之间变化,黏土团粒沿着构造错动方向强烈定向排列;非定向亚带表现为松散片、假接触的似海绵状结构或鳞片状叠瓦式结构,颗粒之间发育劈理及剪裂隙。这种泥化带结构构造对软弱结构面力学性质的影响表现为:由于泥化带中黏土团粒之间主要通过较厚的表面溶剂化层接触,相互吸引力一般为分子引力及水分子与阳离子耦合力,因此结构联结比较弱,在外力作用下易于屈服;此外,由于泥化带中黏土团粒是因为断层错动而定向排列的,残余强度是因为黏土团粒沿着剪切方向重新定向排列产生的,因此当剪切方向与原错动方向一致时,其剪切变形曲线不会出现峰值,峰值强度即为残余强度,若剪切方向与原错动方向不一致,则其剪切变形曲线将出现较小的峰值,峰值强度不宜再用残余强度来代替。

(3)充填程度及厚度的影响。

软弱结构面的充填程度可以采用充填物厚度 d 与面起伏差 h 之比来表示,d/h 称为充

填度。一般情况下,充填度越小,软弱结构面抗剪强度便越高;反之,随着充填度的增大,软弱结构面抗剪强度逐渐降低。充填度的力学效应如图 6.43 所示。由图 6.43 可知,充填度对软弱结构面强度影响很大:当充填度 $d/h<100\%$ 时,内摩擦系数 f 随着充填度 d/h 的增大而迅速降低;而当充填度 $d/h>200\%$ 时,即充填物厚度大于面起伏差 2 倍,内摩擦系数 f 降到最低值,并且趋于稳定,软弱结构面抗剪强度也达到最低稳定值,并且基本取决于充填物强度。对平直无起伏的软弱结构面来说,其抗剪强度随着充填物厚度的增加而迅速降低;但是,当充填物厚度增加到临界

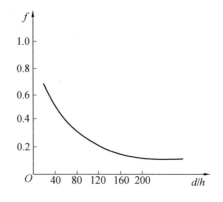

图 6.43　充填度的力学效应

值时,软弱结构面抗剪强度将不再随着充填物厚度增加而降低,而是取决于充填物强度。对于不同充填物来说,其厚度临界值是不同的,黏土质夹层厚度临界值为 0.5~2.0 mm。

6.3.6　结构面黏滑振荡

岩体结构面剪切变形试验表明,在剪切变形过程中,剪应力和剪位移并非总是稳定变化的,剪应力经常出现断续张弛,剪位移也往往发生间歇急跃,这种现象称为结构面黏滑振荡或剪切黏滑,简称为黏滑。研究黏滑振荡是从平直光滑结构面开始的。Hoskine 等(1962)在研究粗糙程度不同的岩体结构面剪切变形特征时发现,平直光滑结构面在剪切变形过程中发生一种黏滑振荡现象,其剪应力—剪位移关系曲线如图 6.44 所示,当时称之为黏滑松弛振荡。可以用图 6.45 所示的模型来说明结构面黏滑振动的概念。在图 6.45 中,块体 M 在刚性平面上自由滑动代表岩体结构面剪切变形,通过弹簧 K 对块体 M 施加使之滑动所需的切向力。当 P 点以较低速度 v 向右运动时,弹簧中力将随着其伸长量而增大,直至弹簧中力足以克服块体 M 与刚性平面之间静摩擦力时,块体 M 便开始向右滑动;而一旦当块体 M 向右滑动时,块体 M 与刚性平面之间静摩擦力将突然下降为滑动摩擦力,块体 M 便在弹簧牵引下以大于 v 的速度向右加速滑动,弹簧开始缩短,弹簧中的力将降低到维持块体 M 向右滑动所需的力,块体 M 滑动也就逐渐停止;但是,当 P 点继续以速度 v 向右运动时,弹簧又开始伸长,当弹簧中的力再增大到足以克

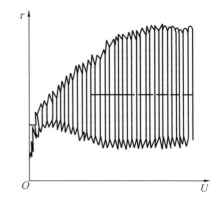

图 6.44　结构面黏滑振荡(光滑结构面)
的剪应力—剪位移关系曲线
τ—剪应力;U—切向位移

服块体 M 与刚性平面之间静摩擦力时,块体 M 又开始向右滑动,从而出现上述过程。如此反复,形成这种张弛跳跃式运动,即为黏滑振荡。

进一步研究表明,这种黏滑振荡不仅仅发生在平直光滑结构面上,在许多粗糙结构面上也较普遍存在。J. D. Byerlee(1968)在研究粗糙结构面剪切变形过程时发现,随着剪切位移增加,多次发生黏滑振荡,并且在各次黏滑振荡中其速度及摩阻力降低幅度不一定相同。这是由于粗糙结构面上存在大量凸起,并且这些凸起一般均呈镶嵌式接触,如果作用于结构面

上的法向压力 σ_n 足以抑制沿着凸起表面爬坡滑动,那么凸起在切向剪应力作用下将被剪断与辗碎或使凸起在相对面上刻出凹槽。很显然,一旦凸起被剪断与辗碎或凹槽作用一旦发生,摩阻力就会突然下降,从而出现急跃式滑动;而经过一小段剪切位移后,前方又有凸起嵌合起来阻止滑动继续进行,便再现上述过程。如此反复,这就是黏滑振荡的脆性破坏机制,如图 6.46 所示,其中 F 为摩阻力,U 为切向位移。

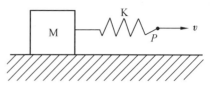

图 6.45 结构面黏滑振荡模型

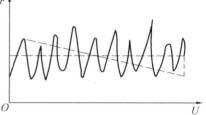

图 6.46 黏滑振荡脆性破坏机制

解释粗糙结构面黏滑振荡成因的脆性破坏机制是十分重要的。C. H. Scholz(1974)提出了凸体蠕动机制,解释粗糙结构面黏滑振荡的成因。C. H. Scholz 在研究粗糙结构面剪切变形过程中发现,如果使粗糙结构面剪切变形停止一段时间后再进行研究,则往往导致黏滑振荡。这是由于剪切变形停止后,结构面上凸起将嵌入到相对的面中,使得接触面积有所增大,摩阻力也随之增加;而当对结构面再施加切向剪应力使之滑动时,接触面积将减小,摩阻力也随之突然降低,从而发生黏滑振荡。

研究结构面黏滑振荡机制具有很重要的理论及现实意义。例如,地球岩石圈中断层往往存在黏滑振荡式活动,断层面在经历一定时间稳定剪切变形之后突然发生急跃式滑动,从而触发地震;由于地震使得断层在稳定剪切变形过程中所积累的能量被释放,断层面又锁固于一起继续进行稳定剪切变形,直至某一时间再次突然发生急跃式滑动。因此,探讨断层黏滑振荡机制,将有助于预测其急跃式滑动时间,这也是地震工程中急待解决的课题。

有必要强调的是,由于岩体中结构面成因复杂,致使其物质组成、结构构造、几何形状及充填情况等条件变化多样,从而影响它们的力学性质。例如,即使是同一结构面或同种结构面,由于充填物成分及厚度不同或粗糙程度不同等均可以使之表现出各种不同的力学性质。所以说,有限几个试件的试验结果是难以代表结构面力学性质的,更何况地质环境中的岩体结构面力学性质尚受到地下水、地温及地应力等因素的不同程度影响。因此,在试验之前,首先应对结构面进行适当分类,并且分别在不同结构面类型的地段布置若干试验,然后采用数理统计方法确定结构面力学性质综合强度指标。

6.4 岩 体 强 度

岩体是由结构体及结构面共同组成的复杂地质体,所以其力学性质无疑受结构体和结构面力学性质以及二者不同组合形式的强烈影响与控制。因此,一般情况下,岩体强度不等同于结构体或结构面的强度。

基于强度考虑,可以将岩体划分为均质岩体及非均质岩体两种类型。由同种岩石组成的且不含任何结构面的岩体,或者由同种岩石组成的性质十分软弱的岩体以至于其中结构面对岩体强度影响甚微,或者岩体中结构面所处位置及产状等不影响岩体强度、不造成岩体失稳,等等,这些均可以作为均质岩体来进行强度分析。如果岩体强度主要取决于结构面的力学性质、产状与组合形式和发育程度,以及结构体与结构面组合关系等,例如,岩体的组成岩石虽然很坚硬,但是结构面已将岩体切割成各种结构体,或者结构面产状已不利于岩体稳定,此时必须将岩体作为非均质岩体来进行强度分析。

6.4.1　均质岩体强度

均质岩体强度基本上可以采用由试验测得的组成岩体的岩石强度指标来进行描述,按照强度理论中所述的破坏准则判断岩体的稳定性。目前,引用最多的是莫尔－库伦强度准则,即

$$\frac{\sigma_1-\sigma_3}{\sigma_1+\sigma_3+2c\cot\varphi}=\sin\varphi \tag{6.55}$$

式中　φ、c——岩石内摩擦角及内聚力。

当岩体中某点最大及最小主应力 σ_1、σ_3 满足式(6.55)时,岩体处于极限平衡状态。若实际岩体中最大主应力大于式(6.55)中 σ_1,或者最小主应力小于式(6.55)中 σ_3,则岩体就失稳了。为了确定岩体稳定与否,可以采用下列判别式:

$$\begin{cases}\dfrac{\sigma_1-\sigma_3}{\sigma_1+\sigma_3+2c\cot\varphi}<\sin\varphi & (\text{稳定})\\[2mm]\dfrac{\sigma_1-\sigma_3}{\sigma_1+\sigma_3+2c\cot\varphi}=\sin\varphi & (\text{极限平衡状态})\\[2mm]\dfrac{\sigma_1-\sigma_3}{\sigma_1+\sigma_3+2c\cot\varphi}>\sin\varphi & (\text{失稳})\end{cases} \tag{6.56}$$

如果岩体内有地下水,并且存在孔隙水压力 p_w 时,那么式(6.56)左端项中应加入孔隙水压力 p_w,即

$$\begin{cases}\dfrac{\sigma_1-\sigma_3}{\sigma_1+\sigma_3-2p_w+2c\cot\varphi}<\sin\varphi & (\text{稳定})\\[2mm]\dfrac{\sigma_1-\sigma_3}{\sigma_1+\sigma_3-2p_w+2c\cot\varphi}=\sin\varphi & (\text{极限平衡})\\[2mm]\dfrac{\sigma_1-\sigma_3}{\sigma_1+\sigma_3-2p_w+2c\cot\varphi}>\sin\varphi & (\text{失稳})\end{cases} \tag{6.57}$$

当主应力为负值时,即出现拉应力,则根据朗肯理论可以得到确定岩体稳定与否的又一判别式,即

$$\begin{cases}\sigma_3>-R_t & (\text{稳定})\\ \sigma_3=-R_t & (\text{极限平衡})\\ \sigma_3<-R_t & (\text{失稳})\end{cases} \tag{6.58}$$

当岩体内存在孔隙水压力 p_w 时,又有

$$\begin{cases}\sigma_3>-R_t+p_w & (\text{稳定})\\ \sigma_3=-R_t+p_w & (\text{极限平衡})\\ \sigma_3<-R_t+p_w & (\text{失稳})\end{cases} \tag{6.59}$$

式中　R_t——岩体单轴抗拉强度。

6.4.2　非均质岩体强度

如果岩体中结构面不发育且呈完整结构,则岩体强度即为岩石强度。如果岩体中存在

结构面,并且可以沿着结构面滑动,那么岩体强度取决于结构面强度。这是岩体强度的两种极端情况。

在实际岩体工程中所碰到的岩体绝大多数均被各种结构面切割与破碎,通常称之为节理化岩体。在节理化岩体中,各种结构面规模相差悬殊,大的表现为宏观断层,小的仅为细微裂隙或显微裂纹。一般而言,小裂隙、细微裂隙及显微裂纹等可以在研究结构体强度中加以考虑,大于 20 m 宽度的结构面应当单独具体分析,而其余结构面则纳入岩体强度中讨论。

在节理化岩体中,结构面有的单独出现或多条出现,有的成组出现,有的有规律出现,有的无序出现。在这里,把结构面成组且有规律出现的节理化岩体特别称为节理岩体,如图 6.47 所示。

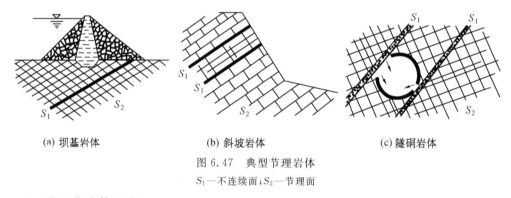

(a) 坝基岩体   (b) 斜坡岩体   (c) 隧硐岩体

图 6.47　典型节理岩体

S_1—不连续面;S_2—节理面

(1) 节理化岩体强度。

对于各种结构面较为发育且无规律分布的节理化岩体的强度,目前无论是理论分析还是模型试验研究,均不足以建立可以直接用于岩体工程实践的一般判据。但是,通过对大量现场及模型试验研究成果进行详细分析,可以归纳出对节理化岩体强度的几点特征性认识,如下所述。

① 由于结构面组合方式及受力状态不同,节理化岩体的破坏形式也不同。具有五种不同情况:a. 轴向劈裂破坏,在具有高角度结构面及低围压条件下,节理化岩体多数表现为这种破坏形式;b. 结构面滑动破坏,在结构面与最大主应力 σ_1 成 $30°\sim50°$ 夹角且围压较低条件下,节理化岩体便发生沿着结构面发生滑动破坏;c. 共轭剪切破坏,在高围压条件下,结构面往往穿切节理化岩体而导致共轭剪切破坏;d. 复合型破坏,在很多情况下,节理化岩体有的一部分沿着结构面滑动破坏,而另一部分则出现结构面切穿岩石造成剪切破坏;e. 松胀破坏,在围压较低且结构面组数较多的条件下,由于结构面在外力作用下发生扩展与张开,致使被结构面切割的岩石块体或结构体出现旋转、滑动及压碎等情况,从而造成节理化岩体松胀破坏。不同的破坏形式,节理化岩体强度也是不一样的。

② 节理化岩体强度的上限及下限分别为岩石材料或结构体强度莫尔包络线、岩体中最光滑或最软弱结构面强度莫尔包络线。节理化岩体强度莫尔包络线介于二者强度莫尔包络线之间,至于其位置偏上或偏下则与结构面的产状、密度及组合等有关。许多模型试验结果表明,节理化岩体强度莫尔包络线在低围压时较陡,而在高围压时则较平缓。Brown(1972)等建议采用抛物线方程表示节理化岩体强度,即

$$\tau = \tau_0 + f\sigma_n^q \tag{6.60}$$

式中 τ_0、f、q——与结构面组合方式有关的参数,q 一般为 $0.57\sim0.73$,如图 6.48 所示。

③ 赫希菲尔等(1977)通过模型试验对节理化岩体强度性状及特征边界进行分析,如图 6.49 所示。在节理化岩体中,如果结构面倾斜合适,便沿着原有结构面发生滑动;相反,如果结构面倾斜不合适,则切割岩石材料及原有结构面而形成新的剪切滑动面。如图 6.49 所示,在 A 区中,节理化岩体强度包络线处于岩石材料强度莫尔包络线与最光滑或最软弱结构面强度莫尔包络线之间;而在 B 区中,由于围压增加,致使节理化岩体强度包络线平行于岩石材料强度莫尔包络线且较之低 $5\%\sim10\%$,破坏类型可以由脆性破坏过渡到延性破坏;在 C 区中,因为围压进一步增加,使得节理化岩体破坏与结构无关,并且表现为延性破坏。

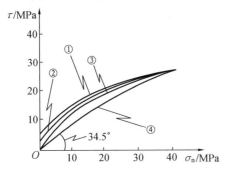

图 6.48 节理化岩体强度莫尔包络线
①—无节理;②、③—两组错开节理;④——组平直节理(沿着节理滑动)

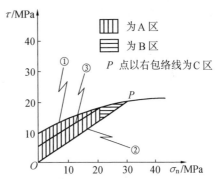

图 6.49 节理化岩体强度性状及特征边界
①—岩石材料强度莫尔包络线;②—最光滑结构面强度莫尔包络线;③—格里菲斯修正强度包络线

(2)节理岩体强度。

对于节理岩体结构面的强度指标,即内摩擦角 φ_f 及内聚力 c_f,可以由室内及现场直剪试验测定。试验只要求剪切面必须是结构面。求得结构面强度指标后,便可以根据结构面产状来分析节理岩体的稳定性。

众所周知,在均质岩体内,破坏面与主应力之间总是保持特定的角度关系。也就是说,当均质岩体被剪切破坏时,破坏面总是与最大主应力 σ_1 方向成 $\alpha=45°-\varphi/2$(φ 为均质岩体内摩擦角)的夹角;而当均质岩体被拉断破坏时,破坏面就是主应力 σ_1 面。但是,对含有软弱结构面的节理岩来说,情况就不同了。当节理岩体被剪切破坏时,破坏面可能与最大主应力 σ_1 方向成 $\alpha=45°-\varphi/2$(φ 为组成节理岩体的岩石材料内摩擦角)的夹角,而绝大多数情况下的破坏面就是软弱结构面(节理面)。在实际岩体工程中,也许会遇到节理岩体中存在这样两种类型产状的软弱结构面,其一是结构面平行于某一主应力方向,其二是结构面与主应力方向斜交。当节理岩体中结构面平行于某一主应力方向时,属于平面问题,进行应力分析较为简单;而当节理岩体中结构面与主应力方向斜交时,则是三维空间问题,进行应力分析比较复杂,应当结合实际情况做具体讨论。当然,无论节理岩体中结构面产状为何种类型,均可以采用莫尔—库伦强度准则来判定沿着结构面的稳定情况。当作用于节理岩体中结构面上的切向剪应力 τ 达到其抗剪强度 τ_f 时,结构面处于极限平衡状态,即

$$\tau=\tau_f=c_j+\sigma_n\tan\varphi_j \tag{6.61}$$

式中 σ_n——作用于结构面上的法向压应力,其他符号意义同前。

　　研究表明,节理岩体中软弱结构面的抗剪强度一般总是低于其组成的岩石材料抗剪强度,如图 6.50 所示。但值得注意的是,当节理岩体中某点应力莫尔圆与结构面抗剪强度线相切或相割时,节理岩体是否一定破坏,还要依据应力莫尔圆上代表该结构面应力状态的点位于哪一段圆弧中来确定。为更清楚起见,假定节理岩体中有一结构面 mm,其倾角为 β,即结构面法线与最大主应力方向的夹角为 β,如图 6.51 所示。根据节理岩体中该处的应力状态 σ_1 及 σ_3 可以绘制应力莫尔圆 O_1,即图 6.50 中的圆 O_1;从圆 O_1 与 σ 轴的交点 m_1 作直线 $m_1 A$ 平行于图 6.51 中结构面 mm,并且交圆 O_1 于 A 点,A 点便是图 6.51 中结构面 mm 在圆 O_1 上的应力状态点;在图 6.50 中,由于 A 点位于结构面抗剪强度线上方,说明施加于结构面 mm 上的剪应力 τ 大于其抗剪强度 τ_f,即 $\tau > \tau_f$,结构面 mm 早已失稳滑动了。此外,根据节理岩体中该处的应力状态 σ_1 及 σ_3 绘出的应力莫尔圆为图 6.50 中的圆 O_2;从圆 O_2 与 σ 轴的交点 m_2 作直线 $m_2 B$ 平行于图 6.51 中结构面 mm,并且交圆 O_2 于 B 点,B 点便是图 6.51 中结构面 mm 在圆 O_2 上的应力状态点;在图 6.50 中,由于 B 点位于结构面抗剪强度线下方,说明施加于结构面 mm 上的剪应力 τ 小于其抗剪强度 τ_f,即 $\tau < \tau_f$,在这种情况下,尽管应力莫尔圆 O_2 与结构面抗剪强度线相割,但是结构面 mm 仍然是稳定的。很显然,在图 6.50 中,如果图 6.51 中结构面 mm 在圆 O_2 上的应力状态点刚好就是结构面抗剪强度线与圆 O_2 的交点 C,那么该结构面便处于极限平衡状态。采用这种图解方法,很容易判断节理岩体中结构面的稳定性。下面将推导节理岩体中结构面稳定性的判别式。

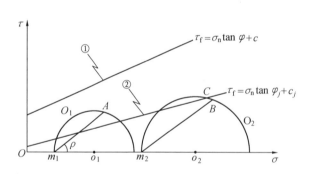
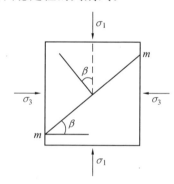

图 6.50　节理岩体中结构面稳定性判断图解

①—岩石材料抗剪强度线;②—结构面抗剪强度线

图 6.51　节理岩体中结构面 mm 产状

　　考虑图 6.50 中应力莫尔图 O_1 所代表的应力状态。当节理岩体中结构面处于稳定状态及极限平衡状态时,根据莫尔—库仑强度准则,作用于结构面上的切向剪应力 τ 应满足以下条件:

$$|\tau| \leqslant \sigma_n \tan \varphi_f + c_j \tag{6.62}$$

　　由材料力学理论可知

$$\begin{cases} \tau = \dfrac{1}{2}(\sigma_1 - \sigma_3)\sin 2\beta = (\sigma_1 - \sigma_3)\sin \beta \cos \beta \\[2mm] \sigma_n = \dfrac{1}{2}(\sigma_1 + \sigma_3) + \dfrac{1}{2}(\sigma_1 - \sigma_3)\cos 2\beta = \sigma_1 \cos^2 \beta + \sigma_3 \sin^2 \beta \end{cases} \tag{6.63}$$

式中　　β——节理岩体中结构面法线与最大主应力 σ_1 方向的夹角;

　　　　σ_n、τ——作用于结构面上法向正应力及切向剪应力;

　　　　σ_1、σ_3——节理岩体中结构面所在处的应力状态。

将式(6.63)代入式(6.62),并且整理,得

$$\sigma_1 \cos \beta \sin(\varphi_j - \beta) + \sigma_3 \sin \beta \cos(\varphi_j - \beta) + c_j \cos \varphi_j \geqslant 0 \qquad (6.64)$$

式(6.64)即为节理岩体中结构面稳定性的判别式。若式(6.64)左端项小于零,则说明结构面将失稳。

在岩体工程中,经常采用式(6.64)来判别岩体中地下硐室边墙的稳定性。如图 6.52 所示,在节理岩体中开挖隧硐,结构面倾角为 β,需要判别隧硐边墙稳定与否。由图6.52可知,隧硐开挖后,作用于硐壁上的水平应力 $\sigma_3 = \sigma_x = 0$,竖向应力 $\sigma_1 = \sigma_y$。将 $\sigma_1 = \sigma_y$,$\sigma_3 = 0$代入式(6.64)得

$$\sigma_y \cos \beta \sin(\varphi_j - \beta) + c_j \cos \varphi_j \geqslant 0 \qquad (6.65)$$

隧硐边墙是否处于平衡状态,应分以下几种情况来讨论:

① 当 $\beta < \varphi_j$ 时,式(6.65)显然成立,说明边墙岩块 abc 处于平衡状态。

② 当 $\beta = \varphi_j$ 时,式(6.65)也成立,因此边墙岩块 abc 仍然处于平衡状态。

③ 当 $\beta > \varphi_j$ 时,由于 $\sin(\varphi_j - \beta) < 0$,式(6.65)左端项中 $\sigma_y \cos \beta \sin(\varphi_j - \beta) < 0$,而 $c_j \cos \varphi_j > 0$,所以式(6.65)是否满足将取决于 $\sigma_y \cos \beta \sin(\varphi_y - \beta)$ 绝对值是否小于 $c_j \cos \varphi_j$ 绝对值,应视具体情况而定。

④ 当 $\beta = 45° + \varphi_j/2$ 时,即结构面产状与均质岩体(相当于组成节理岩体的岩石材料)中所产生的破坏面产状一致。此时,将 $\beta = 45° + \varphi_j/2$ 代入式(6.62)得

$$\sigma_y \leqslant \frac{c_j \cos \varphi_j}{1 - \sin \varphi_j} \qquad (6.66)$$

以上讨论了如何采用式(6.64)来判别岩体中地下硐室边墙的稳定性。若发现将失稳,则可以通过式(6.64)计算为了维持边墙稳定应由衬砌或锚杆提供水平应力 σ_x 的数值,参见图 6.52,兹举例说明如下。

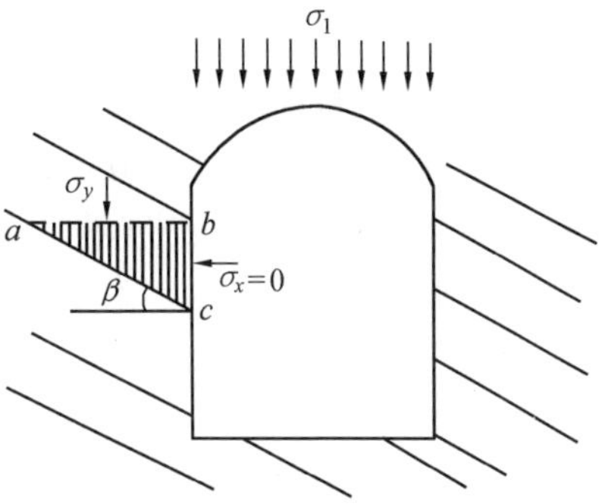

在图 6.52 中,假定硐室边墙处节理岩体中结构面倾角 $\beta = 50°$,内摩角 $\varphi_j = 40°$,内聚力 $c_j = 0$,实际测得硐室处平均竖向应力 $\sigma_y = 2$ MPa。试估算锚杆在边墙处应提供多大水平应力 σ_x 才能够维持边墙稳定。

将 $\sigma_1 = \sigma_y$,$\sigma_3 = \sigma_x$,$c_j = 0$,$\varphi_j = 40°$,$\beta = 50°$代入式(6.64)得

图 6.52 节理岩体中硐室边墙稳定性验算简图

$$\frac{\sigma_x}{\sigma_y} = \frac{\tan(\beta - \varphi_j)}{\tan \beta} = \frac{\tan(50° - 40°)}{\tan 50°} = 0.148$$

$$\Rightarrow \sigma_x = 0.148 \sigma_y = 0.148 \times 2 = 0.296 \text{ (MPa)}$$

因此,为了维持边墙稳定,锚杆在边墙处应提供的水平应力为 $\sigma_x = 0.296$ MPa。

值得提出的是,如果节理岩体中结构面上有孔隙水压力 p_w,那么应采用下列公式判别结构面的稳定性,即

$$\sigma_1 \cos \beta \sin(\varphi_j - \beta) + \sigma_3 \sin \beta \cos(\varphi_j - \beta) + c_j \cos \varphi_j - p_w \sin \varphi_j \qquad (6.67)$$

若式(6.67)左端项小于零,则节理岩体将失稳。

6.4.3　结构面产状的强度效应

结构面产状的强度效应是指结构面与作用力之间的方位关系对岩体强度所产生的影响。许多岩体工程实践及岩体变形试验均已证明,在一定应力条件下,随着结构面产状的改变,岩体破坏方式或机制是不断变化的,有的沿着结构面滑动,有的既沿着结构面滑动又穿切岩石材料,有的使原结构面进一步张开,有的同时穿切结构面及岩石材料而形成新结构面,等等,如图 6.53 所示。因此,对同一种岩体,如果不具体分析其结构面产状与工程力方向之间的关系对岩体破坏机制的影响与制约作用,而是套搬同一破坏准则来处理问题,必然导致错误的结论,酿成工程事故。

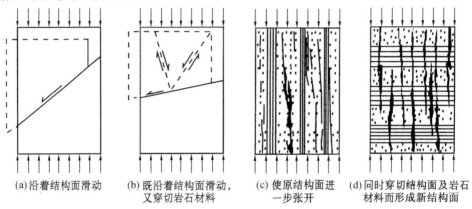

|(a)沿着结构面滑动|(b)既沿着结构面滑动, 又穿切岩石材料|(c)使原结构面进 一步张开|(d)同时穿切结构面及岩石 材料而形成新结构面|

图 6.53　结构面产状对岩体破坏方式影响

（1）一组结构面单轴受力情况。

在图 6.54 中,表示了具有一组结构面的岩体在单轴受压条件下岩体强度变化状况,其中直线①和直线②分别为岩石材料抗剪强度线、结构面抗剪强度线,根据莫尔－库伦强度准则可以分别写出二者方程式为

$$\begin{cases} \tau_f = \sigma_n \tan\varphi + c \\ \tau_f = \sigma_n \tan\varphi_j + c_j \end{cases} \tag{6.68}$$

式中　τ_f——抗剪强度;

　　　　σ_n——法向压应力;

　　　　φ、c——岩石材料的内摩擦角及内聚力;

　　　　φ_j、c_j——结构面的内摩擦角及内聚力。

此外,在图 6.54 中,β、β_1、β_2 均为结构面与最大主应力 σ_1 的不同夹角。由图 6.54 可知,当 $\beta_1 < \beta < \beta_2$ 时,应力莫尔圆则与直线②相切(如圆 O_1)或相交(如圆 O_2),说明岩体沿着结构面滑动破坏;尤其是当 $\beta = 45° - \varphi_j/2$ 时,应力莫尔圆(圆 O_1)与直线②相切,因此岩体强度最低,在单轴压应力 $\sigma_n = \sigma_{j1}$ 条件下岩体就被破坏,对应的结构面抗剪强度为 $\tau_f = \tau_{j1}$;而当 $\beta > 45° - \varphi_j/2$ 或 $\beta < 45° - \varphi_j/2$ 时,应力莫尔圆均与直线②相交,所以岩体强度都有所提高,例如,圆 O_2 与直线②相交,在单轴压应力 $\sigma_n = \sigma_{j2}$ 条件下岩体才被破坏,对应的结构面抗剪强度为 $\tau_f = \tau_{j2} (> \tau_{j1})$。当 $\beta < \beta_1$ 或 $\beta < \beta_2$ 时,应力莫尔圆便与直线①相切或相交,说明岩体不沿着原有结构面滑动破坏,而是沿着在岩体中新产生的结构面滑动破坏,例如,圆 O_3 与直线①相切,在单轴压应力 $\sigma_1 = \sigma_{e1}$ 条件下岩体被破坏,对应的新产生的结构面抗剪强度为

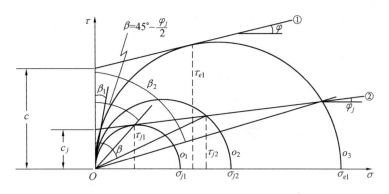

图 6.54　结构面产状对岩体强度影响

①—岩石材料抗剪强度线 $\tau_f = \sigma_n \tan\varphi + c$；②—结构面抗剪强度线 $\tau_f = \sigma_n \tan\varphi_j + c_j$

$\tau_f = \tau_{el}$。

（2）一组结构面三轴受力情况。

以上讨论了一组结构面在单轴受力条件下，随着结构面与主应力夹角的改变，岩体强度也发生变化。同样原理，可以分析一组结构面在三轴受力条件下，岩体强度随着结构面方向变化的规律。

① 图解法。

在这里，假定岩体在围压力 σ_3 作用下轴向受压缩至破坏，破坏时轴向压应力为 σ_1，岩体中结构面与最大应力 σ_1 方向的夹角为 β。

$$\begin{cases} 岩体破坏时极限主应力之比为 \ n = \dfrac{\sigma_1}{\sigma_3} \\[2mm] 岩体沿着结构面滑动破坏时极限主应力之比为 \ n_j = \dfrac{\sigma_{1j}}{\sigma_3} \\[2mm] 岩体穿切岩石材料剪切破坏时极限主应力之比为 \ n_e = \dfrac{\sigma_{1e}}{\sigma_3} \end{cases} \tag{6.69}$$

式中　σ_{1j}——岩体沿着结构面滑动破坏时极限最大主应力；

σ_{1e}——岩体穿切岩石材料剪切破坏时极限最大主应力。

根据莫尔—库伦强度准则，由图 6.55 可以导出

$$n_j = \frac{\sigma_{1j}}{\sigma_3} = \frac{\sin(2\beta+\varphi_j)+\sin\varphi_j}{\sin(2\beta+\varphi_j)-\sin\varphi_j} + \frac{2c_j\cos\varphi_j}{\sigma_3[\sin(2\beta+\varphi_j)-\sin\varphi_j]} \tag{6.70}$$

式中　c_j、φ_j——结构面内聚力及内摩擦角。

同样，可以得到以下公式：

$$n_e = \frac{\sigma_{1e}}{\sigma_3} = \tan^2\left(45°+\frac{\varphi_e}{2}\right) + \frac{2c_e}{\sigma_3}\tan\left(45°+\frac{\varphi_e}{2}\right) \tag{6.71}$$

式中　c_e、φ_e——岩石材料的内聚力及内摩擦角。

由式（6.70）及式（6.71）可知，当岩体沿着结构面滑动破坏时，其极限应力比 n_j 是围压力 σ_3 及角 β 的函数；而当岩体穿切岩石材料剪切破坏时，对一定的岩石材料来说，由于抗剪强度指标 c_e 及 φ_e 为定值，所以其极限应力比 n_e 也是定值。

图 6.56 中标绘了具有一组结构面的岩体强度随着结构面方向变化的情况。其中，纵坐标轴方向是最大主应力 σ_1 方向，由原点发出的各矢径之长度表示极限应力比 $n(n_e,n_j)$，矢

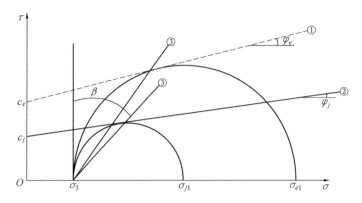

图 6.55　岩石材料及结构面强度莫尔－库伦包络线

①—岩石材料抗剪强度线 $\tau_f = \sigma_n \tan\varphi_e + c_e$；②—结构面抗剪强度线

$\tau_f = \sigma_n \tan\varphi_j + c_j$；③—几何线

径与纵坐标轴之间的夹角即为结构面与最大主应力 σ_1 方向的夹角 β。对该图来说，已知岩石材料抗剪强度指标为 $c_e = 10$ MPa、$\varphi_e = 60°$，结构面抗剪强度指标为 $c_j = 0°$，$\varphi_j = 40°$，围压力 σ_3 分别为 4 MPa、8 MPa 及 12 MPa。首先，假定岩体中不存在结构面，则由式(6.71)可以算出当岩体穿切岩石材料剪切破坏时，极限应力比 n_e 分别是 17.85、11.81、9.8；由于极限应力比 n_e 与 β 角无关，所以在图中仅为半径分别为 17.85、11.81、9.8 的三个圆弧，如虚线①所示。其次，再假定岩体中发育一组结构面，那么随着结构面与最大主应力 σ_1 方向夹角 β 的变化，岩体强度也各不相同，此时可以采用岩体沿着结构面滑动破坏时极限应力比 n_j 来表示岩体强度；给定一系列 β 角，根据式(6.70)可以算出与之对应的不同极限应力比 n_j，然后在图中自纵坐标轴(σ_1 轴)开始顺时针取各 β 角，对每一 β 角以相同比例画出与之对应的极限应力比 n_j 矢径的长度(从坐标原点为零开始算起)，但是在图中仅为各极限应力比 n_j 矢径端点的轨迹，如实线②所示。应当指出，由于给定三个围压力 σ_3 值，所以每一 β 角对应三个不同的极限应力 n_j。由图 6.56 可以看出，基于以上已知条件的岩体强度最低点是在 $\beta = 45° - \varphi_j/2 = 25°$ 处，对应的极限应力比约为 $n_j = 3.8$。

根据图 6.56 还可以判别岩体破坏方式。当 β 角在实线②范围内时，即 $5° < \beta < 48°$，岩体便沿着结构面滑动破坏。当 β 角在虚线①范围内时，即 $\beta < 53°$，岩体将穿切岩石材料剪切破坏。而当 β 角在介于虚线①及实线②之间的点线③范围内时，即 $48° < \beta < 53°$，岩体则表现为复合型破坏，也就是说，岩体既沿着结构面滑动破坏又穿切岩石材料剪切破坏。

需要注意的是，利用这种图解法分析岩体强度及破坏方式，对于 β 在 15°～65°范围内的结论是较为可靠的。许多岩体变形试验研究表明，若角 β 过大或过小，那么在围压力 σ_3 较小的情况下，岩体往往并不沿着 $45° + \varphi_e/2$ 面剪切破坏，而是表现为张性破坏。此时，如果仍然采用上述图解法分析岩体强度及破坏方式，那么与实际肯定有一些出入。

综上所述，当岩体中存在一组结构面时，其强度及破坏方式将随着结构面与主应力之间夹角的不同而各异。因此，若岩体中存在一组结构面，可导致其具有明显的各向异性。

② 解析法。

由式(6.64)可以求得岩体中结构面在三轴受力条件下极限平衡条件的另一方程为

$$\sigma_1 - \sigma_3 = \frac{2c_j + 2\sigma_3 \tan\varphi_j}{(1 - \tan\varphi_j \tan\beta)\sin 2\beta} \tag{6.72}$$

在式(6.72)中,结构面内摩擦角 φ_j 及内聚力 c_j 均为常量,并且假定围压力 σ_3 也固定不变。所以,式(6.72)可以看作当围压力 σ_3 固定时,造成岩体破坏的应力差 $\sigma_1-\sigma_3$ 随着角 β 变化的关系式。当 $\beta=90°$ 时(即当结构面与最大主应力 σ_1 方向平行时,参见图6.51),或者当 $\beta=\varphi_j$ 时(即当结构面法线与最大主应力 σ_1 方向的夹角为 φ_j 时),$\sigma_1-\sigma_3 \to \infty$,说明在这两种情况下,当围压力 σ_3 固定时,最大主应力 σ_1 可以无限增大,结构面均不会破坏而是处于极限平衡状态(当然,最大主应力 σ_1 实际上是不能无限增大的,因为当 σ_1 增大到某一值时,岩石材料便被破坏而失去加载能力)。由此可知,只有当结构面倾角 β 满足 $\varphi_j<\beta<90°$ 条件时,岩体才可能沿着结构面滑动破坏。

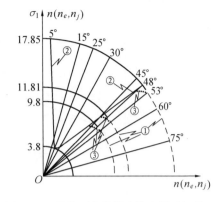

图 6.56　结构面产状强度效应图示解释
①—穿切岩石材料剪切破坏;
②—沿着结构面滑动破坏;
③—复合型破坏

将式(6.72)对角 β 求导数,并且令导数 $\mathrm{d}(\sigma_1-\sigma_3)/\mathrm{d}\beta=0$,可以求得当角 $\beta=45°+\varphi_j/2$ 时,应力差 $\sigma_1-\sigma_3$ 有最小值,对应最大主应力 σ_1 的最小值 $\sigma_{\min}$ 为

$$\sigma_{1\min}=\sigma_3\tan^2\left(45°+\frac{\varphi_j}{2}\right)+2c_j\tan\left(45°+\frac{\varphi_j}{2}\right) \tag{6.73}$$

在图 6.57 中,在 $\tan\varphi_j=0.5$ 条件下,对于三个不同的围压力 σ_3 值,分别给出了最大主应力 σ_1 随着结构面倾角 β 的变化关系曲线。

下面再来讨论破坏面发生在岩石材料内的可能性。此时,岩体破坏面与结构面斜交。在这种情况下,岩体强度指标应当取用岩石材料的内摩擦角 φ_e 及内聚力 c_e,并且满足岩石材料的莫尔—库伦强度准则(极限平衡状态)。很显然,一般来说,可以假定 $c_e>c_j$ 及 $\varphi_e>\varphi_j$。

在图 6.58(a)中,直线①为岩体中结构面抗剪强度线 $\tau_f=\sigma_n\tan\varphi_j+c_j$,$\sigma_n$ 为法向压应力;直线②为岩石材料抗剪强度线 $\tau_f=\sigma_n\tan\varphi_e+c_e$。现在,假定围压力 σ_3 保持不变,而最大主应力 σ_1 逐渐增加。当 σ_1 为某一值 $\sigma_{1,\min}$ 时,由 σ_3 及 $\sigma_{1,\min}$ 确定的莫尔圆 O_1 与直线①相切于 P 点,岩体才可能首先沿着结构面滑动破坏,但是要求结构面的倾角 β 满足式 $\beta=45°+\varphi_j/2$。

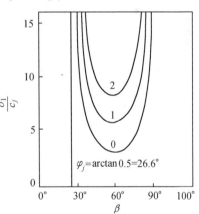

图 6.57　在 $\tan\varphi_j=0.5$ 条件下,对三种不同围压力 σ_3 值,岩体沿着结构面滑动时最大主应力 σ_1 随着结构面倾角 β 的变化关系曲线。曲线上的数字为比值 σ_3/c_j

当 σ_1 增加到 U 点时,由 σ_3 及 U 确定的莫尔圆为 O_2,它与直线①相交于 S 及 T 点,如果采用结构面倾角 β 的 2 倍在莫尔圆 O_2 上求取代表结构面上应力的点 W 落于弧 ST 上,那么沿着结构面滑动破坏才成为可能;但是,若点 W 落于弧 UT 及 σ_3S 上,结构面将不会被破坏。当 σ_1 继续增加到 $\sigma_{1,\max}$ 时,由 σ_3 及 $\sigma_{1,\max}$ 确定的莫尔圆为 O_3,它与直线②相切于 M 点,因此岩体通过岩石材料的剪切破坏便发生了,在这种情况下,由莫尔—库伦强度准则可以求

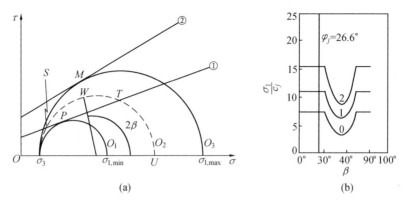

图 6.58　岩体坏破方式成因解释

(a) 岩体沿着结构面滑动破坏及穿切岩石材料剪切破坏应力莫尔圆;

(b) 在 $\tan \varphi_j = 0.5$、$\tan \varphi_e = 0.7$、$c_e = 2c_j$ 条件下,对于三个不同围压力 σ_3 值,岩体破坏时最大

　　主应力 σ_3 随着结构面倾角 β 的变化关系曲线,曲线上的数字为比值 σ_3/c_j

得 σ_1 的最大值 $\sigma_{1,\max}$ 的计算公式为:

$$\sigma_{1,\max} = \sigma_3 \tan^2\left(45° + \frac{\varphi_e}{2}\right) + 2c_e \tan\left(45° + \frac{\varphi_e}{2}\right) \tag{6.74}$$

式(6.73)及式(6.74)分别给出了岩体所能承受的最小及最大破坏主应力($\sigma_{1,\min}$、$\sigma_{1,\max}$)。而当 $\sigma_1 < \sigma_{1,\max}$ 时,只有在结构面的有限倾角 β 范围内,岩体才有可能被破坏,并且表现为沿着结构面滑动破坏。图 6.58(b)中,给出了在 $\tan \varphi_j = 0.5$、$\tan \varphi_e = 0.7$、$c_e = 2c_j$ 条件下,采用三种不同的 σ_3 值,根据式(6.73)及式(6.74)计算得到的 σ_1 随着 β 的变化情况。可以将仅考虑岩体沿着结构面滑动破坏的图 6.57 与同时考虑岩体沿着结构面滑动破坏及穿切岩石材料剪切破坏的图 6.58(b)进行对比。

(3) 两组及两组以上结构面情况。

根据上述原理,当岩体内发育两组结构面时,岩体强度将是这两组结构面影响叠加的结果。如图 6.59 所示,当岩体中存在 J_1、J_2 两组结构面时,二者与最大主应力 σ_1 方向的夹角分别为 β_1、β_2,则岩体强度(三轴极限应力比 σ_1/c_{j1}、σ_1/c_{j2},c_{j1}、c_{j2} 分别为两组结构面的内聚力)曲线便为图中曲线①及曲线②叠加而成的曲线 abcdefg。

同样,当岩体中存在两组以上结构面时,岩体强度也是这些结构面影响的叠加,如图 6.60 所示,岩体强度曲线即为曲线 abcdefgh。如图 6.61 所示,当岩体内存在多组结构面时,其破坏强度较岩石材料大为降低而接近于均匀化,并且基本等于岩体破坏后的残余强度。同时,岩体中结构面组数越多,岩体各向异性特征将越弱,而各向同性特征便越明显。

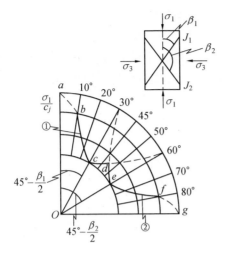

图 6.59　两组结构面时岩体破坏强度图

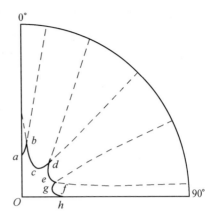

图 6.60　多组结构面时岩体破坏强度图
外圆表示岩石材料强度,弧线
表示岩体强度

应该指出,以上叠加分析方法在说明岩体强度各向异性方面是有意义的,但是在具体确定岩体强度大小时,对实际情况做了很大简化。事实上,如果岩体中存在两组以上结构面时,问题便很快复杂化,因为结构面交汇处的滑动将改变结构面原有的连续性,其中错开结构面的抗剪强度无疑发生了一定变化。也就是说,这种因相互滑移而引起的结构面几何上的变化,改变了岩体的各向异性程度、应力分布状况及强度特征等,所以有时具有两组以上结构面岩体的强度

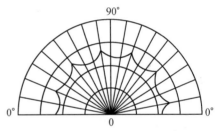

图 6.61　多组结构面时岩体破坏强度图

高于单一结构面岩体的强度。在实际岩体工程中,分析岩体强度时务必考虑这一点。

6.4.4　结构面密度的强度效应

单位岩体中结构面数量称为结构面密度。结构面密度的表示方法很多,例如,①单位长度、单位面积或单位体积岩体中结构面数目;②单位体积岩体中由结构面所切割出的结构体数目;③岩体中结构面间距数值;④岩体尺寸与其中结构体平均尺寸之比值,等等。结构面密度的强度效应是指结构面发育程度(数量)对岩体强度所产生的影响。岩体变形试验研究表明,在其他条件相同的情况下,岩体中结构面密度越大,则其强度越低,变形也越大。图 6.62 中给出了结构面密度不同的岩体在单轴压缩条件下的应力—应变关系曲线。由此可见,岩体强度随着岩体中结构面密度的增大而降低,但是其降低的速率是不同的,例如当单位岩体中结构体个数 n 由 1 到 25 时,岩体强度降低最快(大约降低 50%);而在 $n>25$ 之后,岩体强度降低较缓慢。此外,由于岩体强度降低速率随着结构面密度的增大而减小,所以岩体强度并非因结构面密度的增大而无限地降低,而是存在一个结构面密度临界值;当结构面密度超过该临界值时,它对岩体强度及变形的影响便较小,如图 6.63 所示。当岩体与结构体尺寸之比 L/l 超过 16 时,岩体强度及变形模量均趋于稳定。当然,结构面密度对岩

体强度及变形影响的临界值是多少,目前尚未定论。某些岩体变形试验结果亦已证实,非但不同岩体的结构面密度临界值各异,即使同种岩体的结构面密度也不是常数,尚与围压力及地下水等因素有关。很显然,结构面密度的临界值在岩体力学试验方面是一个十分有意义的指标,意味着应该选择何种尺寸的试件才能确保获得较稳定而切合实际的试验结果,以满足工程需求。

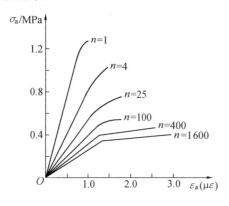

图 6.62　结构面密度不同的岩体在单轴
压缩条件下的变形曲线
n　单位体积岩体中的结构体
个数

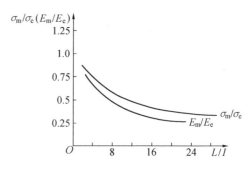

图 6.63　结构面密度对岩体强度及变形
的影响
L、I—岩体及结构体尺寸;
σ_m、E_m—岩体强度及变形模量;
σ_e、E_e—结构体强度及变形模量

6.4.5　试件尺寸的强度效应

各种岩体变形试验表明,岩体强度随着试件尺寸的增大而减小。但是,对于不同的岩体,其强度因试件尺寸增大而减小的规律并不一样,有的强度衰减大,有的强度衰减小,影响因素是比较多的。一般来说,岩体强度随着试件尺寸增大而减小的变化情况主要取决于岩体结构特征或破坏程度,与岩体中结构面的密度、连续性、产状和组数,以及结构面蜕化程度和结构体特征等关系密切。如图 6.64 所示,随着试件尺寸的增大,试件中结构面将越来越多;当为试件 a 时,试件内几乎没有明显结构面;当为试件 b 时,试件内包含少许结构面;当为试件 c 时,试件内存在较多结构面;若将试件放大到图 6.64 所示的最大尺寸,那么试件内结构面不仅为数众多,而且其产状变化较大,充填状况也不同。所以这些均不同程度地影响岩体变形及强度特性。然而,目前尚未完全查明试件尺寸强度效应的机理,所以无法给出精确的解析解,但是其统计规律是十分明显的,如图 6.65 所示。根据资料统计结果,可以确定出由于试件尺寸大小不同所引起的岩体强度衰减规律的经验公式为

$$\sigma_e = \sigma_m + \frac{A}{N^a} \tag{6.75}$$

式中　$A = \sigma_0 - \sigma_m$,其中,σ_0 为结构体强度;

　　　σ_m——试件最低强度(岩体内含有限多个结构体时的强度,它与岩体中结构面发育程度有关);

　　　N——试件中结构体的个数;

　　　a——岩体结构效应指数(与结构体的形状、大小、产状及结构面的蜕化状况等有关)。

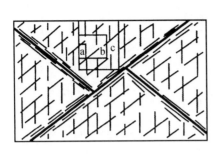

图 6.64　岩体强度与岩体结构及试件尺
寸关系

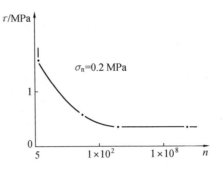

图 6.65　岩体(板岩)抗剪强度与结构体
个数关系

σ_n—法向压应力；τ—抗剪强度；
n—结构体个数

　　进一步研究表明,这种关系不仅表现于岩体抗压强度中,而且也存在于岩体的抗剪强
度、抗拉强度、弹性模量、流变性质及结构面的抗剪强度中,参见图 6.66～图 6.70。

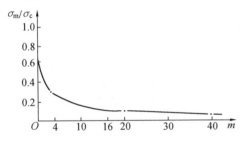

图 6.66　岩体单轴抗压强度与结构面密度关系
　　　　　(m 为每平方米含结构面的系数)

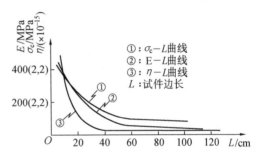

图 6.67　岩体(黏土岩)力学性质与试件尺寸的
关系

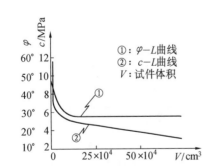

图 6.68　岩体(黏土岩)抗剪强度指标与
试件尺寸关系

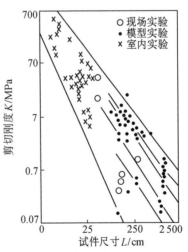

图 6.69　岩体剪切刚度与试件尺寸
的关系

6.4.6 环境围压力的强度效应

岩体工程实践及岩体变形试验研究表明,环境围压力对岩体变形及强度将产生重要影响。上述试件尺寸的强度效应不是无条件存在的,而是与其赋存的环境围压力关系密切。例如,P. Habib 等(1966)通过对灰岩试验研究发现,在围压力为一个大气压条件下,灰岩具有明显试件尺寸的强度效应,如图 6.70 所示;而由图 6.71 可知,当围压力 $\sigma_2=\sigma_3=100$ MPa 时,试件尺寸的强度效应已经消失。周瑞光(1985)采用石膏模型在不同围压力条件下做抗压强度试验获得

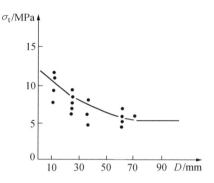

图 6.70 岩体(灰岩)抗拉强度与试件直径的关系

了同样的结论,如图 6.72 所示,当围压力 σ_3 接近石膏单轴抗压强度 σ_{co} 的一半时,模型强度便与结构面(产状)无关。由此,似乎可以得出这样的结论,即当围压力达到岩体材料(结构体)单轴抗压强度的一半时,将不再存在岩体强度的尺寸效应。当然,目前对这种认识尚缺乏足够的研究。

亦已公认,随着围压力的增大,岩体中结构面的力学效应逐渐减小。当围压力达到某一临界值时,岩体中结构面的力学效应将完全丧失,如图 6.72 所示,当围压力 $\sigma_3=1.92$ MPa 时,结构面产状的强度效应已不存在,也就是说,无论结构面倾角 β 取值如何,石膏模型的单轴抗压强度均大约稳定于 $\sigma_c=9.7$ MPa,此时岩体破坏方式也由脆性破坏转变为延性破坏。事实上,在较低围压力条件下岩体基本表现为脆性破坏,而在高围压力条件下岩体绝大多数呈塑性变形或延性破坏,介于二者之间的属于脆-延性过渡型破坏。迫使岩体中结构面力学效应消失的围压力临界值因岩性(岩石材料)不同而各异。此外,岩体抗压强度并非单调地随着围压力的增大而升高,而是表现为非线性变化。一般情况下,这种非线性变化的

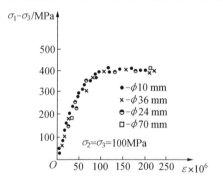

图 6.71 围压力对不同试件尺寸灰岩力学性质的影响

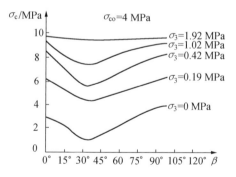

图 6.72 石膏单轴抗压强度 σ_c 与围压力 σ_3 关系曲线

曲线是由一段过渡曲线连接两段直线构成的,在较低围压力条件下,即当围压力 $\sigma_3 \leqslant \dfrac{\sigma_{co}}{3}$($\sigma_{co}$ 为岩石材料或结构体单轴抗压强度)时,岩体抗压强度呈线性变化;在较高围压力条件下,即当围压力 $\sigma_3 > \dfrac{\sigma_{co}}{2}$ 时,岩体抗压强度也呈线性变化;而当围压力介于二者之间时,即 $\dfrac{\sigma_{co}}{3} < \sigma_3 <$

$\dfrac{\sigma_{co}}{2}$，岩体抗压强度则表现为非线性过渡。

令人十分感兴趣的是，结构面发育程度不同或受到不同破坏程度的岩体随着围压力增加其强度的变化规律。但是，目前对此还没有系统的研究。图 6.73 中初步给出了不同破坏程度岩体抗压强度 σ_c 与围压力 σ_3 关系曲线，由曲线①→曲线⑤岩体破坏程度逐渐加大，其中曲线①为岩石材料或结构体抗压强度 σ_c 与围压力 σ_3 关系曲线，而虚线 ab 则是当破坏程度趋于无穷大时岩体抗压强度 σ_c 与围压力 σ_3 关系曲线。根据图 6.73 可以绘制出不同围压条件下岩体抗压强度与破坏程度关系曲线，如图 6.74 所示。应当指出，图 6.74 是岩体抗压强度与其破坏程度及围压力关系的综合图，也称之为岩体抗压强度的尺寸效应图。由于图 6.74 是采用归一化处理方法制成的，所以适用于所有岩体。

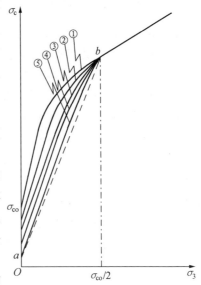

图 6.73　不同破坏程度岩体抗压强度 σ_c 与围压力 σ_3 的关系曲线

例　在黏土岩石中开挖地下圆形硐室，岩体中结构面间距为 20 cm，实测得应力为 6 MPa。在室内通过原湿度岩块三轴试验获得试件极限抗压强度为 $\sigma_c = 6\sigma_3 + 20$ MPa。根据这些条件，回答下列问题。

① 硐壁岩体是否稳定？

② 若采用预应力锚索加固硐壁岩体，试求锚固应力 σ_3。

解　① 硐壁切向应力 $\sigma_\theta = 2P_o = 2 \times 6 = 12$（MPa），径向应力 $\sigma_r = \sigma_3 = 0$。硐壁岩体中每米内含结构面条数 $m = 100/20 = 5$ 条/m，据此从图 6.74 中查得 $\sigma_m/\sigma_c = 0.24$。又因为 $\sigma_c = 6\sigma_3 + 20 = 6 \times 0 + 20 = 20$（MPa），所以 $\sigma_m = 0.24\sigma_c = 0.24 \times 20 = 4.8$（MPa）。由于试件最低强度 σ_m 小于硐壁切向应力 σ_θ，所以硐壁岩体即将失稳。

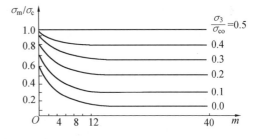

图 6.74　不同破坏程度岩体在各种围压力条件下抗压强度的尺寸归一化图

② 由于硐壁切向应力 $\sigma_\theta = 12$ MPa，所以要求岩体抗压强度 $\sigma_m > 12$ MPa。采用试算法求锚固应力 σ_3。假定锚固应力 $\sigma_3 = 2$ MPa，则 $\sigma_3/\sigma_{co} = 2/20 = 0.1$，据此从图 6.74 中查得 $\sigma_m/\sigma_c = 0.38$。又因为 $\sigma_c = 6\sigma_3 + 20 = 6 \times 2 + 20 = 32$（MPa），所以 $\sigma_m = 0.8\sigma_c = 0.38 \times 32 = 12.16$（MPa）。由此可见，锚固应力 σ_3 必须大于 2（MPa）。

以上较系统地介绍了围压力对岩体抗压强度及试件尺寸强度效应的影响。不仅如此，围压力对岩体强度及变形的影响也是多方面的。例如，围压力对岩体（尤其是节理化岩体或节理岩体）的破坏方式也有重要影响，在低围压力条件下岩体往往表现为轴向劈裂作用沿着结构面滑动或松胀解破坏，在高围压力条件下岩体则发生穿切岩石材料或结构体的共轭剪切破坏。岩体抗剪强度随着围压力的增加而增大，但是并非呈直线变化关系，在低围压力条件下岩体抗剪强度增大较快，在高围压力条件下岩体抗剪强度增大较缓慢。此外，岩体变形模量也随着围压力的增加而显著增大,这一点已被许多岩体变形试验结果所证实。

6.4.7 孔隙水压力的强度效应

地下水对岩体强度的影响是多方面的。有的岩体浸水后强度降低或丧失强度主要是由于胶结物被水溶解破坏所致,例如,砂岩饱水时强度将损失约 15%,蒙脱质黏土页岩饱水时强度会完全丧失;有的岩体浸水后强度降低是由于水起润滑剂作用,加速岩体变形与破坏;有的岩体浸水后强度降低是由于在寒冷地区反复冻胀作用而使得岩体结构被破坏;有的岩体浸水后强度降低是由于水与矿物发生化学反应的结果。但是,在绝大多数情况下,岩体浸水后强度降低与孔隙水压力作用是分不开的。通常把存在于岩体孔隙及隙裂中的水压力统称为孔隙水压力。如果饱水岩体在荷载作用下难于排水或不能排水,那么将产生孔隙水压力,岩体中固体颗粒或骨架所承受的压力便相应减小,致使岩体强度随之降低。图 6.75 中给出了页岩三轴试验结果,清楚地显示由于孔隙水压力 p_w 的发展而引起岩体强度的降低,其中曲线①反映孔隙水压力 p_w 的发展情况,而曲线②、③分别表示在不排水条件及在排水条件下偏应力 $\sigma_1 - \sigma_3$ 的变化特征。由此可见,对于三轴排水

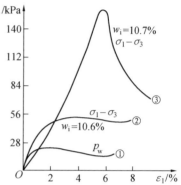

图 6.75 饱水页岩三轴压缩试验曲线(据 Mesri 和 Gibala,1970)

ε_1—轴向应变;$\sigma_1 - \sigma_3$—偏应力; p_w—孔隙水压力;W_i'—初始含水量

压缩试验,在岩体所承受的偏应力 $\sigma_1 - \sigma_3$ 与轴向应变 ε_1 关系曲线(曲线③)中出现峰值,说明岩体在变形过程中存在峰值强度,破坏后承载力逐渐降低,残余强度远小于峰值强度;而对于三轴不排水压缩试验,由于孔隙水压力 p_w 连续增长,致使峰值偏应力 $\sigma_1 - \sigma_3$ 大为降低而几乎没有显示,当偏应力 $\sigma_1 - \sigma_3$ 上升到一定值之后便趋于稳定,因此岩体所承受的偏应力 $\sigma_1 - \sigma_3$ 与轴向应变 ε_1 关系曲线(曲线②)较为平缓,破坏后的残余强度与峰值强度相等。研究表明,如果岩体中存在连通的孔隙系统,那么太沙基有效应力定律同样适用,即有

$$\sigma' = \sigma - p_w \tag{6.76}$$

式中　σ——总应力;

　　σ'——有效应力;

　　p_w——孔隙水压力(在这里表示压应力)。

考虑孔隙水压力 p_w 作用,根据莫尔—库伦强度准则,可以重新写出饱水岩体抗剪强度表达式,即

$$\tau_f = \sigma' \tan \varphi + c = (\sigma - p_w) \tan \varphi + c \tag{6.77}$$

式中　τ_f——岩体抗剪强度;

　　φ, c——岩体内摩擦角及内聚力。

由式(6.77)可以看出,因为岩体中孔隙水压力 p_w 的存在而使其强度降低,至于强度降低程度完全取决于孔隙水压力 p_w 的大小。为了在用主应力表示的岩体莫尔—库伦破坏准则中考虑孔隙水压力 p_w 的影响,只要采用有效主应力 $\sigma_1' = \sigma_1 - p_w$,$\sigma_3' = \sigma_3 - p_w$ 来代替 $\sigma_1 = \sigma_3 N_\varphi + R_c$ 中主应力 σ_1 及 σ_3 便可以,即

$$\sigma_1' = \sigma_3' N_\varphi + R_c \tag{6.78}$$

$$\Rightarrow \sigma_1 - p_w = (\sigma_3 - p_w) N_\varphi + R_c \tag{6.79}$$

$$\Rightarrow \sigma_1 - \sigma_3 = (\sigma_3 - p_w)(N_\varphi - 1) + R_c \tag{6.80}$$

式中

$$\begin{cases} N_\varphi = \cot^2\left(45° - \dfrac{\varphi}{2}\right) \\ R_c = 2c\cot\left(45° - \dfrac{\varphi}{2}\right) \end{cases} \tag{6.81}$$

由式(6.80)可以进一步解出岩体从初始作用应力 σ_1 及 σ_3 达到破坏时所需的孔隙水压力 p_w 的计算公式,即

$$p_w = \sigma_3 - \frac{(\sigma_1 - \sigma_3) - R_c}{N_\varphi - 1} \tag{6.82}$$

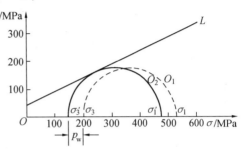

图 6.76　孔隙水压力对岩体强度影响
L—莫尔强度包络线;
O_1—总应力莫尔圆;
O_2—有效应力莫尔圆

式(6.82)的物理意义如图 6.76 所示。由图 6.76 可以看出,孔隙水压力 p_w 对岩体强度的影响,圆 O_1 表示 $\sigma_1 = 540$ MPa,$\sigma_3 = 200$ MPa,$p_w = 0$ 时的总应力莫尔圆位于莫尔强度包络线 L 右侧,岩体处于稳定状态;而当孔隙水压力 p_w 增加时,应力莫尔圆便向左移动直到与莫尔强度包络线 L 相切,即为圆 O_2,此时孔隙水压力 $p_w =$ 50 MPa,岩体破坏,圆 O_2 为 $\sigma_1' = 490$ MPa,$\sigma_3' = 150$ MPa,$p_w = 50$ MPa 时的有效应力莫尔圆。

此外,岩体中存在孔隙水压力 p_w 除了降低其强度之外,还可以改变岩体变形特性。例如,岩体出现由脆性→韧性的变形转化有时受控于有效围压力 $\sigma_3 - p_w$。图 6.77 中给出了当围压力 $\sigma_3 =$ 70 MPa时,在各种孔隙水压力 p_w 作用下岩体(灰岩)变形曲线(应力—应变曲线),这些变形曲线表示随着孔隙水压力 p_w 的减小,岩体变形呈现由脆性向韧性转变。也就是说,岩体中孔隙水压力 p_w 的作用是增加其脆性性质。

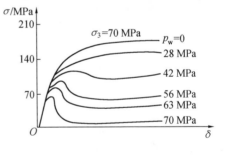

图 6.77　孔隙水压力 p_w 对灰岩变形特性的影响

如果将有效应力概念引入格里菲斯强度理论中,分别用有效应力 $\sigma_1' = \sigma_1 - p_w$,$\sigma_3' = \sigma_1 - p_w$ 代替 σ_1 及 σ_3,可以得到其破坏准则的公式,即

$$\begin{cases} (\sigma_1 - \sigma_3)^2 - 8R_t(\sigma_1 + \sigma_3 - 2p_w) = 0,\text{当 } \sigma_1 + 3\sigma_3 > 4p_w \text{ 时} \\ \beta = \dfrac{1}{2}\arccos\dfrac{\sigma_1 - \sigma_3}{2(\sigma_1 + \sigma_3 - 2p_w)} \end{cases} \tag{6.83}$$

式中　β——破裂方位角。

R_t——岩体单轴抗拉强度。

$$\begin{cases} \sigma_3 = -R_t + p_w,\text{当 } \sigma_1 + 3\sigma_3 < 4p_w \text{ 时} \\ \beta = 0 \end{cases} \tag{6.84}$$

式(6.83)及式(6.84)即为工程上经常应用的"水力破裂"方法理论基础。

所谓"水力破裂"方法就是向岩体中孔硐(如钻孔)以足够的压力注入水或其他液体,由于硐内水压力作用致使硐壁岩体中原切向压应力转变为拉应力,当这种拉应力超过岩体抗拉强度 R_t 时,岩体便发生拉伸破裂而形成新的张裂隙;此外,围岩中先存裂隙(相当于抗拉强度 $R_t = 0$,有的原来处于闭合状态)也随之被打开或进一步扩展。

最后值得提出的是,若水库库区岩体中初始地应力接近其破坏强度,那么当水库蓄水后岩体中产生孔隙水压力时,则这种孔隙水压力可能导致岩体破坏或触发地震。

6.5 岩体力学性质综合分析

岩体由于岩性、结构及赋存环境等复杂多样,致使其力学性质在不同情况下是很不一致的。因为结构面的存在是岩体区别于连续介质岩石材料的根本特性,所以研究岩体变形及破坏机理时必须要注意岩体的结构效应。当然,也不能忽视岩性的影响,对于较软弱的岩体尤其如此,有时还要顾及岩体变形的时间效应。初始地应力或围压力及地下水对岩体变形的强度效应有时是重要的。工程活动对岩体的加载和卸荷、载荷方式和速率及工程轴线或临空面与岩体中结构面或软弱夹层关系等均有可能改变岩体强度和变形方式。因此,就岩体工程应用而言,更应进行岩体力学性质综合分析。无论是现场试验还是室内取样进行岩体变形试验研究其力学性质,由于试件亦已与岩体分离,各个方向均具有相等的自由度,因此所求出的岩体力学性质只具有一般的意义。尤其是对多种结构面及软弱夹层较为发育的岩体来说,由试验获得的力学性质是不能直接用于工程设计的。因为岩体工程具有鲜明的地质属性,也就是说,工程活动使岩体应力状态发生了很大变化,并且岩体有的力学性质往往因此得到充分显示。事实上,岩体结构及力学性质各向异性与初始地应力场各向异性的叠加经常会导致多样化的结果,但是在进行岩体力学性质分析时总可以找到恰当的处理措施。

岩体中结构面或软弱夹层分布总是具有明显的方向性,对岩体的力学性质试验结果往往受某组结构面产状所控制,工程布置方位对各组结构面在因工程活动而引起岩体变形及破坏中所起的作用又有一定的约束性。例如在岩体变形试验中,产状为 $120°\angle 40°$ 的结构面控制着试件的变形及破坏,当工程岩体临空面走向为 N60°W 时,这组结构面将受到约束,对工程岩体变形及破坏便不起作用;相反,当工程岩体临空面走向为 N30°E 时,则这组结构面会促进工程岩体变形及破坏。所以说,不考虑工程布置方位及场址而单纯分析工程岩体力学性质是无实际意义的。在对岩体进行必要的组成成分及孔隙水压力等研究基础上,关于工程岩体力学性质分析的重点不仅要抓住岩体的结构特征,而且必须注意工程选址及布置等,有时还要考虑工程的施工方案、施工速度、支护措施及支护时间等。下面以地下硐室围岩强度分析为例,介绍岩体力学性质综合分析方法。

工程地质勘探查明,某地下硐室所在的岩体由性质较强的岩石组成,其中不含软弱夹层,但是较为发育的硬性结构面不存在地下水,初始地应力小到可以忽略不计,因此硐室围岩强度是否满足稳定要求主要取决于硬性结构面。此外,由于硐室围岩失稳是从硐壁岩体开始的。只要硐壁岩体强度满足稳定要求就能确保整个围岩不失稳,所以分析硐壁岩体强度即可。硐室布置方位为 N60°W,属于水平隧硐。硐壁岩体中硬性结构面产状统计结果如图 6.78(a)所示,关于岩体破坏的结构面产状效应强度如图 6.78(b)所示。由于硐壁岩体临空面受硐室布置方位控制,影响硐壁两侧岩体力学性质的结构面产状及分布是不同的,所以硐壁两侧岩体强度无疑存在较大差别。硐壁两侧岩体运动有的受控于一组结构面产状,但是多数则与两组结构面交线产状关系密切。因此,首先根据图 6.78(a)所示的结构面产状极射赤平投影图求得各结构面倾向硐室轴线方向的视倾角及其交线的倾伏角,然后据此由图 6.78(b)所示的结构面产状效应强度图查得与之对应的岩体强度,并且绘制如图 6.78(c)(d)所示的岩体强度矢量图。在图 6.78(c)(d)中,最低强度矢量即为硐壁岩体中可能的最低强度。

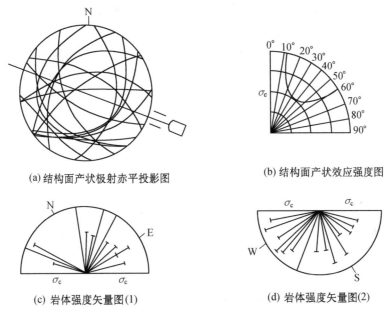

(a)结构面产状极射赤平投影图

(b)结构面产状效应强度图

(c)岩体强度矢量图(1)

(d)岩体强度矢量图(2)

图 6.78 工程岩体强度综合分析图示

6.6 岩体工程分类

基于工程实践需要对岩体进行的质量分级称为岩体工程分类。在对岩体进行工程分类时,必须考虑的主要因素有岩性、岩体结构、物理力学性质及初始地应力状态等,并且要求采用概念明确的定量指标参数,以便于实际应用。岩体工程分类包括两方面内容:一是对组成岩体的岩石材料(结构体)进行工程分类,不考虑岩体结构;二是真正的岩体工程分类,在分类过程中同时顾及上述影响岩体工程力学性质的多种因素。分述如下。

6.6.1 岩石材料工程分类

岩石材料工程分类仅从连续介质角度出发对岩石进行质量分级。结构面不发育的完整或较完整的岩体(岩块)可以进行这种分类。最早的岩石材料工程分类依据是岩石的单轴抗压强度,具体分为硬质岩石、中等坚硬岩石及软质岩石三个等级,分别称之为Ⅰ、Ⅱ、Ⅲ级岩石。其中,Ⅰ级岩石的单轴饱和抗压强度 $R_c>80$ MPa,代表性岩石有中细粒花岗岩、闪长岩、辉长岩、辉绿岩、花岗片麻岩、安山岩、流纹岩、石英岩、石英砂岩、硅质岩、硅化灰岩及硅质胶结砾岩或沙砾岩等,均为新鲜的岩石;Ⅱ级岩石的单轴饱和抗压强度 $R_c=30\sim80$ MPa,

代表性岩石有大理岩、白云岩、厚层或中厚层灰岩、砂岩、钙质胶结砾岩、板岩及粗粒或斑状岩浆岩等,均为新鲜的岩石;Ⅲ级岩石的单轴饱和抗压强度 $R_c<30$ MPa,代表性岩石有泥质岩、泥质页岩、泥灰岩、绿泥片岩、千枚岩及凝灰岩等,也均为新鲜的岩石。

后来,在对岩石材料进行工程分类时,侧重于实用性,考虑岩石的强度、水理性、弹性波速及其他主要物理力学性质等多种因素,以等级划分为主。近十几年来,Miller-Deere 分类方案被国内外广泛推荐,这种分类方案的依据是岩石的单轴抗压强度和弹性模量两项力学性质指标,测定抗压强度对试件尺寸的要求是其长度与直径之比不小于 2($L/D\geqslant2$),弹性模量取应力等于其极限强度一半时的切线模量。下面将介绍这种分类方案。

(1)岩石单轴抗压强度分级。

根据岩石的单轴抗压强度,将其划分为五个等级,见表 6.2,强度界限采用几何级数。绝大多数岩石的强度上限均不超过 225 MPa。

表 6.2 岩石单轴抗压强度(R_c)分级

岩石等级	岩石强度	代表性岩石
A	强度极高 $R_c>225$ MPa	石英岩、硅质岩、辉长岩、硅化灰岩及致密玄武岩等
B	强度高 $R_c=112\sim225$ MPa	大多数岩浆岩、深变质岩、胶结良好的砂岩、质地坚硬的页岩、灰岩及白云岩等
C	中等强度 $R_c=56\sim112$ MPa	多孔隙砂岩、各种片岩及大部分页岩等
D	强度低 $R_c>23\sim56$ MPa	多孔隙或低致密岩石,包括易碎砂岩、多孔隙凝灰岩、黏土岩、泥质页岩、岩盐及各种风化岩石等
E	强度极低 $R_c<23$ MPa	

(2)岩石弹性模量强度分级。

根据岩石的弹性模量进行等级划分时,采用的指标是模量比,即岩石的弹性模量 E 与单轴抗压强度 R_c 之比值(E/R_c)。据此,将岩石划分为三个等级,见表 6.3。

表 6.3 岩石模量比(E/R_c)强度分级

岩石等级	模量比
H	模量比高,$E/R_c>500$
M	模量比中等,$E/R_c=200\sim500$
L	模量比低,$E/R_c<200$

(3)岩石单轴抗压强度与弹性模量组合分类。

在工程上往往同时考虑上述的单轴抗压强度 R_c 及模量比 E/R_c 两个方面,对岩石进行力学性质分类,例如强度极高($R_c>225$ MPa)、模量比中等($E/R_c=200\sim500$)的岩石划分为 AM 类,总共有 BL、CM 及 CH 等 15 种类型。为实际应用方便起见,可以采用图 6.79 的图解形式表示,图中的纵、横坐标均取对数比例尺,分别代表弹性模量 E 及单轴抗压强度 R_c 的数值,两条平行的斜线分别代表模量比 E/R_c 的分界线,左上方的分界线为 $E/R_c=500:1$,右下方的分界线为 $E/R_c=200:1$,介于二分界线之间的属于中等模量比 M 区,其左上方范围的属于高模量比 H 区,而右下方范围的属于低模量比 L 区。

这种同时考虑岩石的单轴抗压强度 R_c 及弹性模量 E 的组合分类方案在工程上广泛应用,因为岩石的矿物组成、组构及物理力学性质的各向异性是其(单轴)抗压强度和弹性模量相当敏感的重要因素,任何一种岩石均能落于图 6.79 中的一定范围之内。当然,在对岩石进行工程分类时,还应考虑其风化程度及含水性等对岩石力学性质有重要影响的因素。以上分类方案主要适用于完整岩块的试验结果。

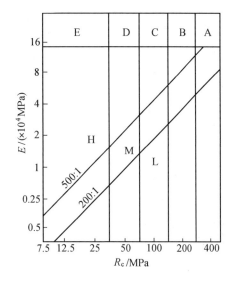

图 6.79　岩石工程分类综合图解

6.6.2　岩体工程分类方案

岩石是由结构体(岩石材料、岩块)和结构面共同组成的复合体,属于一种非均匀的、各向异性的不连续力学材料,其力学性质与结构体和结构面的力学性质以及二者的组合方式(即为岩体结构)关系均很密切,多数情况下则主要取决于结构面的力学性质及岩体结构形式。因此,上述基于材料力学思想对岩石连续介质的分类,显然不适用于岩体工程实际。自 20 世纪 70 年代以来,岩体工程分类取得了长足的进展,尤其重视岩体的质量,往往采取多种手段获得反映岩体工程力学性质的所谓综合特征值,作为岩体工程分类的依据,所以出现数个分类方案,其共同特点是使岩体工程分类的目标更明确,可操作性更强。总之,各种岩体工程分类方案多数是从地下硐室工程中发展起来的,对于评价坝基或其他结构物地基岩体有时也应用,至少具有一定的参考价值。下面首先简要介绍常用的评价工程岩体质量的岩石质量指标 RQD,然后再给出依据岩体质量进行工程岩体分类的方法。

(1)岩石质量指标 RQD。

评价岩体质量的标准很多,如单轴抗压强度、渗透性、节理密度、产状和力学性质等。而迪尔(1964)提出的岩石质量指标(Rock Quality Designation,RQD)尤其具有实际意义,一直被广泛用来评价各种工程岩体的质量。

岩石质量指标 RQD 是由修正的岩心采取率决定的。如果钻孔总进尺深度为 H,采取岩心总长度为 L,其中破碎岩心及软弱夹泥总长度为 l,那么修正的岩心采取率为 $[(L-l)/H] \times 100\%$。规定合算采取岩心总长度 L 时,只计入长度大于或等于 10 cm 的坚硬完整的岩心,其他岩心均作为破碎岩心或软弱夹泥处理。这样,通常的岩心采取率为 $L/H \times 100\%$,而岩面质量指标为 $RQD=[(L-l)/H] \times 100\%$。值得提出的是,岩石质量指标 RQD 虽然能很明显地反映岩石的硬度、结构非连续性及易碎等特征,但是不能反映岩石的剪切强度及蚀变物性质等。因此,在以下的岩体工程分类方案中,岩石质量指标 RQD 只作为一项重要的分类依据,而并非唯一的因素。当然,与一般的岩心采取率相比,岩石质量指标 RQD 将更灵敏地反映岩石的质量。依据岩石质量指标 RQD 可以将岩石划分为五个质量等级,见表 6.4。

表 6.4 岩石质量等级

岩石等级	岩石质量	RQD/%
Ⅰ	极好	90～100
Ⅱ	好	75～90
Ⅲ	不足	50～75
Ⅳ	劣	25～50
Ⅴ	极劣	0～25

（2）比尼奥斯基岩体工程分类。

比尼奥斯基(Z. T. Bieniawski,1979)最早提出按照岩体质量评分对岩体进行工程分类的方案,这就是所谓利用岩体的"综合特征值"对其进行质量等级划分,长期以来备受各国岩体工程研究人员的重视。

这种岩体工程分类方案采用表 6.5 所示的五项因素对岩体质量进行评分（Rock Mass Rating,RMR）。RMR 值为表 6.5 中的五项因素得分总和,而各项因素的评分依据是其对岩体工程质量的影响程度。某项因素得分高低,标志其在 RMR 值中所占的份额,也反映它在岩体进行工程分类时受重视的程度。

表 6.5 岩体工程分类参数及评分标准

1	完整岩石强度/MPa	点荷载强度	>10	4～10	2～4	1～2			
		单轴抗压强度	>250	100～250	50～100	25～50	5～25	1～5	<1
	评分		15	12	7	4	2	1	0
2	RQD/%		90～100	75～90	50～75	25～50	<25		
	评分		20	17	13	8	3		
3	节理间距/cm		>200	60～200	20～60	6～20	<6		
	评分		20	15	10	8	5		
4	节理状态		节理面很粗糙,不连通,闭合,两壁岩石新鲜	节理面稍粗糙,张开宽度小于 1 mm,两壁岩石轻度风化	节理面稍粗糙,张开宽度小于 1 mm,两壁岩石高度风化	节理连通,夹泥厚度小于 5 mm,或张开宽度为1～5 m	节理连通,夹泥厚度大于 5 mm,或张开宽度大于 5 mm		
	评分		30	25	20	10	0		
5	围岩含水性	硐室每 10 m 长段涌水量/(L·min⁻¹)	0.0	0.0～0.1	0.1～0.2	0.2～0.5	>0.5		
		硐室干燥程度	干燥	稍潮湿	潮湿	滴水	涌水		
	评分		15	10	7	4	0		

采用 RMR 值对岩体进行工程分类时,首先根据表 6.5 确定 RMR 初值。然后,考虑节理(包括其他裂隙)产状及施工因素,基于表 6.6 对 RMR 初值进行修正,也就是说,RMR 初值扣除由表 6.6 所得的修正评分值,即为修正的 RMR 值。这种修正的 RMR 值便是岩体工

程分类的依据。据此,可以将工程岩体划分为五种类型,见表 6.7。

　　应当指出,比尼奥斯基岩体工程分类充分重视岩体的结构因素,并且适当考虑了施工因素,更加切合工程实际。但是,在高地应力地区,地应力往往控制着岩体的变形与破坏,而这种分类方案中并没有考虑地应力因素,致使其适用范围受到一定的限制。

表 6.6　RMR 修正评分值(据节理产状)

节理产状对硐室工程影响	节理走向垂直于硐室轴线				节理走向平行于硐室轴线		当节理倾角为 0°~20°时,不考虑节理走向与硐室轴线的关系
	顺节理倾向开挖		逆节理倾向开挖				
	节理倾角						
	45°~90°	20°~45°	45°~90°	20°~45°	45°~90°	20°~45°	
	最有利	有利	尚可	不利	最不利	尚可	不利
修正评分值	0	−2	−5	−10	−12	−5	−10

表 6.7　岩体工程分类(据 RMR 值)

岩体等级	岩体质量	RMR
Ⅰ	最好	81~100
Ⅱ	好	61~80
Ⅲ	较好	41~60
Ⅳ	差	21~40
Ⅴ	最差	<20

习　　题

　　1. 岩体的破坏形式有哪些?

　　2. 岩体压力-变形曲线的类型及其成因是什么?

　　3. 岩体变形的结构效应指什么?

　　4. 结构面剪切位移的类型及其特征有哪些?

　　5. 结构体和结构面变形的本构方程是什么?

　　6. 结构面力学性质的基本特点有哪些?

　　7. 试描述结构面强度表达式及其与摩尔应力圆之间的几何关系。

　　8. 孔隙水压力对结构面力学性质、岩体强度的影响有哪些?

　　9. 简述岩体变形曲线及其变形参数的确定方法。

　　10. 工程岩体分级的基本参数(分级指标)有哪些?

第7章 岩体强度理论

岩体在变形过程中,当应力及应变增长到一定程度时,岩体(岩石)便被破坏。用以表征岩体破坏条件的应力—应变函数即为破坏判据或强度准则。强度准则应能够反映岩体的破坏机理。所有描述岩体破坏机理、过程及条件等的理论统称为岩体强度理论。本章将依次介绍几种常见的岩体强度理论,其中最大正应力强度理论、最大正应变强度理论、最大剪应力强度理论及剪应变能强度理论均属于经典强度理论,而经常应用的强度理论有最大应变强度理论、莫尔强度理论、格里菲斯强度理论及剪应变能强度理论等。由于许多强度理论均只考虑应力状态,所以其仅有一定的适用范围。迄今为止,对复杂地应力状态中岩体性状的研究尚不够充分,所以任一强度理论均不能无条件地应用于岩体的各种变形与破坏。应当指出,这些强度理论对岩体适用性并不是等价的,有的强度理论对岩体比较适合,而有的强度理论对岩体应用程度如何尚值得进一步考究。

7.1 最大正应力强度理论

最大正应力强度理论也称朗肯(Rankine)理论,是最早提出而且现在有时仍然采用的一种强度理论。这种强度理论认为材料破坏取决于绝对值最大的正应力。因此,对于作用于岩体的三个主应力(σ_1,σ_2,σ_3),只要有一个主应力达到岩体(岩石)的单轴抗压强度 R_c 或单轴抗拉强度 R_t 时,岩体便被破坏。据此,岩体强度条件可以表示为

$$\begin{cases} \sigma_1 \leqslant R_c \\ \sigma_3 \leqslant -R_t \end{cases} \tag{7.1}$$

或者写成如下解析式形式:

$$(\sigma_1^2 - R^2)(\sigma_2^2 - R^2)(\sigma_3^2 - R^2) = 0 \tag{7.2}$$

式中 R——岩体单轴抗压强度及单轴抗拉强度的泛称。

若岩体受力满足式(7.1)或式(7.2),岩体将不被破坏或处于受力极限平衡状态。应当指出,这种强度理论只适用于岩体单向受力状态或脆性岩石在二维应力条件下的受拉状态,所以对处于复杂应力状态中的岩体不宜采用这种强度理论。

7.2 最大正应变强度理论

试验表明,某些材料受压时在平行于受力方向产生张性破裂。据此,提出最大正应变强度理论,认为材料破坏取决于最大正应变,材料发生张性破裂的原因是其最大正应变达到或超过一定的极限应变(确保材料不破坏所能承受的最大应变)。所以,只要变形岩体中任一方向的最大正应变 ε_{max} 达到其单轴压缩或单轴拉伸破坏时的应变值(极限应变)ε_m,岩体(岩石)便被破坏。因此,岩体强度条件可以表示为

$$\varepsilon_{max} \leqslant \varepsilon_m \tag{7.3}$$

式中，ε_{max} 根据广义虎克定律求出；ε_m 由岩体（岩石）单轴压缩或单轴拉伸试验确定。

由广义虎克定律，岩体强度条件也能够写成如下解析式形式：

$$\{[\sigma_1 - \mu(\sigma_2 + \sigma_3)]^2 - R^2\}\{[\sigma_2 - \mu(\sigma_3 + \sigma_1)]^2 - R^2\}\{[\sigma_3 - \mu(\sigma_1 + \sigma_2)]^2 - R^2\} = 0 \tag{7.4}$$

式中　　σ_1、σ_2、σ_3——三个主应力；

　　　　μ——岩体泊松比；

　　　　R——泛指岩体单轴抗压强度及单轴抗拉强度。

若岩体受力满足式(7.3)或式(7.4)，岩体将不被破坏或处于受力极限平衡状态。应当指出，这种强度理论只适用于无围压或低围压条件下的脆性岩体或岩石，而不宜用于岩体的塑性变形。

7.3　最大剪应力强度理论

最大剪应力强度理论也称为屈瑞斯卡(H. Tresca)破坏条件或屈服条件，是研究塑性材料破坏而获得的强度理论。试验表明，当材料屈服时，试件表面便出现大致与轴线成 45°夹角的斜破裂面。由于最大剪应力正是出现在与试件轴线成 45°夹角的斜面上，所以这些斜破裂面即为材料沿着该斜面发生剪切滑移的结果，而这种剪切滑移又是材料塑性变形的根本原因。据此，提出最大剪应力强度理论，认为材料破坏取决于最大剪应力。所以，当岩体承受的最大剪应力 τ_{max} 达到其单轴压缩或单轴拉伸极限剪应力 τ_m 时，岩体便被剪切破坏。因此，岩体强度条件可以表示为

$$\tau_{max} \leqslant \tau_m \tag{7.5}$$

在复杂的应力状态中，最大剪应力为 $\tau_{max} = (\sigma_1 - \sigma_3)/2$；在单轴压缩或单轴拉伸条件下，极限剪应力为 $\tau_m = R/2$。将二者代入式(7.5)，便得到岩体强度条件又一形式，即

$$\sigma_1 - \sigma_3 \leqslant R \tag{7.6}$$

或者写成如下解析式形式：

$$[(\sigma_1 - \sigma_3)^2 - R^2][(\sigma_3 - \sigma_2)^2 - R^2][(\sigma_2 - \sigma_1)^2 - R^2] = 0 \tag{7.7}$$

若岩体受力满足式(7.5)、式(7.6)或式(7.7)，岩体将不被破坏或处于受力极限平衡状态。应当指出，这种强度理论对于塑性岩石会得出满意的结果，但是不适用于脆性岩石。此外，这种强度理论没有考虑中间主应力(σ_2)的影响。在进行岩体弹塑性分析时，需要用到这种强度理论。

7.4　剪应变能强度理论

剪应变能强度理论是从能量角度出发研究材料强度条件。这种强度理论认为，当剪应变能达到一定值时，便引起材料屈服或破坏。具体来说，在三向应力(σ_1，σ_2，σ_3)状态下，当材料单位体积形变能(剪应变能)与其单轴压缩或单轴拉伸破坏的形变能相等时，材料便发生屈服。因此，应首先获得材料在三向应力状态下的形变能，再求出材料单向受力至破坏时的形变能，然后将这两种形变能联系起来，便可以建立剪应变能强度条件或破坏准则。本着这种思路，分述如下。

7.4.1　三向应力状态下形变能

假设有一单元体(单位体积)受三向应力$(\sigma_1,\sigma_2,\sigma_3)$作用变形的全应变能为$U$,改变单元体形状的形变能为$V$,单元体发生体积变化的体变能为$W$,显然有

$$U = V + W \tag{7.8}$$

或

$$V = U - W \tag{7.9}$$

由式(7.9)可知,只要得到全应变能U及体变能W,便可以求出形变能V。

(1) 单元体全应变能。

假定受三向应力$(\sigma_1,\sigma_2,\sigma_3)$作用的单元体所产生的三个主应变分别为$\varepsilon_1$、$\varepsilon_2$、$\varepsilon_3$,则其全应变能$U$为

$$U = \frac{1}{2}\sigma_1\varepsilon_1 + \frac{1}{2}\sigma_2\varepsilon_2 + \frac{1}{2}\sigma_3\varepsilon_3 \tag{7.10}$$

由广义虎克定律得

$$\begin{cases} \varepsilon_1 = \dfrac{1}{E}[\sigma_1 - \mu(\sigma_2 + \sigma_3)] \\[2mm] \varepsilon_2 = \dfrac{1}{E}[\sigma_2 - \mu(\sigma_3 + \sigma_1)] \\[2mm] \varepsilon_3 = \dfrac{1}{E}[\sigma_3 - \mu(\sigma_1 + \sigma_2)] \end{cases} \tag{7.11}$$

式中　E——弹性模量;

　　　μ——泊松比。

将式(7.11)代入式(7.10),并整理得

$$U = \frac{1}{2E}[\sigma_1^2 + \sigma_2^2 + \sigma_3^2 - 2\mu(\sigma_1\sigma_2 + \sigma_2\sigma_3 + \sigma_3\sigma_1)] \tag{7.12}$$

(2) 单元体体变能。

单元体在三向应力$(\sigma_1,\sigma_2,\sigma_3)$作用下,假定其平均正应力为$\sigma_m$,体积应变为$\varepsilon_V$,则有

$$\sigma_m = \frac{1}{3}(\sigma_1 + \sigma_2 + \sigma_3) \tag{7.13}$$

$$\varepsilon_V = \varepsilon_1 + \varepsilon_2 + \varepsilon_3 \tag{7.14}$$

单元体体变能W为

$$W = \frac{1}{2}\sigma_m\varepsilon_V \tag{7.15}$$

将式(7.11)、式(7.13)及式(7.14)代入式(7.15),并整理得

$$W = \frac{1-2\mu}{6E}(\sigma_1 + \sigma_2 + \sigma_3) \tag{7.16}$$

(3) 单元体形变能。

将式(7.12)及式(7.16)代入式(7.9),并且整理得到单元体形变能V,即有

$$V = \frac{1+\mu}{6E}[(\sigma_1 - \sigma_2)^2 + (\sigma_2 - \sigma_3)^2 + (\sigma_3 - \sigma_1)^2] \tag{7.17}$$

7.4.2 单向受力条件下形变能

假设有一单元体单向受压至屈服,则其应力条件为

$$\begin{cases} \sigma_1 = \sigma_y \\ \sigma_2 = \sigma_3 = 0 \end{cases} \tag{7.18}$$

式中 σ_y——屈服强度。

将式(7.18)代入式(7.17),便得到单元体单向受力时形变能 V_y 为

$$V_y = \frac{1+\mu}{3E}\sigma_y^2 \tag{7.19}$$

7.4.3 强度条件

应变能学说认为,材料屈服或破坏是因其三向应力状态下形变能达到单向受力时形变能所致,也即

$$V = V_y \tag{7.20}$$

将式(7.17)及式(7.19)代入式(7.20)得

$$\frac{1}{2}\left[(\sigma_1-\sigma_2)^2+(\sigma_2-\sigma_3)^2+(\sigma_3-\sigma_1)^2\right]=\sigma_y^2 \tag{7.21}$$

式(7.21)即为强度条件,屈服判据为

$$\frac{1}{2}\left[(\sigma_1-\sigma_2)^2+(\sigma_2-\sigma_3)^2+(\sigma_3-\sigma_1)^2\right]\geqslant\sigma_y^2 \tag{7.22}$$

式(7.21)及式(7.22)便是基于剪应变能假说推导出来的强度条件与屈服判据。若岩体受力满足式(7.21)或式(7.22),岩体将被破坏或处于受力极限平衡状态。应当指出,这种强度理论仅适用于以塑性破坏或延性变形为主的岩石,其分析与试验结果较吻合。

7.5 八面体应力强度理论

八面体应力强度理论属于剪应力强度理论,是从应力角度出发研究材料强度条件。这种强度理论认为,材料屈服或破坏是由八面体上剪应力值达到某一临界值引起的。

7.5.1 八面体剪应力

假定有一点 O 处于三向应力(σ_1,σ_2,σ_3)状态下,建立空间直角坐标系 $Oxyz$,并且使 x 轴、y 轴及 z 轴分别平行于主应力 σ_1、σ_2、σ_3。作一平面等倾于三个坐标轴 x、y、z,也就是说,该平面的法线 N 与坐标轴 x、y 及 z 的夹角相等。如此,空间直角坐标系 $Oxyz$ 八个象限的等倾平面便构成一个封闭的正八面体,而作用于这种八面体面上的法向应力和剪应力即为八面体应力。

现在,在八面体中取一由等倾平面 ABC 与三个主应力平面 OBC、OAC 及 OAB 构成的四面体如图 7.1 所示,研究等倾平面上的应力。假定等倾平面 ABC 与 x 轴、y 轴、z 轴的夹角分别为 α、β、γ,并且令 $\cos\alpha=l$,$\cos\beta=m$,$\cos\gamma=n$。又因为是等倾平面,所以 $\alpha=\beta=\gamma$,则 $l=m=n=1/\sqrt{3}$。再假定等倾平面 ABC 的面积为 S,则三个主应力(σ_1,σ_2,σ_3)平面 OBC、

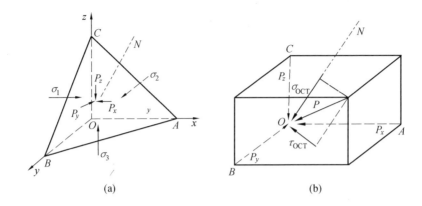

图 7.1 八面体上应力组合关系图

OAC 及 OAB 的面积分别为 $S\cos\alpha$、$S\cos\beta$、$S\cos\gamma$。根据四面体 $OABC$ 受力平衡条件 $\sum X=0$、$\sum Y=0$ 及 $\sum Z=0$,可以求得其力的平衡方程,即

$$\begin{cases} P_xS=\sigma_1 S\cos\alpha \\ P_yS=\sigma_2 S\cos\beta \\ P_zS=\sigma_3 S\cos\gamma \end{cases} \qquad (7.23)$$

由式(7.23)得

$$\begin{cases} P_x=\sigma_1\cos\alpha=\dfrac{\sigma_1}{\sqrt{3}} \\[2mm] P_y=\sigma_2\cos\beta=\dfrac{\sigma_2}{\sqrt{3}} \\[2mm] P_z=\sigma_3\cos\gamma=\dfrac{\sigma_3}{\sqrt{3}} \end{cases} \qquad (7.24)$$

等倾平面 ABC 上的合力 P 为

$$P=\sqrt{P_x^2+P_y^2+P_z^2} \qquad (7.25)$$

将式(7.24)代入式(7.25),得

$$P=\frac{1}{\sqrt{3}}\sqrt{\sigma_1^2+\sigma_2^2+\sigma_3^2} \qquad (7.26)$$

由图 7.1 可知,等倾平面 ABC 上的法向应力 σ_{OCT} 应为作用于该面上的各分力 P_x、P_y 及 P_z 在其法线 N 方向上的投影之和,即

$$\sigma_{OCT}=P_x\cos\alpha+P_y\cos\beta+P_z\cos\gamma \qquad (7.27)$$

将式(7.24)代入式(7.27),并整理得

$$\sigma_{OCT}=\frac{1}{3}(\sigma_1+\sigma_2+\sigma_3) \qquad (7.28)$$

这样,等倾平面 ABC 上的剪应力为

$$\tau_{OCT}=\sqrt{P^2-\sigma_{OCT}^2} \qquad (7.29)$$

将式(7.26)及式(7.28)代入式(7.29),并且整理得

$$\tau_{OCT}=\frac{1}{3}\sqrt{(\sigma_1-\sigma_2)^2+(\sigma_2-\sigma_3)^2+(\sigma_3-\sigma_1)^2} \qquad (7.30)$$

式(7.30)即为八面体上剪应力 τ_{OCT} 表达式。

7.5.2 强度条件

如前所述,当八面体上剪应力 τ_{OCT} 达到某一临界值时,材料便屈服或被破坏。然而,关于这一临界值的说法,曾有各种假说,从而得出不同的强度条件。米赛斯(Von Mises)认为,当八面体上剪应力 τ_{OCT} 达到单向受力至屈服时八面体上极限剪应力 τ_s 值时,材料便屈服或破坏。单向受力至屈服时应力条件为

$$\begin{cases} \sigma_1 = \sigma_y \\ \sigma_2 = \sigma_2 = 0 \end{cases} \tag{7.31}$$

式中 σ_y——屈服强度。

将式(7.31)代入式(7.30),可以得到材料单向受力至屈服时八面体上极限剪应力 τ_y 为

$$\tau_s = \frac{\sqrt{2}}{3}\sigma_y \tag{7.32}$$

由米赛斯强度条件 $\tau_{OCT} = \tau_s$ 得

$$\frac{1}{3}\sqrt{(\sigma_1-\sigma_2)^2 + (\sigma_2-\sigma_3)^2 + (\sigma_3-\sigma_1)^2} = \frac{\sqrt{3}}{3}\sigma_y \tag{7.33}$$

式(7.33)进一步变为

$$(\sigma_1-\sigma_2)^2 + (\sigma_2-\sigma_3)^2 + (\sigma_3-\sigma_1)^2 = 2\sigma_y^2 \tag{7.34}$$

或

$$(\sigma_1-\sigma_2)^2 + (\sigma_2-\sigma_3)^2 + (\sigma_3-\sigma_1)^2 \geqslant 2\sigma_y^2 \tag{7.35}$$

式(7.34)及式(7.35)便是基于八面体剪应力假说(米赛斯假说)推导出来的强度条件与屈服判据。若岩体受力满足式(7.34)或式(7.35),岩体将被破坏或处于受力极限平衡状态。应当指出,这种强度理论与剪应变能强度理论一样,仅适用于以塑性破坏或延性变形为主的岩石,与试验结果很吻合。在塑性力学中,这种强度理论称为冯·米赛斯破坏条件,一直获得较为广泛的应用。

7.5.3 强度条件的几何意义

事实上,式(7.21)和式(7.34)完全一样,属于一种圆柱方程,圆柱轴线为 $\sigma_1 = \sigma_2 = \sigma_3$ 的直线,半径为 $R = \sqrt{2}\sigma_y/\sqrt{3}$,如图7.2所示。这种圆柱面即为米赛斯强度曲线。也就是说,在空间直角坐标系 $O\sigma_1\sigma_2\sigma_3$ 中,所受三向应力 $(\sigma_1,\sigma_2,\sigma_3)$ 的投点,假设落于圆柱面内的材料不屈服,或假设落于圆柱面上材料达到极限状态,或假设落于圆柱面外材料便屈服(塑性破坏)。现在,假定一过坐标原点 O 的平面与三个坐标轴 $O\sigma_1$、$O\sigma_2$ 及 $O\sigma_3$ 的夹角均相等,那么该平面称为 π 平面。圆柱面与 π 平面的交汇圆称为米赛斯强度曲线,如图7.2所示。米赛斯强度曲线也可以认为是沿着圆柱面轴线方向在 π 平面内投影所得的,属于一个圆,半径 $R = \sqrt{2}\sigma_y/\sqrt{3}$,如图7.3所示。这样,根据材料所受三向应力 σ_1、σ_2 及 σ_3,按照下式求应力圆半径 r,即

$$r = \frac{1}{\sqrt{3}}\sqrt{(\sigma_1-\sigma_2)^2 + (\sigma_2-\sigma_3)^2 + (\sigma_3-\sigma_1)^2} \tag{7.36}$$

那么,判断材料屈服与否更简便的方法为

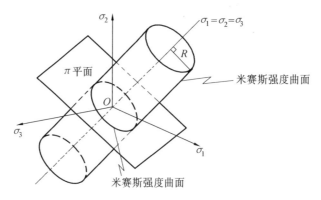

图 7.2　米赛斯强度曲面示意图

$$\begin{cases} \text{当 } r<R \text{ 时，不屈服} \\ \text{当 } r \geqslant R \text{ 时，屈服或破坏} \end{cases} \quad (7.37)$$

综上所述，剪应变能强度理论及八面体应力强度理论弥补了莫尔强度理论没有考虑中间主应力 σ_2 影响的不足。但是，剪应变能强度理论或八面体应力强度理论也存在一个缺点。由式(7.21)或式(7.34)可以看出，在单轴压缩条件下，$\sigma_2=\sigma_3=0$，$\sigma_1>0$，从而有 $\sigma_1=\sigma_y$；在单轴拉伸条件下，$\sigma_1=\sigma_2=0$，$\sigma_3<0$，从而有 $\sigma_3=-\sigma_y$。因而得出这样的结论，即岩石抗压与抗拉的屈服强度是相同的。这与岩石破坏的实际情况显然不符。为此，纳达依(Nadai)又对八面体应力强度理论做了修正假说。纳达依认为，材料屈服或破坏是由八面体上剪应力 τ_{OCT} 值达到临界值 τ_s 所致，而这种剪应力临界值 τ_s 又是八面体上法向应力 σ_{OCT} 的函数，即 $\tau_s=f(\sigma_{OCT})$。因此，强度条件为

$$\tau_{OCT}=f(\sigma_{OCT}) \quad (7.38)$$

其中

$$\begin{cases} \tau_{OCT}=\dfrac{1}{3}\sqrt{(\sigma_1-\sigma_2)^2+(\sigma_2-\sigma_3)^2+(\sigma_3-\sigma_1)^2} \\ \sigma_{OCT}=\dfrac{1}{3}(\sigma_1+\sigma_2+\sigma_3) \end{cases}$$
$$(7.39)$$

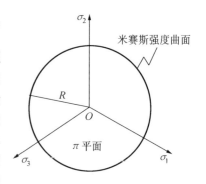

图 7.3　米赛斯强度曲线示意图

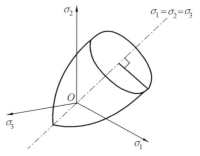

图 7.4　$\tau_{OCT}=f(\sigma_{OCT})$ 时强度曲面示意图

此时，在空间坐标系 $O\sigma_1\sigma_2\sigma_3$ 中，强度曲面将不再是圆柱面，而是如图 7.4 所示的旋转曲面。这种强度曲面较圆柱面更接近于岩石破坏的实际情况。

7.6　莫尔强度理论

莫尔强度理论在岩体力学中应用最为广泛。这种强度理论认为，当某一面上剪应力超过其所能承受的极限剪应力 τ 值时，材料被破坏；而这种极限剪应力 τ 值又是作用于该面上

法应力 σ 的函数,即有 $\tau = f(\sigma)$。下面将从两方面来阐述莫尔强度理论,首先采用莫尔应力圆表示一点的应力状态,然后将莫尔应力圆与强度曲线联系起来,建立莫尔强度准则。

7.6.1　莫尔应力圆

在平面应力状态下,如图 7.5(a)所示,已知作用于某一点上两个主应力为 σ_1 及 σ_3,则在法线与最大应力 σ_1 方向夹角为 α 的平面上,法向应力 σ_α 及剪应力 τ_α 分别为

$$\begin{cases} \sigma_\alpha = \dfrac{\sigma_1 + \sigma_3}{2} + \dfrac{\sigma_1 - \sigma_3}{2}\cos 2\alpha \\ \tau_\alpha = \dfrac{\sigma_1 - \sigma_3}{2}\sin 2\alpha \end{cases} \tag{7.40}$$

消去 α 角,式(7.40)进一步变为

$$\left(\sigma_\alpha - \frac{\sigma_1 + \sigma_3}{2}\right)^2 + \tau_\alpha^2 = \left(\frac{\sigma_1 - \sigma_3}{2}\right)^2 \tag{7.41}$$

在平面直角坐标系 $\sigma O \tau$ 中,式(7.41)的曲线为一个圆,其圆心坐标为 $O'[(\sigma_1 + \sigma_2/2), O]$,半径为 $R = (\sigma_1 - \sigma_3)/2$,如图 7.5(b)所示。这就是平面应力状态下的莫尔应力圆。莫尔应力圆上任一点 P 的坐标 $(\sigma_\alpha, \tau_\alpha)$ 代表法线与最大主应力 σ_1 方向夹角为 α 的平面上,法向应力 σ_α 及剪应力 τ_α 的大小,即 P 点横坐标表示法向应力 σ_α 的大小,纵坐标则为剪应力 τ_α 的大小。而莫尔应力圆上各个点的坐标表示材料中某一点不同方向平面上法向应力及剪应力的大小。因此,材料中一点应力状态可以用一个莫尔应力圆来表示。

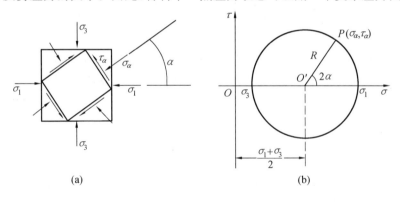

(a)　　　　　　　　　　　　　(b)

图 7.5　一点平面应力状态

在空间应力状态下,如果已知作用于某一点上的三个主应力分别为 σ_1、σ_2 及 σ_3,那么同样可以在平面直角坐标系 $\sigma O \tau$ 中作莫尔应力圆来表示其应力状态。图 7.6 所示为一点空间应力状态的莫尔应力圆,其中由 σ_1 和 σ_3 所确定的莫尔应力圆 O_1 反映平行于中间主应力 σ_2 的各个平面上的法向应力及剪应力,由 σ_1 和 σ_2 所确定的莫尔应力圆 O_2 反映平行于最小主应力 σ_3 的各个平面上的法向应力及剪应力,由 σ_2 和 σ_3 所确定的莫尔应力圆 O_3 反映平行于最大主应力 σ_1 的各个平面上的法向应力及剪应力,而那些与三个主应力轴均不平行的平面上的法向应力及剪应力可以用阴影区 M 点的坐标来表示。

如果已知法线与三个主应力 σ_1、σ_2 及 σ_3 方向分别成 α、β、γ 夹角的平面,那么该平面上的应力状态所对应的 M 点在图 7.6 中的位置可以由几何作图法确定。如图 7.7 所示,通过 B 点作直线 BJ 交莫尔应力圆 O_2 于 J 点(要求 $\angle CBJ = \alpha$),再作直线 BK 交莫尔应力圆 O_3

于 K 点(要求 $\angle ABK = \gamma$),然后分别以 C_2 和 C_3 为圆心、C_2K 和 C_3J 为半径作两个圆弧 L_1 和 L_2,二者的交点即为 M 点。其中,C_1、C_2 及 C_3 分别为莫尔应力圆 O_1、O_2、O_3 的圆心。

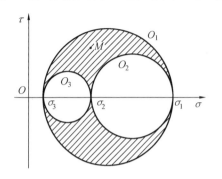
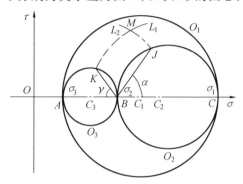

图 7.6　一点空间应力状态的莫尔应力圆　　图 7.7　三维应力状态下的一点莫尔应力圆

7.6.2　莫尔强度准则

如前所述,当材料处于极限应力状态时,某一面上剪应力便达到与该面上法向应力有关的极限剪应力值,即其强度条件为 $\tau = f(\sigma)$。而函数 $\tau = f(\sigma)$ 的曲线正是强度曲线。可以通过各种应力状态下的强度试验求得强度曲线。例如,对材料进行单轴压缩、单轴拉伸及用不同围压力(侧压力 σ_3)下三轴压缩试验等,取得各种应力状态下的试验结果,然后在平面直角坐标系 $\sigma O \tau$ 中作出一系列表示这些极限应力状态的莫尔应力圆(极限应力圆),并且勾绘所有极限应力圆的包络线,如图 7.8 所示,这种包络线就是对应于强度条件 $\tau = f(\sigma)$ 的强度曲线。强度曲线上每一点的坐标值均代表材料沿着某一面破坏(剪坏或屈服)时所需要的正应力及剪应力,即强度条件。莫尔强度理论中的强度曲线(极限应力圆包络线)完全依据强度试验结果来确定。为了便于计算,已提出过多种强度曲线形式,如直线型、抛物线型、双曲线型及摆线型等。应用强度曲线,可以直接判断材料破坏与否,即将莫尔应力圆和强度曲线绘于同一平面直角坐标系 $\sigma O \tau$ 中,若莫尔应力圆位于强度曲线之内,则材料不被破坏,如图 7.9 中莫尔应力圆 O_1;若莫尔应力圆与强度曲线相切,则材料处于极限平衡状态或即将被破坏状态,如图 7.9 中莫尔应力圆 O_2。因此,莫尔应力圆是否与强度曲线相切便成了判别材料破坏与否的强度准则。

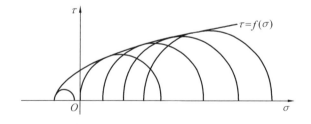

图 7.8　极限应力圆及强度包络线

此外,根据莫尔应力圆与强度曲线是否相切这个特殊条件,还可以导出材料强度准则的数学解析式。当然,这些数学解析式因强度曲线形状不同而各异。

（1）直线型强度曲线。

由于直线强度曲线与库伦强度线是一致的，所以也称之为库伦－莫尔强度线。如图7.10所示，在平面直角坐标系 $\sigma O \tau$ 中，库伦－莫尔强度线与 σ 轴的交角为材料内摩角 φ，在 τ 轴上截距为材料内聚力 c。假定一点应力状态的莫尔应力圆与库伦－莫尔强度线相切，则有

$$\sin \varphi = \frac{\frac{1}{2}(\sigma_1 - \sigma_3)}{\frac{1}{2}(\sigma_1 + \sigma_3) + c\cot \varphi} = \frac{\sigma_1 - \sigma_3}{\sigma_1 + \sigma_3 + 2c\cot \varphi} \qquad (7.42)$$

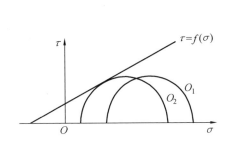

图 7.9　强度条件

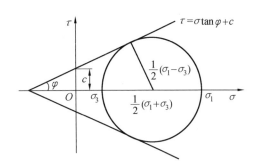

图 7.10　库伦－莫尔强度条件

式(7.42)即为库伦－莫尔强度条件的数学解析式。据此来判断材料是否破坏时，其破坏判据为

$$\sin \varphi \leqslant \frac{\sigma_1 - \sigma_3}{\sigma_1 + \sigma_3 + 2c\cot \varphi} \qquad (7.43)$$

或

$$\tau \geqslant \sigma \tan \varphi + c \qquad (7.44)$$

若岩体受力满足式(7.42)、式(7.43)或式(7.44)，则岩体将被破坏或处于受力极限平衡状态。

（2）抛物线型强度曲线。

试验表明，对于较为软弱的材料，其强度曲线近似于抛物线型。根据抛物线方程式，这种莫尔强度条件的数学解析式为

$$\tau^2 = \sigma_t(\sigma + \sigma_t) \qquad (7.45)$$

其破坏判据为

$$\tau^2 \geqslant \sigma_t(\sigma + \sigma_t) \qquad (7.46)$$

式中　σ_t——材料单轴抗拉强度。

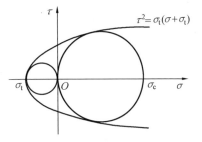

图 7.11　抛物线型强度曲线

抛物线型强度曲线如图 7.11 所示。若岩体受力满足式(7.45)或式(7.46)，则岩体将被破坏或处于受力极限平衡状态。这种强度条件或破坏判据适用于泥岩及页岩等岩性较为软弱的岩石。

（3）双曲线型强度曲线。

试验表明，较坚硬材料的强度曲线近似于双曲线型，如图 7.12 所示。根据双曲线方程

式,这种莫尔强度条件的数学解析式为

$$\tau^2 = (\sigma + \sigma_t)^2 \tan \eta + (\sigma + \sigma_t)\sigma_t \tag{7.47}$$

其破坏判据为

$$\tau^2 \geqslant (\sigma + \sigma_t)^2 \tan \eta + (\sigma + \sigma_t)\sigma_t \tag{7.48}$$

式中 $\quad \tan \eta = \dfrac{1}{2}\sqrt{\dfrac{\sigma_c}{\sigma_t} - 3}$;

σ_c——材料单轴抗压强度。

由于当 $\sigma_c/\sigma_t < 3$ 时,$\tan \eta$ 将为虚值,所以这种强度条件不适用于 $\sigma_c/\sigma_t < 3$ 的材料。若岩体受力满足式(7.47)或式(7.48),则岩体将被破坏或处于受力极限平衡状态。这种强度条件或破坏判据适用于砂岩及石灰岩等岩性较为坚硬的岩石。

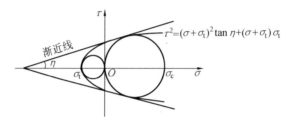

图 7.12 双曲线型强度曲线

综上所述,莫尔强度理论实际上为剪应力强度理论。这种强度理论较全面地反映了岩石的强度特性,既适用于塑性岩石,也适用于脆性岩石的剪切破坏,此外还体现了岩石抗拉强度远小于抗压强度的性质,且能够解释岩石在三向等拉条件下会被破坏,而在三向等压时将不被破坏(这是因为强度曲线在受拉区闭合,并且与 σ 轴相交,而在受压区发散,更不与 σ 轴相交,三向等压是指 $\sigma_1 = \sigma_2 = \sigma_3 > 0$,三向等拉是指 $\sigma_1 = \sigma_2 = \sigma_3 < 0$,二者均为落于 σ 轴上的一点)。因此,莫尔强度理论一直被广泛应用。然而,莫尔强度理论的最大不足是没有考虑中间应力 σ_2 对强度的影响。中间主应力 σ_2 对强度的影响已被实际所证实,对于各向异性岩体尤其如此。

莫尔强度理论指出,岩石破坏时的破坏角 θ(剪裂面与最大主应力 σ_1 的夹角)为 $\theta = 45° - \varphi/2$,φ 为岩石内摩擦角。对大多数岩石来说,当被压缩时,其破坏角与此结论近似;而在拉伸条件下,其破坏面一般垂直于拉应力方向。事实上,岩石在拉伸条件下发生张性破裂,与在压缩条件下的破坏机制完全不同。此外,在单轴拉伸条件下,当岩石发生剪切破坏时,剪破裂面上的法向应力为拉应力,剪破裂面趋于被拉开,此时的内摩擦角 φ 已失去意义,所以莫尔强度理论在拉应力区的适用性值得进一步探讨。

7.7 格里菲斯强度理论

上述各种强度理论均将材料看作是完整而连续的均匀介质。事实上,任何材料内部都存在着许多微细(潜在的)裂纹或裂隙,在力的作用下,这些裂隙周围(尤其是在裂隙端部)将产生较大的应力集中,有时由于应力集中产生的应力可以达到所加应力的 100 倍,在这种情况下材料的破坏将不受自身强度控制,而是取决于其内部裂隙周围的应力状态,材料的破坏往往从裂隙端部开始,并且通过裂隙扩展从而导致完全破坏。据此,格里菲斯(A. A. Griffith)于 1920 年首次提出了一种材料破坏起因于其内部微细裂隙不断扩展的强度理论,而今称之为格里菲斯强度理论。格里菲斯最初是从能量角度出发研究材料的破坏作用,并且建立了裂隙扩展的能量准则,后来又基于应力观点分析材料破坏作用而提出裂隙扩展的应力准则。格里菲斯强度理论对于岩体(岩石)具有重要意义。

7.7.1　裂隙扩展能量准则

在外力作用下,当由材料内部裂隙引起的应力集中而聚积起来的弹性势能大于使之沿着裂隙扩展所必须做的阻力功时,材料便沿着裂隙开裂。释放的弹性势能一部分用于产生新表面(裂面)需要做的阻力功,另一部分则消耗于产生新位移(裂隙扩展位移)的动能。由于材料的脆性破坏是突然发生的,在破裂扩展过程中没有塑性流动,所以消耗于产生新位移的动能是很小的。因此,释放的弹性势能将主要用于产生新表面所做的阻力功。如图 7.13 所示,材料内部原有长度为 L 的裂隙,在弹性势能 U 作用下产生长度为 ΔL 的裂隙扩展,释放的弹性势能为 ΔU,则能量释放率(能量梯度也称为裂隙扩展 p)G 为

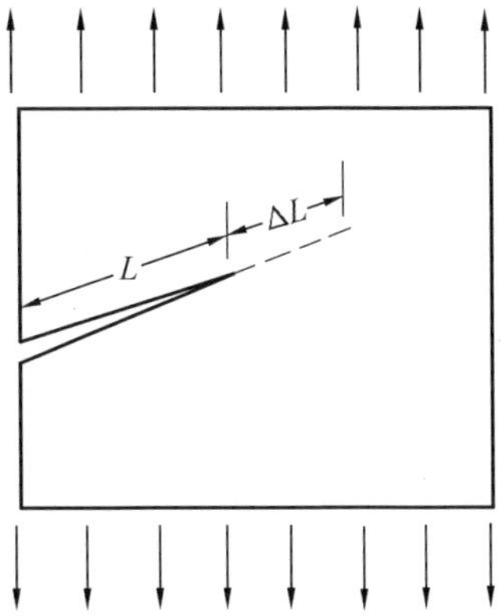

图 7.13　裂隙扩展示意图

$$G = \frac{\mathrm{d}U}{\mathrm{d}L} \quad 或 \quad G = \frac{\Delta U}{\Delta L} \tag{7.49}$$

裂隙扩展长度为 ΔL 时,所增加的表面能 ΔS 为

$$\Delta S = 2\gamma \Delta L \quad (垂直于裂隙延伸方向取单位宽度计) \tag{7.50}$$

式中　γ——单位面积(单位线长度)表面能。

假定 R 为表面能增加率或裂隙扩展阻力,则有

$$R = \frac{\mathrm{d}S}{\mathrm{d}L} = \frac{\Delta S}{\mathrm{d}\Delta L} = 2\gamma \tag{7.51}$$

显然,只有当 $G \geq R$ 时,裂隙方得以扩展。所以,$G \geq R$ 即为裂隙扩展的能量准则。

7.7.2　裂隙扩展应力准则

在外力作用下,材料中裂隙的端部及其附近由于应力集中而产生很大的拉应力,当这种拉应力超过抗拉强度时,裂隙便不断扩展而导致材料破坏。裂隙扩展的应力准则是从裂隙尖端的局部应力状态导出裂隙扩展的应力临界值。这种准则的建立首先需要知道裂隙尖端及其附近材料的应力集中状况,其次要了解裂隙端附近材料的抗拉强度。

(1)裂隙尖端及其附近的应力集中状况。

为了研究裂隙尖端及其附近的应力集中状况,必须对材料及裂隙做如下简化:

① 裂隙呈很扁平的椭圆形状。

② 材料性质的局部变化忽略不计。

③ 不同裂隙之间相互不发生影响。

④ 裂隙周围的应力系统属于平面问题。

裂隙附近局部应力状态及所建立的平面直角坐标 $x-y$ 系统如图 7.14 及图 7.15 所示,裂隙椭圆长轴方向为 x 轴,短轴方向为 y 轴,x 轴与最大主应力 σ_1 方向的夹角为 β。在 σ_1、

σ_3 应力场作用下于裂隙周围所产生的坐标应力为 σ_x、σ_y 及 τ_{xy}。σ_x、σ_y 及 τ_{xy} 与主应力 σ_1、σ_3 的关系(图 7.15)为

$$\begin{cases} \sigma_x = \dfrac{\sigma_1 + \sigma_3}{2} + \dfrac{\sigma_1 - \sigma_3}{2}\cos 2\beta \\[2mm] \sigma_y = \dfrac{\sigma_1 + \sigma_3}{2} - \dfrac{\sigma_1 - \sigma_3}{2}\cos \beta \\[2mm] \tau_{xy} = \dfrac{\sigma_1 - \sigma_3}{2}\sin 2\beta \end{cases} \tag{7.52}$$

在坐标应力 σ_x,σ_y 及 τ_{xy} 作用下,裂隙椭圆周边所产生的切向应力 σ_b 可以采用弹性力学中英格里斯(Inglis)公式表示,即

$$\sigma_b = \frac{\sigma_y\big[m(m+2)\cos^2\alpha - \sin^2\alpha\big] + \sigma_x\big[(1+2m)\sin^2\alpha - m^2\cos^2\alpha\big] - \tau_{xy}\big[2(1+m)^2\sin\alpha\cos\alpha\big]}{m^2\cos^2\alpha + \sin^2\alpha}$$

$$\tag{7.53}$$

式中　$m = b/a$,其中 a、b 为裂隙椭圆的长半轴及短半轴;

　　α——裂隙椭圆偏心角(对 x 轴的偏心角,如图 7.16 所示)。

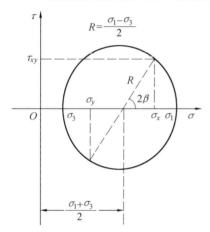

图 7.14　裂隙附近局部应力状态

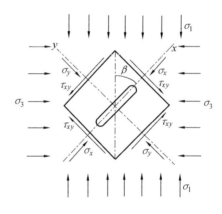

图 7.15　坐标应力与主应力的关系

由于仅考虑裂隙尖端周边应力,所以裂隙椭圆偏心角 α 应非常小,即 $\alpha \to 0$,从而有 $\sin\alpha \to \alpha$,$\cos\alpha \to 1$。将该条件代入式(7.53),并且略去高次项,得

$$\sigma_b = \frac{2(m\sigma_y - \alpha\tau_{xy})}{m^2 + \alpha^2} \tag{7.54}$$

由式(7.54)可知,σ_x 对裂隙尖端附近切向应力 σ_b 的影响微小,因而被忽略,并且 σ_b 是 α 的函数。为了求得裂隙尖端附近最大切向应力值及产生最大切向应力的位置,不妨令

$$\frac{\mathrm{d}\sigma_b}{\mathrm{d}\alpha} = 0 \tag{7.55}$$

将式(7.54)代入式(7.55),得

$$\sigma_y = \frac{\alpha^2 - m^2}{2\alpha m}\tau_{xy} \tag{7.56}$$

将式(7.56)代入式(7.54),得

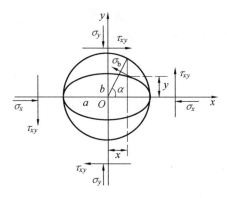

图 7.16　裂隙椭圆周边应力分布示意图

$$\sigma_b = \frac{\tau_{xy}}{\alpha} \qquad (7.57)$$

联立式(7.57)和式(7.54),消去 α 角,解得

$$\sigma_b = \frac{1}{m}(\sigma_y \pm \sqrt{\sigma_y^2 + \tau_{xy}^2}) \qquad (7.58)$$

式(7.58)即为裂隙尖端围边最大切向拉应力值表达式。

(2) 强度准则。

当裂隙(尖端)周边最大切向应力 σ_b 值达到某一临界值时,裂隙便开始扩展。事实上,这种临界值正是材料的抗拉强度 σ_t。由于裂隙周边材料局部抗拉强度及裂隙椭圆轴比 m 均难以测量,因此应设法采用一个较容易测量的指标来表示切向应力的临界值。为此,选择一种最简单情况确定切向应力的临界值,即垂直于裂隙椭圆长轴方向进行单轴抗拉试验以求得抗拉强度 σ_t 作为切向应力的临界值,如图 7.17 所示。

① 采用 σ_y 及 τ_{xy} 表示的强度准则。

当材料单轴拉伸至破坏时,$\sigma_y = \sigma_t$,$\tau_{xy} = 0$,将此条件代入式(7.58)得

$$\sigma_b = \frac{2}{m}\sigma_t \qquad (7.59)$$

再将式(7.59)代入式(7.58),得

$$2\sigma_t \leqslant \sigma_y + \sqrt{\sigma_y^2 + \tau_{xy}^2} \qquad (7.60)$$

或

$$\tau_{xy}^2 \geqslant 4\sigma_t(\sigma_t - \sigma_y) \qquad (7.61)$$

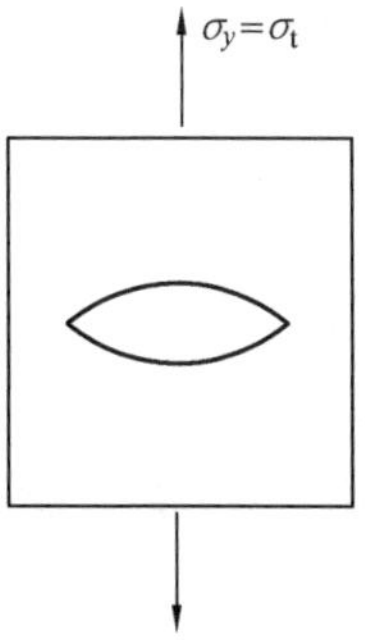

图 7.17　垂直于裂隙椭圆长轴方向单轴抗拉试验示意图

式(7.61)即为采用 σ_y 及 τ_{xy} 表示的格里菲斯强度准则,又称为初始强度准则。也就是说,当岩体(岩石)受力满足式(7.61)时,岩体裂隙便开始扩展。若采用莫尔包络线(强度曲线)来表示,式(7.61)显然为一条抛物线,如图 7.18 所示。

② 采用 σ_1 及 σ_3 表示的强度准则。

将式(7.52)代入式(7.58),并且整理得

$$m\sigma_b = \frac{(\sigma_1 + \sigma_3) - (\sigma_1 - \sigma_3)\cos 2\beta}{2} \pm \sqrt{\frac{\sigma_1^2 + \sigma_3^2}{2} - \frac{\sigma_1^2 - \sigma_3^2}{2}\cos 2\beta} \qquad (7.62)$$

由式(7.62)可知,裂隙尖端切向应力 σ_b 是 β 的函数。为了求得产生最大切向应力 σ_b 时裂隙的方向角 β,可以令 $\dfrac{\mathrm{d}\sigma_b}{\mathrm{d}\beta}=0$。将此条件代入式(7.62),得

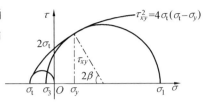

$$\left[(\sigma_1-\sigma_3)\pm\frac{\sigma_1^2-\sigma_3^2}{2\sqrt{\dfrac{\sigma_1^2+\sigma_3^2}{2}-\dfrac{\sigma_1^2-\sigma_3^2}{2}\cos 2\beta}}\right]\sin 2\beta=0 \tag{7.63}$$

图 7.18　裂隙开始扩展时正应力与剪应力关系

由 $\sin 2\beta=0$ 得

$$\beta=0° \quad (\text{因为 } 0°\leqslant\beta\leqslant 90°) \tag{7.64}$$

由 $(\sigma_1-\sigma_3)\pm\dfrac{\sigma_1^2-\sigma_3^2}{2\sqrt{\dfrac{\sigma_1^2+\sigma_3^2}{2}-\dfrac{\sigma_1^2-\sigma_3^2}{2}\cos 2\beta}}=0$ 得

$$\cos 2\beta=\frac{\sigma_1-\sigma_3}{2(\sigma_1+\sigma_3)} \tag{7.65}$$

式中　β——破裂发生角。

如图 7.19 所示,在材料内部若干裂隙中,当某一裂隙椭圆长轴方向与最大主应力 σ_1 之间的夹角 β 满足式(7.64)或式(7.65)时,则该裂隙最容易发生扩展。

将式(7.65)代入式(7.62),得

$$m\sigma_b=\frac{(\sigma_1-\sigma_3)^2}{4(\sigma_1+\sigma_3)} \tag{7.66}$$

式(7.66)表示最易扩展的裂隙端部附近的最大切向拉应力,当这种切向拉应力达到某一临界值时,材料便被破坏。按照上述方法,采用单轴抗拉试验求得的抗拉强度 σ_t 作为切向应力的临界值,即将式(7.59)代入式(7.66),得

$$\frac{(\sigma_1-\sigma_3)^2}{\sigma_1+\sigma_3}=-8\sigma_t \tag{7.67}$$

式(7.67)即为采用 σ_1 及 σ_3 表示的格里菲斯强度准则,称之为初始强度准则。也就是说,当岩体(岩石)受力满足式(7.67)时,岩体裂隙便开始扩展。只有当 $\cos 2\beta\leqslant 1$ 时,式(7.65)才有意义,也即 $(\sigma_1-\sigma_3)/2(\sigma_1+\sigma_3)\leqslant 1$,则有

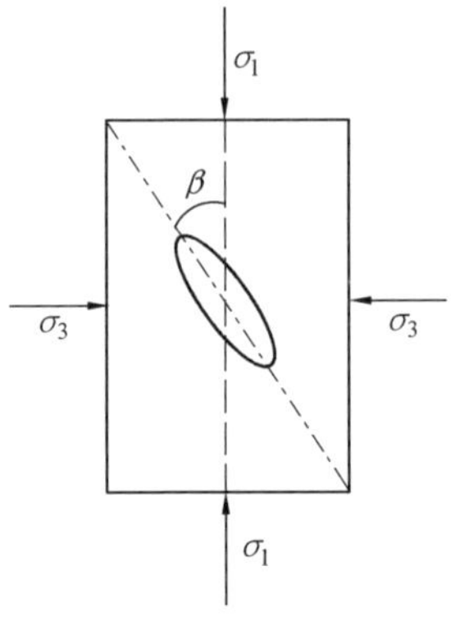

图 7.19　破裂发生角示意图

$$\sigma_1+3\sigma_3\geqslant 0 \tag{7.68}$$

因此,只有当岩体受力满足式(7.68)时,强度准则式(7.67)才能成立。现在来讨论裂隙扩展的方向。在图 7.16 所示的直角坐标系中,裂隙椭圆参数方程为

$$\begin{cases} x=a\cos\alpha \\ y=b\cos\alpha \end{cases} \tag{7.69}$$

由于假定裂隙周边上的切向应力 σ_t 超过材料的单轴抗拉强度时,裂隙便扩展,所以裂隙扩展方向(产生新裂隙方向)无疑是裂隙周边的法线方向,如图 7.20 所示。该法线方程为

$$\tan\psi=-\frac{\mathrm{d}x}{\mathrm{d}y} \tag{7.70}$$

由式(7.69)得

$$\begin{cases} \mathrm{d}x = -a\sin\alpha\,\mathrm{d}\alpha \\ \mathrm{d}y = b\cos\alpha\,\mathrm{d}\alpha = ma\cos\alpha\,\mathrm{d}\alpha \end{cases} \qquad (7.71)$$

将式(7.71)代入式(7.70),得

$$\tan\psi = \frac{\tan\alpha}{m} \qquad (7.72)$$

由于 $\alpha\to0$,所以 $\tan\alpha\to\alpha$,从而式(7.72)变为

$$\tan\psi = \frac{\alpha}{m} \qquad (7.73)$$

将式(7.57)代入式(7.73),并且注意式(7.52),得

$$\tan\psi = \frac{\sigma_1 - \sigma_3}{2m\sigma_b}\sin 2\beta \qquad (7.74)$$

由于裂隙周边处于破裂(扩展)状态,所以将式(7.59)代入式(7.74),得

$$\tan\psi = \frac{\sigma_1 - \sigma_3}{4\sigma_t}\sin 2\beta \qquad (7.75)$$

由式(7.65)及式(7.67),得

$$\frac{\sigma_1 - \sigma_3}{4\sigma_t} = \frac{1}{\cos 2\beta} \qquad (7.76)$$

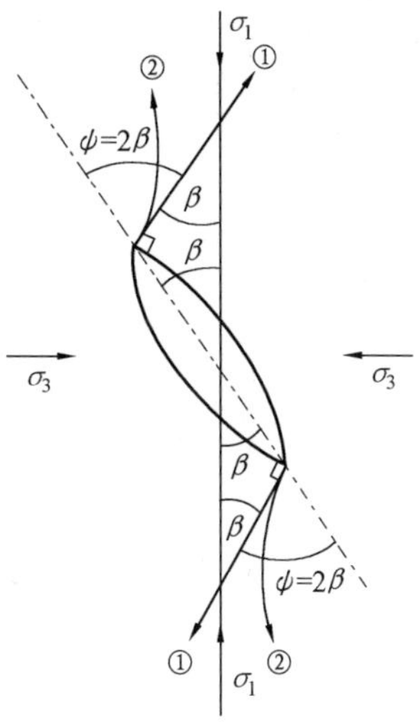

将式(7.76)代入式(7.75),得

$$\tan\psi = -\tan 2\beta \qquad (7.77)$$

或

$$\psi = -2\beta \qquad (7.78)$$

图 7.20　裂隙扩展方向
示意图
①—初始扩展方向
②—扩展途径

由式(7.78)可知,对于满足式(7.65)的裂隙,其最初扩展的方向不是沿着裂隙椭圆长轴,而是与裂隙椭圆长轴呈 2β 交角。

若 $\sigma_1 + 3\sigma_3 < 0$,则强度准则式(7.67)不适用,此时 σ_3 必定为负值。如果 $\sigma_3 < 0$,则将式(7.64)代入式(7.62),并且注意式(7.59)得

$$\sigma_3 = \sigma_t \qquad (7.79)$$

因此,在 $\beta = 0$,$\alpha = 0$ 条件下,相当于裂隙椭圆长轴方向与 σ_3 垂直,最大切向拉应力 σ_b 发生在裂隙尖端处,裂隙将沿着椭圆长轴方向扩展。式(7.79)即为当 $\sigma_1 + 3\sigma_3 < 0$ 时,岩体中裂隙最初扩展的格里菲斯强度准则。格里菲斯应力强度准则汇总见表 7.1。

根据上述格里菲斯应力强度准则,在单轴压缩条件下,$\sigma_3 = 0$,由式(7.67)得

$$\sigma_1 = -8\sigma_t = \sigma_c \qquad (7.80)$$

再由式(7.65)得

$$\cos 2\beta = 1,\text{即有}\ \beta = 30° \qquad (7.81)$$

由式(7.80)及式(7.81)可知,基于格里菲斯应力强度准则,岩体抗压强度 σ_c 是其抗拉强度 σ_t 的 8 倍,并且与轴向应力 σ_1 方向夹角为 $30°$ 的裂隙最容易扩展。

现在,将单轴拉伸、单轴压缩及二维应力 (σ_1, σ_3) 条件下裂隙初始扩展的格里菲斯强度准则采用莫尔强度曲线(包络线)表示于图 7.21 中。

表 7.1　格里菲斯应力强度准则汇总

应力条件	$\sigma_1 + 3\sigma_3 \geqslant 0$	$\sigma_1 + 3\sigma_3 < 0$
示意图		
最易扩展的裂隙方向	$\cos 2\beta = \dfrac{\sigma_1 - \sigma_3}{2(\sigma_1 + \sigma_3)}$	$\beta = 0$
裂隙最初扩展的强度准则	$\dfrac{(\sigma_1 - \sigma_3)^2}{\sigma_1 + \sigma_3} \geqslant -8\sigma_t$	$\lvert \sigma_3 \rvert \geqslant \lvert \sigma_t \rvert$
裂隙最易扩展的位置	裂隙尖端附近	裂隙尖端
裂隙最初扩展的方向	最初扩展方向与裂隙长轴的夹角为 2β	最初扩展方向平行于裂隙长轴

7.7.3　修正的格里菲斯强度理论

上述的格里菲斯强度理论是以裂隙张开为前提条件，也就是说，无论是在张应力作用下，还是在压应力作用下，只有当裂隙张开而不闭合时，才能采用这种强度理论。事实上，在压应力作用下，材料中的裂隙将趋于闭合。而闭合后的裂隙面上将产生摩擦力，此时裂隙的扩展显然不同于张开裂隙，所以在这种情况下格里菲斯强度理论是不适用的。麦克林托克（Meclintock）等考虑了裂隙闭合及产生摩擦力这一条件，对格里菲斯强度理论做了适当的修正。麦克林托克认为，当裂隙在压应力作用下闭合时，裂隙在整个长度范围内均匀接触，并且能够传递正应力（压应力）及剪应力。由于裂隙均匀闭合，所以正应力在裂隙端部将不引起应力集中，而只有剪应力才造成裂隙端部应力集中。因此，可以假定裂隙在二维应力条件下呈

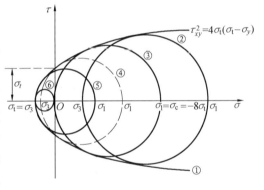

图 7.21　由裂隙初始扩展格里菲斯强度则导出的菲尔包络线

①—莫尔包络线（强度曲线）；
②—二维应力条件下莫尔应力圆（$\sigma_1 + 3\sigma_3 > 0$）；
③—单轴压缩条件下莫尔应力圆（$\sigma_1 = \sigma_c = -8\sigma_t$）；
④—二维应力条件下莫尔应力圆（$\sigma_1 + 3\sigma_3 > 0$）；
⑤—二维应力条件下莫尔应力圆（$\sigma_1 + 3\sigma_3 < 0$）；
⑥—单轴拉伸条件下莫尔应力圆（$\sigma_3 = \sigma_t$）

纯剪切破坏或扩展，其强度曲线及莫尔应力圆如图 7.22 所示。从图 7.22 中可以得到以下几何关系：

$$\begin{cases} AB = BD - AD \\ BD = \dfrac{1}{2}(\sigma_1 - \sigma_3) \\ AB = -2\sigma_t \cos \varphi \\ OD = \dfrac{1}{2}(\sigma_1 + \sigma_3) \\ AD = OD\sin \varphi = \dfrac{1}{2}(\sigma_1 + \sigma_3)\sin \varphi \end{cases} \quad (7.82)$$

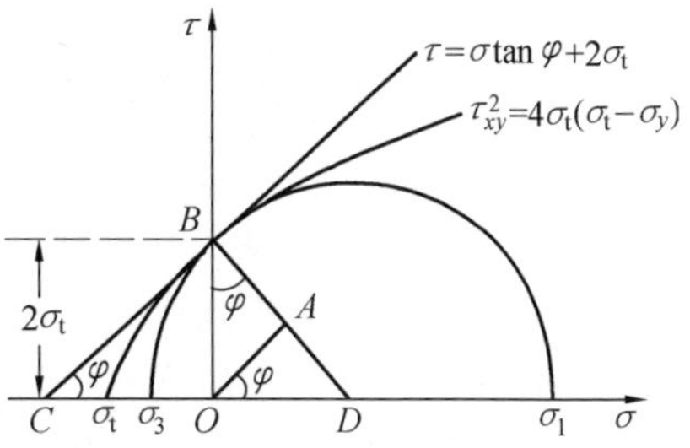

图 7.22 闭合裂隙强度条件示意图

由式(7.82)得

$$-2\sigma_t \cos \varphi = \frac{1}{2}(\sigma_1 - \sigma_3) - \frac{1}{2}(\sigma_1 + \sigma_3)\sin \varphi$$

$$(7.83)$$

式(7.83)进一步变为

$$\sigma_1 = \frac{-4\sigma_t}{\left(1 - \dfrac{\sigma_3}{\sigma_1}\right)\sqrt{1 + f^2} - \left(1 + \dfrac{\sigma_3}{\sigma_1}\right)f} \quad (7.84)$$

式中,$f = \tan \varphi$,其中 φ 为裂隙闭合后的内摩擦角。

式(7.84)即为修正的格里菲斯强度条件。在单轴压缩条件下,当处于受力极限状态时,$\sigma_1 = \sigma_c$,$\sigma_3 = 0$。将此条件代入式(7.84)得

$$\sigma_c = -\frac{4\sigma_t}{\sqrt{1 + f^2} - f}$$

或

$$\sigma_t = -\frac{(\sqrt{1 + f^2} - f)\sigma_c}{4} \quad (7.85)$$

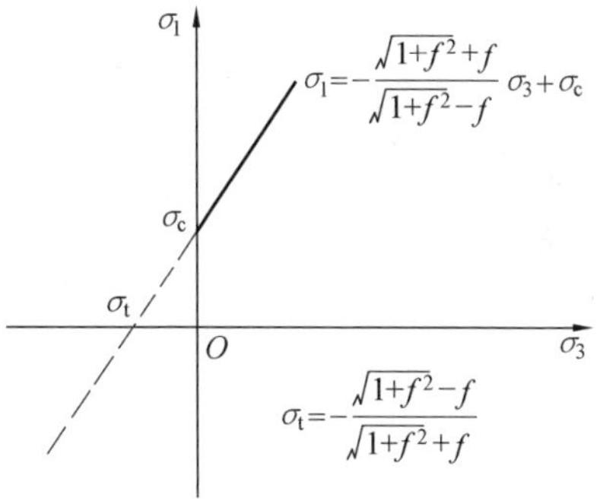

联立式(7.84)和式(7.85)消去 σ_t 得

$$\sigma_1 = \frac{\sqrt{1 + f^2} + f}{\sqrt{1 + f^2} - f}\sigma_3 + \sigma_c \quad (7.86)$$

图 7.23 单轴压缩条件下修正的
格里菲斯强度直线

式(7.86)即为单轴压缩条件下修正的格里菲斯强度条件,其在平面直角坐标系 $\sigma_1 O \sigma_3$ 中的强度曲线为直线型,如图 7.23 所示。但是,当 $\sigma_3 < 0$ 时(拉应力),裂隙不闭合,所以式(7.86)不适用,在这种情况下仍然采用前述的格里菲斯度条件。这也是图 7.23 中强度直线在第三、四象限用虚线表示的原因。

霍克(Hoek)和布朗(Brown)等对岩体所做的三轴试验结果表明,在拉应力范围内格里菲斯强度理论和修正的格里菲斯强度理论的包络线与莫尔极限应力圆较为吻合,而在压应力区这两种理论的包络线与莫尔极限应力圆均有较大偏离。因此,耶格指出,就研究岩体中裂隙对破坏强度的影响而言,格里菲斯强度理论作为一个数学模型是极为有用的,但是也仅仅是一个数学模型而已。所以,许多较为符合岩体变形与破坏实际的经验判据便陆续被提出。其中,霍克—布朗岩体破坏经验判据是应用较广泛的一个。此外,伦特堡岩体破坏经验判据也相当有意义。

7.8 霍克－布朗岩石破坏经验判据

霍克(Hoere)和布朗(Brown)认为,岩石破坏判据不仅要与试验结果(岩石强度实际值)相吻合,而且其数学解析式应尽可能简单,此外岩石破坏判据除了能够适用于结构完整(连续介质)且各向同性的均质岩石材料之外,还应适用于碎裂岩体(节理化岩体)及各向异性的非均质岩体等。基于大量岩石(岩体)抛物线型破坏包络线(强度曲线)的系统研究结果,霍克和布朗提出了岩石破坏经验判据,即

$$\sigma_1' = \sigma_3' + \sqrt{m\sigma_c\sigma_3' + s\sigma_c^2} \tag{7.87}$$

式中 σ_1'——破坏时最大有效主应力;

σ_3'——破坏时最小有效主应力;

σ_c——结构完整的连续介质岩石材料单轴抗压强度。

m 及 s——经验系数,m 的变化范围为由 0.001(强烈破坏岩体)至 25(坚硬而完整岩石),s 的变化范围为由 0(节理化岩体)至 1(完整岩石)。

后来,布雷(J.Bray)又将式(7.87)改写成剪切强度形式,即

$$\tau = \frac{1}{8} m\sigma_c(\cot \varphi_i' - \cot \varphi_i') \tag{7.88}$$

式(7.88)的强度包络线如图 7.24 所示。其中,τ 为抗剪强度,φ_i' 为瞬时摩擦角。φ_i' 与有效主应力 σ' 之间存在如下函数关系:

$$\varphi_i' = \arctan\left[4a\cos^2\left(30 + \frac{1}{3}\arcsin \alpha^{-\frac{3}{2}}\right) - 1\right]^{-\frac{1}{2}} \tag{7.89}$$

式中

$$a = 1 + \frac{16(m\sigma' + s\sigma_c)}{3m^2\sigma_c} \tag{7.90}$$

而瞬时内聚力 c_i' 为

$$c_i' = \tau - \sigma' \tan \varphi_i' \tag{7.91}$$

通过对大量岩石(岩体)三轴试验及现场试验成果资料的统计分析,霍克获得各种岩石(岩体)的经验系数 m 及 s 值,见表 7.2。由图 7.24 可知,霍克－布朗强度包络线较莫尔－库伦强度包络线更吻合莫尔极限应力圆。

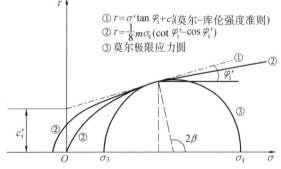

图 7.24 布雷强度包络线(β 为破裂发生角,
如图 7.19 所示)

表 7.2　霍克布朗岩石(岩体)破坏经验判据系数 m 及 s 值

岩石(岩体)质量	碳酸盐岩类	泥质岩类	石英岩类砂岩类	细粒火成岩类	粗粒火成岩类变质岩类
结构完整的岩石(无裂隙)	$m=7$ $s=1$	$m=10$ $s=1$	$m=15$ $s=1$	$m=17$ $s=1$	$m=25$ $s=1$
质量极好的结构体紧密相嵌的岩体,具有间距为 1~3 m 的微风化节理	$m=3.5$ $s=0.1$	$m=5$ $s=0.1$	$m=7.5$ $s=0.1$	$m=8.5$ $s=0.1$	$m=12.5$ $s=0.1$
质量好的岩体,具有间距为 1~3 m 的轻微风化节理	$m=0.7$ $s=0.004$	$m=1$ $s=0.004$	$m=1.5$ $s=0.004$	$m=1.7$ $s=0.004$	$m=2.5$ $s=0.004$
质量中等的岩体,具有间距为 0.3~1 m 的中等风化节理	$m=0.14$ $s=0.0001$	$m=0.2$ $s=0.0001$	$m=0.3$ $s=0.0001$	$m=0.34$ $s=0.0001$	$m=0.5$ $s=0.0001$
质量较低的岩体,具有大量间距为 30~50 mm 的强烈风化夹泥节理	$m=0.04$ $s=0.00001$	$m=0.08$ $s=0.00001$	$m=0.08$ $s=0.00001$	$m=0.09$ $s=0.00001$	$m=0.13$ $s=0.00001$
质量极差的岩体,具有大量间距小于 50 mm 的严重风化夹泥节理	$m=0.001$ $s=0$	$m=0.01$ $s=0$	$m=0.015$ $s=0$	$m=0.017$ $s=0$	$m=0.025$ $s=0$

7.9　伦特堡岩石破坏经验判据

伦特堡(Lundborg)根据大量岩石强度试验结果认为,当岩石(岩体)所受的应力达到岩石晶体强度时,由于岩石晶体被破坏,因此即使继续增加法向荷载(正应力),岩石抗剪强度也不再随之增大。据此,伦特堡建议采用下式描述岩石在荷载作用下的破坏状态:

$$\frac{1}{\tau-\tau_0}=\frac{1}{\tau_i-\tau_0}+\frac{1}{A\sigma} \tag{7.92}$$

式中　σ、τ——所考查部位(点)的正应力及剪应力(也即外荷载作用应力);

τ_0——正应力 $\sigma=0$ 时岩石的抗切强度;

τ_i——岩石晶体极限抗切强度;

A——与岩石类型有关的经验系数。

式(7.92)即为岩石破坏经验判据,当岩石所受的正应力 σ 及剪应力 τ 满足如此关系时,岩石便被破坏。因此,式(7.92)中的 τ 实际上代表岩石所能承受的最大剪应力,所以也是岩石的抗剪强度。这样,岩石的抗剪强度 τ 可以采用 τ_0、τ_i 及 A 三个参数来表述。当然,岩石的抗剪强度为正应力 σ 的函数。

伦特堡通过对某些岩石所做的强度试验结果而获得的抗剪强度参数见表 7.3。

表 7.3　伦特堡岩石破坏经验判据参数值

岩石名称	τ_0/MPa	τ_i/MPa	A
花岗岩	50	1 000	2
花岗片麻岩	60	680	2.5
伟晶片麻岩	50	1 200	2.5
云母片麻岩	50	760	1.2
石英岩	60	620	2
灰　岩	30	890	1.2
灰色页岩	30	580	1.8
灰色黑色页岩	60	490	1
灰色磁铁矿	30	850	1.8
灰色黄铁矿	20	560	1.7

7.10　库伦－纳维叶岩石破坏经验准则

库伦(Coulomb)认为,岩石的剪切破坏发生于某一平面上,这种平面称为破坏面,当作用于破坏面上的剪应力(外力)超过其抗剪强度(抗剪阻力)时,岩石便被剪切破坏。这就是库伦岩石破坏经验准则,简称为库伦准则或库伦强度准则。库伦准则的数学解析式为

$$|\tau| = \sigma \tan \varphi + c \tag{7.93}$$

式中　σ、τ——作用于(潜在)破坏面上的正应力及剪应力(二者均为外力);

$\tan \varphi$、c——岩石的内摩擦系数及内聚力(也即为潜在破坏面的内摩擦系数及内聚力)。

此外,c也就是岩石自身所固有的抗剪强度,$\sigma \tan \varphi + c$也称岩石的抗剪强度。当岩石所受的力满足式(7.93)时,岩石便处于受力极限平衡状态或即将被剪切状态。因此,τ也可以认为是在正应力为σ条件下岩石所能承受的最大剪应力。后来,纳维叶(Navier)对库伦准则进行了适当补充,采用最大主应力σ_1及最小主应力σ_3表示正应力σ、剪应力τ,即

$$\begin{cases} \sigma = \dfrac{1}{2}(\sigma_1 + \sigma_3) + \dfrac{1}{2}(\sigma_1 - \sigma_3)\cos 2\theta \\ \tau = -\dfrac{1}{2}(\sigma_1 - \sigma_3)\sin 2\theta \end{cases} \tag{7.94}$$

式中　θ——破坏面法线与最大主应力σ_1方向的夹角,参见图 7.25。

$$|\tau| - \sigma \tan \varphi = \left| -\frac{1}{2}(\sigma_1 - \sigma_3)\sin 2\theta \right| - \left[\frac{1}{2}(\sigma_1 + \sigma_3) + \frac{1}{2}(\sigma_1 - \sigma_3)\cos 2\theta \right]$$

$$= \frac{1}{2}(\sigma_1 + \sigma_3)(\sin 2\theta - \tan \varphi \cos 2\theta) - \frac{1}{2}(\sigma_1 + \sigma_3)\tan \varphi \tag{7.95}$$

当$|\tau| - \sigma \tan \varphi = c$时,岩石发生破坏。为了求出岩石破坏时所承受的极限应力条件,可以对式(7.95)进行求导,并且令其导数为零,从而得

$$\tan 2\theta = -\frac{1}{\tan \varphi} \tag{7.96}$$

由图 7.25 几何关系可知,$90° \leqslant 2\theta \leqslant 180°$。又由式(7.96)可以看出,$\theta$ 为 $\tan\varphi$ 的函数。将式(7.96)代入式(7.95)便可以得到以主应力 σ_1 及 σ_3 表示的强度准则,即

$$2\tau_0 = (\sqrt{\tan\varphi^2 + 1} - \tan\varphi)\sigma_1 + (\sqrt{\tan\varphi^2 + 1} + \tan\varphi)\sigma_3 \tag{7.97}$$

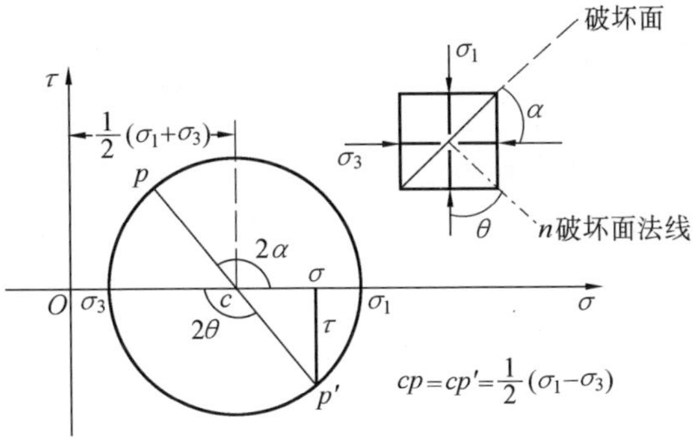

图 7.25 破坏面与主应力之间方位关系示意图

α—破坏面与最大主应力 σ_1 面的夹角;

θ—破坏面法线与大主应力 σ_1 方向的夹角

在平面直角坐标系 $\sigma_1 O \sigma_3$ 中,式(7.97)为一条直线。如果岩石被破坏,则由式(7.96)得

$$\theta = \frac{\pi}{2} - \frac{1}{2}\arctan\frac{1}{\tan\varphi} \tag{7.98}$$

由式(7.98)可知,当 $\tan\varphi = 0$ 时,$\theta = \pi/4$;当 $\tan\varphi = 1$ 时,$\theta = 3\pi/8$;当 $\tan\varphi \to \infty$ 时,$\theta = \pi/2$。

因此,破坏面法线与最大主应力 σ_1 方向之间夹角 θ 变化于 $45° \sim 90°$ 之间。事实上,在每一种破坏应力状态下,破坏面法线与最大主应力 σ_1 方向之间有两个可能的夹角 θ,分别为 $\theta = \pm 0.5\arctan(1/\tan\varphi)$,称为共轭剪裂角。若定义 $K = \tan\varphi$,则由式(7.96)得

$$\tan 2\theta = -\frac{1}{\tan\varphi} = \tan\left(\frac{\pi}{2} + \varphi\right) \tag{7.99}$$

从而有

$$\theta = \frac{\pi}{4} + \frac{\varphi}{2} \tag{7.100}$$

式中　φ——岩石内摩擦角。

试验研究表明,在低围压条件下,当岩石受力处于极限平衡状态时,主应力 σ_1 与 σ_3 之间接近于线性变化关系,与式(7.97)吻合;但是,在较高围压条件下,当岩石受力处于极限平衡状态时,主应力 σ_1 与 σ_3 之间呈非线性变化关系,不适合于式(7.97)。此外,岩石内聚力 τ_0 的物理意义不明确,式(7.97)中没有包括中间主应力 σ_2 的影响,并且在显微域中很难见到岩石明显的剪切破坏。以上均说明,库伦—纳维叶准则没有全面反映岩石的破坏机理,只是一个来自岩石强度试验的经验性准则而已。

习　题

1.某种岩体的单轴抗压强度 $\sigma_c = 16$ MPa,单轴抗拉强度为 $\sigma_t = -5$ MPa,弹性模量为 $E = 2.0 \times 10^4$ MPa,泊松比为 $\mu = 0.4$。

（1）三轴试验中破坏时的中间主应力为 $\sigma_2 = 12$ MPa，最小主应力为 $\sigma_3 = 5$ MPa。基于八面体强度理论，求这种岩石在三轴试验中破坏时的最大主应力 σ_1。

（2）若分别根据最大正应变强度理论、剪应变能强度理论进行计算，那么其破坏时的最大主应力 σ_1 又为多少？

2.某交通隧道上覆岩体中一点的最大主应力为 $\sigma_1 = 61.2$ MPa，最小主应力为 $\sigma_3 = -19.1$ MPa，并且已知岩体的单轴抗拉强度为 $\sigma_t = -8.7$ MPa，内聚力为 $c = 50$ MPa，内摩擦角为 $\varphi = 57°$，试分别基于格里菲斯强度准则和莫尔强度准则判定上覆岩体破坏与否。

3.若岩体中存在张开裂隙，试用图示描述以下格里菲斯裂隙扩展初始条件之裂隙初始扩展方向和扩展途径。

（1）$\dfrac{(\sigma_1 - \sigma_3)^2}{\sigma_1 + \sigma_3} = -8\sigma_t$。

（2）$\sigma_3 = \sigma_t$。

4.某种岩体中存在一个与最大主应力 σ_1 方向夹角为 β 的裂隙面，已知该裂隙面的内摩擦角为 ϕ_s，内聚力为 c_s，试求岩体沿着该裂隙面滑动破坏的极限应力状态。

第8章 地下硐室围岩力学计算及稳定性分析

在岩体内开挖地下硐室必然扰动或破坏原先处于相对平衡状态的地应力场,从而在一定范围内引起地应力重新分布,并且导致岩体发生某种程度变形。岩体强度是否适应新的地应力场对变形的需求将直接影响围岩稳定性,同时关系到地下工程顺利施工及构筑物或建筑物日后安全正常运营。

在岩体内开挖地下硐室,围岩将在径向、切向分别发生引张及压缩变形,因此使得原来的径向压应力降低,而切向压应力升高,这种压应力降低和升高现象随着远离硐室壁而逐渐减弱,以至于到达一定距离后消失。通常,将这种应力重分布所波及的岩石称之为围岩,围岩中的初始地应力状态称为一次应力,重分布后地应力状态称为二次应力或围岩应力。

当重新分布的地应力达到或超过岩体的强度极限时,除了发生弹性变形之外,还将出现较大的塑性变形作用。这种变形作用发展到一定程度,就会造成围岩破坏与失稳,发生滑动、塌落及错位等现象。为了确保工程的稳定与安全,必须实施一定的支护结构,以阻止围岩的过大变形,支护结构也因此承受了围岩的作用力。这种围岩作用于支护结构上的力即为围岩压力。

由此可见,围岩压力的形成直接原因是围岩的过大变形与破坏。当岩石较为坚硬而完整时(岩体中结构面不是很发育),则重新分布的地应力一般均在岩石的弹性极限以内,所产生的弹性变形在硐室开挖过程中即已完成,也就不会出现围岩压力。如果岩石比较软弱,加之其中极为发育的结构面,连续性差,致使岩体强度低,在地应力重新分布过程中不仅产生弹性变形,而且还出现较大或较长时间的塑性变形作用,支护结构由于阻止这种变形作用继续发展而引起围岩压力。这种因为硐室开挖而引起二次地应力而使得围岩过大变形所产生的围岩压力称为形变围岩压力。在结构面极为发育的岩体中,岩体破碎相当严重,围岩压力很容易超过岩体强度而使岩石碎块松动塌落到支护结构上面,这种由塌落的岩石碎块重量产生的对支护结构的压力称为塌落围岩压力或松动围岩压力(其本质为荷载压力)。此外,岩体被结构面切割成较大的块体,在岩体中开挖硐室时,这种大块体便滑向支护结构,由此对支护结构产生的压力称为滑动围岩压力(其本质也为荷载压力)。

所以说,围岩压力的成因、大小与岩体结构及强度关系密切。此外,围岩压力还与硐室的形状、大小、埋深和分布,支护结构的刚度、布置形式和支护时间,施工的方法和进度,以及硐室中其他配套设施的荷重和组合类型等均有一定的关系。岩体中初始地应力状态对于围岩压力的形成产生直接影响,甚至于起控制作用。在较坚硬的岩体内开挖地下硐室,当切向应力值小于岩体的抗压、抗拉强度时,则认为硐室壁是稳定的,无须支护。在相对软弱的岩体内开挖地下硐室,切向应力值往往高于岩体的抗压、抗拉强度,则硐室壁是不稳定的,需要做一定的支护。在地应力较为集中或地应力值较高的岩体内开挖地下硐室,或因较为发育的结构面将岩体切割很破碎时,硐室均很不稳定,尤其要重视支护结构的设置。对于不同成因的围岩压力可以用弹－塑性理论进行计算,塌落围岩压力可以用松散围岩压力理论进行计算,滑动围岩压力采用的计算方法是不一样的,例如,变形围岩压力可以用刚体极限平衡理论进行计算等。

为了正确地评价地硐室及建筑物或筑造物的稳定性,除了进行必要的地质分析之外,对围岩进行应力与应变分析计算、对初始地应力状态进行分析计算及对围岩压力进行分析计算,这三项工作均是不可缺少的。

8.1 岩体中初始地应力状态

岩体中初始地应力状态是相当复杂的,其成因受多种因素的强烈影响与制约。目前,关于岩体中初始地应力特征及分布规律的许多方面均没有被认识清楚,正确确定岩体中初始地应力场仍然存在很大困难。迄今为止,对岩体中初始地应力还无法进行较完善的理论计算,而只能依据实际测量来建立岩体中初始地应力状态或地应力场。依据促成岩体中初始地应力的主要因素,可以将岩体中初始地应力场划分为两大组成部分,即自重应力场和构造应力场,二者叠加起来便构成岩体中初始地应力场的主体。

8.1.1 自重应力

由岩体重量所产生的地应力称为自重应力,在空间有规律分布构成自重应力场。通常在计算岩体中自重应力时,假定岩体为各向均匀同性的连续介质,目的在于引用连续介质力学理论。大量实测的地应力资料亦已证实,对产状较为平缓,并且没有经受构造变形改造的岩层来说,其中的地应力状态十分接近于由弹性理论所确定的应力值。对表面为水平的半无限体来说,若体积力仅为岩体的自重力,而无其他外荷载作用,则深度为 z 处的竖向应力 σ_z 为

$$\sigma_z = \gamma z \qquad (8.1)$$

式中 γ——岩体容重。

在半无限体中的任一微元体上,正应力 σ_x、σ_y 及 σ_z 均是主应力,如图 8.1 所示。并且位于水平方向上的主应力及主应变相等,即有

$$\sigma_x = \sigma_y \qquad (8.2)$$

$$\varepsilon_x = \varepsilon_y \qquad (8.3)$$

考虑半无限体中的任一微元件体不可能产生侧向变形,即

$$\varepsilon_x = \varepsilon_y = 0 \qquad (8.4)$$

由此得

$$\frac{\sigma_x}{E} - \frac{\mu}{E}(\sigma_y + \sigma_z) = 0 \qquad (8.5)$$

式中 E、μ——岩体的弹性模量及泊松比。

由于 $\sigma_x = \sigma_y$,所以式(8.5)变为

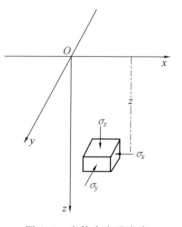

图 8.1 岩体中自重应力

$$\sigma_x = \sigma_y = \frac{\mu}{1-\mu}\sigma_z \qquad\qquad (8.6)$$

令 $K_0 = \dfrac{\mu}{1-\mu}$，则有

$$\sigma_x = \sigma_y = K_0\sigma_z \qquad\qquad (8.7)$$

式中　K_0——岩体静止侧压力系数。

在一般试验条件下，可以测得岩体的泊松比 $\mu = 0.2 \sim 0.3$，此时侧压力系数为 $K_0 = 0.25 \sim 0.4$。

对于平面问题，若体积力仅为岩体的自重力，则有

$$\begin{cases} \dfrac{\partial \sigma_x}{\partial x} + \dfrac{\partial \tau_{xz}}{\partial z} = 0 \\[2mm] \dfrac{\partial \sigma_z}{\partial z} + \dfrac{\partial \tau_{xz}}{\partial x} - r = 0 \\[2mm] \nabla^2(\sigma_x + \sigma_z) = 0 \end{cases} \qquad\qquad (8.8)$$

式中　r——岩体容量。

对于没有承受其他外荷载的水平地表面，式(8.8)又可以变为

$$\begin{cases} \sigma_z = \gamma z \\[2mm] \sigma_x = \dfrac{\mu}{1-\mu}\sigma_z = K_0\sigma_z \\[2mm] \tau_{xz} = 0 \end{cases} \qquad\qquad (8.9)$$

式中　μ——岩体泊松比；

　　　K_0——岩体静止侧压力系数；

　　　z——埋深。

对于非均质的水平成层的岩体，如图 8.2(a)所示，有 $\varepsilon_x = \varepsilon_y = 0$，由广义虎克定律得

$$\sigma_z = \sum_{i=1}^{n}\gamma_i h_i$$

$$\sigma_x = \sigma_y = \frac{\mu}{1-\mu}\frac{E_{/\!/}}{E_\perp}\sigma_z \qquad\qquad (8.10)$$

式中　$E_{/\!/}$——平行于岩层方向(xy 面)的弹性模量；

　　　$E_\perp$——垂直于岩层方面(xz 面)的弹性模量。

如果岩体由竖向成层的岩层组成，如图 8.2(b)所示，也有 $\varepsilon_x = \varepsilon_y = 0$，由广义虎克定律得

$$\begin{cases} \sigma_z = \sum_{i=1}^{n}\gamma_i h_i \\[3mm] \sigma_x = \sigma_y = \dfrac{\mu}{1-\mu}\dfrac{E_\perp}{E_{/\!/}}\sigma_z \\[3mm] \sigma_y = \dfrac{\mu}{1-\mu}\sigma_z \end{cases} \qquad\qquad (8.11)$$

最后，值得指出的是，根据式(8.1)、式(8.7)、式(8.8)、式(8.10)及式(8.11)计算出的岩体中自重应力值与实测值往往有一定出入，造成这种情况原因是多方面的。首先，地质环境

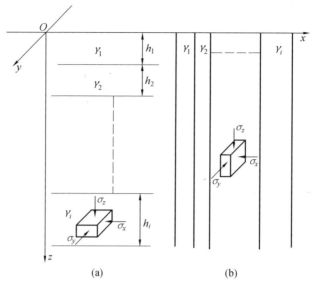

图 8.2　非均质层状岩体中自重应力计算简图

中的岩体泊松比并非常量,而是随着深度的增加而增大,岩体弹性模量 $E(E_{/\!/}, E_\perp)$ 则是随着深度的增加而减小,但是在用以上解析式计算岩体中自重应力时一般将 μ、E 作为常量处理。在地壳深部较高的温度及围压条件下,加之存在构造变形及流体的影响,岩体处于塑性状态,此时泊松比 $\mu = 0.5$,静止侧压力系数 $K_0 = 1$,从而 $\sigma_x = \sigma_y = \sigma_z = \gamma_z$,即岩体处于天然的静水压力状态下,这就是瑞士地质学家海姆(Heim)于 1878 年提出的研究成果。当时,海姆在开挖横穿阿尔卑斯山的特大型隧洞中做了详细的地应力观察测量,发现隧洞各方向上均承受着大小基本相同的很大的压力,于是便发表了著名的海姆假说,即埋深较大的岩体中初始竖向地应力值与其上覆岩体的重量成正比,而水平方向地应力与竖向地应力数值大致相等。其次,对于接近于地表的岩体或较为发育竖向张性裂隙的岩体,在自重应力作用下,由于侧向变形不受限制,所以有 $\sigma_x = \sigma_y = 0, \sigma_z = \gamma z$。再次,根据大量的各种地下硐室地应力测量结果发现,即使在很多地区的坚硬岩体中,水平地应力往往高于竖向地应力数值,称之为高水平地应力,也就是说,这些岩体中实际的地应力不符合以上解析式的计算结果,在高山山麓部位及深切河谷中尤其如此,造成这种现象的主要原因在于构造变形作用。最后,岩体中广泛存在的地下水也促成自重力分布复杂化。

8.1.2　构造应力

由于岩石圈的构造运动,不仅在岩体中产生各种变形形迹,而且还在岩体中引起一定的构造残余应力,这是岩体中初始地应力的重要组成部分之一,尤其在构造活动带、造山带、不同板块拼合带及平原与山区交汇部位等地区,高水平地应力的成因与构造应力的关系密切。构造应力对岩体工程所造成的各种危害有的是很大的,如地下硐室施工中的岩爆及隧道偏压引起的工程事故等,迫使在岩体地下工程的选址与规划、设计、施工及工程的后续运营监测等过程中必须加强对构造应力的观察研究。构造应力不仅是时间的函数,还随着岩体的空间位置不同而变化,但是就人类的工程活动而言,可以不考虑构造应力的时间影响因素,而只将构造应力作为随空间位置而变化的应力场。由于人们无法见到构造变形及构造应力作用方式的实际发生过程,这就给研究构造应力带来很大困难。目前,研究构造应力在理论上不可能获取准确的解析解,而主要手段之一是进行实测,并结合构造变形形迹加以合理分析。在漫长的地质演化历史过程中,岩石圈始终处于不断的构造运动中,在岩体中残余的构造应力既有古构造应力,也有当今正在活动的构造应力场。对于现今构造应力研究的有效手段之一就是进行构造应力的实测。而对于古构造应力的研究,重要的方法就是在野外对过去的构造变形形迹进行现场调查分析,确定各构造形迹样式的动力学特征与运动学过程,并注意与区域大地构造背景及格架结合起来考虑,然后采用各种相应的方案做模拟试验,同时配合有关应力场理论分析。

在三维空间中,假定构造应力来源于水平 x 轴方向上的压力 σ_x,而 y 轴及 z 轴方向的构造应力是由 σ_x 派生的,则可以依照上述处理岩体中自重压力的办法研究构造应力场。在地壳较深部层次,认为 $\varepsilon_y=\varepsilon_z=0$,从而有

$$\sigma_y=\sigma_z=\frac{\mu}{1-\mu}\sigma_x \tag{8.12}$$

而接近于地表,认为 $\sigma_z=0$,$\varepsilon_y=0$,从而有

$$\sigma_y=\mu\sigma_x \tag{8.13}$$

式中　μ——岩体泊松比。

目前,σ_x 只能由实测获取。

8.1.3　初始地应力分布规律

由于受到地质构造、岩体结构、岩体物质组成、岩体物理性质与工程力学性质、地形地貌、埋深、温度及地下水等多种因素的影响,致使地下岩体中初始地应力分布规律复杂多样。其主要依据现有岩体工程及地应力实测资料分析结果,可以归纳出岩体中初始地应力大致分布规律如下:

(1)通常,岩体中初始地应力场表现为三轴不等压的空间应力场,其最大水平主应力在很多情况下大于竖向主应力,而最小水平主应力的数值变化较大。例如,三峡工程中的石英闪长岩,上覆岩体厚度为 120 m,实测竖向主应力为 3.2 GPa,而最大水平主应力几乎是其 4 倍,最小水平主应力则只是它的 1/8。另据实测资料与按照自重力计算结果对比表明,计算所得的竖向主应力常常小于实测的水平应力值,并且二者的比值因空间位置不同而变化较大。

(2)上覆岩层的重量大小是岩体中初始地应力的主要成因之一。一般认为,岩体中竖向初始主应力等于上覆岩层的重量 γz。但是,国内某些实测资料(据陶振宇,

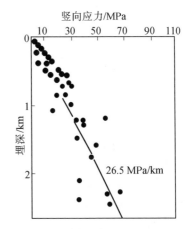

图 8.3　实测竖向自重应力随埋深变化状况散点图

1980)显示,竖向初始主应力与上覆岩层的重量 γz 的比值为 0.43～19.8,比值超过 1.2 的占 68.4%,比值小于 0.8 的占 17.3%,说明在多数情况下竖向初始主应力大于上覆岩层的重量,也有少数竖向初始主应力小于上覆岩层重量的情况。造成这种现象的主要原因是构造应力场作用的结果。据世界范围内的统计资料(埋深变化

在 25～2 700 m 范围)显示,竖向初始主应力随埋深增大大致呈线性增加,如图 8.3 所示,基本相当于按照地壳中岩层平均容重 2.7 g/cm³ 计算出来的自重力 γz。

(3) 来自于世界不同地区的初始地应力测量结果表明,在地壳内的岩体中,水平主应力随埋深加大普遍呈线性增加,这一点与竖向主应力随深度加大的变化规律基本相同。虽然在多数情况下,最大水平主应力总是大于竖向主应力的,但是随着埋深的加大,最大水平主应力与竖向主应力的比值将减小,也就是说,存在某一临界深度,在此深度之上最大水平主应力便小于竖向主应力。当然,在不同地区,这种临界深度是不一样的,有时相差十分大,例如,在南非及日本的临界深度为 500 m,在冰岛的临界深度为 200 m,在加拿大的临界深度为 2 000 m,在美国的临界深度为 1 000 m,这些均说明最大水平主应力与竖向主应力随深度变化的梯度是不同步的,多数情况下,最大水平主应力值随深度变化的梯度小于竖向主应力随深度变化的梯度,所以当超过临界深度(最大水平主应力=竖向主应力)时,竖向主应力便成为最大主应力。引起最大水平主应力和竖向主应力随深度变化的梯度不同的主要原因是构造变形作用,由于地壳构造变动主要表现为水平方向的作用过程,所以构造应力自然主要加强的是水平地应力,又因为构造变形从作用力的角度来说在地壳较浅部或表部层次的表现强于中深部层次,随着埋深的加大构造力将越来越小,所以水平地应力值随深度变化的梯度也就越来越小,至于竖向地应力起因主要来自于上覆岩层的自重力,它随深度变化的梯度自然将越来越大。

一般来说,水平主应力 σ_y 与 σ_x 的比值为 0.2～0.8,而多数为 0.4～0.7。在我国,据有关统计结果,σ_y/σ_x 的比值位于 1.0～0.75 的占 12%,位于 0.75～0.5 的占 56%,位于 0.5～0.25 的占 24%,位于 0.25～0.0 的占 8%。在北美,σ_y/σ_x 的比值,位于 1.0～0.75 的占 22%,位于 0.75～0.5 的占 46%,位于 0.5～0.25 的占 23%,位于 0.25～0.0 的占 9%。当然,在岩层产状较为平缓及构造变形简单的地区,也可以出现两个水平主应力 σ_y 与 σ_x 相等的情况。

(4) 在地壳内的岩体中观测到的最大剪应力 $(\sigma_{h_{\max}}-\sigma_{h_{\min}})/2$ 随深度变化的趋势如图 8.4 所示。尽管在图中的投点较为分散,但是仍然显示出最大剪应力随着埋深的增加而增大的趋势,并且这种趋势在 2 000 m 以内增加更为迅速。此外,在软弱岩体中,埋深超过 1 000 m 的最大剪应力变化梯度明显小于埋深较浅地层的最大剪应力变化梯度。在同一深度,坚硬岩体中的最大剪应力较软弱岩体中的最大剪应力高得多。另据地应力测量结果,断层附近及强震区的最大剪应力均比邻区的最大剪应力低。

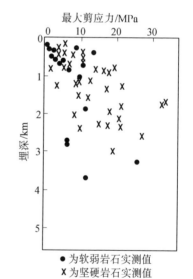

● 为软弱岩石实测值
✕ 为坚硬岩石实测值

图 8.4 实测最大剪应力随埋深变化状况

(5) 一般情况下,岩体中初始地应力的三个主应力轴均与水平面有一定的夹角。据此,可以划分出水平地应力场和非水平地应力场。水平地应力场的特征是,两个主应力轴的倾伏角不超过 30°,另一主应力轴的倾伏角不低于 60°。非水平地应力场的特征是,一个主应力轴与水平面的夹角为 45° 左右,另外两个应力轴与水平面的夹角为 0°～45°。

（6）岩体中初始地应力的大小及方向与地质构造的关系极为密切。例如,在活动断层的拐弯及交汇处往往出现地应力集中现象,而在断层其他部位反而引起地应力释放,促使岩体中地应力的重新分布。在葡萄牙 Picote 地下电站下游,由于断层引起地应力释放,致使其最大主应力值为 7.8 GPa,仅为上游最大主应力的 1/4。最大水平主应力方向与地质构造的关系相当复杂。许多地应力实测结果表明,岩体中最大水平主应力方向可能主要取决于现代构造应力场,而与地质历史上曾经出现过的构造应力场或其他应力场没有关系。因此,可以依据岩体中地应力实测资料来确定最大水平主应力的方向。

（7）坚硬而完整的岩体内可以积聚大量应变能而产生较高的初始地应力,较软弱而结构很不连续的岩体内所积聚的应变能很小,只能变成十分低的初始地应力。所以说,初始地应力的大小与岩体的结构及力学性质直接相关。耶格(1981)曾提出地应力大小与岩体抗压强度成正比的认识。根据实测地应力资料,弹性模量 $E=50\times10^3$ MPa 或超过此值的岩体中最大主应力 σ_1 一般为 10～30 MPa,而 $E=10\times10^3$ MPa 以下的岩体中地应力很少超过 10 MPa。另据李光煜等(1983)的研究结果,在弹性模量 $E=2\times10^3$ MPa 的岩体中地应力为 3.0 MPa,而在 $E=100\times10^3$ MPa 的岩体中地应力为 30 MPa。由此可知,弹性模量较大的岩体有利于地应力的累积,而较软弱的岩体则不利于地应力的积聚。软、硬岩层相间构成的岩体由于变形不均匀将产生附加应力。

（8）地形地貌对岩体中初始地应力也有一定的影响。由于地形被切割后必然引起岩体中地应力的重新分布,所以河谷两岸或其他深切谷岩壁的最大主应力方向往往与斜坡方向一致,而最小主应力方向则与谷坡法线方向一致。此外在深切河床底部,岩体中经常出现局部地应力集中的现象,所以在这种岩体中钻探时,由于应变能急剧释放而导致岩芯破裂成饼状。例如,在二滩坝址区的 112 个钻孔中就有 58 个孔内出现岩芯破裂饼,而在河床里的 48 个钻孔竟然有 40 个孔内出现岩芯破裂饼。在脆性、高强度岩体中,往往积聚很高的地应力(实测值为 19～25 GPa),所以钻孔时就会出现岩芯破裂成饼状的现象。

（9）温度或地热对于岩体中初始地应力也有一定影响,主要表现在地温梯度上。一般情况下,当地温梯度为 3 ℃/100 m 时,岩体的体胀系数为 10^{-5},弹性模量为 10^4 MPa 左右。所以地温梯度引起的温度应力(压缩应力)的表达式为

$$\sigma_T = 6z\alpha\beta E = 0.003z \tag{8.14}$$

式中　σ_T——温度应力;

　　　z——埋深;

　　　α——地温梯度;

　　　β——体胀系数;

　　　E——弹性模量。

岩体中温度应力随埋深的增加而增加。在埋深相同条件下,温度应力为竖向自重应力的 1/9 左右。此外,温度应力场相当于静水压力,即 $\sigma_x^T = \sigma_y^T = \sigma_z^T = \sigma^T$,所以岩体中温度应力场可以与自重应力场实施叠加。

此外,由于岩体局部受热不均而发生热胀与冷缩现象,也将导致产生部分地应力。

（10）岩体中地下水对初始地应力的影响主要表现在四个方面:其一,地下水增加了岩体中自重应力;其二,地下水在岩体中运动而产生的动水压力;其三,对于主要由吸水易膨胀矿物组成的岩体,地下水的存在将在岩体中产生一定的胀力;其四,在高纬度及高海拔地区,

地下水在岩体中往往产生很大的冻胀力。此外,赋存于岩体中的承压水也将增加压应力。总之,地下水对岩体中应力的影响是多方面的,情况较复杂。

8.2 弹性岩体中水平圆形硐室围岩应力计算

当地应力低于岩体弹性极限时,即应力不超过岩体抗压强度的一半,并且岩体中节理或其他结构面间距较宽而又紧密愈合,则可以近似认为这种岩体为弹性岩体,能够满足工程精度要求。在这种岩体中开挖圆形断面硐室,可以假定岩体是均质、连续、各向同性的线弹性材料。此外,由于硐室又相当于一个无限体中横断面不变的长硐,其延伸长度远大于横断面尺寸,所以能够用平面应变问题进行处理。当然,岩体事实并非理想的均质、连续、各向同性的线弹性材料,所以应用弹性力学理论计算围岩应力时将引起一定的误差,故此在硐室稳定性分析中需要采用较大的安全系数。

8.2.1 三种初始地应力状态

8.1 节中详细讨论了在没有经历强烈构造变形改造的岩体中,由岩体自重所产生的初始地应力的计算方法,其侧压力系数 $K_0 = \mu/(1-\mu)$。图 8.5 中给出了对应于三种不同侧压力系数 $K_0 = 0$,$K_0 = 1/3$,$K_0 = 1$ 的初始地应力场。一般情况下,在距离地表较浅的岩体中会形成 $K_0 = 0$ 的初始地应力场,在没有经历构造变形改造的深部岩体中将产生 $K_0 = 1/3$ 的初始地应力场,在很深的岩体中往往出现 $K_0 = 1$ 的初始地应力场。

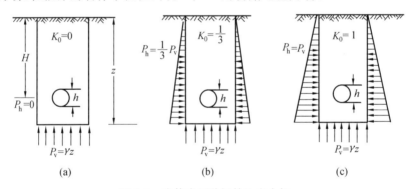

图 8.5 岩体中三种初始地应力场

从图 8.5 中可以看出,当硐室高度 h 远远小于其埋深 H 时,就可以忽略沿硐室高度的初始地应力变化。有关研究成果资料表明,在岩体自重应力场中,当硐室埋深 H 超过硐室高度 h 的 3 倍时,可以认为硐室上、下岩体中的竖向应力为 $P_v = \gamma H$,而硐室左、右岩体中的水平应力均为 $P_h = K_0 P_v$,如图 8.6 所示。采用上述假定后,计算硐室围岩应力时便可以直接应用弹性力学分析有孔平板在外荷载作用下的应力公式。

8.2.2 静水压力式初始地应力条件下围岩应力计算

图 8.7 所示为在静水压力式初始地应力场条件下的岩体中开挖水平圆形断面硐室。采用极坐标方式计算硐室围岩应力。假设岩体中初始地应力为 $\sigma_v = \sigma_h = \sigma_0 = \gamma H$。在岩体中开挖一个半径为 a 的水平圆形断面硐室所引起的围岩应力,按照弹性力学中厚壁圆筒均匀

受力求解的计算简图,如图 8.8 所示。厚壁圆筒内、外半径分别为 a 和 b,内、外压力分别为 P_1 和 P_2,从而有

$$\begin{cases} \sigma_r = \dfrac{a^2 b^2}{b^2 - a^2} \dfrac{P_2 - P_1}{r^2} + \dfrac{a^2 P_1 - b^2 P_2}{b^2 - a^2} \\[3mm] \sigma_\theta = -\dfrac{a^2 b^2}{b^2 - a^2} \dfrac{P_2 - P_1}{r^2} + \dfrac{a^2 P_1 - b^2 P_2}{b^2 - a^2} \end{cases} \tag{8.15}$$

当 $b \to \infty$ 时,即 $b \gg a$,则 $P_2 = \sigma_0$。式(8.15)可以简化为

$$\begin{cases} \sigma_r = -\sigma_0 \left(1 - \dfrac{a^2}{r^2}\right) - P_1 \dfrac{a^2}{r^2} \\[3mm] \sigma_\theta = -\sigma_0 \left(1 + \dfrac{a^2}{r^2}\right) + P_1 \dfrac{a^2}{r^2} \end{cases} \tag{8.16}$$

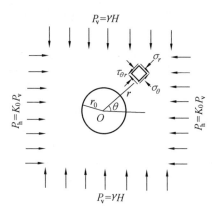

图 8.6　硐室围岩应力计算简图

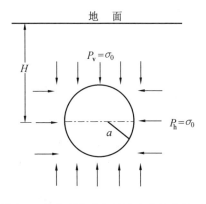

图 8.7　静水压力式初始地应力场条件下岩体中水平圆形断面硐室围岩应力分布示意图

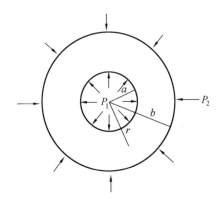

图 8.8　厚壁圆筒受力计算简图

在岩体力学中,规定压应力为正、张应力为负,则式(8.16)变为

$$\begin{cases} \sigma_r = \sigma_0 \left(1 - \dfrac{a^2}{r^2}\right) + P_1 \dfrac{a^2}{r^2} \\[3mm] \sigma_\theta = \sigma_0 \left(1 + \dfrac{a^2}{r^2}\right) - P_1 \dfrac{a^2}{r^2} \end{cases} \tag{8.17}$$

若为有压硐室,如输水及输油等隧硐,并且假定内压力 $P_1 = P$,则式(8.17)变为

$$\begin{cases} \sigma_r = \sigma_0 \left(1 - \dfrac{a^2}{r^2}\right) + P \dfrac{a^2}{r^2} \\[3mm] \sigma_\theta = \sigma_0 \left(1 + \dfrac{a^2}{r^2}\right) - P \dfrac{a^2}{r^2} \end{cases} \tag{8.18}$$

若为无压硐室,如地下交通隧道或人防隧道,则 $P_1 = 0$,从而式(8.17)变为

$$\begin{cases} \sigma_r = \sigma_0 \left(1 - \dfrac{a^2}{r^2}\right) \\[3mm] \sigma_\theta = \sigma_0 \left(1 + \dfrac{a^2}{r^2}\right) \end{cases} \tag{8.19}$$

由式(8.19)可知,在初始地应力场为静水压力式的岩体中开挖水平圆形硐室,当其内压力为零时,围岩应力 σ_r、σ_θ 便与极角 θ 无关,而只是极径 r 的函数。依据式(8.19)作 σ_r 及 σ_θ 与 r/a 的关系曲线如图8.9所示。从图8.9中可以看出,当 $r=a$ 时,即在硐室壁上,$\sigma_r=0$ 为最小,而 $\sigma_\theta=2\sigma_0$,为最大。随着 r 逐渐增大,即远离硐室壁,则 σ_r 加大,而 σ_θ 将不断减小。当 $r=6a$ 时,$\sigma_r \approx \sigma_\theta \approx \sigma_0$,之后基本上变为 $\sigma_r=\sigma_\theta=\sigma_0$,即恢复到初始地应力状态。因此,在距离硐室壁达到或超过6倍硐室半径的区域便不发生初始应力重新分布,也就是说,开挖硐室的应力影响范围基本限于6倍硐室半径的空间之内。由式(8.19)可知,硐室围岩中任一点的径向应力与切向应力之和为一常数,即有

$$\sigma_r + \sigma_\theta = 2\sigma_0 = 2\gamma H \tag{8.20}$$

式中 γ——岩体容重;

H——硐室(轴线)埋深。

最后值得提出的是,硐室围岩内任一点的剪应力 $\tau_{r\theta}=0$,即 σ_r 和 σ_θ 均为主应力,并且 $\sigma_\theta > \sigma_r$,σ_θ 为最大主应力,σ_r 为最小主应力。

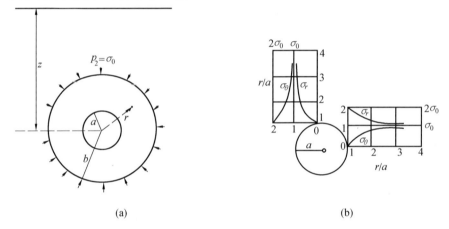

(a)   (b)

图8.9   静水压力式初始地应力条件下岩体中水平圆形硐室围岩应力分布特征

8.2.3   非均匀分布初始地应力条件下围岩应力计算

图8.10所示为在非均匀分布初始地应力场条件下的岩体中开挖水平圆形断面硐室。采用极坐标方式计算硐室围岩应力。岩体中初始地应力的水平分量 σ_h 与竖向分量 σ_v 不相等,在岩体中开挖一个半径为 a 的水平圆形断面硐室所引起的围岩应力,可以按照弹性力学中圆孔对应力分布影响的理论进行求解。

在水平应力 σ_h 单独作用下,引起硐室围岩的应力为

$$\begin{cases} \sigma_r = \dfrac{\sigma_h}{2}\left(1-\dfrac{a^2}{r^2}\right) + \dfrac{\sigma_h}{2}\left(1+\dfrac{3a^4}{r^4}-\dfrac{4a^2}{r^2}\right)\cos 2\theta \\[2mm] \sigma_\theta = \dfrac{\sigma_h}{2}\left(1+\dfrac{a^2}{r^2}\right) - \dfrac{\sigma_h}{2}\left(1+\dfrac{3a^4}{r^4}\right)\cos 2\theta \\[2mm] \tau_{r\theta} = -\dfrac{\sigma_h}{2}\left(1-\dfrac{3a^4}{r^4}+\dfrac{2a^2}{r^2}\right)\sin 2\theta \end{cases} \tag{8.21}$$

在竖向应力 σ_v 单独作用下,引起硐室围岩的应力为

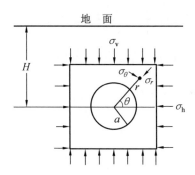

图 8.10　非均匀分布初始地应力条
件下岩体中水平圆形断面
硐室围岩应力计算简图

$$
\begin{cases}
\sigma_r = \dfrac{\sigma_v}{2}\left(1-\dfrac{a^2}{r^2}\right) - \dfrac{\sigma_v}{2}\left(1+\dfrac{3a^4}{r^4}-\dfrac{4a^2}{r^2}\right)\cos 2\theta \\[3mm]
\sigma_\theta = \dfrac{\sigma_v}{2}\left(1+\dfrac{a^2}{r^2}\right) - \dfrac{\sigma_v}{2}\left(1+\dfrac{3a^4}{r^4}\right)\cos 2\theta \\[3mm]
\tau_{r\theta} = -\dfrac{\sigma_v}{2}\left(1-\dfrac{3a^4}{r^4}+\dfrac{2a^2}{r^2}\right)\sin 2\theta
\end{cases}
\tag{8.22}
$$

将式(8.21)和式(8.22)叠加起来,便得到在二维应力 σ_h、σ_v 共同作用下引起硐室围岩应力的表达式,即

$$
\begin{cases}
\sigma_r = \dfrac{\sigma_h+\sigma_v}{2}\left(1-\dfrac{a^2}{r^2}\right) + \dfrac{\sigma_h-\sigma_v}{2}\left(1+\dfrac{3a^4}{r^4}-\dfrac{4a^2}{r^2}\right)\cos 2\theta \\[3mm]
\sigma_\theta = \dfrac{\sigma_h+\sigma_v}{2}\left(1+\dfrac{a^2}{r^2}\right) - \dfrac{\sigma_h-\sigma_v}{2}\left(1+\dfrac{3a^4}{r^4}\right)\cos 2\theta \\[3mm]
\tau_{r\theta} = -\dfrac{\sigma_h-\sigma_v}{2}\left(1-\dfrac{3a^4}{r^4}+\dfrac{2a^2}{r^2}\right)\sin 2\theta
\end{cases}
\tag{8.23}
$$

由式(8.23)可知,当初始地应力水平分量 σ_h 和竖向分量 σ_v 及硐室半径 a 一定时,围岩应力 σ_r、σ_θ、$\tau_{r\theta}$ 只是极坐标 (r,θ) 的函数。此外,若令 $\sigma_v = \gamma H = \sigma_0$,则可以按照侧压力系数 $K_0 = 1, 1/3, 0$ 三种情况,得出如下三个结论:

(1) 当 $K_0 = 1$ 时,$\sigma_h = \sigma_v = \sigma_0 = \gamma H$,则式(8.23)变为式(8.19),其应力分布如图 8.9 所示。所以,在静水压力式初始地应力场条件下的岩体中开挖水平圆形断面硐室引起围岩应力分布是在非均匀分布初始地应力场条件下的岩体中开挖水平圆形断面硐室引起围岩应力分布的特例。

(2) 当 $K_0 = 1/3$ 时,$\sigma_h = \sigma_v/3 = \gamma H/3$,式(8.23)变为

$$
\begin{cases}
\sigma_r = \dfrac{2\gamma H}{3}\left(1-\dfrac{a^2}{r^2}\right) - \dfrac{\gamma H}{3}\left(1+\dfrac{3a^4}{r^4}-\dfrac{4a^2}{r^2}\right)\cos 2\theta \\[3mm]
\sigma_\theta = \dfrac{2\gamma H}{3}\left(1+\dfrac{a^2}{r^2}\right) + \dfrac{\gamma H}{3}\left(1+\dfrac{3a^4}{r^4}\right)\cos 2\theta \\[3mm]
\tau_{r\theta} = -\dfrac{\gamma H}{3}\left(1-\dfrac{3a^4}{r^4}+\dfrac{2a^2}{r^2}\right)\sin 2\theta
\end{cases}
\tag{8.24}
$$

其应力分布曲线如图 8.11 所示。

(3) 当 $K_0 = 0$ 时,$\sigma_h = 0$,$\sigma_v = \gamma H$,式(8.23)变为

$$\begin{cases} \sigma_r = \dfrac{\gamma H}{2}\left(1-\dfrac{a^2}{r^2}\right) - \dfrac{\gamma H}{2}\left(1+\dfrac{3a^4}{r^4}-\dfrac{4a^2}{r^2}\right)\cos 2\theta \\[3mm] \sigma_\theta = \dfrac{\gamma H}{2}\left(1+\dfrac{a^2}{r^2}\right) + \dfrac{\gamma H}{2}\left(1+\dfrac{3a^4}{r^4}\right)\cos 2\theta \\[3mm] \tau_{r\theta} = \dfrac{\gamma H}{2}\left(1-\dfrac{3a^4}{r^4}+\dfrac{2a^2}{r^2}\right)\sin 2\theta \end{cases} \qquad (8.25)$$

其应力分布曲线如图 8.12 所示。

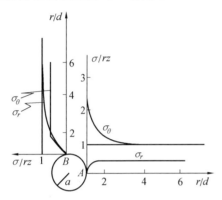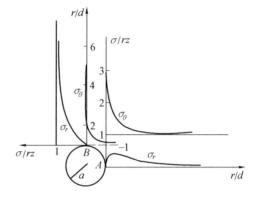

图 8.11　非均匀分布($K_0=1/3$)初始地应力场　　图 8.12　非均匀分布($K_0=0$)初始地应力场条
条件下岩体中水平圆形断面硐室围岩　　　　件下岩体中水平圆形断面硐室围岩应
应力分布图　　　　　　　　　　　　　力分布图

对于式(8.23),若令 $r=a$,即在硐室壁上的应力表达式为

$$\begin{cases} \sigma_r = 0 \\ \sigma_\theta = (\sigma_h + \sigma_v) - 2(\sigma_h - \sigma_v)\cos 2\theta \\ \tau_{r\theta} = 0 \end{cases} \qquad (8.26)$$

由式(8.26)可知,在硐室壁上,径向应力 σ_r 和剪应力 $\tau_{r\theta}$ 均为零,只存在切向应力 σ_θ,并且当 σ_h,σ_v 一定时,切向应力 σ_θ 仅是极角 θ 的函数。如果 $\sigma_v = \gamma H$,侧压力系数 K_0 和极角 θ 取各种不同值,代入式(8.26)的 σ_θ 表达式中,将计算结果绘制出的 σ_θ 分布曲线,如图 8.13 所示。在图 8.13 中,圆外曲线代表压应力,圆内曲线代表张应力,圆上应力为零,ab 长度表示 $K_0=1/2$,$\theta=0°$时硐室侧壁上压应力大小,cd 长度表示 $K_0=0$,$\theta=90°$时硐室顶壁上张应力大小。此外,由图 8.13 还可以看出,当 $K_0<1$ 时硐室侧壁上应力集中程度较硐室顶壁应力集中程度大,当 $K_0<1/3$ 时硐室顶壁将出现张应力,当 $K_0>1$ 时硐室顶壁应力集中程度较硐室侧壁应力集中程度大,当 $K_0>3$ 时硐室侧壁将出现张应力。

如果把图 8.13 中分布曲线表示成直角坐标形式,将更直观,如图 8.14 所示。在图8.14中,横坐标表示位置(极角 $\theta=0°\sim90°$),纵坐标表示应力集中程度(任一点的切向应力 σ_θ 与初始竖向应力 σ_v 之比值)。若令 $N=\sigma_\theta/\sigma_v$,则说明硐室开挖后所引起的围岩应力集中程度或变化状况。

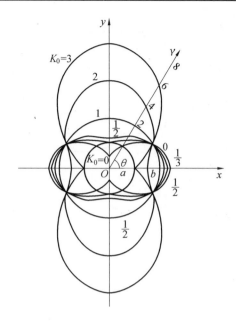

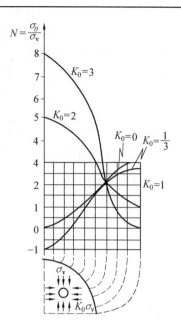

图 8.13　硐室周壁切向应力 σ_θ 随极角 θ 变化的分布曲线(极坐标系形式)

图 8.14　硐室周壁切向应力 σ_θ 随极角 θ 变化的分布曲线(直角坐标系形式)

8.3　弹性岩体中水平椭圆形硐室围岩应力计算

在弹性岩体中开挖水平椭圆形断面硐室如图 8.15 所示,其中 a、b 分别为硐室断面椭圆长、短半径,σ_h、σ_v 分别为初始地应力的水平分量及竖向分量,H 为硐室轴线埋深。由于硐室延伸长度较断面尺寸大得多,所以可以按照平面问题处理。当硐室(轴线)埋深 H 超过 $6b$(硐室高度的 3 倍)时,可以认为硐室顶、底围岩中初始地应力的竖向分量 σ_v 是相同的,并且 $\sigma_v = \gamma H$。硐室左、右岩体中初始地应力的水平分量为 $\sigma_h = K_0 \sigma_v$。根据弹性力学原理,同样可以计算水平椭圆形断面硐室围岩中各点的重新分布应力。因为围岩中最大切向应力 σ_θ 存在于硐室壁上,所以在进行硐室稳定性评价时,往往需要计算硐室周壁上的切向应力。椭圆形断面硐室周壁上切向应力 σ_θ 的表达式为

$$\sigma_\theta = \frac{\sigma_v \left[m(m+2)\cos^2\alpha - \sin^2\alpha \right] + \sigma_h \left[(1+2m)\sin^2\alpha - m^2\cos^2\alpha \right] + \tau_{vh} \left[2(1+m)^2 \sin\alpha\cos\alpha \right]}{m^2\cos^2\alpha + \sin\alpha}$$

(8.27)

式中　$m = b/a$;

α——椭圆偏心角。

图 8.15 中的椭圆长、短轴端点 A、B 分别有 $\alpha_A = 0°$,$\alpha_B = 90°$,又因为此时 $\tau_{vh} = 0$,并且令 $\sigma_v = \sigma_0 = \gamma H$,$\sigma_h = K_0 \sigma_v = K_0 \gamma H$。将这些值代入式(8.27),并且略去高阶微量,经整理便得硐室侧壁 A 点、顶壁 B 点的切向应力 σ_θ^A、σ_θ^B,即有

$$\begin{cases} \sigma_\theta^A = \gamma H \left[\left(1 + \dfrac{2a}{b} \right) - K_0 \right] \\ \sigma_\theta^B = \gamma H \left[\left(1 + \dfrac{2}{ab} \right) K_0 - 1 \right] \end{cases}$$

(8.28)

由式(8.28)可知,当 γ、H 一定时,σ_θ^A 和 σ_θ^B 为 a/b、K_0 的函数。按照四种不同的硐室宽与高之比 $a/b=0.25,0.5,2.0,4.0$,对于不同的三种侧压力系数 $K_0=0$,$1/3,1$,采用式(8.27)计算硐室椭圆周壁上各点的切向应力 σ_θ,并且由计算结果绘制切向应力 σ_θ 集中系数 $N=\sigma_\theta/\sigma_v$ 分布曲线,如图 8.16 所示。由图 8.16 可以看出,无论硐室断面椭圆是狭长的($a/b<1$)还是扁平的($a/b>1$),在各种初始地应力场($K_0=0,1/3,1$)条件下,硐室侧壁上 A 点处的切向应力均为压应力。此外,由式 $\sigma_\theta^A=\gamma H[(1+2a/b)K_0-1]$ 还可以证明,只要侧压力系数 K_0

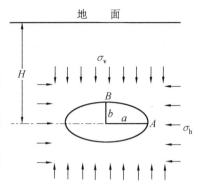

图 8.15　在弹性岩体中开挖水平椭圆形断面硐室

不大于1,A 点处就不会出现张应力。对于 $a/b>1$ 的扁平椭圆硐室,在 A 点将出现很高的应力集中现象。其次,对于硐室顶壁上 B 点,在侧压力系数 $K_0=0$ 情况下,无论 a/b 的比值如何,B 点均出现张应力。而在侧压力系数 $K_0=1$ 时,也无论 a/b 的比值如何,B 点处均出现压应力。尤其是对于 $a/b<1$ 的狭长椭圆硐室,B 点处将出现很高的应力集中现象。再次,无论是什么样的初始地应力场,σ_θ^A 都随 a/b 的增加而加大,而 σ_θ^B 均随 a/b 的增加而减小($K_0=0$ 除外)。对于 $K_0=1/3$ 情况,当 $a=b$ 时,$\sigma_\theta^A=0$;而当 $K_0=0$ 时,$\sigma_\theta^B=-\gamma H$。

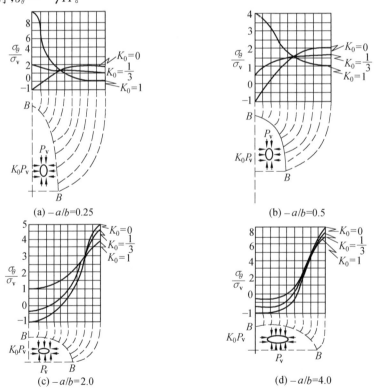

图 8.16　岩体中水平椭圆形断面硐室周壁上切向应力 σ_θ 集中系数分布曲线

在实际工程中,硐室断面椭圆的长、短轴方向往往与初始地应力的分量 σ_h、σ_v 方向不能保持一致,如图 8.17 所示。若令 $\sigma_h=K_0\sigma_v$,$b/a=m$,则由弹性力学原理,同样可以推导出此

时椭圆硐室周壁上任一点的切向应力 σ_θ 表达式,即有

$$\sigma_\theta = \sigma_v \left[\frac{2m(1+K_0) + (1-K_0)(1-m^2)\cos 2\beta + (1-K_0)(1+m)^2 \cos 2(\theta-\beta)}{(1+m^2) + (1-m^2)\cos 2\theta} \right]$$

(8.29)

角 θ 由下式求得,即

$$\begin{cases} \cos\theta = \dfrac{x\cos\beta + y\sin\beta}{a} \\ \sin\theta = \dfrac{x\sin\beta - y\cos\beta}{b} \end{cases}$$

(8.30)

式中　β——自水平应力 σ_h 方向(x 轴)至硐室断面椭圆长轴的方向角;

　　　x、y——椭圆上任一点的坐标;

　　　a、b——椭圆长、短半轴的长度。

为简化起见,不妨令 $K_0 = 0$,则 $\sigma_h = 0$,从而式(8.29)变为

$$\sigma_\theta = \frac{2m + (1-m^2)\cos 2\beta + (1+m)^2 \cos 2(\theta-\beta)}{(1-m^2)\cos 2\theta + m^2 + 1}$$

(8.31)

根据式(8.31)所做的硐室周壁切向应力集中分布曲线如图 8.18 所示。由图 8.18 可以看出:当 $\beta = 0°$ 时,即硐室椭圆长轴与竖向应力 σ_v 垂直,长轴端部产生较高的压应力集中;而当 $\beta = 90°$ 时,即硐室椭圆长轴与竖向应力 σ_v 平行,长轴端部便产生较高的张应力集中;当硐室椭圆长轴与竖向应力 σ_v 斜交时,在各种方位的椭圆中,长轴与竖向应力 σ_v 成 30° 或 60° 交角的硐室周壁椭圆长轴端部张应力集中最高。

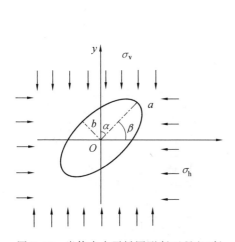

图 8.17　岩体中水平椭圆形断面硐室(断面椭圆长轴及短轴与 σ_v、σ_h 方向斜交)

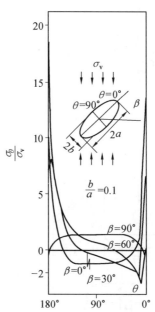

图 8.18　水平椭圆形断面硐室周壁上切向应力集中值 σ_v/σ_θ 分布曲线

8.4 弹性岩体中水平矩形硐室围岩应力分布

在岩体工程中,有的地下硐室横断面为矩形或近似于矩形。在弹性岩体中开挖横断面为矩形的硐室后,当硐室延伸长度远大于其断面尺寸时,理论上,虽然可以将它作为平面问题处理,采用弹性力学原理计算围岩中重新分布的地应力,但是与断面为圆形或椭圆形硐室相比,矩形断面硐室围岩应力的理论计算显得十分繁杂。因此,对于矩形断面硐室围岩应力的确定往往采用光弹试验来实现。近年来,经常采用有限单元法,通过计算机计算矩形断面硐室的围岩应力。

选择五种不同宽度 B 与高度 H 之比 $B/H=0.25,0.5,1,2,4$,在三种不同的初始地应力状态下,侧压力系数 $K_0=0,1/3,1$,由光弹试验结果绘制出的矩形断面硐室周壁切向应力 σ_θ 集中系数($N=\sigma_\theta/\sigma_v$,σ_v 为竖向初始应力)分布曲线如图 8.19 所示。为了避免在矩形四角处出现极高的应力集中现象,试验时将 $90°$ 转角变为圆角。由图 8.19 可以归纳出矩形断面硐室周壁切向应力 σ_θ 的如下分布特征。

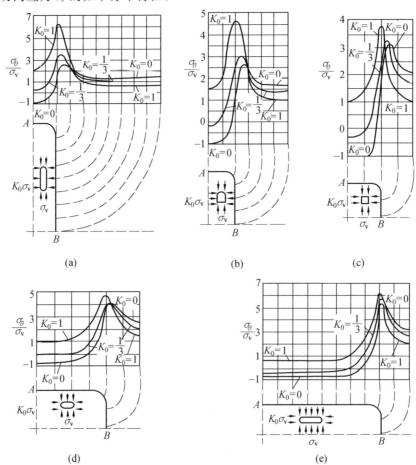

图 8.19 水平矩形断面硐室周壁上切向应力集中系数分布曲线

① 矩形四角上应力集中程度最高。

② 当 $K_0=0$ 时,矩形角点上集中应力随 B/H 的增加而升高。

③ 当 $K_0=0$ 及 $1/3$ 时,若 $B/H=1$,则矩形角点上应力集中值最小。

④ 当 $K_0=0$ 及 $1/3$ 时,矩形顶边出现张应力。

为了便于在工程上应用,现在将以上三节内容所述的断面为圆形、椭圆形及矩形硐室周壁最大切向应力 σ_θ 集中系数($N=\sigma_\theta/\sigma_v$)分布曲线(与硐室断面宽度比 B/H 关系曲线)绘制于图 8.20 中,考虑侧压力系数 $K_0=0,1/3,1$ 的三种形式初始地应力状态。

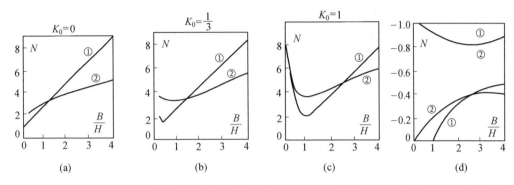

图 8.20　水平椭圆形(包括圆形①)及矩形断面硐室②周壁最大切向应力集中系数($N=\sigma_\theta/\sigma_v$)分布曲线

由图 8.20(a)可以看出,在侧压力系数 $K_0=0$ 的单向初始地应力场岩体中开挖硐室,当断面宽度比 $B/H<1$ 时,椭圆断面硐室周壁最大切向应力小于矩形断面硐室周壁最大切向应力。但是,当断面宽度比 $B/H>1$ 时,则出现与之相反的情况。因此,在设计断面宽高比 $B/H>1$ 的硐室时,采用圆角矩形断面较椭圆形断面更好。

由图 8.20(b)可以看出,在侧压力系数 $K_0=1/3$ 的二维初始地应力场岩体中开挖硐室,当断面宽高比 $B/H<1.4$ 时,椭圆及圆形断面硐室周壁最大切向应力小于矩形断面硐室周壁最大切向应力,并且当断面宽高比 $B/H\approx1/3$ 时,椭圆断面硐室最大切向应力取值最小。而当断面宽高比 $B/H>1.4$ 时,出现相反情况,所以工程上采用矩形断面硐室较理想。

由图 8.20(c)可以看出,在侧压力系数 $K_0=1$ 的静水压力式初始地应力场岩体中开挖硐室断面宽高比 $0.25<B/H<2.6$ 的椭圆形硐室周壁最大切向应力小于矩形硐室周壁最大切向应力,尤其是断面宽高比 $B/H=1$ 的圆形硐室周壁最大切向应力取值最小。而当断面宽高比 $B/H>2.6$ 时,则出现相反情况。当断面宽高比 $B/H<0.25$ 时,椭圆形及矩形硐室周壁最大切向应力取值趋于一致,二者均急剧增高。因此,圆形断面硐室是首选的最佳设计方案。

由图 8.20(d)可以看出,在侧压力系数 $K_0=0$ 的单向初始地应力场岩体中开挖硐室,无论是椭圆形断面还是矩形断面,在硐室顶壁均将出现应力集中系数 N 等于 1 或接近于 1 的张应力集中现象。在侧压力系数 $K_0=1/3$ 的二维初始地应力场岩体中开挖硐室,椭圆形断面硐室在宽高比 $B/H>1$ 情况下顶壁才出现张应力,并且随着宽高比 B/H 增加,其顶壁张应力将越来越大;而对于矩形断面硐室,在宽高比 B/H 不到 0.5 时顶壁便开始出现张应力,之后随着宽高比增加,其顶壁张应力越来越大,直至宽高比 B/H 达到 2.5 时顶壁张应力将稳定于集中系数 $N=-0.4$ 的值,不再随宽高比 B/H 增大而升高。

应当指出,在图 8.20(d)中没有侧压力系数 $K_0=1$ 的曲线,原因是在侧压力系数 $K_0=1$

的静水压力式初始地应力场岩体中开挖硐室是不会引起围岩产生张应力的。

8.5 弹性岩体中水平复式硐室围岩应力计算

在岩体工程中,有时需要修建两条或两条以上互相平行的地下硐室,如常见的双线铁路或公路隧道。显然,这种由若干条互相平行的硐室所组成的复式硐室体系在围岩中所引起的重新分布的应力状态,必将较单个硐室在围岩中引起的重新分布的应力状态复杂得多,很难从数值上获得其精确的解析表达式。因此,对于弹性岩体中水平复式硐室围岩应力场往往需要借助于光弹试验来确定。大量复式硐室围岩应力研究表明,无论硐室的数量多少、断面形状如何,只要各个硐室延伸方向一致,相邻硐室具有相同的断面形状,便可以得到以下几点结论性认识:

① 最大的压应力出现在硐室侧壁上,位于中部的硐室侧壁上的压应力尤其集中。

② 在单向初始地应力场情况下,硐室顶部及底部均产生张应力,其数值约等于竖向压应力,包括上覆岩体自重应力及其他外荷载。

③ 介于相邻硐室之间侧墙(隔墙)所承受的压应力,随着硐室宽度与侧墙宽度之比增大而升高。

④ 复式硐室围岩的最大应力集中系数的经验公式为

$$N' = N + 0.09\left[\left(1 + \frac{B}{B_0}\right)^2 - 1\right] \tag{8.32}$$

式中　N'——复式硐室围岩的最大应力集中系数;

　　　N——相同初始地应力场条件下相同岩体中单个硐室围岩的应力集中系数;

　　　B_0——硐室隔墙宽度;

　　　B——硐室宽度。

式(8.32)的应力集中系数 N 可以从图 8.20 中的相应曲线查出。下面举例说明式(8.32)的工程应用。

现假定在均质及各向同性的灰岩中开挖一排半径为 10 m、间隔为 20 m 的圆形断面硐室,硐室埋深为 328 m。试根据复式硐室围岩应力来确定硐室稳定的安全系数。岩石物理力学性质指标如下:

① 容重 $\gamma = 25.497$ kN/m³;

② 抗压强度 $P_c = 102.97$ GPa;

③ 抗拉强度 $P_t = 5.394$ GPa;

④ 泊松比 $\mu = 0.25$;

⑤ 侧压力系数 $K_0 = 1/3$。

首先,计算作用于硐室侧壁上的竖向应力 P_v 及水平应力 P_h。二者均是由岩体自重引起的,即

$$P_v = \gamma H = 25.497 \times 328 = 8.363 \text{ (GPa)}$$

$$P_h = K_0 P_v = \frac{1}{3} \times 8.363 = 2.787 \text{ (GPa)}$$

由图 8.20(b)查得,断面为圆形硐室的侧壁最大压应力集中系数 $N = 2.67$。又由图

8.20(d)可知,在侧压力系数 $K_0 = 1/3$ 的情况下,圆形断面硐室的侧壁上不产生张应力。因此,在对该硐室进行稳定性验算时,仅以压应力为依据即可。根据已知条件,硐室宽度 B 及隔墙宽度 B_0 均为 20 m。

将以上条件代入式(8.32),便可以求得复式硐室围岩的最大应力集中系数 N',即

$$N' = N + 0.09\left[\left(1 + \frac{B}{B_0}\right)^2 - 1\right] = 2.67 + 0.09\left[\left(1 + \frac{B}{B_0}\right)^2 - 1\right] = 2.94$$

所以,复式圆形断面硐室侧壁的最大切向压应力为

$$\sigma_c = N' P_v = 2.94 \times 8.363 = 24.587 \ (\text{GPa})$$

按照该最大压应力所计算的安全系数 F_c 为

$$F_c = \frac{P_c}{\sigma_c} = \frac{102.97}{24.587} = 4.2$$

由于安全系数超过 4,所以在没有任何异常地质缺陷情况下,该复式圆形断面硐室的围岩强度足以满足安全要求。

8.6　黏弹性岩体中水平圆形硐室围岩应力计算及变形特征

赋存于实际地质环境中的岩体,由于许多因素的影响往往具有一定的流变特性,因此在岩体中开挖硐室仅考虑围岩的弹性变形有时是不够的。尤其是在地热梯度较高并富含地下水的地区,开挖埋深较大的硐室更应注意岩体变形的时间效应。

关于岩体变形流变特性的力学模型已有很多种,而就一般的地下硐室工程来看,黏弹性模型最具有代表性,也基本满足实际精度要求。为方便起见,下面将以水平圆形断面硐室为例,讨论在黏弹性岩体中开挖硐室引起围岩应力重新分布及变形特征。

首先,假定岩体中初始地应力状态为静水压力式,并且岩体在变形过程中体积是不可压缩的,从而有

$$\begin{cases} \sigma_{0x} = \sigma_{0y} = \sigma_{0z} = \sigma_0 = \gamma H \\ \mu = 0.5 \\ K_0 = 1 \end{cases} \tag{8.33}$$

式中　σ_{0x}、σ_{0y}、σ_{0z}——初始地应力(岩体自重应力)在 x、y 及 z 轴方向的分量(x、z 为水平坐标轴,y 为垂直坐标轴);

　　　γ——岩体容重;

　　　H——硐室埋深;

　　　μ——岩体泊松比;

　　　K_0——岩体侧压力系数。

据此假定可以将其作为轴对称的平面问题处理。在硐室断面内建立极坐标系,极径及极角分别为 r、θ,硐室轴向即为对称轴。既然为轴对称平面问题,说明围岩应力及变形只与极径 r 有关,而与极角 θ 无关。当然,如果考虑岩体的流变性,那么围岩应力及变形则又是时间 t 的函数。

若岩体中不含任何结构面或初始张开裂隙及其他天然孔隙缺陷,也就是说,岩体为连续性岩石介质,在其中开挖硐室后将不发生瞬时弹性变形及位移,那么围岩为符合开尔文模型

的黏弹性体,即具有黏性组分的弹性介质变形体,则其应力与应变的本构关系为

$$\sigma = E\varepsilon + \eta \frac{\mathrm{d}\varepsilon}{\mathrm{d}t} \tag{8.34}$$

由于假定围岩在变形过程中不发生体积变化,则式(8.34)变为

$$\begin{cases} \sigma_r - \sigma = 2G(\varepsilon_r - \varepsilon) + 2\eta \dfrac{\mathrm{d}(\varepsilon_r - \varepsilon)}{\mathrm{d}t} \\ \sigma_\theta - \sigma = 2G(\varepsilon_\theta - \varepsilon) + 2\eta \dfrac{\mathrm{d}(\varepsilon_\theta - \varepsilon)}{\mathrm{d}t} \end{cases} \tag{8.35}$$

式中

$$\begin{cases} \sigma = \dfrac{1}{3}(\sigma_r + \sigma_\theta + \sigma_z) \\ \varepsilon = \dfrac{1}{3}(\varepsilon_r + \varepsilon_\theta + \varepsilon_z) = \dfrac{1}{3}(\varepsilon_r + \varepsilon_\theta) \\ G = \dfrac{E}{2(1+\mu)} \end{cases} \tag{8.36}$$

G——剪切模量;

η——黏滞系数;

σ_r、σ_θ、σ_z、ε_r、ε_θ——围岩应力及应变;

σ——平均应力;

$\varepsilon_r + \varepsilon_\theta + \varepsilon_z = e$——体应变($e=0$)。

> 由于平均应力 σ 与体应变 E 之间的关系为 $e = \dfrac{1-2\mu}{E}\sigma (\varepsilon = \dfrac{1}{3}e)$
>
> 所以,当 $e=0$ 时,有 $\sigma = 0$

由于岩体的流变是缓慢的,并且变形量也十分小,所以弹性力学中几何方程及平衡方程仍然成立,即有

$$\begin{cases} \varepsilon_r = \dfrac{\partial u_r}{\partial r} = \dfrac{\partial u}{\partial r} \\ \varepsilon_\theta = \dfrac{1}{r}\dfrac{\partial u_\theta}{\partial \theta} + \dfrac{u_r}{r} = \dfrac{u_r}{r} = \dfrac{u}{r} \end{cases} \quad \text{(几何方程)} \tag{8.37}$$

$$\frac{\partial \sigma_r}{\partial r} + \frac{\sigma_r - \sigma_\theta}{r} = 0 \quad \text{(平衡方程)} \tag{8.38}$$

$$\frac{\partial u}{\partial r} + \frac{u}{r} = 0 \tag{8.39}$$

> 因为　$\dfrac{\partial u}{\partial r} = \varepsilon_r$,$\dfrac{u}{r} = \varepsilon_\theta$
>
> 所以　$\dfrac{\partial u}{\partial r} + \dfrac{u}{r} = \varepsilon_\gamma + \varepsilon_\theta = \dfrac{e}{3} = 0$

将式(8.37)代入式(8.36)中的第二式,得

$$\varepsilon = \frac{1}{3}\left(\frac{\partial u}{\partial r} + \frac{u}{r}\right) \tag{8.40}$$

又因为体应变 e 为零,即 $\varepsilon = \dfrac{1}{3}e = 0$,从而式(8.40)变为

$$\frac{\partial u}{\partial r}+\frac{u}{r}=0 \tag{8.41}$$

因为 $u=u(r,t)$，设 $f(t)$ 为时间 t 的某一函数且与 r 无关，即 $\partial f(t)/\partial r=0$，则

$$\frac{\partial\left[\dfrac{f(t)}{r}\right]}{\partial r}=\frac{f(t)}{r^{2}} \tag{8.42}$$

式(8.42)可以进一步变为

$$\frac{\partial\left[\dfrac{f(t)}{r}\right]}{\partial r}+\frac{\dfrac{f(t)}{r}}{r}=0 \tag{8.43}$$

对比式(8.41)与式(8.43)，得

$$u=\frac{f(t)}{r} \tag{8.44}$$

将式(8.41)代入式(8.37)，得

$$\begin{cases}\varepsilon_{r}=\dfrac{\partial u}{\partial r}=-\dfrac{f(t)}{r^{2}}\\[3mm]\varepsilon_{\theta}=\dfrac{u}{r}=\dfrac{f(t)}{r^{2}}\end{cases} \tag{8.45}$$

对式(8.45)微分，得

$$\begin{cases}\dfrac{\mathrm{d}\varepsilon_{r}}{\mathrm{d}t}=-\dfrac{1}{r^{2}}\dfrac{\mathrm{d}f(t)}{\mathrm{d}t}\\[3mm]\dfrac{\mathrm{d}\varepsilon_{\theta}}{\mathrm{d}t}=\dfrac{1}{r^{2}}\dfrac{\mathrm{d}f(t)}{\mathrm{d}t}\end{cases} \tag{8.46}$$

将式(8.46)代入式(8.35)，并注意 $\varepsilon=0$，得

$$\begin{cases}\sigma_{r}=\sigma-\dfrac{2}{r^{2}}\left[Gf(t)+\eta\dfrac{\mathrm{d}f(t)}{\mathrm{d}t}\right]\\[3mm]\sigma_{\theta}=\sigma+\dfrac{2}{r^{2}}\left[Gf(t)+\eta\dfrac{\mathrm{d}f(t)}{\mathrm{d}t}\right]\end{cases} \tag{8.47}$$

将式(8.47)代入式(8.38)，得

$$\frac{\partial\sigma}{\partial r}+\frac{4}{r^{3}}\left[Gf(t)+\eta\frac{\mathrm{d}f(t)}{\mathrm{d}t}\right]-\frac{4}{r^{3}}\left[Gf(t)+\eta\frac{\mathrm{d}f(t)}{\mathrm{d}t}\right]=0$$

从而有 $\partial\sigma/\partial r=0$，说明平均应力 σ 与 r 无关。但是，由式(8.35)可知，平均应力 σ 为时间 t 的函数，不妨令

$$\sigma=g(t) \tag{8.48}$$

第一边界条件：当 $r\to\infty$ 时，$\sigma=\sigma_{0}$。将该边界条件代入式(8.47)，得

$$\begin{cases}\sigma_{r}=\sigma_{0}-\dfrac{2}{r^{2}}\left[Gf(t)+\eta\dfrac{\mathrm{d}f(t)}{\mathrm{d}t}\right]\\[3mm]\sigma_{\theta}=\sigma_{0}+\dfrac{2}{r^{2}}\left[Gf(t)+\eta\dfrac{\mathrm{d}f(t)}{\mathrm{d}t}\right]\end{cases} \tag{8.49}$$

第二边界条件：在硐室壁上，$r=a$，当无支撑时，$\sigma_{r}=0$，将该边界条件代入式(8.47)中的第一式，得

$$\frac{\mathrm{d}f(t)}{\mathrm{d}t}=\frac{a^{2}\sigma_{0}-2Gf(t)}{\eta} \tag{8.50}$$

解微分方程(8.50),得

$$f(t)=\frac{a^2\sigma_0-c\mathrm{e}^{-\frac{G}{\eta}t}}{2G} \tag{8.51}$$

式中 c——待定系数。

初始条件:当 $t=0$ 时,$u=f(0)/r=0$,即 $f(0)=0$。将该初始条件代入式(8.51),得

$$c=a^2\sigma_0 \tag{8.52}$$

将式(8.52)代入式(8.51),得

$$f(t)=\frac{a^2\sigma_0(1-\mathrm{e}^{-\frac{G}{\eta}t})}{2G} \tag{8.53}$$

将式(8.53)依次代入式(8.44)、式(8.45)、式(8.49),便得到位移、应变分量及应力分量的最终表达式:

$$u=\frac{a^2\sigma_0}{2Gr}(1-\mathrm{e}^{-\frac{G}{\eta}t}) \tag{8.54}$$

$$\begin{cases}\varepsilon_r=-\dfrac{a^2\sigma_0}{2Gr}(1-\mathrm{e}^{-\frac{G}{\eta}t})\\[3mm]\varepsilon_\theta=\dfrac{a^2\sigma_0}{2Gr}(1-\mathrm{e}^{-\frac{G}{\eta}t})\end{cases} \tag{8.55}$$

$$\begin{cases}\sigma_r=\sigma_0\left(1-\dfrac{a^2}{r^2}\right)\\[3mm]\sigma_\theta=\sigma_0\left(1+\dfrac{a^2}{r^2}\right)\end{cases} \tag{8.56}$$

将式(8.54)及式(8.55)对时间 t 求导,得

$$\frac{\mathrm{d}u}{\mathrm{d}t}=\frac{a^2\sigma_0}{2\eta r}\mathrm{e}^{-\frac{G}{\eta}t} \tag{8.57}$$

$$\begin{cases}\dfrac{\mathrm{d}\varepsilon_\gamma}{\mathrm{d}t}=-\dfrac{a^2\sigma_0}{2\eta r^2}\mathrm{e}^{-\frac{G}{\eta}t}\\[3mm]\dfrac{\mathrm{d}\varepsilon_\theta}{\mathrm{d}t}=-\dfrac{a^2\sigma_0}{2\eta r^2}\mathrm{e}^{-\frac{G}{\eta}t}\end{cases} \tag{8.58}$$

由式(8.56)可以看出,应力与时间无关,只是 r 的函数;当 $r=a$ 时,在硐室周壁上,$\sigma_r=0$(最小值),而 $\sigma_\theta=2\sigma_0$(最大值);之后,随着 r 值逐渐增大,σ_r 越来越大,而 σ_θ 则越来越小;当 $r\rightarrow\infty$ 时,σ_r 和 σ_θ 均稳定于 $\sigma_r=\sigma_\theta=\sigma_0$,如图 8.21 所示。由式(8.54)及式(8.57)可知,位移同时为 r 及时间 t 的函数,若 r 一定,当 $t=0$ 时,则 $u=0$(最小值);之后,随着 t 值逐渐增大,u 将越来越大;当 $t\rightarrow\infty$ 时,u 便稳定于 $(a^2\sigma_0)/(2Gr)$,如图 8.22 所示。由式(8.55)及式(8.58)可知,应变也同时为 r 及时间 t 的函数;当 $t=0$ 时,$\varepsilon_r=0$(最大值),$\varepsilon_\theta=0$(最小值);之后,随着 t 值逐渐增大,ε_r 将越来越小,而 ε_θ 则越来越大;当 $t\rightarrow\infty$ 时,ε_r,ε_θ 分别稳定于 $-(a^2\sigma_0)/(2Gr^2)$ 及 $(a^2\sigma_0)/(2Gr^2)$,如图 8.23 所示。

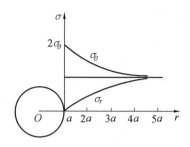

图 8.21　水平圆形断面硐室围岩
应力分布特征曲线

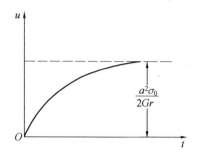

图 8.22　水平圆形断面硐室围岩
位移与时间关系曲线

事实上,自然界的岩体中是普遍含有各种裂隙或孔隙的,因此在岩体中开挖硐室会引起地应力重新分布。由于这些先存裂隙及孔隙快速闭合,将导致围岩发生瞬时弹性位移及应变,所以开尔文模型是无法模拟这种过程的,而需要另寻其他黏弹性模型。研究表明,若将马克斯韦尔模型并联上一个弹簧,如图 8.24 所示,便可以模拟这种瞬时弹性变化过程,更加切合实际。采用该模型求解在静水压力式初始地应力状态下黏弹性岩体中开挖水平圆形断面硐室的轴对称平面问题时,计算围岩位移、应变及应力表达式的推导原理及过程与上述开尔文模型的推导是一致的,只是其初始条件不同而已。相应的位移、应变、应变速率及应力表达式分别为

$$u = \frac{a^2\sigma_0}{2rG_\infty}\left(1 - e^{-\frac{G_\infty t}{G_0\lambda}}\right) + \frac{a^2\sigma_0}{2rG_0}\left(1 - e^{-\frac{G_\infty t}{G_0\lambda}}\right) \tag{8.59}$$

$$\begin{cases} \varepsilon_r = -\dfrac{a^2\sigma_0}{2r^2G_\infty}\left(1 - e^{-\frac{G_\infty t}{G_0\lambda}}\right) - \dfrac{a^2\sigma_0}{2r^2G_0}e^{-\frac{G_\infty t}{G_0\lambda}} \\[3mm] \varepsilon_\theta = \dfrac{a^2\sigma_0}{2r^2G_\infty}\left(1 - e^{-\frac{G_\infty t}{G_0\lambda}}\right) + \dfrac{a^2\sigma_0}{2r^2G_0}e^{-\frac{G_\infty}{G_0}\frac{t}{\lambda}} \end{cases} \tag{8.60}$$

$$\begin{cases} \dfrac{d\varepsilon_r}{dt} = -\dfrac{a^2\sigma_0}{2G_0r^2\lambda}\left(1 - \dfrac{G_\infty}{G_0}\right)e^{-\frac{G_\infty}{G_0}\frac{t}{\lambda}} \\[3mm] \dfrac{d\varepsilon_\theta}{dt} = \dfrac{a^2\sigma_0}{2G_0r^2\lambda}\left(1 - \dfrac{G_\infty}{G_0}\right)e^{-\frac{G_\infty}{G_0}\frac{t}{\lambda}} \end{cases} \tag{8.61}$$

$$\begin{cases} \sigma_r = \sigma_0\left(1 - \dfrac{a^2}{r^2}\right) \\[3mm] \sigma_\theta = \sigma_0\left(1 + \dfrac{a^2}{r^2}\right) \end{cases} \tag{8.62}$$

式中　　σ_0——初始地应力,$\sigma_0 = \gamma H$;

　　　　G_0——初始剪切模量;

　　　　G_∞——最终剪切模量;

　　　　λ——M 体应力松弛时间,$\lambda = \eta_M/G_M$。

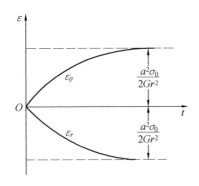

图 8.23　水平圆形断面硐室围岩应
变与时间的关系曲线

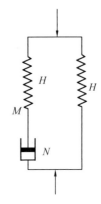

图 8.24　硐室围岩蠕变力学模型
$M \parallel H = (H - N) \parallel H$

根据式(8.59)、式(8.60)所做的位移及应变随时间变化曲线如图 8.25 和图 8.26 所示。由式(8.59)~(8.62)、图 8.25 及图 8.26 可以看出,理论上,硐室挖成的瞬间,围岩应力的重新分布即已完成,并且发生瞬时弹性变形。而后,随着时间的延续,围岩的位移及应变逐渐增大(ε_r 与 ε_θ 的绝对值相同,但是符号相反),直至二者均趋于稳定,应变速率变为零。

值得提出的是,当 $t \to \infty$ 时,围岩的应力与应变达到最终状态仍未超出岩体的强度及变形极限,则硐室是稳定的,无须支护。由此可见,岩体中硐室开挖结束时虽然没有发生危害事故,但是并不见得日后一定稳定,因为存在变形的时间效应,所以需要经过一定的考察期,等到围岩变形稳定时,确认其应力、应变的最终状态是否达到或超过岩体的极限值,方可判定硐室运营安全与否。所以,若准备在硐室中修建其他配套的功能设施,应在硐室开挖结束一段时间(安全考察期)后,围岩确认已稳定下来,再动工将更加稳妥。尤其是那些对变形相当敏感的地下建筑物或构筑物更应如此。此外,由于岩体具有变形加工硬化特性,所以硐室开挖后,随着变形的发展,围岩的强度将有所提高。

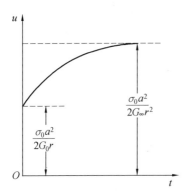

图 8.25　硐室围岩位移随时间变化
的曲线

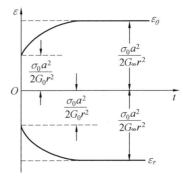

图 8.26　硐室围岩应变随时间变化
的曲线

8.7   有压隧硐围岩应力计算及稳定性分析

在水利水电建设中往往需要做隧硐工程,尤其会经常碰到引水隧硐。而水工隧硐包括无压隧硐及有压隧硐两种类型,无压隧硐断面多数做成马蹄形及其他形状,有压隧硐一般做成圆形断面(主要基于受力及稳定性考虑)。以下将讨论有压隧硐围岩受力及稳定性问题。

水工隧硐通常设置混凝土、钢筋混凝土及钢板喷浆层等各种衬砌。近 10 多年来,喷锚支护在水工隧硐中获得了较为广泛的应用,前景十分看好。水工隧硐衬砌的主要作用有:①承受山岩及围岩中的动水压力,以阻止围岩向硐内滑动与塌落;②承受硐内的水压力;③封闭硐壁岩石裂缝,以防渗漏及其他危害;④减少硐壁粗糙度,便于水更好地流通。无压隧硐衬砌主要承受山岩及围岩中的动水压力。有压隧硐衬砌除了承受山岩及围岩中的动水压力之外,主要承受硐内的很大水压力,当然,围岩也将承受部分硐内的水压力。围岩受到硐内水压力作用之后,将引起地应力重新分布,导致围岩变形,甚至失稳。下面将做具体分析。

有压隧硐围岩应力变化相当复杂。首先,隧硐开挖将引起围岩中地应力重新分布。之后,隧硐充水,硐内水压力又将使围岩中地应力再分布。隧硐在运营过程中,由于出现故障需要检修而放空硐内的水,会释去硐内的水对围岩的压力,也将导致围岩中地应力重新分布。待检修结束,隧硐又充水,硐内水压力再度产生,围岩中地应力又重新分布。所以,有压隧硐围岩中地应力是不断变化的。因此,在分析隧硐围岩性质时,应注意其在各种情况下的受力状况,特别要加强硐内水压力作用的研究工作。

对有压圆形断面隧硐围岩应力计算及稳定性分析,同样可以按照平面问题处理,在极坐标系下进行。围岩变形虽然属于弹性力学方面的问题,但是有时也存在流变行为。

8.7.1   隧硐围岩及衬砌应力计算

对于无衬砌的有压隧硐,其围岩应力除了与隧硐开挖后重新分布的自重应力关系密切外,还有来自于硐内水压力 p 的作用。动内水压力 p 传递到围岩中将产生附加应力而影响围岩应力的分布。可以依据弹性力学中厚壁圆筒理论求解由硐内水压力在围岩中产生的附加应力。如图 8.27 所示,隧硐半径为 a,硐内水压力 p 在围岩中影响(传递)半径为 b,显然 $b \gg a$,即 $a/b \approx 0$。当 $r = b$ 时,$p = 0$。由式(8.17)可以得到硐内水压力 p 在围岩中产生的附加应力表达式为

$$\begin{cases} \sigma_r = p \dfrac{a^2}{r^2} \\[2mm] \sigma_\theta = -p \dfrac{a^2}{r^2} \end{cases} \tag{8.63}$$

由式(8.63)可知,硐内水压力 p 在围岩中所产生的径向附加应力 σ_r 为压应力,而切向附加应力 σ_θ 为张应力,二者均随着半径 r 的增大而按平方关系迅速降低。当 $r = 2a$ 时,σ_r 及 σ_θ 只有硐内水压力 p 的 25%。当 $r = 6a$ 时,$\sigma_r = \sigma_\theta \approx 0$,即硐内水压力 p 约影响 6 倍隧硐半径范围。值得注意的是,当切向附加应力 σ_θ 很大时,抵消了围岩中原有的压应力,并且当其超过岩体抗拉强度时,将导致隧硐附近的围岩产生放射状裂隙,如图 8.28 所示。在某些有压隧硐中常见新形成的平行于隧硐轴线且呈放射状分布的张性裂隙,就是这样形成的。

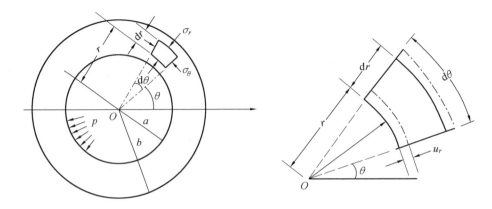

图 8.27 有压隧硐围岩应力计算简图

工程上,基于围岩所能承受硐内水压力能力,有时需要设置衬砌或喷锚支护以分担一部分或承受全部硐内水压力。如图 8.29 所示,隧硐所设衬砌的内、外半径分别为 a_0 及 a。假如衬砌与隧硐周壁紧密接触而没有留下任何缝隙或间隔,说明衬砌各处普遍均匀传递硐内水压力。当围岩完整连续而无任何先存裂隙时,在硐内水压力 p 作用下,通过衬砌传递到周壁上的压力 p_a 为

$$p_a = \lambda p \tag{8.64}$$

式中　λ——硐内水压力传递系数。

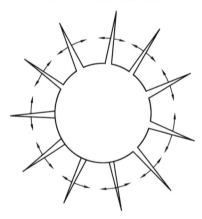

图 8.28　有压隧硐围岩张性裂隙(放射状分布)示意图

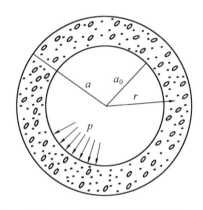

图 8.29　有压隧硐衬砌示意图

以下将推导 λ 的计算公式。

由弹性力学的厚壁圆筒理论,可以导出径向位移 u_r、径向应力 σ_r 的表达式为

$$\sigma_r = \frac{E}{(1+\mu)(1-2\mu)}\left(B - \frac{C}{r^2}\right) \tag{8.65}$$

$$u_r = Br + \frac{C}{r^2} \tag{8.66}$$

式中　E——弹性模量;

　　　μ——泊松比;

B、C——待定系数。

当 $a < r < \infty$ 时,径向应力 σ_r 为

$$\sigma_r = \frac{E_2}{(1+\mu_2)(1-2\mu_2)}\left(B_2 - \frac{C_2}{r^2}\right) \tag{8.67}$$

式中　E_2、μ_2——围岩的弹性模量及泊松比;

　　　B_2、C_2——围岩的待定系数。

由边界条件:当 $r \to \infty$ 时,$\sigma_r = 0$。对于围岩得出,$B_2 = 0$。将 $B_2 = 0$ 代入式(8.67)得

$$\sigma_r = \frac{E_2}{(1+\mu_2)(1-2\mu_2)}\frac{C_2}{r^2} \tag{8.68}$$

在隧硐周壁上,即当 $r = a$ 时,径向应力 $\sigma_{r=a}$ 为

$$\sigma_{r=a} = \frac{E_2}{(1+\mu_2)(1-2\mu_2)}\frac{C_2}{a^2} = p_a = \lambda p \tag{8.69}$$

从而有

$$C_2 = \frac{p_a a^2(1+\mu_2)(1-2\mu_2)}{E_2} \tag{8.70}$$

在隧硐周壁上,即当 $r = a$ 时,径向位移 $u_{r=a}$ 为

$$u_{r=a} = B_2 r + \frac{C_2}{r} = \frac{C_2}{a} = \frac{p_a a(1+\mu_2)(1-2\mu_2)}{E_2} \tag{8.71}$$

当 $a_0 < r < a$ 时(在衬砌中),径向应力 σ_r 为

$$\sigma_r = \frac{E_1}{(1+\mu_1)(1-2\mu_1)}\left(B_1 - \frac{C_1}{r^2}\right) \tag{8.72}$$

式中　E_1、μ_1——衬砌的弹性模量及泊松比;

　　　B_1、C_1——衬砌的待定系数。

边界条件:当 $r = a_0$ 时,$\sigma_r = p$,将此条件代入式(8.72),得

$$\sigma_{r=a} = \frac{E_1}{(1+\mu_1)(1-2\mu_1)}\left(B_1 - \frac{C_1}{a_0^2}\right) = \lambda p \tag{8.73}$$

边界条件:当 $r = a$ 时,$\sigma_r = p_a = \lambda p$,将此条件代入式(8.72),得

$$\sigma_{r=a} = \frac{E_1}{(1+\mu_1)(1-2\mu_1)}\left(B_1 - \frac{C_1}{a_2}\right) = \lambda_p \tag{8.74}$$

联立式(8.73)、式(8.74),解得

$$C_1 = -\frac{(1+\mu_1)(1-2\mu_1)}{E_1}\frac{a^2 a_0^2}{a^2-a_0^2}(1-\lambda)p \tag{8.75}$$

$$B_1 = -\frac{(1+\mu_1)(1-2\mu_1)}{E_1}\frac{a_0^2-\lambda a^2}{a^2-a_0^2}p \tag{8.76}$$

根据位移相容条件:在 $r = a$ 处,围岩径向位移与衬砌径向位移应相等,即有

$$u_{r=a} = B_1 a + \frac{C_1}{a} = B_2 a + \frac{C_2}{a} \tag{8.77}$$

将系数 B_1、C_1、B_2、C_2 的表达式代入式(8.77),得

$$\frac{(1+\mu_1)(1-2\mu_1)}{E_1}\frac{a_0^2-\lambda a^2}{a^2-a_0^2}pb + \frac{(1+\mu_1)(1-2\mu_1)}{E_1}\frac{aa_0^2}{a^2-a_0^2}(1-\lambda)p$$

$$= \frac{\lambda pa(1+\mu_2)(1-2\mu_2)}{E_2} \tag{8.78}$$

整理式(8.78)得

$$\lambda = \frac{p_a}{p} = \frac{2(1+\mu_1)(1-2\mu_1)E_2 a_0^2}{(1+\mu_2)(1-2\mu_2)E_1(a^2-a_0^2)+(1+\mu_1)(1-2\mu_1)E_2(a^2+a_0^2)} \tag{8.79}$$

λ 表示隧硐内水压力 p 通过衬砌传递给围岩的份数。λ 值越大,说明传递给围岩的压力越大;反之,λ 值越小,则传递给围岩的压力越小,大部分硐内水压力均由衬砌承担。由式(8.79)可知,λ 值与围岩和衬砌材料的力学性质,以及隧硐内径和衬砌厚度直接相关。求出 λ 值之后,便可以计算传递到隧硐周壁上的水压力,接着就不难据其确定围岩中任一点重新分布的应力。衬砌越厚,传力系数 λ 便越小。

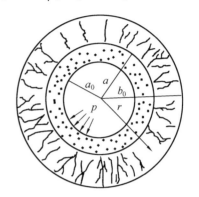

图 8.30　有压隧硐围岩径向放射状分布张性裂隙示意图

当围岩内在隧硐附近存在径向裂隙时,如图 8.30 所示,径向裂隙分布范围以半径 b_0 表示,则可以认为在径向裂隙分布范围内切向应力 $\sigma_\theta = 0$。据力的平衡原理,可以求出径向裂隙区内表面处的径向压力 p_a,即

$$a p_a = a_0 p$$

从而有

$$p_a = \frac{a_0}{a} p \tag{8.80}$$

同样道理,也能确定径向裂隙区的径向应力 σ_r,即

$$\sigma_r = \frac{a_0}{r} p \quad (a \leqslant r \leqslant b_0) \tag{8.81}$$

式中　r——径向裂隙区微分单元矢径。

还能够获得径向裂隙区外表面处的径向应力 p_{b0},即有

$$p_{b0} = \frac{a_0}{b_0} p \tag{8.82}$$

由式(8.63)可以求出径向裂隙区之外的围岩中任一点因隧硐内水压力引起的附加应力,即

$$\begin{cases} \sigma_r = \frac{b_0^2}{r^2} p_{b0} = \frac{b_0^2}{r^2} \frac{a_0}{b_0} p = \frac{a_0 b_0}{r^2} p \\ \sigma_\theta = -\frac{b_0^2}{r^2} p_{b0} = -\frac{b_0^2}{r^2} \frac{a_0}{b_0} p = -\frac{a_0 b_0}{r^2} p \end{cases} \quad (b_0 < r < \infty) \tag{8.83}$$

将式(8.23)与式(8.63)叠加起来,便得到具有径向裂隙的隧硐围岩应力计算公式,即

$$\begin{cases} \sigma_r = \frac{\sigma_h + \sigma_v}{2}\left(1 - \frac{a^2}{r^2}\right) + \frac{\sigma_h - \sigma_v}{2}\left(1 + \frac{3a^4}{r^4} - \frac{4a^2}{r^2}\right)\cos 2\theta + p\frac{a^2}{r^2} \\ \sigma_\theta = \frac{\sigma_h + \sigma_v}{2}\left(1 + \frac{a^2}{r^2}\right) - \frac{\sigma_h - \sigma_v}{2}\left(1 + \frac{3a^4}{r^4}\right)\cos 2\theta - p\frac{a^2}{r^2} \\ \tau_{r\theta} = -\frac{\sigma_h - \sigma_v}{2}\left(1 - \frac{3a^4}{r^4} + \frac{2a^2}{r^2}\right)\sin 2\theta \end{cases} \tag{8.84}$$

将式(8.23)与式(8.83)叠加起来也可以。

当 $r = a$,即在隧硐周壁上时,有

$$\begin{cases} \sigma_r = p \\ \sigma_\theta = (\sigma_h + \sigma_v) - 2(\sigma_h - \sigma_v)\cos 2\theta - p \\ \tau_{r\theta} = 0 \end{cases} \tag{8.85}$$

在理论上,若叠加后的应力为压应力,则围岩将不会破坏。如果叠加后的应力为张应力,当其超过了围岩的抗拉强度时,将产生张性破裂而危及隧硐安全。

在图 8.30 中,若衬砌内存在径向裂隙时,假定这些径向裂隙均匀分布,则根据力学平衡原理,仍可认为传递到围岩上的硐内水压力 p_a 与衬砌内半径 a_0 成正比,与衬砌外半径成反比,即

$$p_a = \frac{a_0}{a} p \tag{8.86}$$

据此,隧硐周壁处围岩中的径向应力 σ_r 及切向应力 σ_θ 可以分别表示为

$$\begin{cases} \sigma_r = \dfrac{a_0}{a} p \\[2mm] \sigma_\theta = -\dfrac{a_0}{a} p \end{cases} \tag{8.87}$$

8.7.2　围岩弹性抗力系数的意义及其应用

在图 8.31 中,当存在硐内水压力 p 作用时,隧硐周壁围岩必然向外产生一定的位移 Δa,则令

$$K = \frac{p}{\Delta a} \tag{8.88}$$

式中　K——围岩弹性抗力系数。

K 的物理意义为促使隧硐周壁围岩产生单位径向位移所需的硐内水压力值。很明显,K 越大,围岩所承受硐内水压力的能力也就越大。也就是说,在有压隧硐中,由于张性切向应力 σ_θ 作用,使衬砌可能遭到破坏,但是与此同时,围岩也将发生变形。根据应力与应变的关系,围岩内会出现弹性抗力来阻止衬砌破坏而承受部分硐内水压力,减轻衬砌的负担。所以充分利用围岩的弹性抗力,对减小衬砌厚度与降低工程造价是有积极意义的。因

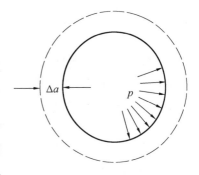

图 8.31　有压隧硐围岩弹性抗力系数计算示意图

此,弹性抗力系数 K 也可以定义为,迫使隧硐周壁围岩的单位径向压缩变形所产生的弹性抗力。下面来推导围岩弹性抗力系数 K 的计算公式。

平面问题弹性力学物理方程为

$$\varepsilon_r = \frac{1}{E}(\sigma_r - \mu\sigma_\theta) \tag{8.89}$$

式中　σ_r、σ_θ——围岩中径向及切向应力;

$\quad\quad\ \varepsilon_r$——围岩径向应变。

又因为

$$\begin{cases} \sigma_r = p\,\dfrac{a^2}{r^2} \\[2mm] \sigma_\theta = -p\,\dfrac{a^2}{r^2} \\[2mm] \varepsilon_r = \dfrac{\Delta a}{r} \end{cases} \tag{8.90}$$

将式(8.90)代入式(8.89),并且注意在隧硐周壁上有 $r=a$,得

$$\frac{\Delta a}{r} = \frac{1}{E}\left(p\,\frac{a^2}{a^2} + \mu p\,\frac{a^2}{a^2} \right)$$

经整理得

$$\frac{p}{\Delta a} = \frac{E}{(1+\mu)a} \tag{8.91}$$

将式(8.91)代入式(8.88),得

$$K = \frac{E}{(1+\mu)a} \tag{8.92}$$

由式(8.92)可知,弹性抗力系数 K 与隧硐半径 a 有关,而非常数,实践证明也是这样的。所以,在工程上,为了统一标准,经常采用单位弹性抗力系数 K_0。规定隧硐半径 $a=100\ \text{cm}$ 时的弹性抗力系数为单位弹性抗力系数,即

$$K_0 - \frac{E}{100(1+\mu)} \tag{8.93}$$

由式(8.92)和式(8.93)得

$$K_0 = K\,\frac{a}{100} \tag{8.94}$$

如果有实测的或通过其他途径获得的较为可靠的围岩弹性抗力系数 K,也可以用下面导出的公式计算衬砌内的应力。

如图 8.32 所示,衬砌在均匀的硐内水压力 p 作用下,将发生膨胀变形。与此同时,衬砌外侧又要受到围岩弹性抗力 p_a 的反方向作用。根据式(8.66)不难推导出衬砌内任一点 r 处的径向变形(位移)为

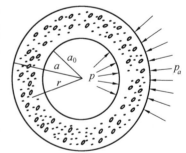

$$u_r = \frac{1+\mu_1}{E_1}\left[\frac{(1-2\mu_1)r^2+a^2}{r(t^2-1)}p - \frac{t^2(1-2\mu_1)r^2+a^2}{r(t^2-1)}p_a \right] \tag{8.95}$$

式中 E_1、μ_1——衬砌材料的弹性模量及泊松比,$t=a/a_0$。

在衬砌外侧,即 $r=a$ 处,有

图 8.32 有压隧硐衬砌受力示意图

$$u_{r=a} = \frac{2a}{t^2-1}\frac{(1+\mu_1)(1-\mu_1)}{E_1}p - \frac{a}{t^2-1}\frac{(1+\mu_1)[t^2(1-2\mu_1)+1]}{E_1}p_a \tag{8.96}$$

弹性抗力系数为 K 的围岩在 p_a 作用下,也将发生如下变形(位移):

$$u_{r=a} = \frac{p_a}{K} \tag{8.97}$$

根据位移相容条件,由式(8.96)及式(8.97)得

$$p_a = \frac{2(1+\mu_1)(1-\mu_1)K_a p}{E_1(t^2-1)+K_a(1+\mu_1)[t^2(1-2\mu_1)+1]} \tag{8.98}$$

令 $c=\dfrac{K_a(1+\mu_1)}{E_1}$，则式 (8.98) 可以简化为

$$p_a=\frac{2c(1-\mu_1)p}{(t^2-1)+c[t^2(1-2\mu_1)+1]} \tag{8.99}$$

利用式 (8.99) 求出 p_a 后，再代入厚壁圆筒受压公式中，便可以导得用围岩弹性抗力系数 K 表示的衬砌内应力计算公式，即

$$\begin{cases} \sigma_r=\dfrac{1-N-\dfrac{a^2}{r^2}[1+N(1-2\mu_1)]}{N[t^2(1-2\mu_1)+1]+(t^2-1)}p & （压应力）\\[4mm] \sigma_\theta=\dfrac{1-N+\dfrac{a^2}{r^2}[1+N(1-2\mu_1)]}{N[t^2(1-2\mu_1)+1]+(t^2-1)}p & （张应力） \end{cases} \tag{8.100}$$

若为空间问题，则衬砌内纵向张应力 σ_z 为

$$\sigma_z=\mu_1(\sigma_r+\sigma_\theta)=\frac{2(1-N)\mu_1 p}{t^2-1+N[t^2(1-2\mu_1)+1]} \quad （张应力） \tag{8.101}$$

> 若厚壁圆筒内、外半径分别为 a、b，则依据弹性力学原理可以导出圆筒壁内径向应力 σ_r 及切向应力 σ_θ 计算公式为
>
> $$\begin{cases} \sigma_r=\dfrac{a^2(b^2-r^2)}{r^2(b^2-a^2)}p_a-\dfrac{b^2(a^2-r^2)}{r^2(b^2-a^2)}p_b \\[4mm] \sigma_\theta=-\dfrac{a^2(b^2+r^2)}{r^2(b^2-a^2)}p_a+\dfrac{b^2(a^2+r^2)}{r^2(b^2-a^2)} \end{cases} \quad (a<r<b)$$
>
> 式中　p_a、p_b——厚壁圆筒内、外所受的压力。

8.7.3　围岩渗水条件下应力计算

当隧硐围岩内有渗流时，渗透力便促使围岩应力重新分布。假定围岩充水后不改变其原有的物理力学性质，并且水的渗流满足达西定律，则只要确定出围岩内各处渗透孔隙水压力变化规律，就能够求得隧硐围岩的应力状态。然而，合理确定围岩内渗透水压力的变化规律是很困难的。因此，这里仅以常见的圆形断面有压隧硐为例进行分析，考虑隧硐围岩形成厚壁圆筒的情况，近似计算在渗水条件下隧硐围岩应力。同样，将其按照弹性力学的平面问题处理。

在图 8.27 中，假定厚壁圆筒由多孔材料组成，圆筒中因受渗水作用而形成一个孔隙水压力场，各点均产生渗透力。据弹性力学的平面问题极坐标解答，在隧硐围岩中，考虑水渗透力的平衡微分方程为

$$\frac{\mathrm{d}\sigma_r}{\mathrm{d}r}+\frac{\sigma_r-\sigma_\theta}{r}-\eta_s\frac{\mathrm{d}p_w}{\mathrm{d}r}=0 \tag{8.102}$$

式中　p_w——孔隙水压力，因极径 r 不同而变化；

η_s——孔隙水压力作用面积系数，与材料孔隙率有关。近似为 $\eta_s=n^{2/3}$，n 为孔隙率，一般混凝土的 $\eta_s=2/3\sim1$，而接近破坏岩石的 $\eta_s\approx1$。

研究表明，采用应力函数 F 通过如下形式表示的径向应力 σ_r 和切向应力 σ_θ，能够满足式 (8.102)，即

$$\begin{cases} \sigma_r = \dfrac{F}{r} \\ \sigma_\theta = \dfrac{\mathrm{d}F}{\mathrm{d}r} - \eta_s r \dfrac{\mathrm{d}p_w}{\mathrm{d}r} \end{cases} \tag{8.103}$$

在式(8.37)中早已明确 $\varepsilon_\theta = \dfrac{u}{r}$，对其两边同时微分，得

$$\frac{\mathrm{d}\varepsilon_\theta}{\mathrm{d}r} = \frac{1}{r}\frac{\mathrm{d}u}{\mathrm{d}r} - \frac{u}{r^2} \tag{8.104}$$

将 $\varepsilon_\theta = \dfrac{u}{r}$，$\varepsilon_r = \dfrac{\mathrm{d}u}{\mathrm{d}r}$ 代入式(8.104)，得

$$\varepsilon_\theta - \varepsilon_r + r\frac{\mathrm{d}\varepsilon_\theta}{\mathrm{d}r} = 0 \tag{8.105}$$

式中 u——位移。

式(8.105)就是用径向应变 ε_r 和切向应变 ε_θ 表示的轴对称系统的应变相容条件。

此外，在轴对称条件下，对于弹性力学的平面问题，据广义虎克定律，应变 ε_r 和 ε_θ 与应力 σ_r 和 σ_θ 之间尚存在如下关系：

$$\begin{cases} \varepsilon_r = \dfrac{1-\mu^2}{E}\left(\sigma_r - \dfrac{\mu}{1-\mu}\sigma_\theta\right) \\ \varepsilon_\theta = \dfrac{1-\mu^2}{E}\left(\sigma_\theta - \dfrac{\mu}{1-\mu}\sigma_r\right) \end{cases} \tag{8.106}$$

将式(8.103)代入式(8.106)，得

$$\begin{cases} \varepsilon_r = \dfrac{1-\mu^2}{E}\left[\dfrac{E}{r} - \dfrac{\mu}{1-\mu}\left(\dfrac{\mathrm{d}F}{\mathrm{d}r} - \eta_s r\dfrac{\mathrm{d}p_w}{\mathrm{d}r}\right)\right] \\ \varepsilon_\theta = \dfrac{1-\mu^2}{E}\left(\dfrac{\mathrm{d}E}{\mathrm{d}r} - \eta_s r\dfrac{\mathrm{d}p_w}{\mathrm{d}r} - \dfrac{\mu}{1-\mu}\dfrac{F}{r}\right) \end{cases} \tag{8.107}$$

将式(8.107)代入式(8.105)，得

$$r\frac{\mathrm{d}^2 F}{\mathrm{d}r^2} + \frac{\mathrm{d}F}{\mathrm{d}r} - \frac{F}{r} = \frac{\eta_s}{1-\mu}r\frac{\mathrm{d}p_w}{\mathrm{d}r} + \eta_s r \nabla^2 p_w \tag{8.108}$$

式中 ∇^2——拉普拉斯算子，$\nabla^2 = \dfrac{\mathrm{d}^2}{\mathrm{d}r^2} + \dfrac{1}{r}\dfrac{\mathrm{d}}{\mathrm{d}r}$。

式(8.108)为用应力函数 F 表示的轴对称系统的应变相容条件，即变形协调方程。事实上，式(8.108)属于轴对称系统的应力应变控制方程，若已知围岩中孔隙水压力 p_w 的分布规律，就可以通过该方程式解出应力函数 F，再将应力函数 F 代入式(8.103)便能够求得在水渗透力作用下的应力 σ_r 和 σ_θ。一般情况下，围岩中孔隙水压力 p_w 的分布较为复杂。下面仅就工程中碰到的较为简单的三种孔隙水压力 p_w 分布形式，讨论在渗透力作用下的围岩应力 σ_r 和 σ_θ 的表达式。

(1)在图8.33中，隧硐内水压力为 p_a，厚壁圆筒内、外半径分别为 a 及 b，硐内水经过厚壁圆筒渗透到筒的外缘，达到外缘后的水压力变为零。假定径向渗流服从达西定律，并且满足 $\nabla^2 p_w = 0$ 的条件。勃兰兹(Brahtz)认为，厚壁圆筒内的孔隙水压力 p_w 按照以下规律分布：

$$p_w = \frac{\lg\dfrac{b}{r}}{\lg\dfrac{b}{a}}p_a \tag{8.109}$$

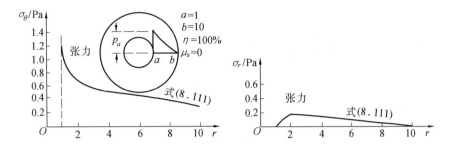

图 8.33　在渗水情况下有压隧硐围岩应力计算简图(情况一)

将式(8.109)代入式(8.108),并且采用 $r=ae^t$ 代换,便可以求得式(8.108)的通解为

$$F=c_1 r+c_2 \frac{1}{r}+\frac{\eta_s p_a}{2(1-\mu)\lg\dfrac{a}{b}}r\lg r \tag{8.110}$$

式中　c_1、c_2——待定常数,由边界条件确定。

边界条件:当 $r=a$ 时,$\sigma_r=-p_a(1-\eta_s)$;当 $r=b$ 时,$\sigma_r=0$。

将该边界条件代入式(8.110)求出待定系数 c_1 和 c_2。再把 c_1 和 c_2 代回式(8.110)求出应力函数 F 的表达式。最后,将 F 代入式(8.103)得到围岩应力 σ_r 和 σ_θ 的计算公式,即

$$
\begin{cases}
\sigma_r=\dfrac{a^2(b^2-r^2)p_a}{r^2(b^2-a^2)}\left[\dfrac{\eta_s}{2(1-\mu)}+1-\eta_s\right]-\dfrac{\eta_s p_a}{2(1-\mu)}\dfrac{\lg\dfrac{b}{r}}{\lg\dfrac{b}{a}}\\[4mm]
\sigma_\theta=-\dfrac{a^2(b^2+r^2)p_a}{r^2(b^2-a^2)}\left[\dfrac{\eta_s}{2(1-\mu)}+1-\eta_s\right]-\dfrac{\eta_s p_a}{2(1-\mu)}\dfrac{\lg\dfrac{b}{r}}{\lg\dfrac{b}{a}}-\dfrac{\eta_s p_a}{2\lg\dfrac{b}{a}}\dfrac{1-2\mu}{1-\mu}
\end{cases}
\tag{8.111}
$$

将厚壁圆筒内、外半径 a 和 b 取特殊值,可以做出式(8.111)的曲线,如图 8.33 所示。

(2) 在图 8.34 中,厚壁圆筒内、外半径分别为 a 及 b,隧硐内水压力为 p_a,在硐壁内 $r=c$ 处因设有集中排水而使得水压力为零。假定径向渗流也服从达西定律,并且满足 $\nabla^2 p_w=0$ 的条件,则在这种情况下,硐壁内孔隙水压力 p_w 分布为

$$
\begin{cases}
当\ a<r<c\ 时,p_w=p_a\dfrac{\lg\dfrac{c}{r}}{\lg\dfrac{c}{a}} & (达西定律)\\[4mm]
当\ c<r<b\ 时,p_w=0
\end{cases}
\tag{8.112}
$$

对于式(8.112),采用 $r=ae^t$ 进行代换,则有

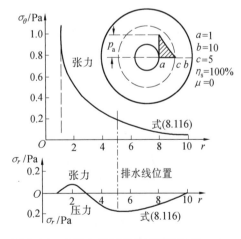

图 8.34　在渗水情况下有压隧硐围岩
应力计算简图(情况二)

$$\nabla^2 p_w = \frac{\mathrm{d}^2 p_w}{\mathrm{d}r^2} + \frac{1}{r}\frac{\mathrm{d}p_w}{\mathrm{d}r} = \frac{1}{a^2 e^{2t}}\frac{\mathrm{d}^2 p_w}{\mathrm{d}t^2} \tag{8.113}$$

变形协调方程式(8.108)变换为

$$\frac{\mathrm{d}^2 F}{\mathrm{d}t^2} - F = \frac{\eta_s}{1-\mu} a\, e^t \frac{\mathrm{d}p_w}{\mathrm{d}r} + \eta_s a\, e^t \frac{\mathrm{d}^2 p_w}{\mathrm{d}t^2} \tag{8.114}$$

采用拉普拉斯变换方法,可以求出方程(8.114)的通解为

$$F = A\frac{r}{a} + B\frac{a}{r} - \frac{\eta_s a p_a}{4(1-\mu)\lg\frac{c}{a}}\left(\frac{a}{r} + 2\frac{r}{a}\lg\frac{r}{a} - \frac{r}{a}\right) +$$

$$\frac{\eta_s a p_a}{4\lg\frac{c}{a}}\frac{c}{a}\left(\frac{1-2\mu}{1-\mu}\frac{r}{c} + \frac{2}{1-\mu}\frac{r}{c}\lg\frac{r}{c} - \frac{1-2\mu}{1-\mu}\frac{c}{r}\right)\delta(r-a) \tag{8.115}$$

式中　$\delta(r-a)$——δ 函数,满足以下条件

$$\delta(r-a)=0, a<r<c$$
$$\delta(r-a)=1, c<r<b$$

A、B——待定常数,由边界条件确定。

边界条件:当 $r=a$ 时,$\sigma_r = -p_a(1-\eta_s)$;当 $r=b$ 时,$\sigma_r=0$。

将式(8.115)代入式(8.103),并且利用该边界条件,即可以求得待定常数 A 及 B。最后,再将式(8.115)代入式(8.103)便得到围岩应力 σ_r 和 σ_θ 的计算公式,即

$$\begin{cases}\sigma_r = \frac{a^2(b^2-r^2)p_a}{r^2(b^2-a^2)}\left[1-\eta_s+\frac{\eta_s}{2(1-\mu)}-\frac{\eta_s(1-2\mu)}{4(1-\mu)}\frac{1-\frac{c^2}{b^2}}{\lg\frac{c}{a}}\right]-\frac{\eta_s p_a}{4(1-\mu)\lg\frac{c}{a}}\times\\[3mm]
\quad\left[2\lg\frac{c}{r}-(1-2\mu)\left(1-\frac{c^2}{b^2}\right)\right]-\frac{\eta_s p_a}{4(1-\mu)\lg\frac{c}{a}}\left[2\lg\frac{r}{a}+(1-2\mu)\left(1-\frac{c^2}{r^2}\right)\delta(r-c)\right]\\[4mm]
\sigma_\theta = -\frac{a^2(b^2+r^2)p_a}{r^2(b^2-a^2)}\left[1-\eta_s+\frac{\eta_s}{2(1-\mu)}-\frac{\eta_s(1-2\mu)}{4(1-\mu)}\frac{1-\frac{c^2}{b^2}}{\lg\frac{c}{a}}\right]-\\[3mm]
\quad\frac{\eta_s p_a}{4(1-\mu)\lg\frac{c}{a}}\left[2\lg\frac{c}{r}-(1-2\mu)\left(1-\frac{c^2}{b^2}\right)\right]-\\[3mm]
\quad\frac{\eta_s p_a}{4(1-\mu)\lg\frac{c}{a}}\left[2\lg\frac{r}{c}+(1-2\mu)\left(1+\frac{c^2}{r^2}\right)\right]\times\\[3mm]
\quad\delta(r-c)+\eta_s r\frac{\mathrm{d}p_w}{\mathrm{d}r}\end{cases} \tag{8.116}$$

式中　$\eta_s r\dfrac{\mathrm{d}p_w}{\mathrm{d}r} = \begin{cases}\dfrac{\eta_s p_a}{\lg\frac{c}{a}} & (a<r<c)\\[3mm] 0 & (c<r<b)\end{cases}$

将厚壁圆筒内、外半径 a、b 取特殊值,可以做出式(8.116)的曲线如图 8.34 所示。

为了将式(8.116)应用于隧硐裂隙围岩的应力计算,可以假定 $b \gg a$ 及 c,即 $b \to \infty$,则式(8.116)变为

$$
\begin{cases}
\sigma_r = \dfrac{p_a a^2}{r^2}\left[1-\mu+\dfrac{\eta_s}{2(1-\mu)}-\dfrac{\eta_s(1-2\mu)}{4(1-\mu)\lg\dfrac{c}{a}}\right] - \dfrac{\eta_s p_a}{4(1-\mu)\lg\dfrac{c}{a}}\left(2\lg\dfrac{c}{r}-1+2\mu\right) - \\
\qquad \dfrac{\eta_s p_a}{4(1-\mu)\lg\dfrac{c}{a}}\left[2\lg\dfrac{r}{c}+(1-2\mu)\left(1-\dfrac{c^2}{r^2}\right)\right]\delta(r-c) \\[4mm]
\sigma_\theta = -\dfrac{p_a a^2}{r^2}\left[1-\mu+\dfrac{\eta_s}{2(1-\mu)}-\dfrac{\eta_s(1-2\mu)}{4(1-\mu)\lg\dfrac{c}{a}}\right] - \dfrac{\eta_s p_a}{4(1-\mu)\lg\dfrac{c}{a}}\left[\left(2\lg\dfrac{c}{r}-1\right)^{-1}+2\mu\right] - \\
\qquad \dfrac{\eta_s p_a}{4(1-\mu)\lg\dfrac{c}{a}}\left[2\left(\lg\dfrac{r}{c}+1\right)+(1-2\mu)\left(1+\dfrac{c^2}{r^2}\right)\right]\delta(r-c)-\eta_s r\dfrac{\mathrm{d}p_w}{\mathrm{d}r}
\end{cases}
$$

$$\tag{8.117}$$

（3）在图 8.35 中,厚壁圆筒内、外半径分别为 a 及 b,隧硐内水压力为 p_a,在硐壁内 $r=c$ 处设置不透水的防渗层,则在 $r=a\sim c$ 范围内有同样大小的孔隙水压力 p_a。在这种情况下硐壁内孔隙水压力 p_w 分布为:当 $a<r<c$ 时, $p_w=p_a$;当 $c<r<b$ 时, $p_w=0$。

隧硐围岩中 σ_r 及 σ_θ 求解方法同以上两种情况一样。利用 $r=ae^t$ 进行代换,变形协调方程式(8.108)变为

$$\dfrac{\mathrm{d}^2 F}{\mathrm{d}t^2}-F=\dfrac{\eta_s}{1-\mu}ae^t\dfrac{\mathrm{d}p_w}{\mathrm{d}t}+\eta_s ae^t\dfrac{\mathrm{d}^2 p_w}{\mathrm{d}t^2} \tag{8.118}$$

利用拉普拉斯变换方法,可以求得方程式(8.118)的通解为

$$F=A\dfrac{r}{a}+B\dfrac{a}{r}-\eta_s\dfrac{p_a}{2}r\Big(\dfrac{1}{1-\mu}-$$

$$\dfrac{1-2\mu}{1-\mu}\dfrac{c^2}{r^2}\Big)\delta(r-c) \tag{8.119}$$

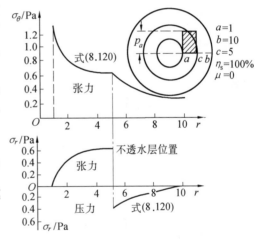

图 8.35　在渗水情况下有压隧硐围岩
应力计算简图(情况三)

式中　A、B——待定常数,由边界条件确定。

边界条件:当 $r=a$ 时, $\sigma_r=-p_a(1-\eta_s)$;当 $r=b$ 时, $\sigma_r=0$。

将式(8.119)代入式(8.103),并且利用以上边界条件,可以求出常数 A 和 B。最后,再将式(8.119)代入式(8.103)便能够得到围岩应力 σ_r 和 σ_θ 计算公式,即

$$
\begin{cases}
\sigma_r = \dfrac{a^2(b^2-r^2)p_a}{r^2(b^2-a^2)}\left\{1-\eta_s+\dfrac{\eta_s}{2(1-\mu)}\left[1+(1-2\mu)\dfrac{c^2}{b^2}\right]\right\}- \\
\quad \dfrac{\eta_s p_a}{2(1-\mu)}\left[1+(1-2\mu)\dfrac{c^2}{b^2}\right]-\dfrac{\eta_s p_a}{2(1-\mu)}\left[1-(1-2\mu)\dfrac{c^2}{r^2}\right]\delta(r-c) \\
\sigma_\theta = -\dfrac{a^2(b^2+r^2)p_a}{r^2(b^2-a^2)}\left\{1-\eta_s+\dfrac{\eta_s}{2(1-\mu)}\left[1+(1-2\mu)\dfrac{c^2}{b^2}\right]\right\}- \\
\quad \dfrac{\eta_s p_a}{2(1-\mu)}\left[1+(1-2\mu)\dfrac{c^2}{b^2}\right]-\dfrac{\eta_s p_a}{2(1-\mu)}\left[1-(1-2\mu)\dfrac{c^2}{r^2}\right]\delta(r-c)
\end{cases} \tag{8.120}
$$

其中，$\delta(r-c)$ 称为 δ 函数，满足这样条件，当 $a<r<c$ 时，$\delta(r-c)=0$；当 $c<r<b$ 时，$\delta(r-c)=1$。将厚壁圆筒内、外半径 a、b 取特殊值，可以做出式（8.120）的曲线如图 8.35 所示。

8.7.4　隧硐围岩蠕变计算

以上有关隧硐应力计算均是基于岩体弹性变形条件的。在某些情况下，隧硐围岩会表现出黏弹性变形行为。围岩蠕变使得衬砌上荷载越来越大。这样，衬砌与围岩之间的接触压力将随时间变化，从而又引起围岩内应力随时间变化，衬砌与围岩之间如此反复相互影响。因此，衬砌和围岩中的应变、应力均是时间的函数。所以，任其发展下去，很可能会给隧硐造成安全危害。应变硬化作用的结果，致使隧硐围岩蠕变发展到一定程度，由于岩体强度的提高、硬度加大，其蠕变也就自然结束。

关于隧硐围岩蠕变计算是相当复杂的，为便于推导有效的变形及应力计算公式，往往需要做一定的合理假设。特涅克（Gnik）等曾对该课题做了较深入的研究，讨论了鲍格斯弹塑性材料，假定岩石受压时体积不变，即泊松比 $\mu=0.5$。下面以圆形断面隧硐为例讨论围岩蠕变计算方法。

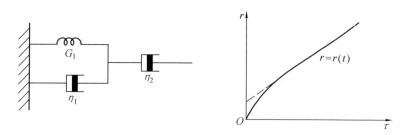

图 8.36　广义马克斯威尔模型

工程上，由于在隧硐挖掘结束时围岩的瞬时弹性变形已完成，所以在设置衬砌之前，足以假定围岩为体积不变的广义马克斯威尔体，如图 8.36 所示。围岩的蠕变常数（力学指标）为 G_1、η_1、η_2，衬砌材料的弹性模量及泊松比分别为 G'、μ'。

如图 8.37 所示，隧硐衬砌内、外半径分别为 a 及 b，隧硐内水压力为 p_a，衬砌与围岩接触压力为 p_b。假定初始地应力状态为静水压力式，即 $p_h=p_v=p_0=\gamma H$（r 为岩体容重，H 为隧硐轴线埋深）。衬砌与围岩接触压力 p_b 为时间的函数，即

$$p_b(t)=p_0(1+Ce^{r_1 t}+De^{r_2 t}) \tag{8.121}$$

式中

$$C = \frac{\eta_2}{G_1} r_2 \frac{r_1 \left(1 + \frac{\eta_1}{\eta_2}\right) + \frac{G_1}{\eta_2}}{r_1 - r_2} \quad (8.122)$$

$$D = \frac{\eta_2}{G_1} r_1 \frac{r_2 \left(1 + \frac{\eta_1}{\eta_2}\right) + \frac{G_1}{\eta_2}}{r_2 - r_1} \quad (8.123)$$

r_1、r_2——式(8.124)的实根。

$$\eta_1 B S^2 + \left[G_1 B + \left(1 + \frac{\eta_1}{\eta_2}\right)\right] S + \frac{G_1}{\eta_2} = 0 \quad (8.124)$$

式中

$$B = \frac{1}{G'} \frac{(1 - 2\mu')b^2 + a^2}{b^2 - a^2} \quad (8.125)$$

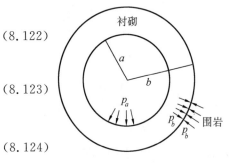

图 8.37　有衬砌、内水压力及衬砌与围岩接触压力的圆形隧硐断面图

在衬砌内($a \leqslant r \leqslant b$)的应力及位移为

$$\sigma_r(t) = -\frac{a^2}{b^2 - a^2}\left(1 - \frac{b^2}{r^2}\right) p_a + \frac{b^2}{b^2 - a^2}\left(1 - \frac{a^2}{r^2}\right) p_b(t) \quad (8.126)$$

$$\sigma_\theta(t) = -\frac{a^2}{b^2 - a^2}\left(1 + \frac{b^2}{r^2}\right) p_a + \frac{b^2}{b^2 - a^2}\left(1 + \frac{a^2}{r^2}\right) p_b(t) \quad (8.127)$$

$$u_r(t) = \frac{a^2 p_a \left(1 - 2\mu' + \frac{b^2}{r^2}\right) r}{2G'(b^2 - a^2)} - \frac{b^2 p_b \left(1 - 2\mu' + \frac{a^2}{r^2}\right) r}{2G'(b^2 - a^2)} \quad (8.128)$$

当隧硐内无水压力时，$p_a = 0$，以上三个式子可以分别简化为

$$\sigma_r(t) = \frac{b^2}{b^2 - a^2}\left(1 - \frac{a^2}{r^2}\right) p_b(t) \quad (8.129)$$

$$\sigma_\theta(t) = \frac{b^2}{b^2 - a^2}\left(1 + \frac{a^2}{r^2}\right) p_b(t) \quad (8.130)$$

$$u_r(t) = -\frac{b^2 \left(1 - 2\mu' + \frac{a^2}{r^2}\right) r}{2G(b^2 - a^2)G'} p_b(t) \quad (8.131)$$

围岩中($r \geqslant b$)应力及位移为

$$\sigma_r(t) = p_0\left(1 - \frac{b^2}{r^2}\right) + \frac{b^2}{r^2} p_b(t) \quad (8.132)$$

$$\sigma_\theta(t) = p_0\left(1 + \frac{b^2}{r^2}\right) - \frac{b^2}{r^2} p_b(t) \quad (8.133)$$

$$u_r(t) = -\frac{b^2}{r} \frac{(1 - 2\mu')b^2 + a^2}{2(b^2 - a^2)G'} p_b(t) \quad (8.134)$$

现举例说明隧硐围岩蠕变的计算过程。在蒸发岩内开挖一直径为 9.1 m 的隧硐，其衬砌厚度为 0.61 m。围岩力学性质指标：$G_1 = 3.5 \times 10^2$ MPa，$G_2 = 3.5 \times 10^3$ MPa（无衬砌时的剪切模量），$\eta_1 = 35 \times 10^7$ MPa·min，$\eta_2 = 7 \times 10^{10}$ MPa·min，泊松比 $\mu = 0.5$，侧压力系数 $K = 1$。混凝土衬砌的力学性质指标：$E' = 1.68 \times 10^4$ MPa，$G' = 7 \times 10^3$ MPa，$\mu' = 0.2$。

首先，将 $G_2 = 3.5 \times 10^3$ MPa 代入下列式子，求出隧硐开挖结束的瞬时弹性位移 $u_r = 0.46$ cm，也即在衬砌设置之前发生的位移。

$$u_r = \frac{p_h + p_v}{4G} \frac{r_0^2}{r} + \frac{p_h - p_v}{4G} \frac{r_0^2}{r}\left[4(1 - \mu) - \frac{r_0^2}{r^2}\right] \cos 2\theta$$

式中
$$\begin{cases} p_h = p_v = p_0 = 7 \text{ MPa} \\ r = r_0 = \dfrac{9.1}{2} \text{ m} \\ G = G_2 = 3.5 \times 10^3 \text{ MPa} \end{cases}$$

是针对本例而言的取值。

然后,将 G_1、η_1、η_2、G'、μ' 的值分别代入式(8.121)至式(8.134)的相关公式中,求得的各项应力及位移列于表 8.1 中,并且据此计算结果绘制有衬砌和无衬砌两种情况下隧硐周壁围岩位移与时间的关系曲线,如图 8.38 所示。由此可见,有衬砌隧硐周壁围岩位移量较小,10 年后,其径向位移 u_r 为 0.982 cm。然而,衬砌内的最大压应力则较大,大约半年就足以使混凝土破裂。经过 10 年衬砌内的最大压应力便接近 45 MPa。当然,如果改用较柔性材料做衬砌,则可以使衬砌内的最大压应力降低。

表 8.1　算例中隧硐有关应力及位移随时间变化计算结果

时间	隧硐周壁围岩位移/cm		衬砌内最大压应力/MPa	隧硐周壁应力/MPa	
	无衬砌	衬砌设置后		σ_r	σ_θ
0	0.46	0	0	0	14
1 天	0.465	0.007 6	0.3	0.035	13.97
7 天	0.51	0.046	2.05	0.25	13.75
28 天	0.64	0.17	7.65	0.95	13.05
56 天	0.81	0.307	13.98	1.74	12.26
0.5 年	1.52	0.693	31.44	3.91	10.09
1 年	2.34	0.897	40.59	5.05	8.95
2 年	3.45	0.973	44.04	5.48	8.52
10 年	5.13	0.982	44.55	5.54	8.46

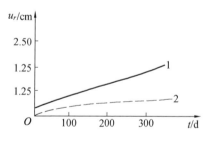
(a) 隧硐周壁位移与时间关系曲线

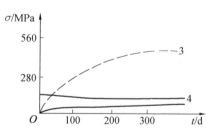
(b) 有衬砌硐应力与时间关系曲线

图 8.38　算例中隧硐有关性状与时间相关性

1—无衬砌;2—有衬砌;3—衬砌内最大应力;4—衬砌与围岩接触应力(围岩中)

8.7.5　隧硐围岩最小覆盖层厚度及稳定性分析

在有压隧硐充水后,由于硐内水压力引起的径向附加压力将对硐顶围岩产生向上的托力。对高压输水隧硐来说,这种上托力尤其显著。当上托力达到或超过上覆岩体的自重力及抗破坏极限强度(摩擦力)之和时,隧硐覆盖层就会被掀起,围岩被破坏。显然,覆盖层越厚,极限强度越高,便越不容易被掀起,而覆盖层越薄,极限强度越低,将越能被掀起。由此而提出这样一个问题,当硐内水压力及覆盖层极限强度一定时,为了使覆盖层免遭掀起,并且有足够的安全储备,覆盖层的最小厚度应取多少? 或者说,如果覆盖层厚度及极限强度已经确定,在确保覆盖层不被掀起,并且有足够的安全储备前提下,隧硐内的最大水压力应该是多少? 也即围岩对硐内水压力的承载力是多少?

前面曾基于岩体的弹性抗力,从硐壁围岩变形角度考查围岩对硐内水压力的承载力。就此而言,岩体的弹性抗力系数越大,则其对硐内水压力的承载力也就越大,而衬砌便可以少承担一些硐内水压力,衬砌就可以做得薄一点,以减少材料的损耗;在有些情况下,硐内水压力全部由围岩承担,而不需要做衬砌,或者做衬砌只是为了防渗、降低硐壁粗糙率及阻止水的侵蚀等;反之,在另外情况下,硐内水压力只能由衬砌承担,这样就要求加强衬砌的强度极限,导致材料耗损增大。但是,仅就岩体的弹性抗力来讨论围岩的承载力是不够的,还应根据围岩整体稳定条件确定覆盖层的最小厚度。这样,在确保隧硐安全运营的前提下,对于降低工程造价、缩减基建投资将具有重要的实际意义。

首先,假定在坚硬、完整而连续的岩体中有一个圆形断面隧硐,其半径为 a,硐内水压力为 p,岩体侧压力系数为 K_0,埋深为 H,岩体容重为 γ。对于隧硐顶壁,$r=a$,$\theta=90°$,根据式(8.84)或式(8.85)有

$$\begin{cases} \sigma_r = p \\ \sigma_\theta = (\sigma_h + \sigma_v) - 2(\sigma_h - \sigma_v)\cos 2\theta - p = \gamma H(3-K_0) - p \\ \tau_{r\theta} = 0 \end{cases} \tag{8.135}$$

若式(8.135)满足莫尔－库仑强度条件,则

$$\sin \varphi = \frac{\sigma_r - \sigma_\theta}{\sigma_r + \sigma_\theta + 2c\cot \varphi} \tag{8.136}$$

成立。

将式(8.135)代入式(8.136),得

$$\sin\varphi = \frac{2p - 2H_{min}(3K_0-1)}{\gamma H_{min}(3-K_0) + 2c\cot \varphi} \tag{8.137}$$

式(8.137)进一步变为

$$H_{min} = \frac{2(p - c\cos \varphi)}{r(3-K_0)(1+\sin \varphi)} \tag{8.138}$$

式中　H_{min}——维持隧硐稳定所需的最小埋深;

　　　c、φ——围岩的内聚力及内摩擦角。

理论上,隧硐周壁受硐内水压力、围岩中附加应力及重新分布应力叠加后,若为压应力,则围岩不至于被破坏;但是,若为张应力,只要张应力超过岩体的抗拉强度,围岩便会出现张性破裂。这就是确定良好完整围岩承载力的理论依据。

但是,在实际工程中,往往假定只要围岩一旦出现张应力便是危险状态。这种假定的理由是,当隧硐开挖结束一段时间后,围岩内由于应力重新分布而造成的过度压缩状态便会因应力松弛而逐渐消失,即重新分布的切向应力 σ_θ 随时间延续而降低,余下的只有自重应力场。但是,切向应力 σ_θ 永远不会低于初始地应力。如图 8.39 所示,由地表到隧硐顶壁,初

始地应力（自重应力）的水平分量 σ_h(σ_{0x})随埋深呈线性增加，并且为压应力。而硐内水压力在围岩中引起的附加应力 σ_θ 为张应力，并且向着隧硐周壁方向表现为非线性递增，附加应力 σ_θ 值随着极径 r 的变化规律服从

$$\sigma_\theta = -\frac{a_2}{r^2}p \tag{8.139}$$

在图 8.39 中，m 点以下，由于 $|\sigma_\theta| > |\sigma_h|$，所以围岩处于拉伸状态，有破坏失稳的危险；$m$ 点以上，由于 $|\sigma_\theta| < |\sigma_h|$，所以围岩处于压缩状态，是稳定的；$m$ 点处，由于 $|\sigma_\theta| = |\sigma_h|$，所以围岩处于极限状态。据此，可以求出硐顶不出现拉伸状态的覆盖层极限（最小）厚度，即

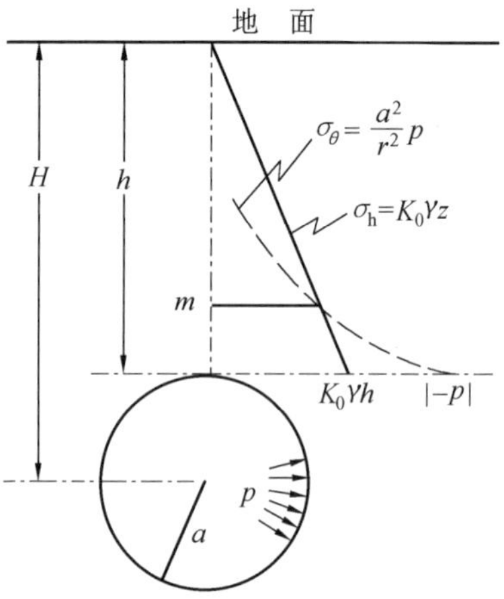

$$\sigma_\theta = -\frac{a^2}{r^2}p$$

$$\sigma_h = K_0\gamma[h-(r-a)]$$

令 $|\sigma_\theta| = |\sigma_h|$，则有

$$\frac{a^2}{r^2}p = K_0\gamma[h_{\min}-(r-a)]$$

当 $r=a$ 时，有
$$h_{\min} = \frac{p}{K_0\gamma} \tag{8.140}$$

图 8.39 有压隧硐上覆岩层最小厚度计算简图
$\sigma_h = \gamma z$（压应力）
$\sigma_\theta = -\dfrac{a^2}{r^2}p$（张应力）

事实上，只要硐顶($r=a$)达到了这个要求，即满足式(8.140)，则硐顶以上围岩范围各点就均满足稳定性要求，式(8.140)变为

$$p = K_0 h_{\min}\gamma \tag{8.141}$$

式中 $h_{\min}\gamma$——硐顶岩柱的重量。

因此，式(8.140)物理意义为，当侧压力系数 $K_0=1$ 时，硐顶岩柱的重量应等于硐内水压力的上托力，这就是确保围岩稳定必要的前提条件。

在工程上，应用式(8.140)或式(8.141)时，往往需要根据实际情况，给予一个安全系数 a，即

$$h_{\min} = a\frac{p}{K_0\gamma} \tag{8.142}$$

其中，安全系数 a 目前尚无统一的取值意见，一般在 1～5 选取。

从现有的国外文献资料来看，关于有压隧硐覆盖层厚度的认识还不一致，可以归纳出以下几种情况。

① 在古老的经验中，是将隧硐内水压力 p 的水头限制在隧硐埋深 H 的某一百分数之内，即硐内水头

$$\frac{p}{\gamma_w} = \xi H \tag{8.143}$$

式中 γ_w——硐内水容重；

H——隧硐埋深；

ξ——限定硐内水头的百分比,其取值主要依据是围岩抵抗硐内水压力的安全度。

以往一般的经验取值是 $\xi=0.5$。这种取值的依据是,设想硐顶上方岩柱(宽度为 $B=2a$,高度为 H,长度为单位 1)的重量应大于或等于在相同面积($2a\times 1$)上的硐内水竖向扬压力,并且考虑安全系数 $a=5$。如果岩体容重 $\gamma=2.5\gamma_w$,则 ξ 的极限值为 $\xi=\gamma/5\gamma_m=2.5/5=0.5$。然而,这种古老的经验取法考虑的安全系数太大,过于保守。

② 在美国,对于某些不设置衬砌的有压隧硐,如 Hass 隧硐及 Nantahala 隧硐等,取 $\xi=1$。这种 ξ 取值的基本前提条件是,假定通过围岩裂隙渗出的硐内水达不到上覆岩体的顶面。

③ 在 Sydney 隧硐、Glen Moriston 隧硐及 Ashford 隧硐等设计中,取 $\xi=2.4$。这种 ξ 取值的依据是,隧硐上方岩柱重量应等于硐内最大水压力。

④ 太沙基建议,上覆岩层(包括土层)重量应等于硐内压力水头重量的一半,即取 $\xi=2$。

⑤ 在加拿大,Spray 隧硐的压力水头高达 375 m($p/\gamma_w=375$ m),而隧硐埋深 $H=66$ m,所以取 $\xi=5$。

⑥ 在我国,有些学者认为,无衬砌有压隧硐的安全系数也不能过低。对坚硬而完整且抗风化及抗冲刷能力较强的岩体来说,隧硐覆盖层厚度应不小于硐内压力水的水头,即 $p/\gamma_w\leqslant h$(覆盖层厚度),如果仅是 h 与 H 有些差别,那么其他安全系数大致为 $a=2.5$。若令覆盖层厚度 h 与硐内压力水头高度之比 h/p 为覆盖比,则要求 $h/p=1$,就能保证围岩稳定。假如没有其他方面的问题,仅考虑隧硐围岩的稳定性,则当覆盖比 $h/p=1$ 时,就可以不设置衬砌了。

一般认为,设置衬砌后,覆盖比可以取 $h/p=0.4$,上覆围岩厚度应为隧硐直径的 3 倍。假如不具备这两个条件,计算中就应适当降低岩体的弹性抗力系数 K_0,以减少围岩所分担的硐内水压力,当然也可以不考虑围岩的弹性抗力。此外,当衬砌较为坚固时,即使在高的硐内压力水头作用下,覆盖层厚度也可以低于 0.4 倍水头(即取 $\xi<0.4$)而不至于发生围岩整体被破坏。例如,某有压隧硐试验,衬砌由 8 cm 厚钢板和 50 cm 厚混凝土组成,硐顶岩层厚度仅为 11 m,硐内水压力高达 16.9 MPa,围岩尚未见破坏,则覆盖比仅为 11/1 100=0.01,远远小于 0.4。出现这种现象的可能原因有三种:①前面的边界条件和前提假定是简化了的;②以上假定围岩出现张应力便认为是危险状态,而事实上岩体是有一定抗拉强度的,足以确保在围岩出现一定张应力时仍然不被破坏与失稳;③由于衬砌很坚固,不仅能保证硐壁在较高的硐内水压力作用下仍处于稳定状态,而且即使硐壁附近的围岩中产生了一定厚度的破碎带,也不至于对围岩整体稳定性造成太大的危害。例如,曾有人在计算设置坚固衬砌的有压隧硐围岩的最小厚度时,允许靠近硐壁的围岩中出现一个宽约为覆盖层厚度 1/3 的张应力区,从而使得计算的覆盖比较 0.4 小得多。所以说,只要有充足的依据,对有坚固衬砌的压力隧硐,采用低于 0.4 的覆盖比是可以的。

以上关于有压隧硐覆盖层厚度计算显得过于粗糙。所以,叶格尔建议,在确定有压隧硐覆盖层厚度时,应该考虑岩体的性质、结构及强度等。因此,他将围岩分为三种类型进行考虑,即坚硬而无裂缝岩体、裂缝岩体及塑性岩体。分别介绍如下。

(1) 坚硬而无裂缝岩体。

在坚硬而无裂缝岩体中,有压隧硐围岩的附加应力,可以采用均质弹性体的公式进行计算。如图 8.40 所示,极径 r 处的附加切向张应力 σ_θ 为

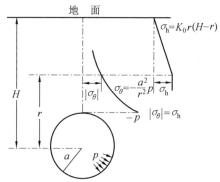

$$\sigma_\theta = -\frac{a^2}{r^2}p \tag{8.144}$$

同样,在该点处,由于岩体自重而引起的竖向应力 σ_v 及水平应力 σ_h 分别为

$$\sigma_v = \gamma(H-r) \tag{8.145}$$

$$\sigma_h = K_0\sigma_v = K_0\gamma(H-r) \tag{8.146}$$

确保岩围不产生张裂的必需条件为

$$|\sigma_h| = |\sigma_\theta| \Rightarrow p\left(\frac{a}{r}\right)^2 = K_0\gamma(H-r) \tag{8.147}$$

式中 p——硐内水压力;

a——隧硐半径;

γ——岩体容重;

K_0——岩体侧压力系数;

H——隧硐轴线埋深;

r——极径长度。

令 $r=H/n$, $p=\xi\gamma_w H$。将其代入式(8.147)得

$$\xi \leqslant \left(\frac{H}{a}\right)^2 K_0 \frac{\gamma}{\gamma_w} \frac{n-1}{n^3} \tag{8.148}$$

图 8.40 有压隧硐上覆岩层最小厚度计算简图

叫格尔建议,$n=3$, $r=H/3$, $\gamma/\gamma_m=2.5$, $K_0=0.7$,则有,$\xi=0.13(H/a)^2$。举例如下:
当 $H/a=5$ 时,$\xi\leqslant3.2$;当 $H/a=10$ 时,$\xi\leqslant13$;当 $H/a=100$ 时,$\xi\leqslant1\,300$。

ξ 值越大,说明隧硐围岩所承受的硐内水压力也就越大。并且,这些 ξ 数值一般较以上所述资料中的 ξ 数值大得多。

由式(8.148)可以得 H 为

$$H \geqslant \left(\frac{n^3}{n-1}\frac{pa^2}{K_0\gamma}\right)^{1/3} \tag{8.149}$$

由式(8.149)求出最小隧硐埋深 H_{min} 之后,便可以换算出最小覆盖层厚度 h_{min},即有

$$h_{min} = H_{min} - a \tag{8.150}$$

以上讨论没有涉及岩体抗拉强度。若考虑岩体抗拉强度 R_t,只要在式(8.147)右边加上 R_t 就可以,即有

$$\left(\frac{a}{r}\right)^2 p = K_0\gamma(H-r) + R_t \tag{8.151}$$

(2) 裂缝岩体。

具有径向裂缝岩体中有压隧硐围岩的附加应力 σ_θ,被认为是与极径 r 成反比,其计算简图同图 8.40,只是在隧硐围岩中增加了径向裂缝而已,极径 r 处的附加切向张应力 σ_θ 为

$$\sigma_\theta = -\frac{a}{r}p \tag{8.152}$$

在该点处,由于岩体自重引起的水平应力 σ_h 仍然同式(8.146),为了使围岩不因附加切向张应力 σ_θ 而增加新裂缝以至于失稳,必须满足 $|\sigma_\theta|\leqslant|\sigma_h|$,即有

$$p\frac{a}{r} \leqslant K_0\gamma(H-r) \tag{8.153}$$

令 $r=H/n$, $p=\xi'\gamma_w H$,将其代入式(8.153)得

$$\xi' = K_0 \frac{\gamma}{\gamma_w} \frac{H}{a} \frac{n-1}{n^2} \tag{8.154}$$

符号意义同前,将式(8.148)与式(8.154)相比得

$$\frac{\xi}{\xi'} = \frac{H}{na} \tag{8.155}$$

此外,将式 $r = H/n$ 代入式(8.153)中,可得 H 为

$$H \geqslant \left(\frac{n^2}{n-1} \frac{pa}{K_0 \gamma} \right)^{1/2} \tag{8.156}$$

由式(8.156)求出最小隧硐埋深 $H_{\min}$ 之后,便可以换算出最小覆盖层厚度 $h_{\min}$,即有

$$h_{\min} = H_{\min} - a \tag{8.157}$$

对比式(8.156)与式(8.149)可知,具有径向裂缝岩体中有压隧硐所要求的最小覆盖层厚度比坚硬而完整岩体中有压隧硐所要求的最小覆盖层厚度大,由于

$$\frac{H_{8.156}}{H_{8.149}} = \frac{\left(\dfrac{n^2}{n-1} \dfrac{pa}{K_0 \gamma} \right)^{1/2}}{\left(\dfrac{n^3}{n-1} \dfrac{pa^2}{K_0 \gamma} \right)^{1/3}} = \left[\frac{p}{K_0 \gamma (n-1)a} \right]^{1/6} \tag{8.158}$$

假定 $k_0 = 0.77, a = 3\text{m}, n = 3, \gamma = 25 \text{ kN/m}^3, p = 2\,000 \text{ kPa}$。将这些数据代入式(8.158)得

$$\frac{H_{8.156}}{H_{8.149}} = \left[\frac{2\,000}{0.77 \times 25 \times 3(3-1)} \right]^{1/6} = 1.61 > 1$$

从而有

$$(h_{\min})_{8.157} > (h_{\min})_{8.150}$$

(3) 塑性岩体。

深埋隧硐由于受到很高的压力及地热的强烈影响,所以在硐内水压力作用下,围岩受力往往超过弹性极限而发生塑性变形,从而在某一半径 d 范围内形成环绕隧硐的圆筒状塑性区,如图 8.41 所示。覆盖层的最小厚度也可以根据限制塑性区范围的原则来确定。尤其是对于某些黏土类成分岩体最容易发生塑性变形。在分析这类岩体应力应变时,往往只注意内聚力,而忽略不大的内摩擦力。这样,便可以采用 Tresca 强度准则推导有关计算公式,使问题大大简化。下面首先导出在硐内水压力作用下围岩弹塑性应力公式,然后给出覆盖层的最小厚度计算方法。

如图 8.41 所示,隧硐半径为 a,塑性区半径为 d,硐内水压力影响范围半径为 b,硐内水压力为 p。当硐内水压力 p 较小时,围岩处于弹性状态;而当硐内水压力 p 增大到某种程度时,围岩便局部发生塑性变形,塑性区基本环绕隧硐周壁分布而呈圆筒状。此时,围岩可以分为两个变形区,其一是塑性变形区($a \leqslant r \leqslant d$),另一是弹性变形区($d \leqslant r \leqslant b$)。

① 弹性变形阶段。

在硐内水压力 p 不大情况下,隧硐围岩处于弹性变形阶段。其围岩径向应力 σ_r 及切向应力 σ_θ 由弹性力学原理导出的厚壁圆壁内径向和切向应力公式决定,即

$$\begin{cases} \sigma_r = \dfrac{a^2(b^2-r^2)}{r^2(b^2-a^2)} p_a - \dfrac{b^2(a^2-r^2)}{r^2(b^2-a^2)} p_b \\ \sigma_\theta = -\dfrac{a^2(b^2+r^2)}{r^2(b^2-a^2)} p_a + \dfrac{b^2(a^2+r^2)}{r^2(b^2-a^2)} p_b \end{cases} \tag{8.159}$$

式中　a、b——厚壁圆筒内、外半径;

　　　p_a、p_b——圆筒内、外压力(均匀分布),如图 8.42 所示,$a \leqslant r \leqslant b$。

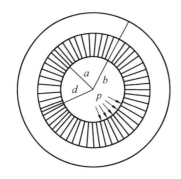 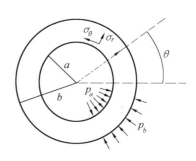

图 8.41　有压隧硐围岩弹塑性变形　　　　图 8.42　厚壁圆筒应力计算简图
　　　　　应力计算简图

将 $p_a = p$,$p_b = 0$ 代入式(8.159)得

$$
\begin{cases}
\sigma_r = \dfrac{a^2}{b^2 - a^2}\left(\dfrac{b^2}{r^2} - 1\right) p \\[2mm]
\sigma_\theta = -\dfrac{a^2}{b^2 - a^2}\left(\dfrac{b^2}{r^2} + 1\right) p
\end{cases}
,a \leqslant r \leqslant b \tag{8.160}
$$

②弹塑性变形阶段。

当硐内水压力 p 较大时,围岩便发生局部塑性变形,从而形成环绕隧硐周壁的圆筒状塑性变形区($a \leqslant r \leqslant d$),该塑性变形区之外为圆筒状弹性变形区($d \leqslant r \leqslant b$)。弹性变形区的径向应力 σ_r 和切向应力 σ_θ 分别为

$$
\begin{cases}
\sigma_r = A\left(\dfrac{b^2}{r^2} - 1\right) \\[2mm]
\sigma_\theta = -A\left(\dfrac{b^2}{r^2} + 1\right)
\end{cases}
,d \leqslant r \leqslant b \tag{8.161}
$$

式中　A——常数。

A 由弹、塑性变形区的边界条件确定:

对于黏土岩类,可以采用 Tresca 强度准则或塑性条件 $\sigma_1 - \sigma_3 = 2c$,即有

$$
\sigma_r - \sigma_\theta = 2c, a \leqslant r \leqslant d \tag{8.162}
$$

式中　c——岩体内聚力。

而在弹、塑性变形区边界上,即当 $r = d$ 时,应力也应满足以上条件。因此,将式(8.161)代入式(8.162),并且注意 $r = d$,得

$$
A = \frac{cd^2}{b^2} \tag{8.163}
$$

将式(8.163)代入式(8.161)得弹性变形区的径向应力 σ_r 及切向应力 σ_θ,最终表达式为

$$
\begin{cases}
\sigma_r = \dfrac{cd^2}{b^2}\left(\dfrac{b^2}{r^2} - 1\right) \\[2mm]
\sigma_\theta = -\dfrac{cd^2}{b^2}\left(\dfrac{b^2}{r^2} + 1\right)
\end{cases}
,d \leqslant r \leqslant b \tag{8.164}
$$

现在,再来推导塑性变形区的径向应力 σ_r 及切向应力 σ_θ 计算公式,弹性变形区的应力必须满足以下平衡微分方程式:

$$(\sigma_\theta - \sigma_r)\mathrm{d}r = r\mathrm{d}\sigma_r \tag{8.165}$$

式(8.165)即为著名的 Fenner 公式,基于塑性变形理论,根据厚壁圆筒状塑性变形区推导出来的,而塑性变形区的应力又要求满足 Tresca 强度准则,所以,将式(8.162)代入式(8.165)得

$$-\frac{\mathrm{d}\sigma_r}{\mathrm{d}r} = \frac{2c}{r}, a \leqslant r \leqslant d \tag{8.166}$$

将式(8.166)积分得

$$-\frac{1}{2c}\sigma_r = \ln r + c', a \leqslant r \leqslant d \tag{8.167}$$

式中　c'——积分常数。

根据弹、塑性变形区的边界条件确定如下:

将 $r = d$ 代入式(8.164)中的第一式得

$$\sigma_r = c - \frac{cd^2}{b^2} \tag{8.168}$$

将式(8.168)代入式(8.167),并且注意 $r = d$,得

$$c' = \frac{d^2}{2b^2} - \ln d - \frac{1}{2} \tag{8.169}$$

将式(8.169)代入式(8.167)得

$$\sigma_r = c + 2c\ln\frac{d}{r} - \frac{cd^2}{b^2}, a \leqslant r \leqslant d \tag{8.170}$$

将式(8.170)代入式(8.162)得

$$\sigma_\theta = -c + 2c\ln\frac{d}{r} - \frac{cd^2}{b^2}, a \leqslant r \leqslant d \tag{8.171}$$

从而,塑性变形区的径向应力 σ_r 及切向应力 σ_θ 最终表达式为

$$\begin{cases} \sigma_r = c + 2c\ln\dfrac{d}{r} - \dfrac{cd^2}{b^2} \\ \sigma_\theta = -c + 2c\ln\dfrac{d}{r} - \dfrac{cd^2}{b^2} \end{cases}, a \leqslant r \leqslant d \tag{8.172}$$

将 $r = a$ 代入式(8.170)得

$$p = \sigma_{\gamma=a} = c + 2c\ln\frac{d}{a} - \frac{cd^2}{b^2} \tag{8.173}$$

式(8.173)即为当围岩处于塑性状态时,硐内水压力的计算公式。至此,可以推导在围岩处于塑性状态下,隧硐覆盖层最小厚度计算公式。在这里,需要同前面的讨论联系起来考虑。

$$\begin{cases} 令\ b = H & (隧硐埋深) \\ d = \dfrac{H}{n} & (塑性变形区开始的深度) \end{cases} \tag{8.174}$$

其中,n 的意义同前。将式(8.174)代入式(8.173)得

$$p = c + 2c\ln\frac{H}{na} - \frac{c}{n^2} \tag{8.175}$$

由式(8.175)得到隧硐最小埋深 $H_{\min}$ 计算公式,即

$$H_{\min} = na\mathrm{e}^{\frac{1}{2}\left(\frac{p}{c}-\frac{8}{9}\right)} \tag{8.176}$$

由式(8.176)进一步得到覆盖层的最小厚度 $h_{\min}$ 计算公式,即

$$h_{\min} = H_{\min} - a = \left[na\mathrm{e}^{-\frac{1}{2}\left(\frac{p}{c}-\frac{8}{9}\right)} - 1\right]a \tag{8.177}$$

根据叶格尔建议,$n=3$,且 a,p,c 设计时均为已知。

为了与前面两种情况(坚硬而无裂缝岩体及裂缝岩体)的限定硐内水头百分比 ξ 及 ξ' 做比较,将 $p = \xi_p \gamma_w H, b = H, d = H/n$ 代入式(8.175)得

$$\xi_p = \frac{\left(c + 2c\ln\frac{1}{n} - \frac{c}{n^2}\right) + (2c)\ln\frac{H}{a}}{(a\gamma_w)\dfrac{H}{a}} \tag{8.178}$$

式中　ξ_p——围岩处于塑性状态下限定硐内水头的百分比;

　　　γ_w——水容重;

　　　c——塑性状态岩体内聚力。n 意义同前。

以 H/a 为变数,并且令侧压力系数 $K_0 = 0.7, n = 3$。分别计算 $\xi、\xi'$ 及 ξ_p,见表 8.2。

表 8.2　硐内水头百分比 $\xi、\xi'$ 及 ξ_p 计算值

$\dfrac{H}{a}$	ξ	ξ'	ξ_p
5	3.2	1.95	1.88
10	13	3.9	3.4
100	1 300	39	8.2

上表数据清楚表明,在确定有压隧硐覆盖层最小厚度时,围岩的性质、结构及强度是很重要的。在维持有压隧硐稳定方面,塑性岩体较裂缝岩体差,裂缝岩体又较坚硬而完整岩体差。

以上讨论的均是基岩直接出露于地表的覆盖层最小厚度问题。假如基岩并未直接出露于地表,而是被第三纪或第四纪松散堆积物所覆盖,那么求有压隧硐之上岩体覆盖层最小厚度的原理与前述的一样。如图 8.43 所示,隧硐断面半径为 a,硐内水压力为 p,隧硐在基岩中埋深为 h_2,基岩之上松散堆积层厚度为 h_1,容重为 γ_1,岩体容重为 γ_2。岩体与松散堆积层分界面上竖向应力 σ_1 为

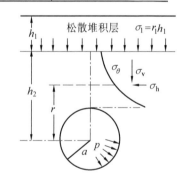

图 8.43　有压隧硐上覆岩层最小厚度计算简图

$$\sigma_1 = r_1 h_1 \tag{8.179}$$

自隧硐中心起垂直向上 r 处的竖向应力 σ_v 为

$$\sigma_v = \gamma_1 h_1 + \gamma_2 (h_2 - r) \tag{8.180}$$

同样,在该处的水平应力 σ_h 为

$$\sigma_h = k_0 \sigma_v = k_0 [\gamma_1 h_1 + \gamma_2 (h_2 - r)] \tag{8.181}$$

为了确保隧硐安全,在岩体与松散堆积层分界处的岩体中不应有裂缝产生。因此,应按照 $r = h_2/n (n>1)$ 来设计。下面对坚硬而无裂缝岩体及裂缝岩体两种情况讨论如下。

①坚硬而无裂缝岩体。

在 r 点处，由硐内水压力 p 引起的附加切向应力 σ_θ 为

$$\sigma_\theta = -\frac{a^2}{r^2}p \tag{8.182}$$

为了确保在 r 点处岩体不产生裂缝，则要求 $|\sigma_\theta| \leqslant \sigma_h$，即

$$\frac{a^2}{r^2}p \leqslant K_0[\gamma_1 h_1 + \gamma_2(h_2 - 1)] \tag{8.183}$$

式中　K_0——岩体侧压力系数。

令 $r = h_2/n$，$p = \xi_1 \gamma_w h_2$，将二者代入式(8.183)求得

$$\xi_1 \leqslant \frac{K_0[\gamma_1 h_1 h_2 n + \gamma_2 h_2^2(n-1)]}{a^2 n^3 \gamma_m} \tag{8.184}$$

式中　ξ_1——限定硐内水头的百分比；

　　　γ_w——水容重；

　　　n 意义同前。

由式(8.184)解得 h_2 为

$$h_2 \geqslant \frac{-K_0 \gamma_1 h_1 n + n\sqrt{\gamma_1^2 h_1^2 K_0 + 4n(n-1)a^2 \xi_1 \gamma_2 \gamma_w}}{2(n-1)K_0 \gamma_2} \tag{8.185}$$

由式(8.185)可以求得隧硐在岩体中的最小埋深 $h_{2\min}$。然后，便能够计算出隧硐之上岩体覆盖层的最小厚度，即 $h_{2,\min} - a$。

在以上推导过程中，没有考虑岩体的抗拉强度 R_t。若需将岩体抗拉强度 R_t 包括进去也并不难，只要在式(8.183)右端加上 R_t 即可。

②裂缝岩体。

叶格尔认为：具有径向裂缝的岩体中有压隧硐围岩的附加应力 σ_θ 与 r 成反比，即在 r 点处由硐内水压力 p 引起的附加切向应力 σ_θ 为

$$\sigma_\theta = -p\frac{a}{r} \tag{8.186}$$

为了确保在 r 点处岩体不产生裂缝，则要求 $|\sigma_\theta| \leqslant \sigma_h$，即

$$p\frac{a}{r} \leqslant K_0[r_1 k_1 + \gamma_2(h_2 - r)] \tag{8.187}$$

令 $r = h_2/n$，$p = \xi_2 \gamma_w h_2$。将二者代入式(8.187)求得

$$\xi_2 \leqslant \frac{K_0[\gamma_1 h_1 n + h_2 \gamma_2(n-1)]}{a n^2 \gamma_w} \tag{8.188}$$

式中　ξ_2——限定硐内水头的百分比。

其他符号意义同前。由式(8.188)解得 h_2 如下

$$h_2 \geqslant \frac{a n^2 \gamma_w \xi_2 - K_0 \gamma_1 h_1 n}{K_0 \gamma_2(n-1)} \tag{8.189}$$

由式(8.189)可以求得隧硐在岩体中的最小埋深 $h_{2,\min}$。然后，便能够计算出隧硐之上岩体覆盖层的最小厚度，即 $h_{2,\min} - a$。

8.7.6　斜坡岩体中有压隧洞稳定性分析

在水利水电工程中,许多有压隧洞位于平行于河谷延伸方向的斜坡岩体中。在这种情况下,隧洞之上竖向岩层的厚度一般满足围岩稳定性要求,而隧洞距斜坡面的垂直距离则是备受关心的问题,因为就工程投资施工而言均希望隧洞尽可能靠近斜坡面,但是从隧洞安全角度看则要求隧洞距斜坡距离不得小于某一极限值。如图 8.44 所示,在坡角为 α 的斜坡岩体中修建一半径为 a 的有压隧洞,洞内水压力为 p,隧洞埋深为 H,隧洞轴线至斜坡面的垂直距离为 l,N 为自隧洞轴线至斜坡面垂线上的任一点。假定岩体坚硬而无裂缝。在洞内水压力 p 作用下,N 点所产生的切向附加应力 σ_θ 为

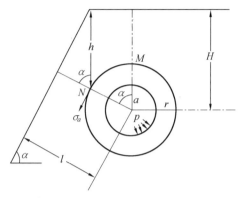

图 8.44　斜坡岩体中有压隧洞稳定性验算示意图

$$\sigma_\theta = -p \frac{a^2}{r^2} \tag{8.190}$$

在 N 点处的竖向自重应力 σ_v 为

$$\sigma_v = \gamma h = \gamma(H - r\cos\alpha) \tag{8.191}$$

在 N 点处的水平自重应力 σ_h 为

$$\sigma_h = K_0' \sigma_v = K_0' \gamma(H - r\cos\alpha) \tag{8.192}$$

由于 N 点在斜坡附近不远的岩体中,所以 N 点侧压力系数 K_0' 较非斜坡附近处岩体中真正的侧压力系数 K_0 小,并且侧压力系数自 N 点的 K_0' 向斜坡临空面方向逐渐降低,直至坡面变为零(这是应力释放的结果)。

首先,考查当 $\sigma_v = \gamma(H - r\cos\alpha)$,$\sigma_h = K_0'\gamma(H - r\cos\alpha)$ 时,N 点是否被破坏(视莫尔圆是在强度包络线之内,还是与强度包络线相切来确定)。在已知的莫尔圆上,可以确定 N 点在 α 角平面上的应力 σ_α,求出 σ_α 后,再做以下判断:

当 $|\sigma_\alpha| < |\sigma_\theta|$ 时,N 点将破坏;

当 $|\sigma_\alpha| = |\sigma_\theta|$ 时,N 点处于临界状态;

当 $|\sigma_\alpha| > |\sigma_\theta|$ 时,N 点是稳定的。

其中,σ_α 是由自重应力产生的。根据 σ_v、σ_θ 作莫尔圆,$\sigma_1 = \sigma_v$,$\sigma_3 = \sigma_\theta$。

另一种关于该问题的解法如下:

在 N 点,由自重应力产生的与切向应力 σ_θ 方向一致的应力 σ_α 的近似式子为

$$\sigma_\alpha = \gamma(l - r)(\sin\alpha\tan\alpha + K_0\cos\alpha) = \frac{\gamma(l - r)}{2\cos\alpha}\left[(1 + K_0) - (1 - K_0)\cos 2\alpha\right] \tag{8.193}$$

则使 N 点不至于破坏的必要条件为

$$\sigma_\alpha \geqslant |\sigma_\theta| \tag{8.194}$$

将式(8.190)和式(8.193)代入式(8.194),得

$$\frac{\gamma(l - r)}{2\cos\alpha}\left[(1 + K_0) - (1 - K_0)\cos 2\alpha\right] \geqslant p\frac{a^2}{r^2} \tag{8.195}$$

令 $r = a$,则由式(8.195)可以导出保证隧洞稳定所需的隧洞轴线距斜坡面的最短距离

$l_{\min}$，即

$$l_{\min} = a + \frac{2p\cos\alpha}{\gamma[(1+K_0)-(1-K_0)\cos2\alpha]} \tag{8.196}$$

若硐内水压力 p 以水头高度表示，并且把它限制在隧硐埋深 H 的某一百分数 ξ 之内，从而有

$$p = \xi\gamma_w H \tag{8.197}$$

将式（8.197）代入式（8.196），并且写成

$$h = \frac{l_{\min}-a}{\cos\alpha} = \frac{2\xi\gamma_w H}{\gamma[(1+K_0)-(1-K_0)\cos\alpha]} \tag{8.198}$$

若满足

$$\xi \leqslant \frac{\gamma h[(1+K_0)-(1-K_0)\cos2\alpha]}{2\gamma_w H} \tag{8.199}$$

则隧硐是稳定的。其中，ξ 由式（8.197）求得。

在以上讨论中，没有考虑围岩抗拉强度 R_t。如果需要包括围岩抗拉强度 R_t，只要在式（8.194）或式（8.195）左端项加上 R_t 即可。

最后值得提出的是，图 8.44 中 M 点的应力也需进行校核，因为有时 M 点也可能产生比 N 点更不利的应力状况。此外，还要进行整个斜坡稳定性验算（详见第 9 章），特别是当隧硐周壁围岩有裂缝而衬砌又不防渗或没有设置衬砌时，尤其要注意这项工作。

8.8　竖井围岩应力计算

在某些岩体工程中，往往需要开挖圆形断面竖井。对断面直径及深度均较大的竖井来说，其围岩应力及稳定性问题在设计中备受关注，在场地条件复杂、地应力集中地区尤其如此。以下仅就较为简单情况讨论竖井围岩应力计算基本原理。

如图 8.45(a)(b)所示，在坚硬而无裂缝的岩体中开挖一个横断面为圆形的竖井，断面半径为 a，岩体容重为 γ，侧压力系数为 K_0。若竖井深度较其断面直径大得多，则可以作为平面问题处理，并且在一般情况下能够采用弹塑性力学理论导出围岩应力计算公式。首先

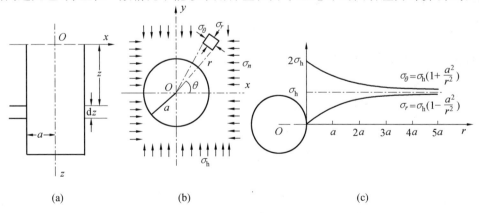

图 8.45　圆形断面竖井围岩应力计算简图

建立空间直角坐标系,xOy 面为水平面,竖直向下为 z 轴正方向。然后,在 xOy 面内建立平面极坐标系(r 表示极径,θ 表示极角),极角 θ 自水平坐标轴 Ox 正方向算起而按逆时针方向为 θ 角正方向。坐标轴 Oz 为竖井轴线,空间坐标系坐标原点 O 落于地平面上。现考虑距地表 z m 深处岩体水平薄层 dz 的应力。作用在该水平薄层上的竖向地应力 σ_v 为

$$\sigma_v = \gamma z \quad (\text{初始地应力}) \tag{8.200}$$

则作用于该水平薄层上的水平地应力 σ_h 为

$$\sigma_h = K_0 \gamma z \quad (\text{初始地应力}) \tag{8.201}$$

由于在岩体中开挖竖井将引起围岩地应力重新分布,若假定半径为 a 的圆井在地表下深度 z 处水平薄层围岩 dz 属于平面应力问题,那么其重新分布后的径向应力 σ_r 及切向应力 σ_θ 可以近似表示为

$$\begin{cases} \sigma_r = \sigma_h \left(1 - \dfrac{a^2}{r^2}\right) \\ \sigma_\theta = \sigma_h \left(1 + \dfrac{a^2}{r^2}\right) \end{cases}, r \geqslant a \tag{8.202}$$

由式(8.201)可知,σ_h 是深度 z 的线性递增函数,所以 σ_r 及 σ_θ 也随着深度 z 的递增而增大。所以,当深度 z 增大到某一值致使 $\sigma_\theta - \sigma_r$ 满足莫尔屈服条件时,水平薄层围岩 dz 将发生塑性流动而失稳,即有

$$\sin \varphi = \frac{\sigma_\theta - \sigma_r}{\sigma_\theta + \sigma_r + 2c\cot \varphi} \tag{8.203}$$

式中　c、φ——围岩的内聚力及内摩擦角。

从整体受力分析可知,井壁围岩形变最大、最危险,所以考虑井壁围岩破坏与否便足以评价竖井围岩整体稳定性。在井壁上,当 $r = a$ 时,$\sigma_r = 0$[见式(8.202)中的第一式],所以式(8.203)变为

$$\sin \varphi = \frac{\sigma_\theta}{\sigma_\theta + 2c\cot \varphi} \tag{8.204}$$

由式(8.204)得井壁破坏判据为

$$\sigma_\theta \geqslant \frac{2c\cos \varphi}{1 - \sin \varphi} \tag{8.205}$$

当 $r = a$ 时,式(8.202)中的第二式变为

$$\sigma_\theta = \sigma_h \left(1 + \frac{a^2}{r^2}\right) = 2\sigma_h \tag{8.206}$$

将式(8.201)代入式(8.206),得

$$\sigma_\theta = 2K_0 \gamma z \tag{8.207}$$

将式(8.207)代入式(8.205),得

$$2K_0 \gamma z \geqslant \frac{2c\cos \varphi}{1 - \sin \varphi} \tag{8.208}$$

由式(8.208)得到确保竖井稳定的极限深度 z_{max} 为

$$z_{max} = \frac{c\cos \varphi}{K_0 \gamma (1 - \sin \varphi)} \tag{8.209}$$

由式(8.209)可知,确保竖井稳定的极限深度 z_{max} 只与围岩的物理力学性质指标有关,而与竖井断面大小无关。

竖井围岩中存在水平软弱夹层所引起的破坏分析:

如图 8.46(a)所示,在深度 z 处存在厚度为 dz 的水平软弱夹层。假定岩体中初始地应力场为静水压力式,即 $\sigma_x = \sigma_y = \sigma_z = \sigma_0 = \gamma z$($\gamma$ 为岩体容重,z 为埋深)。因此,对厚度为 dz 的水平软弱夹层而言,无论是弹性变形区,还是塑性变形区,下式均成立

$$\frac{\mathrm{d}\sigma_r}{\mathrm{d}r} - \frac{\sigma_\theta - \sigma_r}{r} = 0 \quad (竖井开挖后) \tag{8.210}$$

因为在静水压力式初始地应力场中,总有下式成立

$$\begin{cases} \sigma_r = \sigma_0 \left(1 - \dfrac{a^2}{r^2}\right) \\ \sigma_\theta = \sigma_0 \left(1 + \dfrac{a^2}{r^2}\right) \end{cases}$$

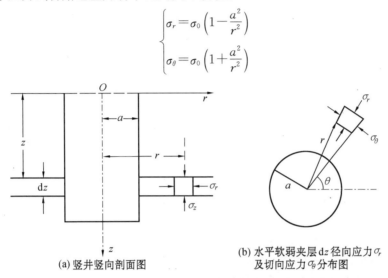

(a) 竖井竖向剖面图

(b) 水平软弱夹层 dz 径向应力 σ_r 及切向应力 σ_θ 分布图

图 8.46　竖井围岩存在水平软弱夹层时应力计算简图

由于软弱夹层强度较低,所以当竖井开挖引起地应力重新分布时,围岩中应力易于超过软弱夹层的屈服极限而使之发生塑性流动,从而导致竖井破坏。因此,竖井开挖后,软弱夹层的应力状态,对评价竖井稳定性将显得十分重要。软弱夹层塑性区的变形按以下原则确定

$$\varepsilon_z = \varepsilon_z^e + \varepsilon_z^p \tag{8.211}$$

式中　ε_z——总变形量;

　　　ε_z^e、ε_z^p——弹性变形量及塑性变形量。

根据广义虎克定律得

$$\varepsilon_z^e = \frac{1}{E}[\sigma_z - \mu(\sigma_\theta + \sigma_r)] \tag{8.212}$$

对于塑性变形,根据其变形特征,假定塑性应变计算公式为

$$\varepsilon_z^p = D\left[\sigma_z - \frac{1}{2}(\sigma_\theta + \sigma_r)\right] \tag{8.213}$$

其中,$D = D(\sigma, \varepsilon)$ 与塑性变形程度有关。将式(8.212)及式(8.213)代入式(8.211),得

$$\varepsilon_z = \frac{1}{E}[\sigma_z - \mu(\sigma_\theta + \sigma_r)] + D\left[\sigma_z - \frac{1}{2}(\sigma_\theta + \sigma_r)\right] \tag{8.214}$$

对厚度为 dz 的软弱夹层来说,可以近似认为 $\varepsilon_z = 0$,则由式(8.214)解得

$$\sigma_z = \frac{\dfrac{\mu}{E} + \dfrac{D}{2}}{\dfrac{1}{E} + D}(\sigma_\theta + \sigma_r) \tag{8.215}$$

若仅为弹性变形,则 $D=0$,式(8.215)变为

$$\sigma_z^e = \mu(\sigma_\theta^e + \sigma_r^e) \tag{8.216}$$

若仅为塑性变形,则 $E \to \infty$,$\dfrac{1}{E}=0$,式(8.215)变为

$$\sigma_z^p = \frac{1}{2}(\sigma_\theta^p + \sigma_r^p) \tag{8.217}$$

若软弱夹层中应力 σ_z、σ_θ、σ_r 满足下式的塑性变形条件,则发生塑性流动,即

$$(\sigma_1 - \sigma_2)^2 + (\sigma_2 - \sigma_3)^2 + (\sigma_3 - \sigma_1)^2 = 2\sigma_y^2 \tag{8.218}$$

可以认为

$$\begin{cases} \sigma_1 = \sigma_\theta^p \\ \sigma_2 = \sigma_z^p = \dfrac{1}{2}(\sigma_\theta^p + \sigma_r^p) \\ \sigma_3 = \sigma_r^p \end{cases} \tag{8.219}$$

将式(8.219)代入式(8.218),得

$$\sigma_\theta^p - \sigma_r^p = \frac{2}{\sqrt{3}}\sigma_y \tag{8.220}$$

式(8.220)为软弱夹层发生塑性变形的屈服条件,σ_y 为软弱夹层的屈服应力,σ_r^p、σ_θ^p 分别为软弱夹层发生塑性变形时的径向应力及切向应力。联立式(8.210)和式(8.220)可以解得软弱夹层塑性变形区的径向应力 σ_r^p 及切向应力 σ_θ^p 分别为

$$\begin{cases} \sigma_r^p = \dfrac{2}{\sqrt{3}}\sigma_y \ln\dfrac{r}{a} \\ \sigma_\theta^p = \dfrac{2}{\sqrt{3}}\sigma_y\left(1 + \ln\dfrac{r}{a}\right) \end{cases} \tag{8.221}$$

塑性变形区之外的弹性变形区的径向应力 σ_r^e 及切向应力 σ_θ^e 分别为

$$\begin{cases} \sigma_r^e = K_0\gamma z\left(1 - \dfrac{a^2}{r^2}\right) + \sigma_R\left(\dfrac{R}{r}\right)^2 \\ \sigma_\theta^e = K_0\gamma z\left(1 + \dfrac{a^2}{r^2}\right) - \sigma_R\left(\dfrac{R}{r}\right)^2 \end{cases} \tag{8.222}$$

式中　R——塑性变形区半径;

　　　σ_R——弹、塑性变形区分界上径向应力;

　　　z——软弱夹层埋深;

　　　γ——上覆岩层容重;

　　　r——计算点半径;

　　　K_0——岩体侧压力系数;

　　　a——竖井半径。

在弹、塑性变形区分界上有

$$\sigma_r^e + \sigma_\theta^e = \sigma_r^p + \sigma_\theta^p \tag{8.223}$$

将式(8.221)、式(8.222)代入式(8.223),得

$$R = a e^{K_0 \gamma z \frac{\sqrt{3}}{2\sigma_y} - \frac{1}{2}}$$ (8.224)

将 $R = a$ 代入式(8.224)便可解得确保软弱夹层不发生塑性流动的极限深度,即

$$z_{max} = \frac{\sigma_y}{\sqrt{3} K_0 \gamma}$$ (8.225)

若软弱夹层的埋深小于式(8.225)中的 z_{max},则软弱夹层将不破坏,能够承受上覆岩层的压力或自重荷载;相反,如果软弱夹层的埋深超过式(8.225)中的 z_{max},那么由于软弱夹层的塑性流动,将导致井壁破坏或失稳。若软弱夹层中应力 σ_r,σ_θ 满足式(8.204)的屈服条件(塑性变形条件),则联立式(8.204)和式(8.210)可以解出另一种形式塑性变形区的径向应力 σ_r 及切向应力 σ_θ 表达式,即

$$\begin{cases} \sigma_r^p = \frac{1 - \sin \varphi}{2r\sin \varphi} - c\cot \varphi \\ \sigma_\theta^p = \frac{1 + \sin \varphi}{2r\sin \varphi} - c\cot \varphi \end{cases}$$ (8.226)

最后值得指出的是,如果初始地应力场在水平面内的两个分量不相等,则竖井围岩应力可以近似按式(8.223)计算。

8.9　地下硐室围岩压力成因及影响因素

一般来说,地下硐室围岩力学计算及稳定性分析包括两部分内容:一是关于围岩应力方面的;二是关于围岩压力方面的。前面详细讨论了围岩应力计算及强度问题,本节开始将系统叙述围岩压力计算及稳定性问题。

由于地下硐室围岩压力是作用于支护或衬砌上的重要荷载,所以对围岩压力的正确估算将直接关系到支护和衬砌结构设计合理与否,是确保地下硐室顺利施工及安全运营的关键之一。因此,关于地下硐室围岩压力方面的课题备受国内外工程界或岩体力学工作者的关注,已做了一系列的科研工作,基于多种力学理论建立了不少计算公式。尽管如此,由于地下硐室工程的隐蔽性,加之复杂的地质背景及场地条件等,决定了对围岩压力的正确估计仍然存在较大难度及某些不确定因素,所以到目前为止,关于围岩压力课题在许多方面尚没有获得圆满解决。因此,以下所介绍的围岩压力理论及计算公式均是在一定简化条件下得到的,是近似的,只在特定条件下是正确的,必须通过实践逐步加以完善,务必不能不切合工程实际而套搬引用。

8.9.1　围岩压力成因

关于地下硐室围岩压力成因机理及其随时间变化过程,拉勃蔡维奇曾对其做过解释。如图 8.47 所示,仅考虑围岩中最大压力为竖向情况。围岩压力随时间的发展过程包括下述三个阶段。

第一阶段　如图 8.47(a)所示,由于硐室开挖引起围岩变形,在周壁上产生挤压作用,同时在左、右两侧围岩中形成楔形岩块,这两个楔块具有向硐内移动的趋势,从而硐室两侧又产生压力,并且由此过渡到第二阶段。这种楔形岩块是因硐室两侧围岩剪切破坏产生的。

第二阶段 如图 8.47(b)所示,当硐室左、右两侧围岩中的侧向楔形岩块发生移动及变形之后,硐室的跨度似乎增大了,因此在围岩内形成一个椭圆形高压力区。在椭圆形高压力区曲线(边界线)与硐室周界线(周壁)之间的岩体发生松动。

第三阶段 如图 8.47(c)所示,位于硐顶和硐底的松动岩体开始发生变形,并且向着硐内移动,其中硐顶松动岩体在重力作用下有掉落到硐内的危险。围岩压力逐渐增加。

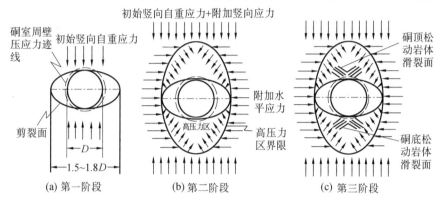

图 8.47 地下硐室围岩压力成因机理及演化过程

由此可见,地下硐室围岩压力的形成是与硐室开挖后围岩的变形、破坏及松动分不开的。由围岩变形而产生对支护及衬砌的压力称为变形压力;由围岩破坏与松动而对支护及衬砌产生的压力称为松动压力。围岩变形量的大小及破坏与松动程度决定着围岩压力的大小。对岩性及结构不同的围岩,由于其变形和破坏的性质及程度不同,所产生围岩压力的主要原因也就不同,经常碰到以下三种情况:

(1)在坚硬而完整的岩体中,由于硐室围岩应力一般是小于岩体极限强度的,所以岩体只发生弹性变形而无塑性流动,岩体没有被破坏及松动。又因为岩体弹性变形在硐室开挖后即已结束,所以这种岩体中的硐室不会发生坍塌等失稳现象。如果在开挖后对硐室进行支护或设置衬砌,则支护及衬砌上将没有围压压力。

(2)在相对不坚硬并且发育有结构面的岩体中(中等质量岩体),由于硐室围岩变形较大,不仅发生弹性变形,而且伴有塑性流变,尚有少量岩石破碎作用,加之围岩应力重新分布需要一定时间,所以在设置支护或衬砌之后,围岩变形将受到支护及衬砌的约束,于是便产生对支护及衬砌的压力。因此,在这种情况下,支护或衬砌的设置时间及结构刚度对围岩压力的大小影响较大。在这类岩体中,压力主要是由围岩较大的变形引起的,而岩体的破坏、松动及塌落很小。也就是说,这类岩体中主要是变形压力,而较少产生松动压力。

(3)在软弱而破碎的岩体中,由于岩体结构面极为发育,并且极限强度很低,在硐室开挖结束后或开挖过程中,重新分布的应力很容易超过岩体强度而引起围岩破坏、松动与坍落。因此,在这类岩体中,破坏和松动是产生围岩压力的主要原因,松动压力占据主导地位,而变形压力则占次要地位。若不及时设置支护或衬砌,围岩变形与破坏的范围将不断扩展,以至于造成硐室失稳,有的甚至在施工过程中就出现坍塌事故。支护或衬砌的主要作用是支撑坍落岩块的重量,并且阻止围岩变形与破坏的进一步扩大。在这类岩体中开挖硐室,若支护或衬砌设置较晚,当岩体变形与破坏发展到一定程度时,由于围岩压力太大,将给支护或衬砌设置带来很大困难,轻则抬高工程造价,严则将无法设置支护或衬砌而导致工程被迫放弃。

最后需要指出的是,在地应力高度集中地区,地应力将对地下硐室围岩压力产生强烈影响。在这种情况下,在地下硐室设计之前,首先必须做系统的地应力研究工作。而在硐室施工过程中,也少不了对地应力的测量,往往需要据此调整施工方案及进度,并且为及时设置支护及衬砌提供依据。此外,在硐室运营过程中进行安全监测,也少不了对围岩地应力变化的长期考察分析。

8.9.2 围岩压力影响因素

以下将讨论影响围岩压力的其他因素。

(1)场地条件及地质构造。

场地条件及地质构造对围岩压力的影响是十分重要的。一般来说,场地条件包括地形地貌、地下水、地热梯度、岩体组成(指不同岩石类型)及松散覆盖层性质与厚度等,所以场地条件对围岩压力的影响是多方面的。例如,沿河谷斜坡或山坡修建地下硐室时往往出现严重的偏压现象,地下水的流动经常对支护或衬砌产生较大的动水压力,较高的地热会降低围岩的屈服强度,由不同类型岩石组成的围岩将产生不均匀的压力,而较厚的上覆松散堆积层又会增大围岩的竖向荷载等。地质构造对围岩压力的影响有时显得相当突出,地质构造简单地区的岩体中无软弱结构面或结构面较少,岩体完整而无破碎现象,围岩稳定而压力小;相反,地质构造复杂,岩体不完整而较为发育各种软弱结构面,围岩便不稳定,围岩压力也就大,并且往往不均匀。以上所说的地应力高度集中一般是地质构造作用的结果,因地质构造产生的高水平地应力将引起较高的围岩压力,从而对工程造成很大危害,高水平地应力分布状态对于工程设计及施工方案的选择有时起决定性作用。在断层带或断裂破碎带及褶皱构造发育的地区,硐室围岩压力一般均很大,因为在这些地段岩体中开挖地下硐室时,即使在施工过程中也会引起较大范围的崩塌,从而造成很高的松动压力。此外,如岩层倾斜[图8.48(a)]、结构面不对称[图8.48(b)](包括结构面性质、密度、宽度及延伸长度等)及斜坡[图8.48(c)]等,均能引起不对称围岩压力(即偏压)。所以在估算地下硐室围岩压力时不可忽视场地条件及地质构造的影响。

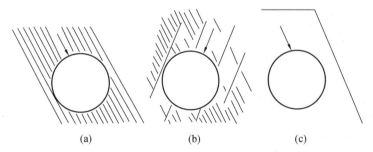

图 8.48 地下硐室偏压成因示意图(箭头表示较高压力方向)

(2)硐室的形状及大小。

硐室的形状不仅对围岩应力重新分布产生一定的影响,而且还影响围岩压力的大小。一般情况下,断面为圆形、椭圆形及拱形硐室等围岩应力集中程度较小,岩体破坏轻且较稳定,围岩压力也就较小。而矩形断面硐室围岩的应力集中程度较大,拐角处应力集中程度尤其突出,所以围岩压力较其他断面形状硐室围岩压力要大。

虽然硐室围岩应力与断面大小无关,但是围岩压力与硐室断面大小的关系密切。一般而言,随着硐室跨度增加,围岩压力也就增大。现有的某些围岩压力计算公式一般认为,围岩压力与硐室跨度呈线性正比例关系。但是,工程实践表明,对跨度较大的硐室来说,情况并非如此。跨度很大的硐室,由于容易发生局部坍塌和偏压现象,致使围岩压力与跨度之间不一定呈正比例关系。据我国铁路隧道调查资料,当单线隧道及双线隧道的跨度相差 80% 时,它们的围岩压力仅相差 50%。所以,在工程上,对于大跨度硐室,若在支护或衬砌结构设计时仍然采用围岩压力与跨度之间的线性正比例关系,将显得过于保守,会浪费支护或衬砌材料。此外,在结构面较发育而稳定性较差的岩体中开挖硐室,实际的围岩压力往往较按常规方法估算出的围岩压力大得多。例如在图 8.49 中,岩体结构面相当发育,破碎程度很大,如果按

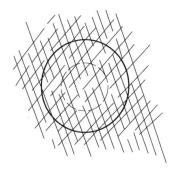

图 8.49　不同断面尺寸硐室围岩压力大小对比示意图

照图中虚线所示的尺寸开挖较小的硐室,则被结构面切割而趋于向硐内坍落岩块较少,则围岩压力较小;相反,如果按照图中实线所示的尺寸开挖较大的硐室,则将有大量的岩块向硐内方向滑动与坍落,从而围岩实际压力将远大于由正比例关系估算出的压力值。

（3）衬砌或支护形式及刚度。

地下硐室围岩压力有松动压力与变形压力之分。当松动压力作用时,衬砌或支护的作用就是承受松动岩体或塌落岩体的重量。当变形压力作用时,衬砌或支护作用即为阻止或限制围岩的变形。一般情况下,衬砌或支护可能同时起这两种作用。在地下硐室工程中,经常采用两种类型支护:其一是外部支护,也称普通支护或老式支护,将支护结构设置于围岩外部(硐室内而靠近周壁处),依靠支护结构自身的承载能力来承担围岩压力,当支护结构紧靠硐室周壁时或在支护结构与周壁之间回填密实情况下,此时的支护结构则起限制围岩变形及维持围岩稳定的双重作用;其二是内承支护或自承支护,是近代发展起来的一类新型支护形式,实质是通过化学灌浆或水泥灌浆、喷混凝土支护及普通锚杆或预应力锚杆支护等方式加固围岩,使围岩处于自稳定状态,即围岩自身阻止变形及承担自重力。一般来说,第二种支护类型较经济,但是技术要求较高。

衬砌或支护结构刚度及支护时间的早晚(即硐室开挖后围岩暴露时间长短)直接影响围岩压力的大小。支护结构刚度越大,支护结构可变量越小,则允许围岩的变形量也就越小,围岩压力便越大;反之,围岩压力也就越小。硐室开挖过程中围岩就开始发生变形,并且一直延续到开挖结束之后一段时间;研究表明,在围岩一定的变形范围内,支护结构上的围岩压力随着支护设置之前围岩变形量增加而减小。长期以来采用的薄层混凝土衬砌或具有一定柔性的外部支护,均能够充分利用围岩的自承能力,以减少支护结构上的围岩压力。

（4）硐室埋深。

目前,硐室埋深与围岩压力的关系,在认识上尚未统一。就现有的围岩压力估算公式形式来看,有的公式显示围岩压力与埋深有关,而有的公式则显示围岩压力与埋深无关。一般来说,当围岩处于弹性状态时,围岩压力应与埋深无关。而当围岩中出现塑性变形区时,由于埋深对围岩应力分布及侧压力系数 K_0 有影响,从而影响塑性变形区的形状及大小,由此影响围岩压力。研究表明,当围岩处于塑性状态时,硐室埋深越大,围岩压力也就越大。对

于深埋硐室,因围岩处于高压塑性状态下,所以围岩压力将随着埋深的增加而增大,在这种情况下宜采用柔性较大的衬砌或支护结构,以充分发挥围岩的自承能力,从而降低围岩压力。

(5)时间。

由于围岩压力主要是因为岩体的变形与破坏所致,而岩体的变形和破坏均是有时间历程的,所以围岩压力也就与时间有关。在硐室开挖期间及开挖结束最初阶段,围岩变形及位移较快,围岩压力迅速增长。而硐室开挖结束一般时间之后,围岩变形将结束,围岩压力也随之趋于稳定。围岩压力随时间变化的主要原因在于,除了围岩变形和破坏有一定时间过程之外,围岩蠕变也起重要作用。

(6)施工方法及施工速率。

工程实践表明,围岩压力大小与硐室施工方法及施工速率也有很大关系。在岩性较差及岩体结构面较发育(岩体破碎较强烈)地段,如果采用爆破方式施工,尤其是放大炮掘进,将会引起围岩强烈破坏而增加围岩压力。而采用掘岩机掘进、光面爆破及减少超挖量等合理的施工方法均可以降低围岩压力。在灰岩、泥灰岩、泥岩、泥质页岩、白云岩及其他片岩之类的易风化岩体中开挖硐室,需要加快施工速度且及时迅速设置衬砌,以便尽可能避免围岩与水接触而减轻风化,从而阻止围岩压力增大。施工时间长、衬砌较晚、回填不实或回填材料易压缩等均会引起围岩压力增大。

8.10　地下硐室围岩压力及稳定性验算

由于地下硐室围岩压力是否超出其极限强度或屈服极限,以及围岩是否破坏与失稳等将直接关系到对围岩压力的正确估算,所以在对围岩压力估算之前应进行围岩压力及稳定性验算。而对较软弱岩体及破碎岩体已没有必要进行围岩压力及稳定性验算,因为在其中开挖硐室无疑会产生围岩压力。经常需要做围岩压力及稳定性验算的岩体有完整而坚硬岩体、水平层状岩体及倾斜层状岩体三种类型。

8.10.1　完整而坚硬围岩压力及其稳定性验算

对坚硬而完整岩体来说,由于其结构面很少且规模小、强度大、无塑性变形及弹性变形完成迅速等,可以假定岩体为各向同性且均匀的连续弹性体,所以验算硐室周壁上切应力 σ_θ 是否超过岩体强度极限即可,一般不需要进行围岩压力计算,即验算

$$\sigma_\theta < [R_c] \tag{8.227}$$

式中　σ_θ——硐室周壁上切向应力(压应力);

$[R_c]$——岩体许可抗压强度。

考虑到在长期荷载作用下硐室围岩强度也许降低。所以,岩体许可抗压强度 $[R_c]$ 一般采用以下数值:

$$\begin{cases} [R_c]=0.6R_c & (无裂缝坚硬岩体) \\ [R_c]=0.5R_c & (有裂缝坚硬岩体) \end{cases} \tag{8.228}$$

切向应力 σ_θ 可以采用前面内容所述的方法进行计算获得。工程中,往往存在直墙拱型硐室。迄今为止,尚无有效的直墙拱形硐室围岩压力计算公式,一般是通过试验或有限元法

获取这种类型硐室的围岩压力。既往经验表明,若硐室高跨比为 $h/B=0.67\sim1.5$,就可以将直墙拱形硐室作为椭圆形或圆形断面硐室处理,此时围岩切向应力 σ_θ 的近似计算公式为

$$\begin{cases} \sigma_\theta = \left[\left(\frac{2b}{a}+1\right)\frac{\mu}{1-\mu}-1\right]p_0 & \text{(拱顶切向应力)} \\ \sigma_\theta = \left(\frac{2b}{a}-\frac{\mu}{1-\mu}+1\right)p_0 & \text{(拱脚切向应力)} \end{cases} \quad (8.229)$$

式中　　a——硐室跨度之半;

b——硐室高度之半;

μ——岩体泊松比;

p_0——计算点的初始竖向地应力,$p_0=\gamma H$,其中 H 为硐室轴线埋深,γ 为岩体容重。

式(8.229)由下式导出:

$$\sigma_t = \frac{(p_h-p_v)\left[(q_1+q_2)^2\sin^2\beta-q_2^2\right]+2q_1q_2p_0}{(q_1-q_2)^2\sin^2\beta+q_2^2} \quad \text{(由弹性力学原理求得)}$$

式中　　σ_t——椭圆形硐室周界上的切向应力;

q_1、q_2——椭圆长、短半轴长;

p_v、p_h——竖向及水平方向初始地应力,$p_h=K_0p_v$。

对于其他断面形状的硐室,尤其是矩形断面硐室,在拐角处应力集中系数往往很大,应特别注意由于局部应力集中而超过岩体强度的情况。但是,工程实践又表明,这种局部应力集中不至于影响围岩的稳定性,所以一般不予考虑。

如果硐室周壁切向应力 σ_θ 为拉应力,则应验算以下条件:

$$|\sigma_\theta|<|[R_t]| \quad (8.230)$$

式中　　$[R_t]$——岩体许可抗拉强度(岩体浸湿抗拉强度)。

如果应力验算不满足式(8.227)或式(8.230),则应采取适当工程加固措施,如设置衬砌、支护及锚栓等。兹举一算例如下。

某完整良好的花岗岩体,单轴浸湿抗压强度 $R_c=100$ MPa。在该岩体中开挖直墙拱顶硐室,跨度为 $B=12$ m,高度为 $h=16$ m,埋深为 $H=220$ m,岩体容重为 27 kN/m³。尝试验算围岩的稳定性。

首先,将硐室看作为椭圆形断面硐室,并且假定侧压力系数为 $K_0=\frac{\mu}{1-\mu}=1$。

拱顶切向应力:$\sigma_\theta = \left[\left(\frac{2b}{a}+1\right)\frac{\mu}{1-\mu}-1\right]p_0 = \left[\left(\frac{16}{6}+1\right)\times1-1\right]\times27\times220=9.93$ (MPa)

拱脚切向应力:$\sigma_\theta = \left(\frac{2a}{b}-\frac{\mu}{1-\mu}+1\right)p_0 = \left(\frac{12}{8}-1+1\right)\times27\times220=8.92$ (MPa)

岩体许可抗压强度 $[R_c]=0.6$,$R_c=0.6\times100=60$ (MPa)

由于 $[R_c]$ 较 σ_θ 大得多,所以围岩处于弹性状态,硐室是稳定的。

然后,再将硐室看作为圆形断面硐室,并且也假定侧压力系数 $K_0=\frac{\mu}{1-\mu}=1$。

周壁切向应力 $\sigma_\theta=2p_0=2\gamma H=2\times27\times220=12$ (MPa)

而岩体许可抗压强度 $[R_c]=60$ (MPa)

所以,$[R_c]$ 较 σ_θ 大得多,围岩处于弹性状态下,硐室也是稳定的。

总之,在此类花岗岩体中,开挖这种尺寸的直墙拱顶硐室将不会产生围岩压力。

8.10.2　水平层状围岩压力及其稳定性验算

靠近硐室顶壁的水平层状岩体,尤其是薄层状岩体,有脱离围岩主体而形成独立梁的趋势,如果存在水平压应力,并且梁跨高比相当大,那么这种梁的稳定性较大。但是,一般情况下,除非有锚杆或排架结构及时支撑,否则这种位于硐室顶壁的薄层状岩体有可能塌落下来。

图 8.50 所示为一个位于硐室顶壁的水平层状岩体坍塌过程示意图。首先,硐室顶壁水平薄层状态岩体与其上的岩体脱开而向下(硐内)弯曲,如图 8.50(a)(b)(c)所示,并且在其两端上表面及中部下表面形成张性裂隙,其中位于端部的张性裂隙首先形成。端部倾斜的应力轨迹线导致张性裂缝在对角线方向上逐步展开。最后,造成该位于硐室顶壁的水平薄层状岩体坍塌,如图 8.50(d)所示。这种水平层状岩体坍落后留下一对悬臂梁,可能成为其上水平层状岩体(梁)的基座。因此,随着水平层状岩体坍落作用由硐壁开始向硐顶之上围岩内部逐层发生,硐顶之上水平层状岩体梁的跨度将逐渐减小。这些水平状岩体梁的连续破坏与坍落,最后会形成一个稳定的梯形硐室,这也就是为什么在水平层状岩体中修建梯形硐室的原因所在。

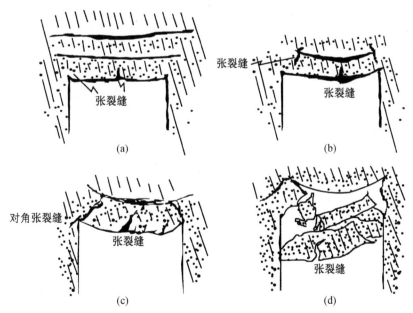

图 8.50　位于硐室顶壁水平薄层状岩体逐步坍塌过程示意图

位于硐室顶壁之上的水平层状岩体可以看作是两端固定的水平梁。而这种梁的最大拉应力 $\sigma_{\max}$ 出现于两端的顶面处,其值为

$$\sigma_{\max}=\frac{\gamma L^2}{2t} \tag{8.231}$$

式中　L——梁长度(硐室跨度);

　　　t——梁厚度(高度);

γ——岩体容重。

若水平层状岩体梁两端受到水平地应力 σ_h 作用,则该梁上拉应力可以降低。此时,最大拉应力 σ_{max} 为

$$\sigma_{max} = \frac{\gamma L^2}{2t} - \sigma_h \qquad (8.232)$$

取用水平地应力 σ_h 时,一般限制在欧拉屈服应力$(\pi^2 E t^2)/(3L^2)$ 的 1/20 之内,即

$$\sigma_h < \frac{1}{20}\frac{\pi^2 E t^2}{3L^2} \qquad (8.233)$$

式中 E——岩体弹性模量。

位于水平层状岩体梁中心处的最大拉应力 σ'_{max} 一般为式(8.232)的一半,即

$$\sigma'_{max} = \frac{1}{2}\sigma_{max} = \frac{\gamma L^2}{4t} - \frac{\sigma_h}{2} \qquad (8.234)$$

梁的最大挠度为

$$U_{max} = \frac{\gamma L^4}{32E t^2} = \frac{\gamma t L^4}{32E t^3} \qquad (8.235)$$

为安全起见,可以保守地假定 σ_h 为零,则由式(8.231)算出的最大拉应力 σ_{max} 若小于岩体抗拉强度极限,那么便是安全的;否则,硐室将失稳,必须采取一定的结构加固措施。

如果硐室顶壁上围岩由不同物理力学性质与厚度的多种水平层状岩体组成,例如,由两种水平岩层组成,它们的弹性模量、容重及厚度分别为 E_1、γ_1、t_1 及 E_2、γ_2、t_2,可以把这种岩层看作两端固定的"异型材料复合梁"进行验算,假定较薄的梁在上、较厚的梁在下,荷载便从较薄梁传递到较厚梁,其中较厚梁的应力及挠度仍然可以根据式(8.231)、式(8.232)或式(8.235)计算,但是式中的容重 γ 应该用最大容重 γ_a 来代替,即有

$$\gamma_a = \frac{E_1 t_1^2(\gamma_1 t_1 + \gamma_2 t_2)}{E_1 t_1^3 + E_2 t_2^3} \qquad (8.236)$$

式(8.236)可以推广到几个不同材料岩层组成的"异型材料复合梁",其厚度自下而上逐渐递减。

如果较薄的梁在下、较厚的梁在上,那么下面的梁就有与原梁脱开分离的趋势。若采用锚栓加固,则锚杆设计要容许岩层分离,荷载通过锚杆传递。在这种情况下,假定锚杆提供的应力为 Δq,则厚梁单位面积上荷载为 $\gamma_1 t_1 + \Delta q$,薄梁单位面积上荷载为 $\gamma_2 t_2 - \Delta q$。利用这两个值代替式(8.235)中的 γt,并且令这两根梁最大挠度相等,则得

$$\frac{(\gamma_1 t_1 + \Delta q)L^4}{32E_1 t_1^3} = \frac{(\gamma_2 t_2 - \Delta q)L^4}{32E_2 t_2^3} \qquad (8.237)$$

由式(8.237)解得

$$\Delta q = \frac{\gamma_2 t_2 E_1 t_1^3 - \gamma_1 t_1 E_2 t_2^3}{E_1 t_1^3 + E_2 t_2^3} \qquad (8.238)$$

这两种岩层内最大拉应力由下式确定,即

$$\sigma_{max} = \frac{(\gamma t \pm \Delta q)L^2}{2t^2} \qquad (8.239)$$

这种形式的荷载传递称为"悬挂"效应。锚栓的另一个作用是防止岩层间滑动,增加梁的抗剪强度,下面讨论这一问题。

假定 X 为水平坐标轴,坐标原点在梁的一端,则梁内单位宽度剪力 Q 为

$$Q = \gamma t \left(\frac{L}{2} - X \right) \tag{8.240}$$

在任何载面 X 处的最大剪应力 τ 为

$$\tau = \frac{3Q}{2t} = \frac{3\gamma}{2} \left(\frac{L}{2} - X \right) \tag{8.241}$$

最大剪应力发生在梁两端，即 $X = 0$，$X = L$ 处，则有

$$\tau_{\max} = \pm \frac{3\gamma L}{4} \tag{8.242}$$

考虑梁由 $\gamma_1 = \gamma_2$ 和 $E_1 = E_2$ 的两个岩层组成。设岩层间内摩擦角和内聚力分别为 φ_j、c_j，并且在不同岩层间滑动情况下梁近似为均质体。锚栓间距设计要求使它们在每一 x 处提供的平均单位面积上的力 p_b 满足下式：

$$p_b \tan \varphi_j \geqslant \frac{3r}{2} \left(\frac{L}{2} - x \right) \tag{8.243}$$

这就是摩擦效应。如果同时考虑摩擦效应及悬挂效应，并且锚栓间距均匀，那么锚栓系统所提供的平均单位面积上的力至少应为

$$p_b = \frac{3\gamma L}{4\tan \varphi_j} + \Delta q \tag{8.244}$$

8.10.3　倾斜层状围岩压力及稳定性验算

在以上讨论中，水平层状岩体中硐室围岩的破坏与失稳主要发生于顶部岩层，顶部岩层破坏和塌落，而侧壁岩层则处于受压的稳定状态。然而，当围岩为倾斜岩层时，硐室失稳的形式就完全不同。在倾斜岩层中，硐室失稳主要是围岩沿着倾斜的层理面或其他先存结构面向硐内滑动所致；这种滑动作用可能造成岩层之间分离，岩层弯曲与折断，以及岩层碎块向硐内壁坠落等多种危害。为确定或评价倾斜岩中硐室的稳定性，首先必须进行岩层间的滑动分析与验算。

在自重力作用下，硐室围岩滑动区域的倾斜岩层往往逐渐破坏层间结合力（层间内摩擦力及内聚力）而越来越松动，当自重力沿滑动面（层面或其他结构面）上的下滑力分量足以克服层间结合力时，岩层部分破坏的块体便开始向硐内滑动与坠落，或者发生岩层弯曲与折断等破坏现象。如果不设置适当的支护结构以阻止岩层的进一步滑动与变形、破坏，可能导致硐室围岩的完全破坏而使工程报废。若设置柔性支护结构，那么支护结构必然要被动地承受巨大的松动或滑动岩层重量，后面将讨论这种支护结构上的围岩压力求解方法。在相反情况下，

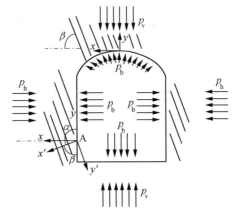

图 8.51　倾斜岩层中硐室围岩压力计算简图

若支护结构是预应力的，支护结构可以主动而及时地向围岩提供反方向压力，则有可能阻止岩层的滑动，维持硐室稳定。而此时的围岩压力即为由支护结构主动提供的。下面将讨论这种压力的求解方法。

如图 8.51 所示,硐室围岩为倾斜岩层,岩层结构面(滑动面及层理面)倾角为 β,则可以利用倾斜岩层硐室围岩不稳定条件:

$$\sigma_1\cos\beta\sin(\varphi_j-\beta)+\sigma_3\sin\beta\cos(\varphi_j-\beta)+c_j\cos v\,\varphi_j\leqslant 0 \tag{8.245}$$

式中　σ_1、σ_3——硐室壁上的最大、最小主应力;

c_j、φ_j——岩层面上的内聚力、内摩擦角;

β——岩层面倾角。

在硐室侧壁上,对直墙拱顶硐室,$\sigma_1=\sigma_y$,$\sigma_3=\sigma_x=0$;对圆形硐室,$\sigma_1=\sigma_\theta$,$\sigma_3=\sigma_r=0$,所以,直墙拱顶硐室不稳定条件为

$$\sigma_y\cos\beta\sin(\varphi_j-\beta)+c_j\cos\varphi_j\leqslant 0 \tag{8.246}$$

为了确保硐室稳定,必须做支护之类的结构以给予侧壁预应力,即支护结构对侧壁施加水平推力 σ_x(其反力就是侧向围岩压力),并且满足

$$\sigma_x\sin\beta\cos(\varphi_j-\beta)+\sigma_y\cos\beta\sin(\varphi_j-\beta)+c_j\cos\varphi_j\geqslant 0 \tag{8.247}$$

由式(8.247)解出 σ_x 即为侧向围岩压力。令 $\sigma_x=p_b$,p_b 特指需要由支护结构施加的水平推力,即

$$p_b\geqslant\frac{\sigma_y\cos\beta\sin(\beta-\varphi_j)-c_j\cos\varphi_j}{\sin\beta\cos(\beta-\varphi_j)} \tag{8.248}$$

而对直墙拱顶硐室顶壁来说,$\sigma_1=\sigma_x$,$\sigma_3=\sigma_y=0$,则不稳定条件为

$$\sigma_x\cos(90°-\beta)\sin[\varphi_j-(90°-\beta)]+c_j\cos\varphi_j\leqslant 0 \tag{8.249}$$

为了确保硐室稳定,必须由支护结构对顶壁施加竖直向上的推力 σ_y(其反力就是竖向围岩压力),并且满足

$$\sigma_x\cos(90°-\beta)\sin[\varphi_j-(90°-\beta)]+\sigma_y\sin(90°-\beta)\cos[\varphi_j-(90°-\beta)]+c_j\cos\varphi_j\geqslant 0$$
$$\Rightarrow-\sigma_x\sin\beta\cos(\varphi_j+\beta)+\sigma_y\cos\beta\sin(\varphi_j+\beta)+c_j\cos\varphi_j\geqslant 0 \tag{8.250}$$

由式(8.250)解出 σ_y 即为竖向围岩压力。同样令 $\sigma_y=p_b$,p_b 特指需要由支护结构施加的竖直向上推力,即

$$p_b\geqslant\frac{\sigma_x\sin\beta\cos(\varphi_j+\beta)-c_j\cos\varphi_j}{\cos\beta\sin(\varphi_j+\beta)} \tag{8.251}$$

利用式(8.248)及式(8.251)计算围岩压力仅适用于硐室的竖向侧壁及拱顶中点等特殊点处,而不能用于硐壁其他点处的围岩压力或支护结构推力(与围岩压力反向的推力)。事实上,式(8.248)中的 σ_y 及式(8.251)中的 σ_x 均是硐壁的切向应力 σ_θ,二者均应该根据初始地应力条件(p_v,p_h)及硐室的断面形状计算获得。

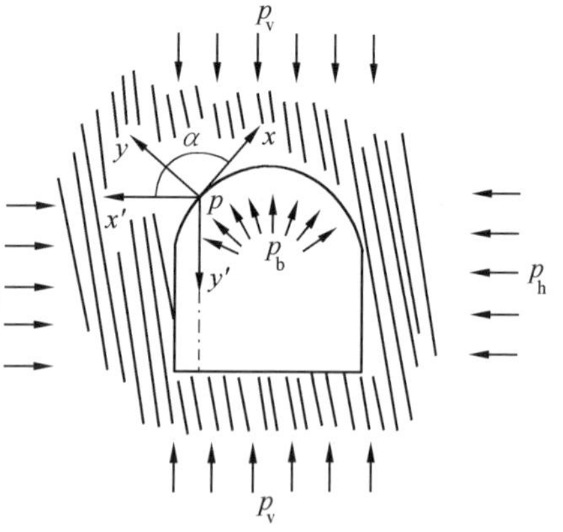

图 8.52　倾斜岩层中硐室围岩压力或支护结构推力计算简图

为了克服式(8.248)及式(8.251)的局限性,以下将推导适用于计算硐室侧壁及顶壁任何点处的围岩压力或支护结构反向推力 p_b 的公式。

如图 8.52 所示,在倾斜岩层中开挖地下硐室,岩体中初始竖向及水平地应力分别为 p_v、p_h。在硐室周壁上任一点 p 处,建立平面直角坐标系,x 轴为 p 点处硐壁切线,y 轴为硐

壁法线;此外,在 p 点处再建立另一个平面直角坐标系,x' 轴为岩层面法线,y' 轴平行于岩层面。在这种坐标系中,p 点的应力为

$$\begin{cases} \sigma_x = N_h p_h + N_v p_v - A p_b \\ \sigma_y = p_b \\ \tau_{xy} = 0 \end{cases} \tag{8.252}$$

式中　N_h、N_v——水平地应力系数、竖向地应力系数,由硐室断面形状及所求应力点在硐壁上位置确定(下面将讨论怎样确定);

　　　A——径向应力系数,圆形硐壁取 $A=1$,直线形硐壁取 $A=0$,这里为简便起见,取 $A=0$。

岩层面上 p 点的法向应力及剪应力分别为

$$\begin{cases} \sigma'_x = \sigma_x \cos^2\alpha + \sigma_y \sin^2\alpha = \sigma_n \\ \tau_{x'y'} = -\dfrac{1}{2}\sigma_x \sin 2\alpha + \dfrac{1}{2}\sigma_y \sin 2\alpha \end{cases} \quad (\tau_{x'y'} \text{相当于岩层下滑力}) \tag{8.253}$$

式中　α——由硐壁切线(x 轴正方向)到岩层面法线(x' 轴正方向)的旋转角。

假定岩层面上内摩擦角、内聚力分别为 φ_j 及 c_j。在这里,为方便起见,取 $c_j=0$。那么,岩层之间的滑动条件为

$$|\tau_{x'y'}| \geqslant \sigma_x \tan \varphi_j \tag{8.254}$$

如果 $\tau_{x'y'} > 0$,式(8.254)中的绝对值取正号,并将式(8.252)及式(8.253)代入式(8.254)得到支护结构推力 p_b 的最小值[式(8.254),取"="号]为

$$p_b = (N_h p_h + N_v p_v)\frac{1 - \cot \alpha \tan \varphi_j}{1 + \cot \alpha \tan \varphi_j} \tag{8.255}$$

如果 $\tau_{x'y'} < 0$,只需用 $-\varphi_j$ 代替 φ_j,式(8.255)仍然成立。式(8.255)中的 $N_h p_h + N_v p_v$ 实际上为支护结构设置之前硐壁 p 点的切向应力 $\sigma_{\theta,p}$。因此,式(8.255)改写为

$$p_b = \sigma_{\theta,p}\frac{1 - \cot \alpha \tan \varphi_j}{1 + \cot \alpha \tan \varphi_j} \quad (\sigma_{\theta,p} = N_h p_h + N_v p_v) \tag{8.256}$$

水平地应力系数 N_h、竖向地应力系数 N_v 可以通过光弹试验或数值分析获得,但对于断面形状规则的硐室,可以求得其精确的解析解。例如,对圆形断面硐室来说,N_h 和 N_v 可以由式(8.23)中的第二式求得,即令 $r=a$ 得到硐壁上的切向应力 σ_θ 为

$$\begin{aligned} \sigma_\theta &= \frac{\sigma_h + \sigma_v}{2}\left(1 + \frac{a^2}{r^2}\right) - \frac{\sigma_h - \sigma_v}{2}\left(1 + \frac{3a^4}{r^4}\right)\cos 2\theta \\ &= \frac{\sigma_h + \sigma_v}{2}(1 + \frac{a^2}{a^2}) - \frac{\sigma_h - \sigma_v}{2}(1 + \frac{3a^4}{a^4})\cos 2\theta \\ &= (1 - 2\cos 2\theta)p_h + (1 + 2\cos 2\theta)p_v \end{aligned} \tag{8.257}$$

由于 σ_x 与 σ_θ 的意义相同,所以对比式(8.252)中的第一式与式(8.257)得

$$\begin{cases} N_h = 1 - 2\cos 2\theta \\ N_v = 1 + 2\cos 2\theta \end{cases} \tag{8.258}$$

式中　θ——自初始水平地应力 p_h 作用方向起(向右的方向)逆时针(为正)转到计算点 p 的角度。

例 1　某地下硐室如图 8.51 所示,岩层倾角 $\beta=50°$,岩层面上内摩擦角和内聚力分别为 $\varphi_j=40°$,$c_j=0$,岩体中初始地应力为 $p_h=0.5$ MPa,$p_v=1$ MPa,由数值分析获得 A 点的

$N_h = -1, N_v = 3$。试问硐室是否稳定？ 若需要支护,那么支护结构上的侧压力是多大？

解　硐壁上 A 点的切向应力 $\sigma_{\theta,A}$ 为

$$\sigma_{\theta,A} = N_h p_h + N_v p_v = -1 \times 0.5 + 3 \times 1 = 2.5 \text{ (MPa)}$$

利用式(8.245)判断硐壁是否稳定。将 $\sigma_1 = \sigma_{\theta,A} = 2.5$ MPa, $\sigma_3 = 0$, $c_j = 0$ 代入式 (8.245)得, $\sigma_{\theta,A} \cos \beta \sin(\varphi_j - \beta) = 2.5 \cos 50° \sin(40° - 50°) < 0$。

所以,硐壁是不稳定的,应做支护,以便对侧壁岩体施加水平推力 p_b,并且使 $p_b \sin \beta \cos(\varphi_j - \beta) + \sigma_{\theta,A} \cos \beta \sin(\varphi_j - \beta) + c_j \cos \varphi_j \geqslant 0$。由于 $c_j = 0$,所以得

$$p_b \geqslant \frac{\sigma_{\theta,A} \tan(\beta - \varphi_j)}{\tan \beta} = \frac{2.5 \tan(50° - 40°)}{\tan 50°} = 0.435 \text{ (MPa)}$$

因此,支护结构上力至少为 0.435 MPa,也可以直接利用式(8.255)得到 p_b,即有

$$p_b = (N_h p_h + N_b p_b) \frac{1 - \cot \alpha \tan \varphi_j}{1 + \tan \alpha \tan \varphi_j} = 2.5 \frac{1 - \cot(180° - 50°) \tan(-40°)}{1 + \tan(180° - 50°) \tan(1 - 40°)} = 0.435 \text{ (MPa)}$$

Goodman(1976)曾建议,倾斜岩层中硐室围岩稳定与否,可以采用图解法来判断,现在来介绍这种方法的原理及做图过程。

如图 8.53(a)所示,若岩层面上内摩擦角 $\varphi_j \neq 0$,内聚力 $c_j = 0$,相邻岩层处于静力平衡状态而不发生相互滑动,则作用于层面上的合力 $\sum F$ 方向与层面法线 NN' 的夹角不能超过 φ_j。

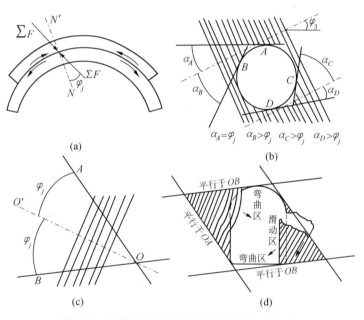

图 8.53　图解法判别硐室围岩滑动区与弯曲区

现在,在倾斜岩层中开挖一硐室,如图 8.53(b)所示,岩体中初始地应力 p_h 及 p_v 均为已知。硐室周壁不加支护,硐室表面正应力和剪应力都为零。因此,切向应力 σ_θ 即为单位面积上岩层间合力。按照以上观点,在硐室周壁上,当切向应力 σ_θ 与层面法线的夹角小于 φ_j 时,该处围岩是稳定的,如图 8.53(b)中 D 点;当切向应力 σ_θ 与层面法线的夹角等于 φ_j 时,则该处围岩处于极限状态,如图 8.53(b)中 A 点;当切向应力 σ_θ 与层面法线的夹角大于 φ_j 时,则该处围岩将失稳,如图 8.53(b)中 B 点和 C 点。在后一情况下,硐室围岩应力将重

新分布,并且硐室形状也可能随之改变,造成硐壁附近围岩发生弯曲与折断,或者是大块岩体及碎裂岩块向硐室方向滑动与塌落,如图 8.53(d)所示。

图 8.53(c)(d)为图解法判别硐室围岩稳定性的做图过程。具体作图步骤如下:

(1) 根据实际情况,绘出正确的岩层及硐室断面图。

(2) 在岩层断面图上,做出岩层面法线 OO',并且在法线 OO' 两侧做出与之夹角均为 φ_j 的直线 OA 和 OB。

(3) 在硐室断面图上,做出硐室周壁的切线,分别平行于 OA 和 OB。

(4) 在硐室断面图上,根据所做出的四条硐室周壁切线所圈定的范围,鉴别出两个相对的岩层滑动区域,在这两个区域内硐室壁切线与岩层面法线的夹角均大于 φ_j。

这种图解法适合判断任何断面形状硐室围岩的稳定区和不稳定区。对判别出的不稳定滑动区或弯曲区应及时采取措施加以支护。这种方法简单易行,尤其适用于施工现场。

8.11　弹塑性理论计算围岩压力

长期以来,许多岩体力学的研究者致力于弹塑性理论在硐室围岩压力计算方面的应用研究,成果卓有成效,早已引起工程界的极大兴趣。从理论上看,在对硐室围岩稳定性分析及压力计算方面,弹塑性理论较其他理论或原理显得更严密。但是,弹塑性理论分析的数学变换很复杂,导出的计算公式也较烦琐。此外,在进行压力计算公式推导时,还必须事先做一定的假设,否则将得不出所需的解答。

考虑到圆形断面硐室在稳定条件下是轴对称应力与应变,而轴对称问题在数学上容易得到令人满意的解决,所以在应用弹塑性理论讨论硐室围岩稳定性及压力计算时,为简便起见,往往着手于圆形断面硐室分析。对于断面为矩形、直墙拱顶形及马蹄形等硐室,可以将其近似作为圆形断面硐室处理,在适当选择安全系数条件下,能够满足工程对精度的要求。当然,对于某些特殊硐形和复杂的场地或地质条件下的围岩压力计算,则需要采用有限元法等数值分析技术。

8.11.1　围岩塑性变形区应力分析

当岩体中初始地应力状态为静水压力式,即静止侧压力系数 $K_0=1$ 时,则圆形断面硐室周壁上的应力分量为

$$\begin{cases} \sigma_r=0 & \text{(径向应力)} \\ \sigma_\theta=2p_0 & \text{(切向应力)} \\ \tau_{r\theta}=0 & \text{(剪应力)} \end{cases} \tag{8.259}$$

式中　p_0——初始地应力,$p_0=p_v=p_h=\gamma Z$;

p_v、p_h——初始竖向地应力及水平地应力;

γ——岩体容重;

Z——硐室埋深。

由此可见,围岩中起决定性作用的切向应力 σ_θ、σ_θ 的集中系数为 2,如图 8.54 中虚线所示。当硐壁上切向应力 σ_θ 超过岩体单轴抗拉强度极限时,硐壁围岩便开始破裂。σ_θ 与初始地应力 p_0 成正比,而初始地应力 p_0 又与埋深 Z 成正比。当硐室埋深 Z 很大时,σ_θ 也随之

增大到较高值,而 σ_r 变化不大(在硐壁上仍然为零)。在这里,切向应力 σ_θ 为最大主应力,径向应力 σ_r 为最小主应力。当应力差 $\sigma_\theta - \sigma_r$ 达到某一极限值 σ_0 时,硐壁围岩便进入塑性平衡状态,发生塑性变形作用。硐室周壁破坏后,该处围岩应力降低,加之新开裂处岩体在水及空气等因素作用下加速风化,岩体向硐内产生塑性松胀。这种塑性松胀的结果是,使原先由硐室周壁围岩所承受的应力传递一部分给邻近的岩体。所以,邻近岩体也将产生塑性变形。这样,当应力足够大时,塑性变形的范围便由硐壁围岩开始向远离硐室的深部围岩逐渐扩展。由于这种塑性变形的结果,将在硐室周围的围岩中形成一个塑性松动变形圈,简称塑性圈。在塑性圈内,岩体变形模量降低,径向应力 σ_r 和切向应力 σ_θ 逐渐调整大小。根据莫尔强度准则或屈服条件,硐室周围塑性区内的径向应力 σ_r 及切向应力 σ_θ 应满足

$$\sin \varphi = \frac{\sigma_\theta - \sigma_r}{\sigma_\theta + \sigma_r + 2c\cot \varphi} \tag{8.260}$$

如果忽略掉非均匀地质特征等对围岩应力分布的影响,由于围岩应力分布是轴对称的,所以塑性圈也是轴对称的。在塑性圈内,岩体的内聚力 c、内摩擦角 φ 及弹性模量 E 等均有所降低,从而使其强度也减小,岩体丧失部分承载能力,所以岩体中由于硐室开挖引起的重新分布二次应力再度降低(即再次发生地应力重新分布——由塑性变形引起的,而形成三次应力)。在塑性圈外围的围岩中,应力不满足式(8.260),仍然为弹性变形区,其应力-应变关系服从虎克定律。在塑性圈中,各处应力必须满足的平衡微分方程为

$$\frac{\mathrm{d}\sigma_r}{\mathrm{d}r} - \frac{\sigma_\theta - \sigma_r}{r} = 0 \tag{8.261}$$

联立式(8.260)和式(8.261)可以解出塑性圈中的应力。为此,将式(8.260)改写为

$$\sigma_\theta - \sigma_r = \frac{2\sin \varphi}{1 - \sin \varphi}(\sigma_r + c\cot \varphi) \tag{8.262}$$

将式(8.262)代入式(8.261),得

$$\frac{\mathrm{d}\sigma_r}{\sigma_r + c\cot \varphi} = \frac{2\sin \varphi}{1 - \sin \varphi}\frac{\mathrm{d}r}{r} \tag{8.263}$$

进一步解式(8.263),得

$$\ln(\sigma_r + c\cot \varphi) = \frac{2\sin \varphi}{1 - \sin \varphi}\ln r + c' \tag{8.264}$$

式中 c'——由边界条件确定的待定系数。

边界条件:当 $r = a$ 时,$\sigma_r = \sigma_a$。将此边界条件代入式(8.264)得待定系数 c' 为

$$c' = \ln(\sigma_a + c\cot \varphi) - \frac{2\sin \varphi}{1 - \sin \varphi}\ln a \tag{8.265}$$

将式(8.265)代入式(8.264)解出 σ_r,再将 σ_r 代入式(8.260)求得 σ_θ。所以,塑性圈中最终应力表达式为

$$\begin{cases} \sigma_r = (\sigma_a + c\cot \varphi)\left(\dfrac{r}{a}\right)^{\frac{2\sin \varphi}{1 - \sin \varphi}} - c\cot \varphi \\ \sigma_\theta = \dfrac{1 + \sin \varphi}{1 - \sin \varphi}(\sigma_a + c\cot \varphi)\left(\dfrac{r}{a}\right)^{\frac{2\sin \varphi}{1 - \sin \varphi}} - c\cot \varphi \end{cases} \tag{8.266}$$

式中 c、φ——塑性圈内岩体内聚力及内摩擦角;

a——硐室半径;

σ_r——作用于硐壁上的内压力；

r——计算应力点的矢径。

由式(8.266)可知,塑性圈中径向应力 σ_r 及切向应力 σ_θ 仅为矢径 r 的函数,二者随 r 的变化曲线如图 8.54 中实线所示。由图 8.54 中实线曲线可以看出,塑性圈内切向应力 σ_θ 降低了很多(与虚线相比较),其降低程度与岩体塑性变形量有关。在硐壁上,围岩塑性变形量最大,所以 σ_θ 降低最多,但是并不为零,这是由于岩体发生塑性变形后还具有一定的承载能力。在弹性变形区,σ_θ 略有升高,这是由于塑性圈中一部分应力释放了,一部分应力传递到弹性变形区的结果。对径向应力 σ_r 来说,受塑性变形的影响不大,由图 8.54 中关于 σ_r 随着 r 变化分布规律的虚、实线的惊人相似性可以看出这一点。由于存在硐内支撑力 σ_a 的作用,所以在硐壁上 $\sigma_r \neq 0$。

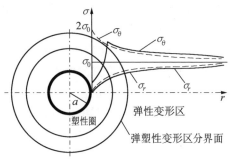

图 8.54　硐室周围塑性圈出现前后围岩应力分布曲线

虚线表示塑性圈出现前围岩应力分布曲线,实线表示塑性圈出现后围岩应力分布曲线

围岩弹性变形区的应力为

$$\begin{cases} \sigma_r = \sigma_0\left(1 - \dfrac{R^2}{r^2}\right) + \sigma_r\,\dfrac{R^2}{r^2} \\[3mm] \sigma_\theta = \sigma_0\left(1 + \dfrac{R^2}{r^2}\right) - \sigma_r\,\dfrac{R^2}{r^2} \end{cases} \tag{8.267}$$

式中　σ_r——弹、塑性变形区分界上的径向应力(相当于塑性圈对弹性变形区作用力)；

R——塑性圈半径；

σ_0——初始地应力。

下面将讨论塑性圈半径 R 的确定。

在弹、塑性变形区分界上,应同时满足以上弹性变形及塑性变形应力条件。即当矢径 $r=R$ 时,应有

$$\sigma_r^e = \sigma_r^p,\ \sigma_\theta^e = \sigma_\theta^p \Rightarrow (\sigma_r + \sigma_\theta)^e = (\sigma_r + \sigma_\theta)^p \tag{8.268}$$

由式(8.267)得

$$(\sigma_r + \sigma_\theta)^e = 2\sigma_0 \tag{8.269}$$

由式(8.266)得

$$(\sigma_r + \sigma_\theta)^p = \frac{2}{1 - \sin\varphi}(\sigma_a + c\cot\varphi)\left(\frac{R}{a}\right)^{\frac{2\sin\varphi}{1-\sin\varphi}} - 2c\cot\varphi \tag{8.270}$$

将式(8.269)和式(8.270)代入式(8.268)得

$$R = a\left[(1 - \sin\varphi)\frac{\sigma_0 + c\cot\varphi}{\sigma_a + c\cot\varphi}\right]^{\frac{2\sin\varphi}{1-\sin\varphi}} \tag{8.271}$$

硐室开挖后,随着塑性圈的不断扩展,硐壁向硐内的位移量也不断增大。当硐壁位移过大时,岩体便因松动而失去自承能力,必然对支护结构产生挤压作用,支护结构上压力也因此增大。作用于支护结构上压力大小或围岩对支护结构挤压作用程度与岩体中初始地应力状态、岩体单轴抗压强度及岩体耐久性等有关。据有关工程经验,硐壁位移发展的结果有两

种不同情况,如图 8.55 所示。一种情况是,随着塑性圈扩展,围岩逐渐破坏,而支护结构足以支承越来越大的荷载压力,加之围岩变形硬化作用,硐壁位移便趋于稳定,不会发生硐室失稳现象。另一种情况是,由于支护结构设置太晚,或者支护结构较弱而不足以承担越来越大的荷载压力,致使硐壁位移在某段时期加速增大,从而造成硐室失稳。为了防止后一种情况发生,避免工程事故,必须进行硐壁位移的监测,随时

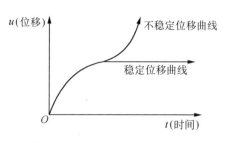

图 8.55　硐壁位移与时间关系曲线

做出位移与时间关系曲线,以便及时做必要的处理措施,如加强支护、调整支护结构形式及减慢施工速度等。

8.11.2　芬纳公式

芬纳公式是提出较早,并且目前仍然广泛应用的硐室围岩压力计算公式。该公式的推导过程是,在弹性变形区与塑性变形区分界上,即当 $r=R$ 时,$\sigma_r=\sigma_R$,将此条件代入式(8.264)得积分常数 c' 为

$$c'=\ln(\sigma_R+c\cot\varphi)-\frac{2\sin\varphi}{1-\sin\varphi}\ln R \qquad (8.272)$$

将式(8.272)代回式(8.264)得

$$\sigma_r=(\sigma_R+c\cot\varphi)\left(\frac{r}{R}\right)^{\frac{2\sin\varphi}{1-\sin\varphi}}-c\cot\varphi \qquad (8.273)$$

联立式(8.260)和式(8.267)可以解得弹性变形区与塑性变形区分界上的径向应力 σ_R 为

$$\sigma_R=\sigma_0(1-\sin\varphi)-c\cot\varphi \qquad (8.274)$$

若不考虑弹性变形区与塑性变形区分界上的内聚力 c,则式(8.274)变为

$$\sigma_R=\sigma_0(1-\sin\varphi) \qquad (8.275)$$

将式(8.275)代入式(8.273),得

$$\sigma_r=[\sigma_0(1-\sin\varphi)+c\cot\varphi]\left(\frac{r}{R}\right)^{\frac{2\sin\varphi}{1-\sin\varphi}}-c\cot\varphi \qquad (8.276)$$

令 $r=a$,则 $\sigma_r=\sigma_a$。将此条件代入式(8.276)得

$$\sigma_a=[\sigma_0(1-\sin\varphi)+c\cot\varphi]\left(\frac{a}{R}\right)^{\frac{2\sin\varphi}{1-\sin\varphi}}-c\cot\varphi \qquad (8.277)$$

式(8.277)即为芬纳提出的硐室围岩压力计算公式,σ_a 为围岩在硐壁处的压力,为了确保硐室稳定,必须设置支护结构,以支撑这种压力。

芬纳公式有一个不严密的地方就是,在推导过程中,曾一度忽略了弹性变形区与塑性变形区分界上的内聚力 c。如果考虑这种内聚力 c,则经过类似推导,可以求得修正的芬纳公式,具体推导过程如下。

将式(8.274)代入式(8.273),得

$$\sigma_r=(\sigma_0+c\cot\varphi)(1-\sin\varphi)\left(\frac{r}{R}\right)^{\frac{2\sin\varphi}{1-\sin\varphi}}-c\cot\varphi \qquad (8.278)$$

令 $r=a$，则 $\sigma_r=\sigma_a$。将此条件代入式(8.278)，得

$$\sigma_a=(\sigma_0+c\cot\varphi)(1-\sin\varphi)\left(\frac{a}{R}\right)^{\frac{2\sin\varphi}{1-\sin\varphi}}-c\cot\varphi \tag{8.279}$$

式(8.279)即为修正的芬纳公式。

无论是芬纳公式，还是修正的芬纳公式，其围岩压力 σ_a 除了与初始地应力 σ_0、围岩强度指标 c 和 φ 及硐室断面大小有关外，还受控于塑性圈分布范围。σ_a 与塑性圈半径 R 成反比。若 R 取最大值，则围岩压力 σ_a 就最小。当不允许出现塑性圈时，即令 $R=a$，此时围岩压力 σ_a 最大。将 $R=a$ 分别代入式(8.277)及式(8.279)，得

$$\sigma_a=\sigma_0(1-\sin\varphi)\quad(芬纳公式) \tag{8.280}$$

$$\sigma_a=\sigma_0(1-\sin\varphi)-c\cot\varphi\quad(修正的芬纳公式) \tag{8.281}$$

实际工程中往往很难确定塑性圈半径 R，而是通过测量硐室周壁的位移来计算围岩压力 σ_a，在假定塑性圈体积不发生变化的前提下推导围岩压力 σ_a 与硐室周壁径向位移 u_a 之间关系式。具体推导过程如下。

岩体中初始地应力为

$$\sigma_{r0}=\sigma_{\theta0}=\sigma_0 \tag{8.282}$$

硐室开挖后，弹性变形区围岩应力为

$$\begin{cases}\sigma_r^e=\sigma_0\left(1-\dfrac{R^2}{r^2}\right)+\sigma_R\dfrac{R^2}{r^2}\\[3mm]\sigma_\theta^e=\sigma_0\left(1+\dfrac{R^2}{r^2}\right)-\sigma_R\dfrac{R^2}{r^2}\end{cases} \tag{8.283}$$

所以，由于硐室开挖，在弹性变形区所引起的应力增量为

$$\begin{cases}\Delta\sigma_r^e=\sigma_r^e-\sigma_0=\sigma_0\left(1-\dfrac{R^2}{r^2}\right)+\sigma_R\dfrac{R^2}{r^2}-\sigma_0\\[3mm]\Delta\sigma_\theta^e=\sigma_\theta^e-\sigma_0=\sigma_0\left(1+\dfrac{R^2}{r^2}\right)-\sigma_R\dfrac{R^2}{r^2}-\sigma_0\end{cases} \tag{8.284}$$

式(8.284)进一步整理得

$$\begin{cases}\Delta\sigma_r^e=-(\sigma_0-\sigma_R)\dfrac{R^2}{r^2}\\[3mm]\Delta\sigma_\theta^e=(\sigma_0-\sigma_R)\dfrac{R^2}{r^2}\end{cases} \tag{8.285}$$

假定在弹性变形区与塑性变形区分界上，由围岩应力所引起的径向应变为 ε_r。则对于轴对称平面应变问题，应有下式成立，即

$$\begin{cases}\varepsilon_r=\dfrac{\partial u_r}{\partial r}\quad(弹性平面问题几何方程)\\[3mm]\varepsilon_r=\dfrac{1-\mu^2}{E}\left(\Delta\sigma_r^e-\dfrac{\mu}{1-\mu}\Delta\sigma_\theta^e\right)\quad(弹性平面问题物理方程)\end{cases} \tag{8.286}$$

式中　u_r——径向位移；

　　　E、μ——岩体弹性模量及泊松比。

将式(8.285)代入式(8.286)，得

$$\frac{\partial u_r}{\partial r}=-\frac{R^2}{2G}(\sigma_0-\sigma_R)\frac{1}{r^2} \tag{8.287}$$

由式(8.287)解得弹性变形区与塑性变形区分界上的径向位移 u_R 为

$$u_R = -\frac{R^2}{2G}(\sigma_0 - \sigma_R)\int_R^\infty \frac{\mathrm{d}r}{r^2} = -\frac{R}{2G}(\sigma_0 - \sigma_R) \tag{8.288}$$

式中　G——围岩剪切模量；

　　R——塑性圈的半径，位移 u_R 的方向是向硐内移动。

将式(8.274)代入式(8.288)，得

$$u_R = -\frac{R\sin\varphi(\sigma_0 + c\cot\varphi)}{2G} \tag{8.289}$$

在变形过程中，若塑性变形区体积不变，则由图8.56可知

$$\pi(R^2 - a^2) = \pi\left[(R - u_R)^2 - (a - u_a)^2\right] \tag{8.290}$$

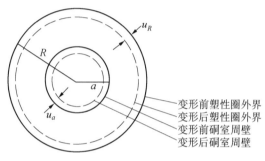

变形前塑性圈外界
变形后塑性圈外界
变形前硐室周壁
变形后硐室周壁

图 8.56　确定硐室周壁位移分析简图

式(8.290)是以面积代替体积，因为考虑沿硐室轴线方向取单位长度计算体积。该式左端项表示变形前塑性圈的体积，右端项表示变形后塑性圈的体积。略去高阶微量，由式(8.290)解得硐壁处径向位移 u_a 为

$$u_a = \frac{R}{a}u_R \tag{8.291}$$

将式(8.271)及式(8.288)代入式(8.291)，得

$$u_a = \frac{a\sin\varphi(\sigma_0 + c\cot\varphi)}{2G}\left[\frac{(1-\sin\varphi)(\sigma_0 + c\cot\varphi)}{\sigma_a + c\cot\varphi}\right]^{\frac{1-\sin\varphi}{\sin\varphi}} \tag{8.292}$$

式(8.292)即为硐室周壁径向位移 u_a 的最终表达式。由式(8.292)可以解出围岩压力 σ_a 为

$$\sigma_a = \left[\frac{a\sin\varphi(\sigma_0 + c\cot\varphi)}{2Gu_a}\right]^{\frac{1-\sin\varphi}{\sin\varphi}}(1-\sin\varphi)(\sigma_0 + c\cot\varphi) - c\cot\varphi \tag{8.293}$$

由式(8.293)可知，当初始地应力 σ_0、围岩强度参数(c, φ, G)及硐室半径 a 一定时，围岩压力或支撑反力 σ_a 与硐壁径向位移 u_a 成反比，如图8.57曲线Ⅰ所示。

在实际工程中，塑性圈中硐壁的径向位移由三部分组成：①硐室开挖后至支护或衬砌设置前的硐壁径向位移 u_1；②衬砌与硐壁之间回填层的压缩位移 u_2；③支护及衬砌设置后的支护或衬砌自身位移 u_3。其中，位移 u_1 取决于围岩物理力学性质、结构状况、环境条件及围岩暴露时间等，因而与施工方法及进度有关，这种位移往往在硐室开挖过程中即已完成，很难确定。目前，一般采用无支护时硐壁位移 u_a 与掘进时间 t 的实测关系曲线来推算 u_1 值。在图8.57中，曲线 AB 为无支护时硐壁位移 u_a-t 曲线，曲线 CD 为有支护实测 u_a-t 曲线，由 B 点到 D 点作直线，并且延长交 Ou_a 轴于 E 点，那么 D、E 两点横坐标之差($u_a^D -$

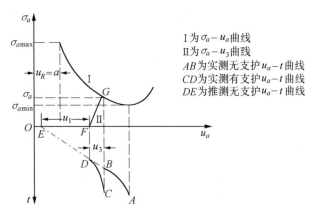

图 8.57　实际变形围岩压力确定示意图

右侧图例：
I 为 $\sigma_a - u_a$ 曲线
II 为 $\sigma_a - u_3$ 曲线
AB 为实测无支护 $u_a - t$ 曲线
CD 为实测有支护 $u_a - t$ 曲线
DE 为推测无支护 $u_a - t$ 曲线

u_a^E）即为位移 u_1 值。位移 u_2 取决于回填材料性质及填料密实度；对喷锚支护可以认为无回填层，而采用压浆回填时则可以将回填层计入衬砌厚度中，所以这两种情况的位移 u_2 均取为零。位移 u_3 取决于支护或衬砌的结构形式及刚度等，对于封闭式混凝土衬砌的圆形断面硐室，依据围岩与衬砌共同变形的假定，可以按照弹性力学的厚壁圆筒理论导出 σ_a 与 u_3 关系式为

$$u_3 = \frac{\sigma_a R_a}{E}\left(\frac{R_a^2 + R_b^2}{R_a^2 - R_b^2} - \mu\right) \tag{8.294}$$

式中　E、μ——衬砌材料的弹性模量及泊松比；

　　　R_a、R_b——衬砌的内半径及外半径。

由式（8.294）可知，位移 u_3 与围岩压力 σ_a 之间呈线性正比例关系，做出 $u_3 - \sigma_a$ 曲线如图 8.57 曲线 II 所示。在图 8.57 中，曲线 I 与曲线 II 的交点 G 的纵坐标即为作用在衬砌或支护结构上的实际围岩压力 σ_a 值。

例 2　在初始地应力场为 $\sigma_v = \sigma_h = \sigma_0 = 40$ MPa 的岩体中开挖一直径为 6 m 的圆形断面硐室。岩体抗剪强度指标为 $c = 2.9$ MPa，$\varphi = 30°$，岩体剪切模量为 $G = 0.5 \times 10^4$ MPa，试用修正的芬纳公式求围岩压力。

解　首先，令 $\sigma_a = 0$，利用式（8.292）求得硐室周壁最大径向位移 $u_{a\max}$ 为

$$u_{a\max} = \frac{a\sin\varphi(\sigma_0 + c\cot\varphi)}{2G}\left[\frac{(1-\sin\varphi)(\sigma_0 + c\cot\varphi)}{c\cot\varphi}\right]^{\frac{1-\sin\varphi}{\sin\varphi}} =$$

$$\frac{3\sin 30°(40 + 2.9\cot 30°)}{2 \times 0.5 \times 10^4}\left[\frac{(1-\sin 30°)(40 + 2.9\cot 30°)}{2.9\cot 30°}\right]^{\frac{1-\sin 30°}{\sin 30°}} =$$

$$3.03 \times 10^{-2}\ (\mathrm{m}) = 3.03\ (\mathrm{cm})$$

假定围岩破坏塌落之前，允许硐室周壁最大径向位移实测值为 $u_{a允} = 2.5$ cm。而工程上允许硐室周壁位移 u_a 应该小于 $u_{a\max}$ 及 $u_{a允}$。若取 $u_a = 2.0$ cm，并且将其代入式（8.293），可以求得围岩压力 σ_a 为

$$\sigma_a = \left[\frac{a\sin\varphi(\sigma_0 + c\cot\varphi)}{2Gu_a}\right]^{\frac{\sin\varphi}{1-\sin\varphi}}(1-\sin\varphi)(\sigma_0 + c\cot\varphi) - c\cot\varphi =$$

$$\left[\frac{3\sin 30°(40 + 2.9\cot 30°)}{2 \times 0.5 \times 10^4 \times 0.02}\right]^{\frac{\sin 30°}{1-\sin 30°}}(1-\sin 30°)(40 + 2.9\cot 30°) - 2.9\cot 30° =$$

2.6（MPa）

如果工程上要求围岩不出现塑性变形区,可以令 $R=a=3.0$ m,此时,$u_a=0$,并且将其代入式(8.279),可以求得围岩压力 σ_a 为

$$\sigma_a=(\sigma_0+c\cot\varphi)(1-\sin\varphi)\left(\frac{a}{R}\right)^{\frac{2\sin\varphi}{1-\sin\varphi}}-c\cot\varphi=$$

$$(40+2.9\cot 30°)(1-\sin 30°)\left(\frac{3.0}{3.0}\right)^{\frac{2\sin 30°}{1-\sin 30°}}-2.6\cot 30°=17.5（MPa）$$

由以上计算结果可知,是否允许围岩产生塑性变形,将对围岩压力 σ_a 大小产生很大影响。所以,就变形围岩压力而言,如何选择合理的支护结构,允许围岩中出现一定范围的塑性变形区,在确保硐室稳定前提下,对于降低工程造价具有重要的实际意义。

例 3 在侧压力系数为 $K_0=1$ 的岩体中开挖一直径为 6 m 的圆形断面硐室,硐室埋深为 100 m。岩体抗剪强度指标为 $c=0.3$ MPa,$\varphi=30°$,岩体容重为 274 kN/m³。工程允许塑性圈厚度为 2 m,试求围岩压力 σ_a。

解 初始地应力 $\sigma_0=\gamma H=27\times 100=2.7$（MPa）,塑性圈半径 $R=3+2=5$（m）。

① 按照芬纳公式计算围岩压力 σ_a。将以上已知条件代入式(8.277),得

$$\sigma_a=\left[\sigma_0(1-\sin\varphi)+c\cot\varphi\right]\left(\frac{a}{R}\right)^{\frac{2\sin\varphi}{1-\sin\varphi}}-c\cot\varphi=$$

$$\left[(2.7(1-\sin 30°)+0.3c\cot 30°\right]\left(\frac{3}{5}\right)^{\frac{2\sin 30°}{1-\sin 30°}}-0.3\cot 30°=0.155（MPa）$$

② 按照修正的芬纳公式计算围岩压力 σ_a。将以上已知条件代入式(8.279)得

$$\sigma_a=(\sigma_0+c\cot\varphi)(1-\sin\varphi)\left(\frac{a}{R}\right)^{\frac{2\sin\varphi}{1-\sin\varphi}}-c\cot\varphi=$$

$$(2.7+0.3\cot 30°)(1-\sin 30°)\left(\frac{3}{5}\right)^{\frac{2\sin 30°}{1-\sin 30°}}-0.3\cot 30°=0.06（MPa）$$

由以上计算结果可以看出,两种公式对于硐室围岩压力 σ_a 值的确定出入较大,原因在于它们是否考虑岩体内聚力 c 的作用。对于岩体内聚力 c 较大的情况,内聚力 c 尤其影响围岩压力 σ_a 的计算结果。这一问题在工程上应引起足够重视,因为它直接涉及衬砌或支护结构的形式和选材及施工方法和进度等,对降低工程造价具有重要的实际意义。综合考虑上述芬纳公式及修正的芬纳公式,可以归纳出以下几点认识:

(1) 当围岩没有内聚力时,即 $c=0$,无论塑性圈半径 R 多大,围岩压力总是大于零。也就是说,衬砌或支护结构必须给围岩施以足够的反力,才能够确保围岩在某种半径 R 下维持塑性平衡状态。一般情况下,岩体经过爆破松动后,可以假定内聚力 $c=0$,采用芬纳公式计算围岩压力。

(2) 当围岩性质良好且坚硬,并且没有或很少有爆破作业时,其内聚力 c 也较大,则随着塑性圈半径 R 的增大,围岩压力 σ_a 就逐渐减小,并且在某一半径 R 下,围岩压力 σ_a 可以为零。从理论上看,这时围岩自身可以在不支护条件下达到平衡。但是,事实上,由于围岩变形位移过大,岩体松动过多,所以还是需要支护的。

(3) 当硐室埋深、断面半径及岩体容重和抗剪强度指标一定时,则围岩压力 σ_a 就只与塑性圈半径 R 有关,R 越小,σ_a 越大。

（4）如果岩体内聚力 c 较小，并且衬砌或支护结构作用于硐壁上的反向推力也较小，则塑性圈半径 R 必须增大。据工程实测结果，此时半径 R 增大速度可达每昼夜 $0.5 \sim 5$ cm。

（5）由于衬砌或支护结构刚度对抵抗围岩变形有很大影响，所以刚度不同的支护结构将导致不同的围岩压力 σ_a，支护结构刚度越大，围岩压力 σ_a 就越大。例如，喷射薄层混凝土衬砌上的围岩压力 σ_a 就较现浇或预制混凝土衬砌上的围岩压力小。当采用刚度较小的衬砌或支护结构时，起初由于围岩变形及位移较大，所以围岩压力 σ_a 较小，支护反力也就较小，不足以有效阻止塑性圈的扩大。但是，随着半径 R 增大，要求维持塑性平衡的支护反力也就减小，逐渐达到应力平衡。实践表明，允许塑性圈有一定发展，既让岩体发生一定变形但又阻止其充分变形的工程措施是能够达到经济和安全目的的，如果支护及时，就能够充分利用围岩的自承能力。

8.11.3　卡柯公式

在推导芬纳公式过程中，没有考虑塑性圈内岩体自重力作用，而只是根据应力平衡条件求解围岩压力或支护反力。卡柯认为，硐室开挖后，由于支撑力不足，可能导致塑性圈内岩体松动，从而引起围岩中非平衡应力状态或导致失稳，所以应该验算塑性圈在自重力作用下的平衡性。为此，假定塑性圈与弹性岩体或弹性变形区脱落，二者之间不发生任何联系，仅推导塑性圈内岩体在自重力作用下所产生的围岩压力的计算公式。

如图 8.58（a）所示，取硐室中轴线上塑性圈内岩体的微元体作为分析对象，该微元体放大图及受力情况如图 8.58（b）所示。根据静力平衡条件，该微元体在硐室中轴线 AB 方向上的所有力之和应为零，即

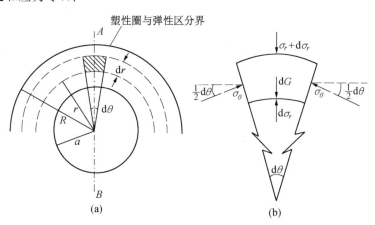

图 8.58　塑性圈岩体在自重力作用下产生围岩压力计算简图

$$\sum F_r = \sigma_r r \mathrm{d}\theta + 2\sigma_\theta \mathrm{d}r \sin \frac{\mathrm{d}\theta}{2} - (\sigma_r + \mathrm{d}\sigma_r)(r + \mathrm{d}r)\mathrm{d}\theta - \mathrm{d}G = 0$$

(8.295)

$$\Rightarrow \sigma_r r \mathrm{d}\theta + 2\sigma_\theta \mathrm{d}r \sin \frac{\mathrm{d}\theta}{2} - (\sigma_r + \mathrm{d}\sigma_r)(r + \mathrm{d}r)\mathrm{d}\theta - \gamma r \mathrm{d}r \mathrm{d}\theta = 0$$

由于 $\mathrm{d}\theta \to 0$（无穷小），所以 $\sin \mathrm{d}\theta \approx \mathrm{d}\theta$，$\sin \dfrac{\mathrm{d}\theta}{2} \approx \dfrac{\mathrm{d}\theta}{2}$。将其代入式（8.295），并且略去高阶无穷力，即得

$$(\sigma_\theta - \sigma_r)\mathrm{d}r - r\mathrm{d}\sigma_r - \gamma r \mathrm{d}r = 0$$

(8.296)

以上，$dG=\gamma r\mathrm{d}r\mathrm{d}\theta$ 为微元体的自重力，式(8.296)为塑性圈的平衡微分方程。此外，塑性圈应力还应满足如下塑性条件：

$$\sigma_r(1+\sin\varphi)-\sigma_\theta(1-\sin\varphi)+2c\cos\varphi=0 \qquad (8.297)$$

边界条件：当 $r=R$ 时，$\sigma_r=0$。

联立式(8.296)和式(8.297)，并且注意上述边界条件，解得

$$\sigma_r=\left[\left(\frac{r}{R}\right)^{\frac{2\sin\varphi}{1-\sin\varphi}}-1\right]c\cot\varphi+\left[1-\left(\frac{r}{R}\right)^{\frac{3\sin\varphi-1}{1-\sin\varphi}}\right]\frac{\gamma r(1-\sin\varphi)}{3\sin\varphi-1}$$

当 $r=a$ 时，$\sigma_r=\sigma_a$，将其代入上式得

$$\sigma_a=\left[\left(\frac{a}{R}\right)^{\frac{2\sin\varphi}{1-\sin\varphi}}-1\right]c\cot\varphi+\left[1-\left(\frac{a}{R}\right)^{\frac{3\sin\varphi-1}{1-\sin\varphi}}\right]\frac{\gamma a(1-\sin\varphi)}{3\sin\varphi-1} \qquad (8.298)$$

式中 c、φ——塑性圈岩体的内聚力及内摩擦角；

      γ——岩体容重；

      R、a——塑性圈外半径及内半径；

      a——硐室半径。

式(8.298)即为塑性圈岩体对衬砌或支护结构所产生的围岩压力计算公式。这个公式也称卡柯公式，又称塑性应力承载公式。

采用卡柯公式计算围岩压力时，首先需要确定塑性圈半径 R。根据卡柯公式推导的前提条件是塑性圈与弹性区岩体已脱落，所以引用卡柯公式时，可以认为塑性圈已获得充分的发展，以至于塑性圈半径 R 已达到最大值 $R_{\max}$。将 $R=R_{\max}$ 代入式(8.298)得松动压力 p_a 的计算公式为

$$p_a=k_1\gamma a-k_2c \qquad (8.299)$$

式中
$$\begin{cases} k_1=\dfrac{1-\sin\varphi}{3\sin\varphi-1}\left[1-\left(\dfrac{a}{R_{\max}}\right)^{\frac{3\sin\varphi-1}{1-\sin\varphi}}\right] \\[3mm] k_2=c\cot\varphi\left[1-\left(\dfrac{a}{R_{\max}}\right)^{\frac{2\sin\varphi}{1-\sin\varphi}}\right] \end{cases} \qquad (8.300)$$

$$R_{\max}=a\left[\frac{(\sigma_0+c\cot\varphi)(1-\sin\varphi)}{c\cot\varphi}\right]^{\frac{1-\sin\varphi}{2\sin\varphi}} \quad (\text{修正公式}) \qquad (8.301)$$

或者
$$R_{\max}=a\left[1+\frac{\sigma_0}{c}(1-\sin\varphi)\tan\varphi\right]^{\frac{1-\sin\varphi}{2\sin\varphi}} \quad (\text{非修正公式}) \qquad (8.302)$$

为方便起见，根据式(8.300)绘制出专门的 $k_1=f_1(\sigma_0/c,\varphi)$ 及 $k_2=f_2(\sigma_0/c,\varphi)$ 曲线图，如图 8.59 所示。由已知的初始地应力 σ_0，以及岩体抗剪强度指标 c 和 φ，就可以从图 8.59 中查得 k_1 和 k_2 值，再将其代入式(8.29)便很容易计算出松动压力 p_a。

在工程中，应用松动压力计算公式时，应当考虑到塑性圈内岩体因松动破碎而使得其抗剪强度指标 c、φ 降低的情况。据现场及室内试验结果，岩体内聚力 c 往往降低很多，无论是硐室开挖引起的破坏，还是风化及浸湿作用，均能使岩体内聚力 c 发生较大的降低。而岩体内摩擦角 φ 的变化一般较小。在水工硐室设计中，通常采用内聚力 c 试验值的 $20\%\sim25\%$，甚至不考虑内聚力 c，以此作为潜在的安全储备。对内摩擦系数 $\tan\varphi$ 来说，一般取其试验值的 $67\%\sim90\%$，有时取 50% 的试验值。在工程计算中，具体选用岩体内聚力 c 及内摩擦角 φ 时，可以参照以下经验。

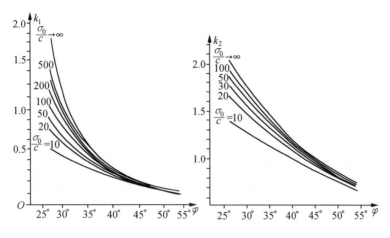

图 8.59　k_1 及 k_2 与 φ 关系曲线

（1）选取塑性圈内岩体内摩擦角 φ 时，若岩体裂隙中无充填物，则采用其试验值的 90% 为计算值；若岩体裂隙中有泥质充填物，则采用其试验值的 70% 为计算值。

（2）选取塑性圈内岩体内聚力 c 时，若计算塑性圈最大半径 $R_{\max}$，可以采用其试验值的 20%～25% 为计算值。若是计算松动压力 p_a，在硐室干燥条件下，并且开挖后及时衬砌或喷锚处理，回填密实，则采用其试验值的 10%～20% 为计算值；相反，如果硐内有水或衬砌不及时，回填不密实，应不考虑内聚力 c 的作用，即令 $c=0$。

综合上述，采用卡柯公式确定塑性圈岩体松动压力 p_a 的步骤如下：

（1）根据围岩试验资料、硐室埋深及断面尺寸（跨度及高度）等，确定围岩内聚力 c、内摩擦角 φ 和容重 γ 及硐室埋深 H 和断面半径 a 等。

（2）考虑场地条件（工程地质及水文地质条件）及施工条件等各种因素，按照以上方法原则，对岩体内聚力 c 及内摩擦角 φ 进行适当折减。

（3）通过实测或估算确定岩体中初始地应力 σ_0 值。

（4）求得 σ_0/c 值，并且用 σ_0/c 及 φ 由图 8.59 查得 k_1 及 k_2 值。

（5）由公式 $p_a=k_1\gamma a-k_2c$ 计算松动压力，以作为用于衬砌或支护结构上的围岩压力。

例 4　在质量较好的岩体中开挖圆形断面硐室，硐室埋深 $H=100$ m，断面半径 $a=5$ m，岩体容重 $\gamma=27$ kN/m³，折减后的岩体内聚力及内摩擦角分别为 $c=0.05$ MPa，$\varphi=40.5°$。试求围岩松动压力 p_a。

解　岩体中初始地应力为

$$\sigma_0=27\times100=2.7\ (\text{MPa})$$

$$\frac{\sigma_0}{c}=\frac{2.7}{0.05}=54$$

由图 8.59 查得 $k_1=0.34$，$k_2=1.125$，则

$$p_a=k_1\gamma a-k_2c=0.34\times27\times5\times0.001-1.125\times0.05=-0.011\ (\text{MPa})$$

在这里，计算出的松动压力 $p_a<0$，并非说明产生负的围岩压力，而是标志岩体内聚力能够克服岩体的自重力。因此，在这种情况下，可以认为没有围岩压力。

8.12 压力拱理论计算围岩压力

压力拱理论适用于计算破碎较强烈的岩体中硐室围岩压力,也可以计算土体中硐室周围的土压力。压力拱理论计算出的围岩压力属于松动压力。

硐室开挖后,由于围岩应力重新分布,硐室顶部往往出现拉应力。如果这种拉应力超过岩体抗拉强度极限,那么将导致硐室顶部岩体发生张裂破坏,必有部分岩块因失去平衡而向下(硐室方向)滑动塌落。许多工程实践及试验结果表明,岩块滑动与塌落不是无止境的,当岩块滑动塌落到一定程度后就不再往下运动,从而由岩块组成的整个顶部围岩体又处于新的平衡状态。这种新的平衡界面形状近似于拱形,如图8.60中 AOB 所示。把这种自然平衡拱称为压力拱或塌落拱。工程上,硐室开挖后,硐室顶部岩块通常需要经历一定时间塌落才能形成压力拱,而实际施工又并不等到压力拱形成后再进行衬砌或支护,所以作用于衬砌或支护结构上

图 8.60 压力拱形成示意图

的竖向围岩压力可以认为是压力拱与硐顶衬砌或支护结构之间的岩体(碎块)重量,与压力拱外岩体无关。因此,合理选择压力拱形状,便成为正确估算围岩压力的关键。

8.12.1 拱形及拱高

目前,存在各种推求压力拱形状的假设。由于对压力拱形状假设的不同,所求出的围岩压力也就各异。过去,常常采用普罗托奇耶柯诺夫压力拱理论(简称普氏压力拱理论)。该理论认为,岩体内总有各种规模、纵横交错的软弱结构面,将岩体切割成不同大小与形状的块体或碎裂体,从而破坏了岩体的完整连续性,导致岩块松动,因此,可以近似将硐室围岩看作是没有内聚力的像散砂一样的岩块散体。而事实上无论岩体怎样破碎,也总是有一定内聚力的。所以,便用增大内摩擦系数方法来补偿被忽略掉的内聚力。这种增大了的内摩擦系数称为岩体的坚固系数,用 f_k 表示。假定岩体实际抗剪强度 τ_f 为

$$\tau_f = c + \sigma \tan \varphi \tag{8.303}$$

式中 c、φ——岩体内聚力及内摩擦角;

σ——作用于剪切面上的正应力。

现在,将岩体看作无内聚力 c 的散体,为了确保其抗剪强度不降低,则假定其内摩擦系数变为 f_k,$f_k = \tan \varphi_k$,φ_k 为假定增大的内摩擦角,即有

$$\tau_f = \sigma f_k \tag{8.304}$$

由式(8.303)和式(8.304)联立解得

$$f_k = \tan \varphi + \frac{c}{\sigma} \tag{8.305}$$

对于砂土及其他松散材料,$f_k = \tan \varphi$;对于完整岩体,$f_k = R_c/10 (\text{MPa})$,$R_c$ 为岩体单轴抗压极限强度。以下将讨论拱形及拱高问题。

为了确定拱形,在图8.61中,取弧长 OM 段分析力的平衡条件。弧长 OM 段的受力情

况为:

(1) R 为拱右半部 OL 对弧长 OM 的水平向左支撑力,沿 O 点切线方向。

(2) S 为拱左下部弧段 MN 对弧长 OM 的倾斜指向右上方的支撑力,沿 M 点切线方向。

(3) σ_v 为弧段 OM 正上方的上覆岩体对 OM 弧段的竖直向下的压应力,$\sigma_v = \gamma z$,即为上覆岩体的自重应力(忽略沿 y 轴向下高度的变化)。

设 M 点的坐标为 (x,y)。若弧段 OM 处于受力平衡状态,则这三种力对 M 点力矩之和应为零,即有

$$\sum M_M = Ry - \sigma_v x \frac{x}{2} - S \times 0 = R_y - \frac{1}{2}\sigma_v x^2 = 0$$

$$\Rightarrow y = \frac{\sigma_v}{2R}x^2 \quad (-a \leqslant x \leqslant a) \tag{8.306}$$

式(8.306)表明,压力拱形状为抛物线。为了确定拱高,在图 8.61 中,取左半部 ON 段分析力的平衡条件。左半部 ON 段的受力情况为:

(1) R 为拱右半部 OL 对左半部 ON 的水平向左支撑力,沿 O 点切线方向。

(2) V 为拱脚(N 点)对左半部 ON 的竖直向上托力。

(3) H 为拱脚(N 点)对左半部 ON 的水平向右推力。

(4) σ_v 为上覆岩体对左半部 ON 的竖直向下压应力(忽略沿 y 轴向下高度的变化),$\sigma_v = \gamma z$。

当拱左半部 ON 处于静力平衡状态时,便有

$$\sum F_x = R - H = 0 \tag{8.307}$$

$$\sum F_y = \sigma_v a - V = 0 \tag{8.308}$$

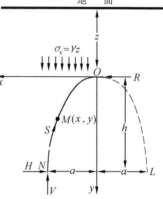

图 8.61　压力拱受力简图

$$\sum M_M = Rh - \sigma_v a \frac{a}{2} = 0 \tag{8.309}$$

当拱处于极限平衡状态时,有

$$H = V f_k \tag{8.310}$$

为安全起见,应使 $R < H$。普氏系数取

$$R = \frac{1}{2}H \tag{8.311}$$

联立式(8.307)～(8.311)解得

$$h = \frac{a}{f_k} \tag{8.312}$$

式(8.312)即为所求的拱高计算公式。其中,a 为拱跨度的一半。

8.12.2　硐顶围岩压力

硐室顶部竖向围岩压力 p_v 等于衬砌与压力拱之间的岩体重量。若沿硐室轴线方向取

单位长度（下同）考虑，则有

$$p_v = A\gamma \qquad (8.313)$$

式中　γ——岩体容重；

　　　A——压力拱面积。

A 由以下积分求得。由图 8.62 可知

$$A = 2\int_0^h x\,\mathrm{d}y \qquad (8.314)$$

将式（8.306）代入式（8.314），得

$$A = \frac{4h}{3}\sqrt{\frac{2Rh}{\sigma_v}} \qquad (8.315)$$

将 $x=a$，$y=h$ 代入式（8.306），得

$$a = \sqrt{\frac{2Rh}{\sigma_v}} \qquad (8.316)$$

将式（8.312）及式（8.316）代入式（8.315），得

$$A = \frac{4a^2}{3f_k} \qquad (8.317)$$

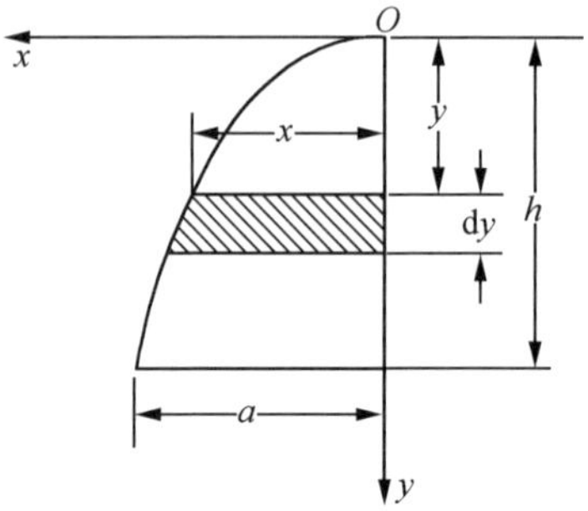

将式（8.317）代入式（8.313），得

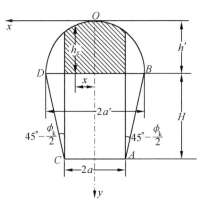

图 8.62　硐顶竖向围岩压力
　　　　　计算简图

$$p_v = \frac{4a^2\gamma}{3f_k} \qquad (8.318)$$

当岩体坚固系数或普氏系数 $f_k < 2$ 时，即围岩性质较差，则硐室开挖后，不仅硐顶岩体会发生塌落，而且两侧岩体也会向硐内滑动，其滑动破裂面为图 8.63 中 AB 面及 CD 面，与竖向面夹角为 $45° - \phi_k/2$，其中 $\phi_k = \arctan f_k$。此时，压力拱将继续扩大到以拱跨为 $2a'$ 的新压力拱，其值由下式确定：

$$2a' = 2a + 2H\tan\left(45° - \frac{\phi_k}{2}\right)$$

$$\Rightarrow a' = a + H\tan\left(45° - \frac{\phi_k}{2}\right) \qquad (8.319)$$

式中　H——硐室高度。

由硐顶围岩压力的定义可知，这种情况下硐顶竖向围岩压力 p_v 为图 8.63 中阴影部分岩体的重（BOD 为新压力拱）。可以近似采用下式计算，即

$$p_v = 2ah'\gamma \qquad (8.320)$$

式中　h'——新压力拱的拱高。其值为

$$h' = \frac{a'}{f_k} \qquad (8.321)$$

将式（8.321）代入式（8.320），得

$$p_v = \frac{2aa'\gamma}{f_k} \qquad (8.322)$$

图 8.63　两侧围岩发生滑动时硐顶
　　　　　竖向围岩压力计算简图

若不采用上述计算，而以新压力拱内岩体重量作用在衬砌上的力作为硐室顶部竖向围岩压力，同样道理，由式（8.306）、式（8.309）及式（8.322）得

$$y = \frac{x^2}{a'f_k} \tag{8.323}$$

假定距硐室中轴线 x 处的拱高为 h_x,如图 8.63 所示,则有

$$h_x = h' - y = \frac{a'}{f_k} - \frac{x^2}{a'f_k} \tag{8.324}$$

从而,距硐室中轴线 x 处的压力 p_x(上覆新压力拱内岩体自重应力)为

$$p_x = \gamma h_x = \frac{\gamma}{f_k}\left(a' - \frac{x^2}{a'}\right) \tag{8.325}$$

通过对式(8.325)积分,可以得到硐室顶部竖向围岩压力 p_v,即

$$p_v = 2\int_0^a p_x \, \mathrm{d}x = \int_0^a \frac{\gamma}{f_k}\left(a' - \frac{x^2}{a'}\right)\mathrm{d}x \Rightarrow p_v = \frac{2\gamma a}{3f_k a'}(3a'^2 - a^2) \tag{8.326}$$

8.12.3　侧壁围岩压力

如果硐室侧壁不稳定,将沿如图 8.64 所示的 AC 面滑动。ABC 三棱体沿 AC 面向硐内滑动,必将对侧壁衬砌或支护结构产生水平围岩压力,这种围岩压力称为侧壁围岩压力。可以采用朗金土压力理论计算侧壁围岩压力。

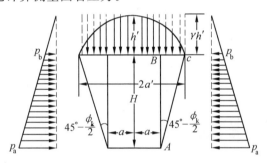

图 8.64　侧壁水平围岩压力计算简图

在图 8.64 中,侧壁围岩压力按照朗金主动土压力三角形分布规律。作用于硐室侧壁上 A、B 两点的水平侧压力分别为

$$\begin{cases} p_a = \gamma(h' + H)K_a \\ p_b = \gamma a' K_a \\ K_a = \tan^2\left(45° - \dfrac{\phi_k}{2}\right) \end{cases} \quad (\phi_k = \arctan f_k) \tag{8.327}$$

式中　K_a——朗金主动土压力系数;

　　　H——硐室高度;

　　　h'——压力拱高度;

　　　f_k——普氏系数;

　　　γ——岩体容重。

由图 8.64 可知,硐室侧壁所受的侧向水平围岩压力是按照梯形分布的。因此,总的侧壁围岩压力 p_h 为

$$p_h = \frac{1}{2}(p_a + p_b)H \tag{8.328}$$

将式(8.327)代入式(8.328),得

$$p_b = \frac{1}{2}\gamma H(2h' + H)\tan^2\left(45° - \frac{\phi_k}{2}\right) \tag{8.329}$$

8.12.4 硐底围岩压力

引起硐室底部产生向上(向硐内)的围岩压力有多种可能,例如,硐底岩体膨胀作用可以产生硐底围岩压力,硐室两侧岩体在较大上覆压力作用下向硐室挤入也能够产生硐底围岩压力等。目前,尚无法计算由于硐底岩体膨胀作用而产生的硐底围岩压力。这里仅讨论硐室两侧岩体向硐内挤入时所产生的硐底围岩压力的计算方法。

如图 8.65 所示,在硐底 AC 高程上,侧壁围岩中 AE 及 FC 面上受到竖向压力 $\gamma(h' + H)$ 作用,但在硐内 AC 面上由于挖空而无荷载。因此,位于硐底 AC 面以下的岩体可能处于塑性平衡状态(极限平衡状态)。在竖向压力 $\gamma(h' + H)$ 作用下,硐底岩体可以向上往硐内隆起或挤入,从而产生竖直向上的硐底围岩压力,当其超过岩体极限强度时,将导致硐底面 AC 破坏。求解这种硐底围岩压力最简单的方法是,假定硐底岩体处于极限平衡状态。

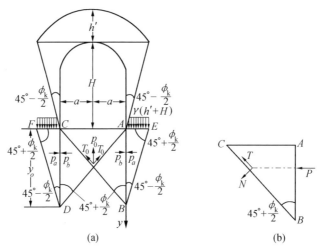

图 8.65　硐底竖向围岩压力计算简图

假定硐底岩体形成塑性平衡区 ABE 及 ABC,如图 8.65(a)所示。其中,ABE 区处于主动塑性平衡状态,而 ABC 区则处于被动塑性平衡状态。因此,AB 右侧承受主动压力,而其左侧承受被动压力。B 点深度 y_0 可以根据 B 点右边主动压力等于其左边被动压力的条件来决定,但是这种方法的前提条件是硐底岩体处于极限平衡状态。当硐底岩体处于极限平衡状态时,$\angle ABE = 45° - \phi_k/2$,$\angle AEB = 45° + \phi_k/2$。作用于 B 点的主动压力、被动压力分别为

$$\begin{cases} p_a^B = \gamma(h' + H + y_0)\tan^2\left(45° - \dfrac{\phi_k}{2}\right) \\ p_b^B = \gamma y_0 \tan^2\left(45° + \dfrac{\phi_k}{2}\right) \end{cases} \tag{8.330}$$

由 $p_a^B = p_b^B$ 条件得

$$\gamma(h' + H + y_0)\tan^2\left(45° - \frac{\phi_k}{2}\right) = \gamma y_0 \tan^2\left(45° + \frac{\phi_k}{2}\right) \tag{8.331}$$

由式(8.331)解得

$$y_0 = \frac{\tan^2\left(45°-\frac{\phi_k}{2}\right)}{\tan^2\left(45°+\frac{\phi_k}{2}\right)-\tan^2\left(45°-\frac{\phi_k}{2}\right)}\ (h'+H) \tag{8.332}$$

当 $y_0>0$ 时，方能产生硐底围岩压力。此时 ABE 滑移体处于主动状态，所产生的主动压力 p_a 作用于 AB 右侧，水平指向左，试图将 AB 向左推移；ABC 滑移体处于被动状态，所产生的被动压力 p_b 作用于 AB 左侧，水平指向右，试图将 AB 向右推移。显然，p_a 与 p_b 之差 p 即为推动滑移体 ABC 向左滑动的实际动力，p 也为水平方向，有

$$p = p_a - p_b \tag{8.333}$$

其中
$$\begin{cases} p_a = \frac{1}{2}\left[\gamma(h'+H)\tan^2\left(45°-\frac{\phi_k}{2}\right)+\gamma(h'+H+y_0)\tan^2\left(45°-\frac{\phi_k}{2}\right)\right]y_0 = \\ \qquad \frac{1}{2}\gamma y_0(2h'+2H+y_0)\tan^2\left(45°-\frac{\phi_k}{2}\right) \\ p_b = \frac{1}{2}\gamma y_0^2 \tan^2\left(45°+\frac{\phi_k}{2}\right) \end{cases} \tag{8.334}$$

将式(8.334)代入式(8.333)得

$$p = \frac{1}{2}\gamma y_0\left[(y_0+2h'+2H)\tan^2\left(45°-\frac{\phi_k}{2}\right)-y_0\tan^2\left(45°+\frac{\phi_k}{2}\right)\right] \tag{8.335}$$

将水平推力 p 分解为两个分力：一个是平行于被动滑动面 BC 的力 T；另一个是垂直于该面的力 N，如图 8.65(b)所示，即有

$$\begin{cases} T = p\cos\left(45°-\frac{\phi_k}{2}\right) \\ N = p\sin\left(45°-\frac{\phi_k}{2}\right) \end{cases} \tag{8.336}$$

T 为促使滑移体 ABC 沿着 BC 面向上滑动的力，而 N 将在 BC 面上产生与 T 反方向的摩擦力 F。F 将阻止滑移体 ABC 沿着 BC 面向上滑动，其值为

$$F = N\tan\phi_k = p\sin\left(45°-\frac{\phi_k}{2}\right)\tan\phi_k \tag{8.337}$$

所以，促使滑移体 ABC 沿着 BC 面向上滑动的实际滑动力 T_0 为

$$T_0 = T - F = p\cos\left(45°-\frac{\phi_k}{2}\right)-p\sin\left(45°-\frac{\phi_k}{2}\right)\tan\phi_k \tag{8.338}$$

将式(8.338)做适当变换，可以简化为

$$T_0 = \frac{\sin\left(45°-\frac{\phi_k}{2}\right)}{\cos\phi_k}p = \frac{1}{2}p\sec\left(45°-\frac{\phi_k}{2}\right) \tag{8.339}$$

用同样方法分析，在 AD 面上也可以得到大小相同的滑动力 T_0。AD 面和 BC 面上两个滑动力 T_0 的合力 p_0 即为所求的硐底围岩压力，如图 8.65(a)所示，即有

$$p_0 = 2T_0\sin\left(45°-\frac{\phi_k}{2}\right) \tag{8.340}$$

硐底围岩压力 p_0 应由分布在下列长度上的附加荷载(硐室底板及垫层重量)来平衡：

$$x = y_0\cot\left(45°+\frac{\phi_k}{2}\right) \quad (AC\ 长度) \tag{8.341}$$

有时,为了平衡硐底围岩压力 p_0,也可以将底板做成反拱形式。工程上,一般要求硐室底板及垫层重量为硐底围岩压力 p_0 的 $1.3 \sim 1.5$ 倍,也就是说,要求安全系数 F_s 为

$$F_s = \frac{W_1 + W_2}{p_0} \geqslant 1.3 \sim 1.5 \tag{8.342}$$

式中 W_1、W_2——底板及垫层重量。

如果由式(8.341)计算出的 $x < a$(硐室跨度的一半),那么安全系数 F_s 由下式确定

$$F_s = \frac{W_1 + W_2}{p_0} \frac{x}{a} \geqslant 1.3 \sim 1.5 \tag{8.343}$$

工程实践证明,如果为了满足安全条件式(8.343),而需要做很厚的底板及垫层,那么最好做成反拱底板,较为经济。

例5 在岩体中,修建一直墙拱顶的硐室,其断面形式如图 8.66 所示。硐室跨度 $2a = 8$ m,高度 $H = 5$ m,普氏系数 $f_k = 3$。试求作用于衬砌上的围岩压力。

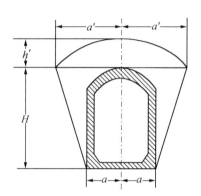

图 8.66 硐室横剖面示意图

解 由表查得,当 $f_k = 3$ 时,$\gamma = 2.5$ g/cm^3,$\varphi_k = 70°$。由式(8.319)及式(8.321)可以分别计算出压力拱跨度的半宽 a'、拱高 h',即

$$a' - a + H\tan\left(45° - \frac{\varphi_k}{2}\right) = 4 + 5\tan\left(45° - \frac{70°}{2}\right) = 4.882 \text{ (m)}$$

$$h' = \frac{a'}{f_k} = \frac{4.882}{3} = 1.627 \text{ (m)}$$

由式(8.326)可以计算出顶部围岩压力 p_v,即

$$p_v = \frac{2\gamma a}{3 f_k a'}(3a'^2 - a^2) = \frac{2 \times 2.5 \times 9.8 \times 4}{3 \times 3 \times 4.882}(3 \times 4.882^2 - 4^2) = 247.2 \text{ (kN/m)}$$

由式(8.329)可以计算出侧壁围岩压力 p_h,即

$$p_h = \frac{1}{2}\gamma H(2h' + H)\tan^2\left(45° - \frac{\phi_k}{2}\right)$$

$$= \frac{1}{2} \times 2.5 \times 9.8 \times 5(2 \times 1.627 + 5)\tan^2\left(45° - \frac{70°}{2}\right) = 15.7 \text{ (kN/m)}$$

由式(8.332)可以确定是否存在硐底围岩压力 p_0,即

$$y_0 = \frac{\tan^2\left(45° - \frac{\phi_k}{2}\right)}{\tan^2\left(45° + \frac{\phi_k}{2}\right) - \tan^2\left(45° - \frac{\phi_k}{2}\right)}(h' + H)$$

$$= \frac{\tan^2\left(45° - \frac{70°}{2}\right)}{\tan^2\left(45° + \frac{70°}{2}\right) - \tan^2\left(45° - \frac{70°}{2}\right)}(1.672 + 5) = 0.006\ 4 \text{ m}^{-1}$$

由于 $y_0 \approx 0$,所以无硐底围岩压力 p_0 产生或者硐底围岩压力 p_0 甚小,说明硐底围岩中塑性变形区很小,这是因为岩体质量较好。

8.12.5 压力拱承载力验算

工程中有时需要进行压力拱承载能力的验算。如图 8.67(a)所示,虽然硐室位于稳定

岩体或质量较好岩体内,但是硐室之上的岩体厚度较小,甚至地表面还有荷载,此时务必要验算压力拱承载能力。采用下述方法验算压力拱承载能力简便易行。

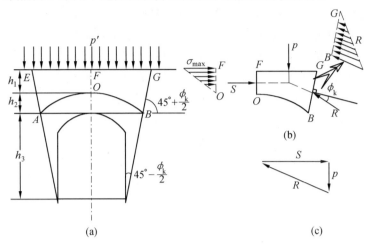

图 8.67　压力拱承载能力验算简图

在图 8.67 中,一般认为,压力拱之上的 OF 截面最危险,所以对该面进行验算即可。取脱离体 $OFGB$ 作为分析对象,由于岩体是极为破碎的散体,所以 OF 面只能承受压应力,而不能承受拉应力。又因为假定拱顶处于拉应力作用下的岩体已完全脱落,所以位于拱顶的 O 点应为压应力与拉应力的变换点,即 O 点处应力为 0。此外,假定在 OF 面上压应力从 O 点开始自下而上呈线性递增,至 F 点达到最大值 $\sigma_{\max}$,如图 8.67(a) 右侧所示。OF 面上总压力为 $S = h_1 \sigma_{\max}/2$,其作用点位于距 O 点 $2h_1/3$ 处。而作用于脱离体 $OFGB$ 上的竖向力包括自重力 G 及地表面的荷载 p',自重力 G 的作用点为脱离体 $OFGB$ 形心,荷载 p' 的作用点也为已知,二者合力为 p,p 的作用点也不难求出。假定 BG 面上反力也呈三角形分布,B 点处反力最大,而 G 点处反力为 0。BG 面上反力的合力 R 作用点位于距 B 点 $\overline{BG}/3 = (h_1 + h_2)/[3\sin(45° + 0.5\phi_k)]$ 处,并且 R 的方向与 BG 面法线呈 ϕ_k 夹角,如图 8.67(b) 所示。

根据静力平衡条件,作用于脱离体 $OFGB$ 上的三个力 p、R、S 必须相交于一点或构成一个封闭的力三角形。据此,可以采用图解法求出力 S,如图 8.67(c) 所示,从而进一步求出 OF 面上的最大压应力 $\sigma_{\max}$,即

$$\sigma_{\max} = \frac{2S}{h_1} \tag{8.344}$$

如果 $\sigma_{\max}$ 达到或超过岩体的许可抗压强度 $[R_c]$ 时,也即 $\sigma_{\max} \geq [R_c]$,则压力拱有可能破坏,而导致硐室失稳。岩体许可抗压强度计算公式

$$[R_c] = \frac{R_c}{F_s} \tag{8.345}$$

式中　R_c——岩体单轴极限抗压强度;

　　　F_s——安全系数,其值应依据岩体物理力学性质、工程地质与水文地质条件、地震烈度及工程等级等确定,一般取 $F_s = 8$。

若 $\sigma_{\max} < [R_c]$,则具有成拱条件,即硐室上方能够形成压力拱,可以按照压力拱理论计算围岩压力;相反,若 $\sigma_{\max} \geq [R_c]$,则不具备形成压力拱条件,或者即使开始形成压力拱,尔后也会破坏,所以不能按照压力拱理论计算围岩压力。

8.12.6　压力拱理论评述

压力拱理论是建立在两种假定基础上的:其一是假定硐室围岩为无内聚力的散体;另一是假定硐室上方围岩中能够形成稳定的压力拱。正是因为这两种假定,才使得围岩压力的计算大为简化。但是,压力拱理论仍然存在以下问题:

(1) 压力拱理论将岩体看作为散体,而绝大多数岩体的实际情况并非如此。只是某些断裂破碎带或强风化带中的岩体才勉强满足这种假定条件。

(2) 在压力拱理论中,引进了岩体的坚固系数 f_k 的概念。由 $f_k = \tan \phi + c/\sigma$ 可知,f_k 为正应力 σ 的函数,而非岩体的特性参数,此外也无法通过试验来确定 f_k 值。

(3) 据压力拱理论,硐室顶部中央围岩压力最大,但是许多工程的实际顶压并非如此,其最大顶压常常偏离拱顶。这种现象是压力拱理论难以解释的。

(4) 压力拱理论表明,硐室围岩压力只与其跨度有关,而与断面形式、上覆岩层厚度,以及施工方法、程度和进度等无关。这些均与事实不完全相符。

以上问题的出现均是由于压力拱理论提出的假定条件与实际不符造成的。因此,使用压力拱理论时必须注意计算对象是否与公式中的假定条件相符,即围岩是否可以看作是没有内聚力的散体、硐室顶部围岩中是否能够形成压力拱、围岩是否出现明显偏压现象及岩体的坚固系数 f_k 选择是否合适等。总之,若工程实际情况与压力拱理论中提出的假定条件吻合,则可以获得较为满意的计算结果。

如上所述,压力拱理论的基本前提条件是确定硐室顶部之上的岩体(围岩)能够自然形成压力拱,这就要求硐室顶部之上的岩体具有相当的稳定性及足够的厚度,以便承受岩体自重力及作用于其上的其他外荷载。因此说,能否形成压力拱就成为采用压力拱理论计算围岩压力的关键所在。以下情况,由于不能形成压力拱,所以不可以采用压力拱理论计算围岩压力:

(1) 岩体的坚固系数 $f_k < 0.8$,硐室埋深 H 不到压力拱高 h 的 $2 \sim 2.5$ 倍,或者小于压力拱跨度 $2a'$ 的 2.5 倍,即 H 小于 2 倍至 2.5 倍拱高,$H < 5a'$。这里所说的硐室埋深的量指,硐顶衬砌顶部至地表面(当基岩直接出露时)或松散堆积物(如土层)接触面的竖直距离。

(2) 采用明挖法施工的地下硐室。

(3) 坚固系数 $f_k < 0$ 的软土体,如淤泥、淤泥质土、粉砂土、粉质黏土、轻亚黏土及饱和软黏土等,由于不能形成压力拱,所以也不便引用压力拱理论计算硐室周围的土压力。

对于下列情况,由于硐室上方岩体能否形成压力拱尚难以确定,所以首先必须验算压力拱承载力:

(1) 埋深较小而跨度较大的硐室,如地铁站、电站地下厂房、地下商场,$H < 5a'$(a' 为拱跨度的一半)。

(2) 岩体的坚固系数 $f_k > 0.8$,并且硐室埋深 H 小于 2 倍至 2.5 倍拱高,$H < 5a'$(a' 为拱跨度的一半)。

(3) 虽然硐室埋深较大,并且其上覆岩体较厚,也较稳定,但是作用于上覆岩体之上的其他外荷载很大,如地表荷载很大或者落于岩体上的松散堆积物(土体)较厚。

8.13　太沙基理论计算围岩压力

在太沙基理论中,假定岩体为散体,但是具有一定的内聚力。这种理论适用于一般的土体压力计算。由于岩体中总有一定的各种原生及次生结构面,加之开挖硐室施工的影响,所以其围岩不可能是完整而连续的整体,因此采用太沙基理论计算围岩压力(松动围岩压力)收效也较好。

太沙基理论是从应力传递原理出发推导竖向围岩压力的。如图 8.68(a)所示,假定硐室顶壁衬砌顶部 AB 两端出现一直延伸到地表面的竖向破裂面 AD 及 BC。在 $ABCD$ 所圈出的散体中,切取厚度为 $\mathrm{d}z$ 的薄层单元为分析对象。该薄层单元受力情况如图 8.68(a)所示,共受以下五种力的作用:

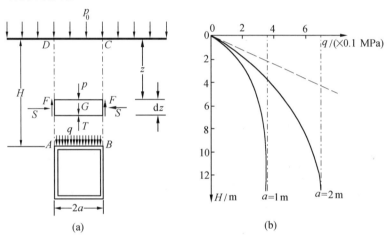

图 8.68　太沙基理论计算围岩压力简图

① 单元体自重力:

$$G = \int 2\gamma a\,\mathrm{d}z \tag{8.346}$$

② 作用于单元体上表面的竖直向下的上覆岩体压力:

$$p = 2a\sigma_\mathrm{v} \tag{8.347}$$

③ 作用于单元体下表面的竖直向上的下伏岩体托力:

$$T = \int 2a(\sigma_\mathrm{v} + \mathrm{d}\sigma_\mathrm{v}) \tag{8.348}$$

④ 作用于单元体侧面的竖直向上的侧向围岩摩擦力:

$$F = \int \tau_\mathrm{f}\,\mathrm{d}z \tag{8.349}$$

⑤ 作用于单元体侧面的水平方向的侧向围岩压力:

$$S = \int K_0\sigma_\mathrm{v}\,\mathrm{d}z \tag{8.350}$$

在以上各式中,a 为硐室跨度的一半;γ 为岩体容重;σ_v 为竖向初始地应力;K_0 为侧压力系数;$\mathrm{d}z$ 为薄层单元体厚度;τ_f 为岩体抗剪强度。若初始水平地应力为 $\sigma_\mathrm{h} = K_0\sigma_\mathrm{v}$,则岩体抗剪强度为

$$\tau_f = \sigma_h \tan\varphi + c = K_0 \sigma_v \tan\varphi + c \quad (\text{库伦准则}) \tag{8.351}$$

式中 c、φ——岩体内聚力及内摩擦角。

将式(8.351)代入式(8.349),得

$$F = \int (K_0 \sigma_v \tan\varphi + c) \mathrm{d}z \tag{8.352}$$

薄层单元体在竖向的平衡条件为

$$\sum F_v = p + G - T - 2F = 0 \tag{8.353}$$

将式(8.346)、式(8.347)、式(8.348)及式(8.352)代入式(8.353),得

$$\int 2\gamma a \,\mathrm{d}z + 2a\sigma_v - \int 2a(\sigma_v + \mathrm{d}\sigma_v) - 2\int (K_0 \sigma_v \tan\varphi + c)\mathrm{d}z = 0 \tag{8.354}$$

整理式(8.354)得

$$\int \frac{\mathrm{d}\sigma_v}{\mathrm{d}z} + \left(\frac{K_0 \tan\varphi}{a} \right) \sigma_v = \gamma - \frac{c}{a} \tag{8.355}$$

由式(8.355)解得

$$\sigma_v = \frac{a\gamma - c}{K_0 \tan\varphi} (1 + A e^{-\frac{K_0 \tan\varphi}{a} z}) \tag{8.356}$$

边界条件:当 $z=0$ 时,$\sigma_v = p_0$(地表面荷载)。将该边界条件代入式(8.356),得

$$A = \frac{K_0 p_0 \tan\varphi}{a\gamma - c} - 1 \tag{8.357}$$

将式(8.357)代入式(8.356),得

$$\sigma_v = \frac{a\gamma - c}{K_0 \tan\varphi} (1 - e^{-\frac{K_0 \tan\varphi}{a} z}) + p_0 e^{-\frac{K_0 \tan\varphi}{a} z} \tag{8.358}$$

式中 z——薄层单元体埋深。

将 $z = H$ 代入式(8.358)时,可以得到硐室顶部的竖向围岩压力 q 为

$$q = \frac{a\gamma - c}{K_0 \tan\varphi} (1 - e^{-\frac{K_0 H \tan\varphi}{a}}) + p_0 e^{-\frac{K_0 H \tan\varphi}{a}} \tag{8.359}$$

式(8.359)对深硐室及浅埋硐室均适用。将 $H \to \infty$ 代入式(8.359),可以得到埋深很大的硐室顶部竖向围岩压力 q 为

$$q = \frac{a\gamma - c}{K_0 \tan\varphi} \tag{8.360}$$

由式(8.360)可以看出,对埋深很大的深埋硐室,地表面的荷载 p_0 对硐室顶部竖向围岩压力 q 已不产生影响。

当硐室侧壁围岩因不稳定而从硐室底面起产生与竖向成 $45° - \varphi/2$ 角的滑裂面时,如图 8.69 所示,硐顶竖向围岩压力 q 计算法与上述的完全一样,只需将以上各式中的 a 代以 a' 即可。此时有

$$a' = a + h \tan\left(45° - \frac{\varphi}{2}\right) \quad (\text{参见图 8.69}) \tag{8.361}$$

式中 h——硐室高度;

φ——岩体内摩擦角。

将式(8.361)代入式(8.359)得到出现侧向滑裂面后的硐顶竖向围岩压力 q 计算公式为

$$q=\frac{\gamma\left[a+h\tan\left(45°-\dfrac{\varphi}{2}\right)\right]-c}{K_0\tan\varphi}\left[1-\mathrm{e}^{-\frac{K_0H\tan\varphi}{a+h\tan\left(45°-\frac{\varphi}{2}\right)}}\right]+p_0\mathrm{e}^{-\frac{K_0H\tan\varphi}{a+h\tan\left(45°-\frac{\varphi}{2}\right)}}\tag{8.362}$$

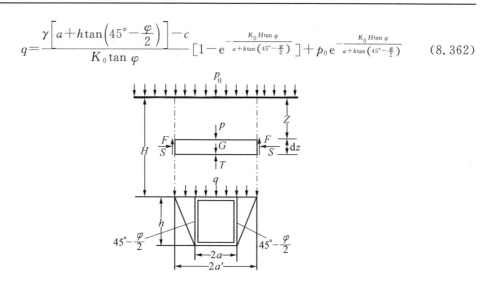

图 8.69　侧壁围岩出现滑裂面时硐
顶竖向围岩压力计算简图
（太沙基理论计算简图）

例 6　某岩体内摩擦角 $\varphi=30°$，内聚力 $c=0$，侧压力系数 $K_0=1$，地表面荷载 $p_0=0$。在这种岩体中开挖半宽分别为 $a=1$ m、$a=2$ m 的两个圆形断面硐室。将这些条件代入式 (8.359)，并且对 H 取不同的值，则可以得到如图 8.68(b) 所示的计算结果。由此可见，硐顶竖向围岩压力 q 随着深度 H 的增加而加大。对于半宽 $a=1$ m，$a=2$m 的硐室，将分别在埋深为 8 m 和 11 m 处硐顶竖向围岩压力 q 接近它们的最大值。而当埋深超过 8 m 和 11 m 时，硐顶竖向围岩压力 q 均趋于常数。这说明，此时由于摩擦力 F 所产生的应力传递作用将使可能塌落的硐顶之上的上覆围岩柱或散柱体 ABCD 的部分重量传递到两侧围岩中，所以使竖向围岩压力 q 保持不变。

8.14　刚体平衡理论计算围岩压力

在这里，所谓刚体是指不考虑岩体的结构体变形。前面所讨论的各种硐室围岩压力计算方法均是在较为理想而简单的地质条件下进行的。而在地质构造复杂的岩体中开挖硐室，硐室稳定性及围岩应力与应变关系等既不满足弹塑性理论，也不符合压力拱理论及太沙基理论。此时，硐室稳定性严格受控于岩体结构面力学性质及组合形式，也就是说，岩体结构效应与硐室稳定性关系密切。所以，在这种情况下，只能依据对岩体或围岩详细地质构造分析，由结构面力学性质及组合形式等确定可能的滑动与塌落块体，以及它们与硐室的空间关系，再按照力学平衡理论验算或校核这些具有潜在危险的块体在自重力作用下向硐内滑动与塌落的可能性，以及由此产生的围岩压力。众所周知，自然岩体中存在各种结构面；既有原生结构面，也有次生结构面；既有构造成因的，也有非构造成因的；既有断层及节理等明显破裂面，也有软弱夹层等。所以，用这种方法计算硐室围岩压力，首先应当查明各种结构面成因、分布及组合特征等；确定可能滑动或塌落的围岩块体形状、规模、悬空高度、滑动面及其与硐室的空间关系等；并分析硐顶及侧壁的坍塌与滑动方向，然后才能从刚体平衡理论出发计算围岩压力。下面通过几个典型情况说明刚体平衡理论计算围岩压力的分析原则及具体实施过程。

情况 1：

如图 8.70 所示，由两组走向平行于硐室轴线延伸方向，而倾向相背的结构面 AC 和 BC 在硐顶切割出一个楔形滑体 ABC。楔形滑体 ABC 的高为 h、底宽（AB）为 a，其滑动面 BC 和 AC 的倾角分别为 β_1、β_2，并且二者竖向夹角分别为 α_1、α_2，它们的长度分别为 l_1、l_2。楔形滑体 ABC 的重量为 G，岩体容重为 γ，滑动面 BC 的内聚力及内摩擦角分别为 c_1、φ_1，滑动面 AC 的内聚力及内摩擦角分别为 c_2、φ_2。由楔形滑体 ABC 的静力平衡条件，可以求得硐顶竖向围岩压力 p_v，即

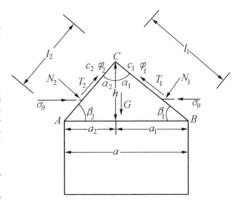

图 8.70　楔形体引起围岩压力计算简图

$$p_v = G - \left[(T_1 + N_1 \tan \varphi_1 + c_1 l_1) \cos \alpha_1 + (T_2 + N_2 \tan \varphi_2 + c_2 l_2) \cos \alpha_2 \right] \quad (8.363)$$

式中　T_1、N_1——硐壁切向应力 σ_θ 平行于滑动面 BC 的分量及垂直于滑动面 BC 的分量；

　　　T_2、N_2——硐壁切向应力 σ_θ 平行于滑动面 AC 的分量及垂直于滑动面 AC 的分量；

　　　$G = ah\gamma/2$。

如果硐顶围岩应力为拉伸应力（即切向应力 σ_θ 对楔形滑体 ABC 不产生任何作用），并且楔形滑体 ABC 已与滑动面 AC 及 BC 脱落，而它们之间的空隙又没有任何充填物，可以认为 $c_1 = 0$，$\varphi_1 = 0$，$c_2 = 0$，$\varphi_2 = 0$。此时，硐顶竖向围岩压力 p_v 便是楔形滑体 ABC 的自重力 G，即

$$p_v = \frac{1}{2} ah\gamma \quad (8.364)$$

情况 2：

如图 8.71 所示，硐顶围岩被铅直及水平结构面切割成柱状滑体，即棱柱 $ABCDEFGH$，其滑动面为 $ABFE$ 面、$CDHG$ 面、$ABCD$ 面及 $EFGH$ 面。各结构面的内聚力和内摩擦角均分别为 c、φ。假定硐壁切向应力及径向应力分别为 σ_θ、σ_r。棱柱 $ABCDEFGH$ 的延伸方向与硐室轴线方向一致。由棱柱滑体 $ABCDEFGH$ 的静力平衡条件，可以求得硐顶竖向围岩压力 p_v，即

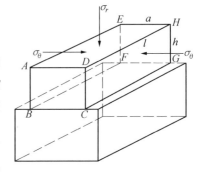

图 8.71　柱状滑体引起围岩压力计算简图

$$p_v = ahl\gamma - 2hlc - 2hl\sigma_\theta \tan \varphi - 2ahc - alc \Rightarrow$$

$$p_v = ahl\gamma - 2hl(c + \sigma_\theta \tan \varphi) - 2ahc - alc \quad (8.365)$$

如果沿硐室轴线方向取单位长度作为分析对象，即取 $l = 1$，则式（8.365）变为

$$p_v = ah\gamma - 2h(c + \sigma_\theta \tan \varphi) - 2ahc - ac \quad (8.366)$$

式中　γ——岩体容重。

若 $ABCD$ 面为临空面，则式（8.365）变为

$$p_v = ah\gamma - 2h(c + \sigma_\theta \tan \varphi) - ahc - ac \quad (8.367)$$

若棱柱滑体 $ABCDEFGH$ 完全脱落，并且各结构面裂隙均没有充填其他任何物质，此

时 $c=0$，$\sigma_\theta \tan\varphi=0$，则硐顶竖向围岩压力 p_v 即为滑体的自重力。那么，式（8.365）、式（8.366）/式（8.367）分别变为

$$p_v=ahl\gamma \tag{8.368}$$

$$p_v=ah\gamma \tag{8.369}$$

情况 3：

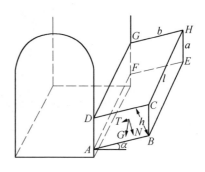

如图 8.72 所示，两组斜交结构面将硐壁围岩切割成断面为平行四边形的菱形柱滑体 ABCDEFGH，其延伸方向平行于硐室轴线，滑动面为 ABEF 面，ABEF 面与水平面夹角为 α。假定岩体容重为 γ，各结构面的内聚力及内摩擦角均分别为 c、φ。棱柱滑体断面长边、短边及高分别为 b、a、h，而棱柱体长为 l。不考虑地应力的影响。当棱柱体 ABCDEFGH 沿滑动面 ABEF 向硐内滑动时，便产生围岩压力 p，而该

图 8.72　斜柱状滑体引起围岩压力计算简图

围岩压力实际上为沿 ABEF 面的下滑力 T 与抗滑力 F 之差（据滑体静力平衡条件）。沿 ABEF 面的下滑力 T 为

$$T=G\sin\alpha=hbl\gamma\sin\alpha \tag{8.370}$$

沿 ABEF 面的抗滑力 F 为

$$F=G\cos\alpha\tan\varphi+2hbc+2blc+alc\Rightarrow$$

$$F=hbl\gamma\cos\alpha\tan\varphi+2hbc+2blc+alc \tag{8.371}$$

式中　G 为滑体重力，$G=hbl\gamma$，$N=G\cos\alpha$。则由于斜柱状滑体 ABCDEFGH 向硐内滑动所产生的围岩压力 p 为

$$p=T-F \tag{8.372}$$

将式（8.370）及式（8.371）代入式（8.372），得

$$p=hbl\gamma(\sin\alpha-\cos\alpha\tan\varphi)-2hbc-2blc-alc \tag{8.373}$$

如果沿硐室轴线方向取单位长度作为分析对象，即令 $l=1$，则式（8.373）变为

$$p=hb\gamma(\sin\alpha-\cos\alpha\tan\varphi)-2hbc-2bc-ac \tag{8.374}$$

滑体滑动后，便沿侧面 BCHE 与围岩脱开。若脱开后的裂隙没有被其他物质充填，那么结构面 BCHE 的内聚力 c 将变为 0。此时，式（8.373）及式（8.374）分别变为

$$p=hbl\gamma(\sin\alpha-\cos\alpha\tan\varphi)-2bc(h+l) \tag{8.375}$$

$$p=hb\gamma(\sin\alpha-\cos\alpha\tan\varphi)-2bc(h+l) \tag{8.376}$$

情况 4：

如图 8.73(a) 所示，岩体被一组密集分布的倾斜结构面所切割，则在这种岩体中开挖硐室，周壁围岩将沿着倾斜结构面向硐内滑动与塌落。此时，可以根据裂隙岩体极限平衡理论计算围岩压力。倾斜结构面倾角为 β。

如图 8.73(b) 所示，在侧壁上取一微分三角形单元 ABC，其中 AC 为滑裂面（即为岩体中原倾斜结构面），倾角为 β。由前面讨论的硐室周岩应力分布特征可知，在侧壁处有

$$\begin{cases} \sigma_x=\sigma_r=0 \\ \sigma_y=\sigma_\theta \end{cases} \tag{8.377}$$

式中　σ_r——硐壁处径向应力；

σ_θ——硐壁处切向应力。

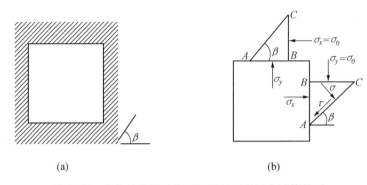

图 8.73　岩体被密集结构面切割时围岩压力计算简图

作用于 BC 面上竖直向下的压力 p_{BC} 为

$$p_{BC}=\overline{BC}\sigma_y \tag{8.378}$$

事实上，p_{BC} 也为作用于微分三角形单元 ABC 上的竖直向下力。将 p_{BC} 分解为垂直于滑裂面 AC 的力 $p_{\perp AC}$ 及平行于滑裂面 AC 的力 $p_{/\!/AC}$，即

$$p_{\perp AC}=p_{BC}\cos\beta=\overline{BC}\sigma_y\cos\beta=\overline{AC}\cos\beta\cdot\sigma_y\cos\beta \tag{8.379}$$

$$p_{/\!/AC}=p_{BC}\sin\beta=\overline{BC}\sigma_y\sin\beta=\overline{AC}\cos\beta\cdot\sigma_y\sin\beta \tag{8.380}$$

从而，滑裂面 AC 上的正应力 σ 及剪应力 τ 分别为

$$\begin{cases}\sigma=\dfrac{p_{\perp AC}}{AC}\\[2mm]\tau=\dfrac{p_{/\!/AC}}{AC}\end{cases} \tag{8.381}$$

将式(8.379)及式(8.380)代入式(8.381)得

$$\begin{cases}\sigma=\sigma_y\cos^2\beta\\\tau=\sigma_y\sin\beta\cos\beta\end{cases} \tag{8.382}$$

在以上各式中，$\overline{AC}$及$\overline{BC}$分别表示 AC 面及 BC 面的面积。

滑裂面 AC 的抗剪强度 S 为

$$S=\sigma\tan\varphi+c \tag{8.383}$$

式中　c、φ——滑裂面 AC 的内聚力及内摩擦角。

由莫尔强度理论可知，当 $S\geq\tau$ 时，岩体是稳定的。因此，硐室稳定条件为

$$S-\tau\geq0 \tag{8.384}$$

将式(8.382)及式(8.383)代入式(8.384)，得

$$\sigma_y\cos^2\beta\tan\varphi+c-\sigma_y\sin\beta\cos\beta\geq0 \tag{8.385}$$

式(8.385)进一步变为

$$\sigma_y\cos\beta\sin(\varphi-\beta)+c\cos\varphi\geq0 \tag{8.386}$$

当 $\varphi>\beta$ 时，式(8.386)恒成立，所以侧壁总是稳定的，不会产生围岩压力。而当 $\varphi<\beta$ 时，式(8.386)是否成立，即侧壁是否稳定或是否产生围岩压力，需要根据具体情况进行验算，若 $\beta=45°+\varphi/2$，则式(8.386)变为

$$\sigma_y \leqslant \frac{2c\cos\varphi}{1-\sin\varphi} \tag{8.387}$$

可以证明,式(8.387)右端项为岩体的极限抗压强度。所以,当硐室周壁(侧壁)的切向应力 $\sigma_y = \sigma_\theta$ 不超过围岩的极限抗压强度时,硐室是稳定的。

如果围岩应力状态不满足式(8.386),那么硐壁不稳定,将产生围岩压力。此时,可按照下述原则计算围岩压力。

为了使式(8.386)或式(8.387)成立,必须垂直于侧壁施加一个水平方向力 σ_x,如图8.73(b)所示。这样,作用于滑裂面 AC 上的正应力 σ 及剪应力 τ 分别变为

$$\begin{cases} \sigma = \sigma_y\cos^2\beta + \sigma_x\sin^2\beta \\ \tau = \sigma_y\sin\beta\cos\beta - \sigma_x\sin\beta\cos\beta \end{cases} \tag{8.388}$$

将式(8.388)代入式(8.384),并且注意式(8.383)得

$$(\sigma_y\cos^2\beta + \sigma_x\sin^2\beta)\tan\varphi + c - (\sigma_y\sin\beta\cos\beta - \sigma_x\sin\beta\cos\beta) \geqslant 0 \tag{8.389}$$

式(8.389)进一步简化为

$$\sigma_y\cos\beta\sin(\varphi-\beta) + \sigma_x\sin\beta\cos(\varphi-\beta) + c\cos\beta \geqslant 0 \tag{8.390}$$

由式(8.390)可以解出 σ_x,即为所求的侧壁单位面积上的围岩压力。

若求硐顶竖向围岩压力,则在硐顶取一个微分三角形 ABC,其中 AC 为滑裂面(岩体中原倾斜结构面),倾角为 β,如图 8.73(b)所示。此时,在硐顶处有

$$\begin{cases} \sigma_x = \sigma_\theta \\ \sigma_y = \sigma_r = 0 \end{cases} \tag{8.391}$$

同样道理,硐顶稳定条件为

$$\sigma_x\cos(90°-\beta)\sin(\varphi+\beta-90°) + c\cos\varphi \geqslant 0 \tag{8.392}$$

若不满足式(8.392),则硐顶失稳,将产生竖向围岩压力,其值按照下式计算:

$$\sigma_x\cos(90°-\beta)\sin(\varphi+\beta-90°) + \sigma_y\sin(90°-\beta)\cos(\varphi+\beta-90°) + c\cos\varphi \geqslant 0 \tag{8.393}$$

由式(8.393)解出 σ_y,即为所求的硐顶单位面积上的竖向围岩压力。

8.15　应力传递原理计算浅埋硐室围岩压力

在硐室埋深较浅情况下,硐顶之上围岩厚度不足以形成压力拱,或者即使形成了压力拱,但是压力拱承载能力不够。此时,可以采用应力传递原理计算围岩压力。

如图 8.74 所示,从硐室底面两侧可能开始形成延伸至地表面的倾斜破裂面(滑动面) AB 及 CD,二者与竖向的夹角均为 $\theta = 45° - \varphi_k/2$。

为了使设计偏于安全,对不能形成压力拱的上覆岩体,允许按全部岩柱 $A'B'C'D'$ 重量来计算硐顶竖向围岩压力 p_v,而不考虑其两个侧面 $A'B'$ 及 $C'D'$ 上的摩擦力,即

$$p_v = H\,\overline{A'C'}\gamma \tag{8.394}$$

硐顶单位面积上的竖向围岩压力 q 为

$$q = \frac{p_v}{\overline{A'C'}} = \frac{H\,\overline{A'C'}\gamma}{\overline{A'C'}} = H\gamma \tag{8.395}$$

式中　H——硐室顶部埋深;

　　　γ——岩体容重;

$\overline{A'C'}$——岩柱 $A'B'C'D'$ 的断面积（沿硐室轴线方向取单位长度计算）。

若考虑岩柱 $A'B'C'D'$ 两个侧面 $A'B'$ 及 $C'D'$ 上的摩擦力 F，那么作用于硐顶竖向围岩压力 p_v 为

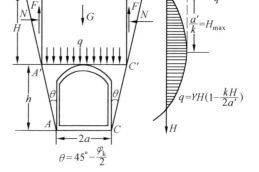

$$p_v = H\,\overline{A'C'}\gamma - 2F = 2a'H\gamma - 2F$$

$$(8.396)$$

式中 $2a'$——岩柱 $A'B'C'D'$ 宽度。

岩柱 $A'B'C'D'$ 侧面 $A'B'$ 及 $C'D'$ 上的摩擦力 F 由下式计算：

$$F = N\tan\varphi_k \qquad (8.397)$$

图 8.74 浅埋硐室围岩压力计算简图

式中 φ_k——岩体坚固性系数或普氏系数；

N——岩柱 $A'B'C'D'$ 侧面 $A'B'$ 上的法向作用力。

如果将岩柱 $A'B'C'D'$ 的侧面 $A'B'$ 及 $C'D'$ 看作是挡土墙，那么墙后楔形体 $A'B'B$ 及 $C'D'D$ 将分别对侧面 $A'B'$，$C'D'$ 产生主动压力，即为法向作用力 N。从而，由朗金土压力理论得

$$N = \frac{1}{2}\gamma H^2 K_a \qquad (8.398)$$

式中 $K_a = \tan^2(45° - \varphi_k/2)$——朗金主动土压力系数。

将式(8.397)及式(8.398)代入式(8.396)得

$$p_v = 2\gamma a'H - \gamma H^2 \tan^2\left(45° - \frac{\varphi_k}{2}\right)\tan\varphi_k \qquad (8.399)$$

此时，硐顶单位面积上的竖向围岩压力 q 为

$$q = \frac{p_v}{2a'} = \gamma H - \frac{\gamma H^2}{2a'}\tan^2\left(45° - \frac{\varphi_k}{2}\right)\tan\varphi_k \qquad (8.400)$$

令 $k = \tan^2\left(45° - \frac{\varphi_k}{2}\right)\tan\varphi_k$，将其代入式(8.400)得

$$q = \gamma H\left(1 - \frac{KH}{2a'}\right) \qquad (8.401)$$

再令 $\eta = 1 - \frac{KH}{2a'}$，将其代入式(8.401)得

$$q = \gamma H\eta \qquad (8.402)$$

由式(8.402)可以看出，γH 为不考虑侧向摩擦力 F 时硐顶竖向围岩压力 q[也就是式(8.395)]，即为岩柱 $A'B'C'D'$ 的自重压力（单位面积）。当考虑侧向摩擦力 F 时，硐顶竖向围岩压力变为 $q = \gamma H\eta$，较前者有所减小，因为 $\eta < 1$。所以，η 又称为硐顶竖向围岩压力折减系数，与岩体坚固系数、硐室埋深及跨度等有关。

$$a' = a + h\tan\left(45° - \frac{\varphi_k}{2}\right) \qquad (8.403)$$

总之，当考虑岩柱 $A'B'C'D'$ 的侧向摩擦力 F 时，硐顶竖向围岩压力 q 始终小于上覆岩柱重量。这就是侧向摩擦力 F 所起的应力传递作用，将岩柱 $A'B'C'D'$ 的部分重量传递到

两侧的围岩中,因而减轻了硐顶的竖向围岩压力 q。

由式(8.401)还可以看出,硐顶竖向围岩压力 q 为埋深 H 的二次函数,前期阶段 q 随着 H 的增大而上升,当埋深 H 超过某一极限值 H_{max} 之后,q 又随着 H 的增大而下降,直至 H 达到某一深度时 q 变为零。根据式(8.401),令 $dq/dH=0$,可以求得硐顶竖向压力 q 取最大值 q_{max} 时的埋深 H_{max},即

$$H_{max}=\frac{a'}{k} \qquad (8.404)$$

将式(8.404)代入式(8.401)得

$$q_{max}=\frac{1}{2}\gamma H_{max} \qquad (8.405)$$

由图 8.74 所绘制的 $q-H$ 关系曲线可以清楚看出,当埋深 H 超过 H_{max} 时,硐顶竖向围岩压力 q 不但减小,而且可能出现负值。很显然,这与实际情况不相符。因此,式(8.399)~(8.402)只适用于 $H\leqslant a'/k$ 的情况,即对浅埋硐室竖向围岩压力的计算。

此外,工程实践表明,对于内摩擦角较小的岩体($\varphi\leqslant25°$),采用以上公式计算的硐室竖向围岩压力比较接近于实际情况。而当岩体内摩擦角较大时,以上公式计算的硐顶竖向围岩压力与实测结果偏差较大。

值得注意的是,当在含水岩体中开挖硐室时,应采用岩体浮容重计算硐室围岩压力,并且还应考虑衬砌上的水压力或动水压力、渗透压力等。

8.16　黏弹性岩体强度时间效应

在岩体中开挖硐室,当围岩处于弹性状态时便无围岩压力产生;但是,当围岩破裂与失稳时,则必然出现围岩压力。然而,从岩体流变学角度来看,岩体围岩变形是随着时间延长而增加的,所以即使围岩没有被破坏,衬砌或支护结构也将逐渐受到围岩压力作用。引起围岩压力的因素很多,除了硐室围岩整体松动与塌落及塑性圈扩大之外,围岩的局部破坏、裂隙传播及应力重新分布等均能够产生围岩压力,但是它们往往需要经过一段时间(数天或数星期后)才表现出来。导致围岩压力的原因还有地下水渗透压力或动水压力、地下水使岩体容重降低或对岩体产生浮托力、岩体因为水化或氧化及吸水等作用引起体积膨胀、岩体由于开挖硐室释荷而出现回弹、岩体在硐室开挖前后的温度湿度变化及岩体风化作用等。而这些因素对围岩压力的产生或影响程度均是时间的函数,也就是说,随着时间推移,它们所起的作用将越来越明显。

由于岩体强度既与应力状态有关,也与应变状态有关,所以岩体强度存在时间效应。当硐室围岩中不出现拉应力或张应力时,则符合于 Huber 所提出的单位体积形状弹性应变能强度理论,即当岩体中某处单位体积形状弹性应变能超过岩体所允许的最大能量 e_k 时,岩体将会在此处破裂。

在岩体流变过程中,存在以下三种能量形式:

① 岩体中质点运动动能。由于岩体变形运动速度很小,所以这种能量可以忽略不计。

② 岩体的弹性应变能。当岩体发生弹性变形时,外力对岩体所做的功将转变为弹性应变能而贮存起来;而当外力撤除后,这种弹性应变能便在变形恢复过程中完全释放掉。弹性

应变能又包括弹性体积应变能 e_v 和弹性形状应变能 e_s 两部分。若岩体泊松比 $\mu=0.5$，则弹性体积应变能 $e_v=0$，即体积不可压缩。

③ 岩体的流变变形能。流变变形能相当于外力对岩体黏性组分所做的功，一般以热能形式耗散掉。

对泊松比 $\mu=0.5$ 的岩体来说，其在受力时主要发生弹性变形作用，其单位体积内弹性形状应变能 e_s 的计算公式为

$$e_s = \frac{1}{2}\left[(\sigma_r-\sigma)(\varepsilon_r-\varepsilon)+(\sigma_\theta-\sigma)(\varepsilon_\theta-\varepsilon)+(\sigma_z-\sigma)(\varepsilon_z-\varepsilon)\right] \tag{8.406}$$

式中 σ_r、σ_θ、σ_z——在圆柱坐标系下硐室围岩径向、切向、轴向的应力；

   ε_r、ε_θ、ε_z——应变。

σ 和 ε 分别为球应力张量、球应变张量，其计算公式为

$$\begin{cases} \sigma = \dfrac{1}{3}(\sigma_r+\sigma_\theta+\sigma_z) \\ \varepsilon = \dfrac{1}{3}(\varepsilon_r+\varepsilon_\theta+\varepsilon_z) \end{cases} \tag{8.407}$$

岩体单位体积极限弹性形状应变能，可由岩体单轴抗压强度试验结果求得。在硐室周壁围岩中，若令 $\sigma_r=0$，$\sigma_\theta=\sigma_c$，$\sigma_z=0$，则由广义虎克定律得

$$\begin{cases} \varepsilon_r = -\dfrac{\mu}{E}\sigma_c \\ \varepsilon_\theta = \dfrac{1}{E}\sigma_c \\ \varepsilon_z = -\dfrac{\mu}{E}\sigma_c \end{cases} \tag{8.408}$$

式中 μ、E——岩体泊松比及弹性模量；

   σ_c——岩体单轴抗压强度。

将式(8.408)代入式(8.407)，并且注意岩体单轴抗压强度试验结果($\sigma_r=0$，$\sigma_\theta=\sigma_c$，$\sigma_z=0$)得

$$\begin{cases} \sigma = \dfrac{1}{3}\sigma_c \\ \varepsilon = \dfrac{1-2\mu}{3E} \end{cases} \tag{8.409}$$

将式(8.409)及 $\sigma_r=0$，$\sigma_\theta=\sigma_c$，$\sigma_z=0$ 代入式(8.406)得岩体单位体积极限弹性形状应变能 e_{sk} 为

$$e_{sk} = \frac{\sigma_c^2}{6G} \tag{8.410}$$

式中 G——岩体剪切模量。

因此，当 $e_s \geqslant e_{sk}$ 时，围岩将被破坏，可能导致硐室失稳；而当 $e_s < e_{sk}$ 时，围岩不被破坏。

8.16.1 硐室围岩为线弹性体时的强度特征

若岩体中初始地应力状态为 $\sigma_v=\sigma_h=\sigma_0$，即为侧压力系数 $K_0=1$ 的静水压力式，则圆形断面硐室的围岩应力计算公式为

$$
\begin{cases}
\sigma_r = \sigma_0\left(1-\dfrac{a^2}{r^2}\right) \\[2mm]
\sigma_\theta = \sigma_0\left(1+\dfrac{a^2}{r^2}\right) \\[2mm]
\sigma_z = \sigma_0(1+2\mu)
\end{cases}
\tag{8.411}
$$

式中　a——硐室断面半径；

$\quad\quad\mu$——岩体泊松比；

$\quad\quad r$——极径；

$\quad\quad\sigma_0$——初始地应力，$\sigma_0=\gamma H$，其中 γ 为岩体容重，H 为硐室埋深。

相应的应变为

$$
\begin{cases}
\varepsilon_r = \dfrac{1+\mu}{E}\left(1-\dfrac{a^2}{r^2}-2\mu\right)\sigma_0 \\[2mm]
\varepsilon_\theta = \dfrac{1+\mu}{E}\left(1+\dfrac{a^2}{r^2}-2\mu\right)\sigma_0 \\[2mm]
\varepsilon_z = 0
\end{cases}
\tag{8.412}
$$

式中　E——岩体弹性模量。

将式(8.411)及式(8.412)代入式(8.406)、式(8.407)，可求得岩体单位体积弹性形状应变能 e_s 为

$$
e_s = \frac{1+\mu}{E}\frac{a^4}{r^4}\sigma_0^2 = \frac{a^4\sigma_0^2}{2Gr^4}
\tag{8.413}
$$

将 $r=a$ 代入式(8.413)得到硐壁围岩中单位体积弹性形状应变能 e_s^a 为

$$
e_s^a = \frac{\sigma_0^2}{2G}
\tag{8.414}
$$

式(8.414)为硐室围岩中单位体积弹性形状应变能(在硐壁处)最大值计算公式。联立式(8.410)及式(8.414)，得

$$
\sigma_0 = \frac{\sigma_c}{\sqrt{3}} = 0.577\,4\,\sigma_c
\tag{8.415}
$$

由式(8.415)可知，当硐室所承受的初始地应力 σ_0 达到岩体单轴抗压强度 σ_c 的 57.74％时，围岩将发生破裂与失稳。将此初始地应力表示为 σ_0^b，即 $\sigma_0^b=0.577\,4\sigma_c$。因此，如果 $\sigma_0^b=H\gamma$，则当埋深 $H\geqslant\sigma_0^b/\gamma$ 时，硐室围岩将面临失稳的危险，必须采取支护措施。由于硐室周壁上应变能最大，很容易满足式(8.410)，所以围岩破坏往往从硐室周壁开始。

8.16.2　硐室围岩为黏弹性体时强度特征

当硐室围岩为黏弹性体时，可以用波恩延－汤姆逊流变模型进行描述，将式(8.56)及式(8.60)代入式(8.406)和式(8.407)，并且注意 $a_z=\sigma_0$，可得到岩体中单位体积弹性形状应变能 e_s 为

$$
e_s = \frac{a^4\sigma_0^2}{2\gamma^4 G_\infty}\left[1-\left(1-\frac{G_\infty}{G_0}\right)^{-\frac{G_\infty t}{G_0\lambda}}\right]
\tag{8.416}
$$

式中　a——硐室半径；

$\quad\quad r$——极径；

σ_0——初始地应力；

G_0、G_∞——岩体初始剪切模量及最终剪切模量；

λ——应力松弛时间；

t——时间。

由式(8.416)可知，e_s 是时间 t 的函数，即

$$\begin{cases} e_{s0} = \dfrac{a^4 \sigma_0^2}{2G_0 r^4} & (t=0) \\[2mm] e_{s\infty} = \dfrac{a^4 \sigma_0^2}{2G_0 r^4} & (t=\infty) \end{cases} \qquad (8.417)$$

力学模型如图 8.24 所示。模型的初始剪切模量为 $G_0 = G_M + G_H$，最终剪切模量为 $G_\infty = G_H$。所以，由式(8.417)可知，$e_{s0} < e_{s\infty}$，即 e_s 随着时间变化规律如图 8.75 所示。若假定岩体单位体积极限弹性形状应变能为 e_{sk}，则当 $e_{s0} > e_{sk}$ 时，硐室开挖便导致围岩破坏，要求及时支护；而当 $e_{s0} < e_{sk} < e_{s\infty}$ 时，硐室开挖后经过一定时间 t_k，围岩将被破坏，也需要支护。e_{sk} 由式(8.410)求出。将 $e_s = e_{sk}$ 代入式(8.416)可以求出当 $e_{s0} < e_{sk} < e_{s\infty}$ 时，在不加支护的情况下，维持硐室围岩不破坏的极限时间 t_k 为

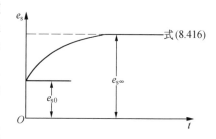

图 8.75　围岩单位体积弹性形状应变能 e_s 与时间 t 关系曲线

$$t_k = \frac{\lambda G_0}{G_\infty} \ln \frac{1 - \dfrac{G_0}{G_\infty}}{1 - e_{sk} \dfrac{2G_\infty r^4}{\sigma_0^2 a^4}} \qquad (8.418)$$

将式(8.410)及 $r=a$ 代入式(8.418)，可以求得硐壁围岩开始破坏的时间 t_{ka} 为

$$t_{ka} = \frac{\lambda G_0}{G_\infty} \ln \frac{3\sigma_0^2 - G_\infty}{3\sigma_0^2 G_0 - \sigma_c^2 G_\infty} \qquad (8.419)$$

8.16.3　围岩为黏弹性体时硐壁位移计算公式

如果岩体属于线性黏弹性体，那么可以较为准确地计算出硐室围岩的位移及其变形速率。若岩体为非线性黏弹性体，即黏弹性性质与应力有关，则计算围岩位移及其变形速率时尚无现成的解析式子直接引用，一般是求助于有关数值分析方法解决。但是，对初步近似计算来说，简单的线性黏弹性解答对非线性黏弹性体也具有一定的参考价值。以下将列出有关这方面计算式子。

前面，在均质与各向同性的线弹性体的基本假定条件下，根据平面应变条件，推导出圆形断面硐室的围岩压力计算公式。在同样的假定条件下，也可以求出硐室围岩位移计算公式，即

$$\begin{cases} u_r = \dfrac{(p_h + p_v)a^2}{4Gr} + \dfrac{(p_h - p_v)a^2}{4Gr}\left[4(1-\mu) - \dfrac{a^2}{r^2}\right]\cos 2\theta \\[3mm] u_\theta = -\dfrac{(p_h - p_v)a^2}{4Gr}\left[2(1-2\mu) + \dfrac{a^2}{r^2}\right]\sin 2\theta \end{cases} \qquad (8.420)$$

式中　u_r、u_θ——径向位移及切向位移；

G、μ——岩体剪切模量及泊松比；

p_h、p_v——初始水平地应力及竖向地应力；

a——硐室断面圆半径；

r、θ——矢径及极角。

对变形性质表现为非线性黏弹性的岩体来说，根据线性弹性体导出的应力公式仍然有效。但是，此时由于岩体的蠕变特性，应变及位移均是时间的函数，所以式(8.420)已不适用。若假定岩体蠕变特性可以用鲍格斯模型来描述，则可采用下式计算硐室围岩径向位移 u_r，即

$$u_r(t)=\left(A-C+B\frac{d_2}{d_4}\right)\frac{m}{q}+\left[\frac{B(d_2-d_1 G)}{G_1^2 d_3-G_1 d_4}-\frac{A-C}{G_1}\right]\mathrm{e}^{-\frac{G_1 t}{\eta_1}}+$$
$$B\left[\frac{d_2\left(1-\dfrac{m}{a}\right)+d_1(m-a)}{G_2(G_1 d_3-d_4)}\right]\mathrm{e}^{-\frac{at}{\eta}}+\frac{A-C+\dfrac{B}{2}}{\eta_2} \tag{8.421}$$

式中　$A=\dfrac{(p_\mathrm{h}+p_\mathrm{v})a^2}{4r}$；

$B=\dfrac{(p_\mathrm{h}-p_\mathrm{v})a^2}{4r}\cos 2\theta$；

$C=\dfrac{(p_\mathrm{h}-p_\mathrm{v})a^4}{4r^3}\cos 2\theta$；

$m=G_1+G_2$，其中 G_1、G_2 为剪切模量；

$q=G_1 G_2$；

$d_1=3K+4G_2$，其中 K 为岩体弹性抗力系数；

$d_2=3Km+4q$；

$d_3=6K+2G_1$；

$d_4=4Km+2q$；

η_1、η_2——岩体黏滞系数；

a——硐室断面半径，$a=\dfrac{3Km+q}{3K+G_2}$。

如果假定在岩体变形时其体积不变，即泊松比 $\mu=0.5$，那么式(8.421)变为

$$u_r(t)=\left[A+B\left(\frac{1}{2}-\frac{a^2}{4r^2}\right)\right]\left(\frac{1}{G_2}+\frac{1}{G_1}-\frac{1}{G_1}\mathrm{e}^{-\frac{G_1 t}{\eta_1}}+\frac{t}{\eta_2}\right) \tag{8.422}$$

例 7　在地下 167 m 深处岩体中开挖一个圆形断面硐室，断面直径为 9.1 m。岩体物理力学性质指标为，$k=5.6\times10^3$ MPa，$G_1=2.1\times10^3$ MPa，$G_2=7.0\times10^3$ MPa，$\eta_1=4.9\times10^5$ MPa，$\eta_2=5.8\times10^7$ MPa，$\gamma=22.3$ kN/m³。初始地应力为 $p_\mathrm{v}=3.27$ MPa，$p_\mathrm{h}=6.54$ MPa。由计算结果绘制出硐壁位移与时间的关系曲线，如图 8.76 所示。由图 8.76 可以清楚地看出，围岩瞬时弹性变形较小，经过 4 天之后完成第一期加速蠕变阶段，蠕变速率变得相当缓慢，随后进入第二期稳定蠕变阶段。如果围岩不破坏，那么第二期稳定蠕变阶段将持续很长时间。否则，当应变达到足够大时，围岩便发生局部破坏，致使应力状态改变。若已设置锚杆，则硐壁位移仅稍有减少。假定锚杆所承受的单位面积压力为 p_b，那么设置锚杆后的径向位移 $u_r(t)$ 为

$$u_r(t) = \frac{p_b a^2}{2G_2 r} + \frac{p_b a^2}{2G_1 r} - \frac{p_b a^2}{2G_1 r}e^{-\frac{G_1 t}{\eta_1}} + \frac{p_b a^2}{2\eta_2 r}t \tag{8.423}$$

因此,围岩径向位移 $u_r(t)$ 可以近似地看作是由式(8.421)和式(8.422)求得的位移之和。而第二期稳定蠕变阶段的变形速率减小到

$$\dot{u}_r = \frac{\left(A - C + \frac{1}{2}B\right) - \frac{p_b a^2}{2r}}{\eta_2} \tag{8.424}$$

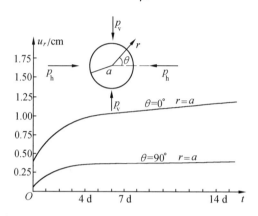

图 8.76 硐壁径向位移与时间的关系曲线(算例)

习　题

1.某隧道的硐径为 5 m,埋深(隧道轴线的埋深)为 610 m,上覆岩层的平均容重为 3 g/cm³,泊松比为 0.25。如果初始地应力即为岩体的自重力,试求如下各项:

(1) 初始水平地应力。

(2) 因隧道施工而引起硐周壁上的重量分布二次地应力(按照 $\theta=0°,10°,20°,\cdots,90°$ 依次计算),并画出重分布地应力随着 θ 角的变化曲线。

(3) 计算 $\theta=0°,90°$ 时的围岩径向应力及切向应力,并画出相应的图形,确定距离隧道轴线多远时才近似于初始地应力区。

(4) 若在硐内施加 0.15 MPa 的内水压力,试求硐壁上的应力。

2.在埋深 200 m 处的岩体内开挖一硐径为 $2a=2$ m 圆形断面隧道,如果岩体中初始地应力为静水压力式,并且上覆岩层的平均容重为 $\gamma=2.7$ g/cm³,试求如下各项:

(1) 因隧道施工而在硐周壁上 2 倍硐半径处、6 倍硐半径处引起的重分布二次地应力(按照 $\theta=0°,10°,20°,\cdots,90°$ 依次计算)。

(2) 根据以上计算结果,说明隧道围岩中重分布二次地应力的分布特征。

(3) 若隧道周岩的抗剪强度指标 $c=0.4$ MPa,$\varphi=30°$,试用莫尔-库仑强度条件评价其硐壁的稳定性。

(4) 若隧道硐壁不稳定,试求出围岩中塑性区的最大扩展半径。

(5) 若工程要求不允许隧道围岩中出现塑性区,则需要多大的支撑力?

3.若在初始地应力的垂直分量为 σ_v,水平应力分量为 $K\sigma_v$(K 为侧压力系数)的岩体中开挖一硐顶不出现拉伸应力的椭圆形断面隧道,试问什么样的宽、高比(椭圆轴比)才能满足

此要求? 如果使硐顶的拉伸应力不大于岩体的抗拉强度,宽、高比又应为多大?

4.某矿区一竖井通过一软弱页岩夹层。已知该软弱页岩夹层的埋深为 $H=102\ \mathrm{m}$,泊松比为 $\mu=0.3$,上覆岩层的平均容重为 $\gamma=2.5\ \mathrm{g/cm^3}$,内聚力为 $c=2.5\ \mathrm{MPa}$,内摩擦角为 $\varphi=30°$,试问该软弱页岩夹层是否处于极限深度以内?

5.某矿区岩体中初始地应力的最大水平应力的方向为 N30°、值为 40 MPa,与其垂直的另一水平应力的值为 20 MPa。如果使竖井壁处于均匀受压状态,试确定竖井的形状及其位置方向。

6.在灰岩中开挖一埋深为 $H=100\ \mathrm{m}$、硐径 $2a=6\ \mathrm{m}$ 的圆形断面隧道。已知硐室围岩的抗剪强度指标为 $c=0.3\ \mathrm{MPa}$,$\varphi=30°$,容重为 $\gamma=2.7\ \mathrm{g/cm^3}$,试基于弹、塑性理论求解如下各项:

(1) 塑性圈半径为 $R=a$ 时的围岩压力。

(2) 允许塑性圈厚度为 2 m 时的围岩压力。

(3) 若灰岩的弹性模量为 $E=1\ 200\ \mathrm{MPa}$,泊松比为 $\mu=0.2$,硐周壁实测最大径向位移为 $U_{\max}=3\ \mathrm{cm}$,试计算围岩压力。

7.在泥灰岩中开挖一宽 10 m、高 6 m 的坑道,采用混凝土衬砌。已知该泥灰岩的坚固性系数为 $f_k=1.7$,内摩擦角为 $\varphi=60°$,容重为 $\gamma=2.4\ \mathrm{g/cm^3}$。如果坑道的侧壁不稳定,试基于普氏理论计算围岩压力(包括硐顶围岩压力、硐侧壁围岩压力、硐底围岩压力)。

8.在片麻岩中开挖一地下硐室。硐室围岩内发育两组节理,其走向均平行于硐室的轴向,第一组节理与水平面的夹角为 $\beta_1=50°$,第二组节理与水平面的夹角为 $\beta_2=10°$。若硐壁上的切向应力均为 $\sigma_\theta=2\ \mathrm{MPa}$,试回答如下问题:

(1) 硐壁是否稳定?

(2) 若硐壁不稳定,则围岩压力为多少?

9.某直墙拱顶隧道围岩的岩层倾角为 $\beta=50°$,岩层面的抗剪强度指标为 $c_j=0.15\ \mathrm{MPa}$,$\phi_j=40°$,岩体中初始竖向地应力和初始水平地应力分别为 $\sigma_v=1\ \mathrm{MPa}$,$\sigma_h=0.5\ \mathrm{MPa}$。由数值方法求得隧道边墙上 M 点的竖向地应力系数及水平地应力系数分别为 $N_v=3$,$N_h=-1$。试判别 M 点是否稳定? 若需要支护,则作用于支护结构上的侧压力为多少?

10.某种岩石的抗剪强度指标为 $c=2.9\ \mathrm{MPa}$,$\varphi=30°$,剪切模量为 $G=0.5\times10^4\ \mathrm{MPa}$。实测场地初始地应力为 $\sigma_v=\sigma_h=\sigma_0=40\ \mathrm{MPa}$。在该岩石中开挖一硐径为 $D=6\ \mathrm{m}$ 的水平圆形断面隧道。若工程允许隧道周边最大径向位移为 $s=2.0\ \mathrm{cm}$,试依据修正的芬纳公式判断该隧道是否稳定? 并求确保隧道稳定而作用于支撑结构上的围岩压力(应力)σ_a。

第9章 斜坡危岩体稳定性分析

斜坡危岩体失稳,常对工程设计、施工、日后安全运营及临坡建筑物正常使用等造成很大危害。因此,正确认识各种斜坡危岩体的成因、形成条件及运动规律等,对采取切合实际的相应措施并避免或减轻其危害性来说是十分重要的,是工程中急待解决的重要课题。

9.1 斜坡岩体中地应力特征

无论是天然斜坡还是人工边坡,在形成过程中,岩体中地应力都将发生重新分布,即相对于斜坡形成之前出现所谓的二次应力状态。由于斜坡岩体中原有应力平衡状态被打破,岩体为适应这种新的应力状态,将发生一定的变形与破坏,甚至酿成失稳而引起多种危害。

通常采用现场地应力测量、光弹试验和数值分析等方法研究斜坡岩体中地应力特征。有限元法计算得到的斜坡岩体中弹性应力分布如图 9.1 所示。假定岩体为连续介质材料,属于各向同性均质体,并且不考虑斜坡形成的时间效应,即斜坡形成时间短暂。据此,可以归纳出斜坡岩体中地应力如下主要特征:

① 在斜坡形成过程中,主应力迹线发生了明显偏转,表现为接近于临空面,其最大主应力趋于平行临空面,而最小主应力则与临空面垂直相交,如图 9.1(a)～(d)所示。

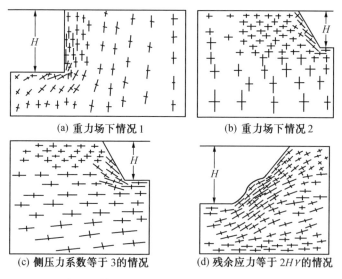

(a) 重力场下情况1　　　　(b) 重力场下情况2

(c) 侧压力系数等于3的情况　　(d) 残余应力等于$2H\gamma$的情况

图 9.1　斜坡岩体中弹性应力分布(据有限元分析结果绘制)

② 在临空面附近(尤其在坡脚处)出现应力集中现象。平行于临空面的最大主应力显著升高,在斜坡表面达到最大值,向岩体内部逐渐降低。垂直于临空面的最小主应力明显降低,在斜坡面附近降到最小,以至于变为零或转为拉伸应力,向岩体内部逐渐升高,如图 9.1(a)～(d)所示。由此可见,临空面附近岩体中应力差最大,很容易发生剪切破坏。而主应力

转为拉伸应力部分是出现伸展张破裂处。

③ 由于主应力迹线发生偏转,最大剪应力迹线也随之变为凹向临空面的弧形分布。

④ 在临空面附近,岩体近似处于单轴应力状态,而向内部逐渐过渡为三轴应力状态。

⑤ 由图 9.2(a)(b)可知,在坡顶和坡面岩体中的主应力,有一些为张应力,其分布受弹性模量 E 和泊松比 μ 的控制,尤其以 μ 的影响最为显著。μ 越大,坡面和坡顶处的张应力区也越大,而坡底则与之相反,如图 9.3 所示。如果这种张应力值达到或超过岩石的抗拉强度,则将发生张性破坏,而形成的张裂隙端部将出现较大的应力集中,促使张裂隙进一步扩展,最终可能形成连续贯通破裂面,从而造成斜坡岩体失稳。

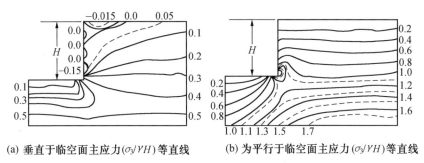

(a) 垂直于临空面主应力$(\sigma_3/\gamma H)$等直线　　(b) 为平行于临空面主应力$(\sigma_3/\gamma H)$等直线

图 9.2　斜坡主应力等值线图(据有限元分析结果绘制)

⑥ 对比图 9.1(a)与(d)可以看出,岩体中初始地应力状态(斜坡形成之前的应力状态),尤其是水平应力大小,对斜坡岩体中应力分布有很大的制约作用,主应力迹线的分布特征及主应力值的大小均因初始水平应力不同而有明显改变,其中坡脚应力集中区及张应力区受它的影响更大,例如,图 9.1(b)坡脚的切向应力较图 9.1(d)增加很多。

⑦ 图 9.4 表明,斜坡边缘岩体中张应力区的分布与水平残余应力及坡角关系也较为密切,而受前者的影响较大。随着残余水平应力的逐渐增大,边缘张应力区的范围也随之扩展,甚至从坡脚一直扩展到坡顶面。

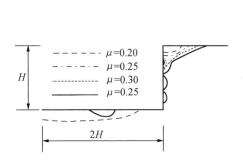

图 9.3　泊松比对斜坡张应力区分布影响

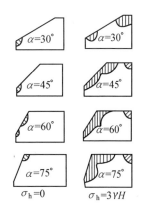

图 9.4　斜坡张应力区分布与水平残余应力(σ_h)及坡角(α)关系

9.2 斜坡岩体变形及破坏类型

在斜坡形成过程中,随着初始地应力平衡状态被打破,并且向新的应力平衡状态逐渐转变,岩体将发生不同程度的变形与破坏,从而演变成为各种危岩体。

9.2.1 岩体变形的形式

在斜坡岩体破坏之前,总要经历一定的变形作用,其变形包括卸荷回弹和长期蠕变两种形式。

(1)卸荷回弹。

斜坡形成过程中,由于各种荷重减小程度不同,岩体在减荷方向(临空面)将产生伸展变形,即卸荷回弹变形。向临空面方向的回弹变形量,随岩体中的初始残余构造应力大小而成正比增减。当这种回弹变形量超过某一临界值时,将在临空面附近产生张性结构面,例如坡顶的近于竖直的张裂面[图9.5(a)],坡体内部的近于平行坡面的压致张裂面[图9.5(b)],坡底的近于水平或缓倾斜的张裂面[图9.5(c)]。此外,在某些地段,由于岩性的差异,各相邻部分的变形程度不同,从而出现因差异回弹变形引起的剪破裂面[图9.5(d)],当然,这种局部的剪破裂一般不会导致斜坡岩体整体失稳。

(2)长期蠕变。

斜坡形成后,随着时间的延续,岩体变形仍将不断发展,这种应力保持不变而应变随时间连续发展的变形称为长期蠕变。若斜坡岩体中应力未超过岩体的长期强度,则这种变形仅引起岩体局部破坏。而当斜坡岩体中应力超过岩体的长期强度,这种变形将造成岩体整体破坏与失稳。事实上,绝大多数斜坡岩体失稳均需要经历长期蠕变过程,由局部变形拓展到岩体整体破坏。例如,甘肃洒勒山滑坡就是这样,在危岩体滑动之前的四年中,滑坡后缘张性裂隙的位移经历了如图9.6所示的过程,1981年以前大致保持等速或速度增加相当缓慢的蠕变过程,之后变形快速增加,直至1983年3月7日发生岩体滑坡。

研究表明,斜坡岩体长期蠕变的影响范围有的是很大的,向下纵向延伸可达数百米深,水平横向能够波及数千米远。

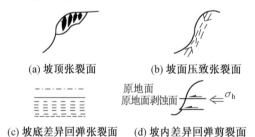

(a) 坡顶张裂面   (b) 坡面压致张裂面

(c) 坡底差异回弹张裂面   (d) 坡内差异回弹剪裂面

图 9.5　卸荷回弹变形在临空面
　　　　附近产生张性结构面

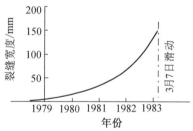

图 9.6　甘肃洒勒山滑坡发生前
　　　　位移速度

9.2.2　岩体破坏的类型

当斜坡岩体变形达到一定值时,便发生破坏,致使岩体整体失稳。斜坡岩体破坏包括崩塌和滑坡两种类型。

(1)崩塌。

在陡峻的斜坡上,危岩体在重力作用下突然且猛烈地向下倾倒、翻滚、崩落的现象称为崩塌。其中,规模巨大的山体或山坡崩塌称为山崩,斜坡岩体碎块沿坡面发生经常性的流落称为碎落,悬崖陡坡上个别较大岩块的崩落称为落石。崩塌发生的力学机制是拉断破坏作用。崩塌所造成的危害有时也相当大,例如,云南昆明至畹町公路之间某路段的路堑边坡,曾在大雨之后发生 1.7 万 m³ 的石方崩塌,严重阻碍交通;江苏盐城至天津的某公路,由于爆破施工触发数 10 万 m³ 石方大规模崩塌,堵河成湖,回水淹没路基达 8 km 之多。崩塌虽然突发性很大,但是也有一定的形成条件与发展过程。崩塌形成的基本条件包括地形、岩性、构造及其他自然和人为因素等。

①地形条件:高而陡峭的斜坡是形成崩塌的必要条件。调查表明,规模较大的崩塌一般均发生于高度超过 30 m、坡角大于 45°(多数介于 55°~75°)的陡峻斜坡上。

②岩性条件:如花岗岩、石英岩、长石石英砂岩、玄武岩及厚层灰岩或硅化灰岩等之类的岩石,具有较大的抗剪强度及抗风化能力,能够形成高峻的斜坡,所以因某种作用使斜坡岩体一旦失稳便引起崩塌。因此,崩塌经常发生于由坚硬而脆性大的岩石构成的斜坡上。此外,由软、硬岩石互层(如砂岩与泥岩页或岩互层、石英岩与千枚岩或板岩互层及硅化灰岩与泥灰岩互层等)构成的陡峻斜坡,由于差异风化作用造成斜坡坡面凹凸不平,因而很容易发生崩塌现象,如图 9.7 所示。

③构造条件:完整岩体构成的斜坡,无论怎样陡峻,一般不易或不会发生崩塌。但是,如果岩体被各种构造结构面切割成若干岩块或结构体,则削弱了岩体内部的联结力,为崩塌创造了条件。一般而言,断层面、节理面、不整合面、岩层面及软弱夹层等均属于抗剪性能较低的软弱结构面。当这些软弱结构面向斜坡临空方向较陡倾时,只要被切割的斜坡岩体受一定的扰动,就会沿着较弱结构面发生崩塌。图 9.8 所示为两个与斜坡面斜交的共轭剪切裂隙,二者的交线倾伏向临空方向,被切割的楔形岩块沿楔形凹槽发生崩塌。

④其他自然及人为因素:岩石的强烈风化作用及裂隙水的冻融作用、植物的根劈作用等都能促成斜坡岩体发生崩塌。大规模崩塌多数发生于雨季,这是因为雨水渗入岩体裂隙及孔隙中,其一是增加岩体重量,其二是使裂隙充填物或岩体中某些软弱夹层软化,其三是产生静水及动水压力或在结构面上起润滑剂与浮托力的作用,其四是流水冲掏坡脚而削弱了斜坡岩体的支撑力,这些均易于产生崩塌。此外,地震使斜坡岩体突然承受巨大的惯性荷载,往往会促成大规模崩塌。人类一些不合理的工程活动也会促成斜坡岩体崩塌。例如,深基坑或路堑形成的边坡过陡或过高、因开挖而使岩体中软弱结构面暴露或使被切割的岩体失去支撑、坡顶堆方荷载过大、不妥当的爆破施工等,均会引发崩塌。

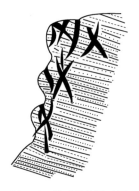

图 9.7　软、硬岩层互层
锯齿状坡面

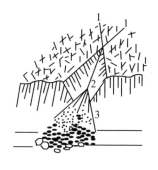

图 9.8　楔形体崩塌示意图
1—裂隙;2—楔形槽;3—堆积锥

（2）滑坡。

斜坡危岩体在重力作用下沿着滑动面整体向下滑移的现象称为滑坡。规模较大的滑坡体一般是长期而缓慢地向下滑动,其位移速度只是在突变阶段才显著增大,滑动过程可以持续几年、几十年或更长时间。当然,滑坡体在突变阶段的滑移速度有的是很快的,例如,1983年 3 月 7 日发生于甘肃洒勒山滑坡的最大滑移速度可达 $30\sim40$ m/s。滑坡有时会造成十分惨重的危害。大规模滑坡可以堵塞河道、充填水库、摧毁道路、掩埋村庄及破坏所有其他建筑设施等。例如,在某铁路桥墩台竣工后,由于两岸斜坡危岩体发生滑动,导致墩台位移,并且发生混凝土开裂,经整治无效,被迫将工程放弃而另建新桥。又如,贵昆铁路某隧道出口段,由于开挖引起斜坡危岩体滑坡,推移并挤裂已成的隧道,后经整治才使滑坡趋于稳定。

斜坡岩体的破坏与失稳滑动,往往是不稳定的危岩体先沿着某些结构面拉开,再沿着另一些结构面（滑移面）向临空方向滑移。这足以说明,斜坡危岩体的形成与滑动必须具备一定的边界条件,即切割面、滑动面及临空面等。所以,对斜坡岩体进行认真而系统的结构分析,查清岩体滑移的边界条件存在与否,便可对斜坡岩体的稳定性做出正确的判断与评价。滑坡发生的力学机制是剪切破坏作用。由于受斜坡形态（主要是斜坡的坡度和高度）、危岩体结构（结构面类型,物质组成和工程力学性质,结构体形式和规模,以及结构面与结构体的组合关系等）及滑坡演变过程等的影响,会出现不同的滑移破坏形式,从力学角度来看主要有蠕滑拉裂、滑移压致拉裂及弯曲破裂三种类型。

①蠕滑拉裂:由于斜坡岩体沿着某潜在的滑移面向坡下发生蠕变滑移,在斜坡后缘因出现张应力而使岩体产生拉裂隙。这种拉裂隙又不断向深部扩展,加剧了滑坡体向临空方向进一步剪切蠕变。当这种剪切蠕变变形量达到一定的临界值时,便使滑坡体底部形成连续贯通的滑移面,导致最终的滑坡,如图 9.9 所示。

②滑移压致拉裂:这种情况多数发生于平缓层状斜坡体中。由于卸荷差异回弹变形产生了较平缓的剪破裂[图 9.10(a)],而斜坡面附近的应力状态又使坡体内出现大致平行于坡面的压致拉裂隙[图 9.10(b)],随着变形的发展,这种裂隙逐渐扩展到坡顶面[图 9.10(c)(d)]。当陡、缓裂隙贯通后,斜坡危岩体便失稳,发生滑坡。

③弯曲破裂:主要发生于直立或陡倾斜岩层的斜坡体中。斜坡中的直立或陡倾斜岩层,由于自重产生弯矩作用,向临空方向做悬臂梁或弯曲变形。当这种弯曲变形达到或超过一定的临界值时,岩层便被折断,如图 9.11 所示。而当这种折断破裂面贯通时,斜坡危岩体便

失稳,发生滑坡。此外,对于岩层陡倾向临空面的斜坡体,当坡脚岩石的承载力超过其允许值时,在自重力作用下,陡倾斜岩层便在坡脚处折断,如图 9.12 所示,使斜坡危岩体失稳,发生滑坡。

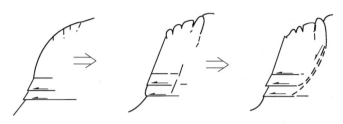

图 9.9　斜坡蠕滑拉裂失稳演变过程示意图

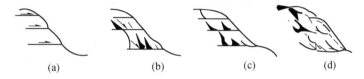

(a)　　　　(b)　　　　(c)　　　　(d)

图 9.10　滑移压致拉裂变形破坏示意图

图 9.11　岩体弯曲变形破坏示意图

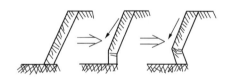

图 9.12　斜坡曲折破坏示意图

9.3　平面问题斜坡危岩体稳定性分析

　　斜坡危岩体失稳的主要破坏形式是滑坡。岩体滑坡均是沿着先存的结构面发生的,也就是说,在进行斜坡危岩体稳定性分析时,无须试算岩体的滑动面,因为岩体的滑动面是早就存在的,只要查明滑动面的几何特征及有关工程力学性质,便可分析岩体的稳定性。

　　斜坡危岩体稳定与否,可由岩体的稳定性系数 K 来评价。稳定性系数 K 为岩体滑动的总下滑力 F 与总抗滑力 T 之比,即 $K=T/F$,其中 F 和 T 或者为力,或者为力矩。当 $K>1$ 时,表明岩体稳定;当 $K<1$ 时,表明岩体不稳定;当 $K=1$ 时,表明岩体处于临界状态,此时稍有外界某些触发作用,即会引起滑坡。斜坡危岩体稳定性分析就是通过一定的程序和手段,分析计算岩体的稳定性系数 K,据此评价岩体的稳定程度。

　　在进行斜坡危岩体稳定性分析时,对滑动面的几何形状、物质组成及力学性质等的正确认识,将直接关系到处理问题方法的选择及研究结果的置信度。岩体滑动面的几何形状是受结构面的产状控制的。如果滑动面是由一个或两个以上平面(结构面)组成,并且这些平面的走向与斜坡面的走向相吻合,则属于平面滑动问题。此外,如果滑动面是任意曲面或近似圆柱面(结构面),同时曲面及圆柱面各切面的走向与斜坡面的走向一致,则也属于平面滑动问题。当组成滑动面的各结构面的走向互相不一致,又与斜坡面的走向存在一定差异时,这些结构面往往将危岩体切割成棱锥体、楔形体及其他形状不规则体,这便是空间滑动问题。在工程实践中,平面滑动问题是特殊情况,而空间滑动问题才是普遍的。由于平面滑动问题理论上易于解决,所以当处理实际工程时,在满足工程对精度要求的前提下,尽可能将岩体滑坡事例简化为平面滑动问题。平面滑动问题对于解决复杂空间滑动问题具有一定的指导意义。

9.3.1 单一滑动面稳定性分析

单一滑动面的斜坡危岩体稳定性问题包括滑动面为平面、圆柱面及任意曲面三种情况。

(1) 滑动面为平面的情况。

如图 9.13 所示,ABC 为危岩体,AB 为平面滑动面,滑动面 AB 倾角 α 小于斜坡面倾角 β,滑动面 AB 在坡顶直接出露。斜坡高度为 H,坡缘 C 点到滑动面 AB 的竖直距离为 $h(\overline{CD}=h)$,滑动面内聚力为 c,内摩擦角为 φ,岩体容重为 γ。沿着斜坡面走向取单位

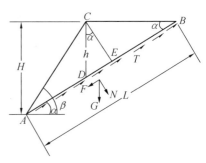

图 9.13 单一平面滑动面危岩体稳定性分析简图

长度岩段进行分析。不考虑地下水的影响。设 $\overline{AB}$ 长度为 L,单位岩段的危岩体(ABC)重量 G 为

$$G=S_{ABC}\gamma=\frac{1}{2}\overline{AB}\ \overline{CE}\gamma=\frac{1}{2}L\overline{CD}\cos\alpha\gamma=\frac{1}{2}Lh\cos\alpha\gamma \tag{9.1}$$

危岩体重量 G 平行于滑动面的分量 F(危岩体下滑力)和垂直于滑动面的分量 N 分别为

$$F=G\sin\alpha \tag{9.2}$$

$$N=G\cos\alpha \tag{9.3}$$

滑动面的抗滑力(阻止危岩体下滑的力)为

$$T=N\tan\varphi+cL=G\cos\alpha\tan\varphi+cL \tag{9.4}$$

所以,危岩体稳定性系数 K 为

$$K=\frac{T}{F}=\frac{G\cos\alpha\tan\varphi+cL}{G\sin\alpha}\Rightarrow K=\frac{\tan\varphi}{\tan\alpha}+\frac{cL}{G\sin\alpha} \tag{9.5}$$

由式(9.5)可知,当 $\alpha<\varphi$ 时,恒有 $K>1$,也就是说,当滑动面倾角 α 小于滑动面摩擦角 φ 时,危岩体总是稳定的。将式(9.1)代入式(9.5)得

$$K=\frac{\tan\varphi}{\tan\alpha}+\frac{4c}{rh\sin 2\alpha} \tag{9.6}$$

危岩体不下滑的平衡状态为 $K=1$,据此可以求出斜坡高度的最大值 $H_{\max}$。将 $K=1$ 代入式(9.6)得 h 的最大值为

$$h_{\max}=\frac{2c}{r\cos^2\alpha(\tan\alpha-\tan\varphi)} \tag{9.7}$$

在 $\triangle ACD$ 中，$\overline{AC}=H/\sin\beta,\overline{CD}=h,\angle CAD=\beta-\alpha,\angle CDA=90°+\alpha$。由正弦定理得

$$\frac{\overline{CD}}{\sin\angle CAD}=\frac{\overline{AC}}{\sin\angle CDA}\Rightarrow H=\frac{h\sin\beta\cos\alpha}{\sin(\beta-\alpha)} \tag{9.8}$$

将式（9.7）代入式（9.8）得

$$H_{\max}=\frac{2c\sin\beta\cos\varphi}{r\sin(\beta-\alpha)\sin(\alpha-\varphi)} \tag{9.9}$$

通常情况下，在危岩体后缘（即后来的滑坡壁处）发育张性裂隙。这种张性裂隙少数为竖直方向，大多数虽然有一定的倾角，但在处理实际问题时可以将其近似看作是竖直方向，此外张性裂隙的走向基本与斜坡面走向吻合。实践表明，对张性裂隙的近似处理能够满足工程的精度要求。有的张性裂隙直接出露于坡顶而限定了岩体顶部的范围，如图 9.14（a）所示，$ABCD$ 为危岩体，AD 为滑动面，CD 为张裂隙。有的张性裂隙与斜坡面相交，致使危岩体后缘没有达到坡顶；如图 9.14（b）所示，ADC 为危岩体，AD 为滑动面，CD 为张性裂隙。在这两种情况下，均认为张性裂隙只竖直向下延伸到滑动面上为止，并且张性裂隙的深度即是由坡顶到裂隙底部（滑动面）的竖直距离 Z，如图 9.14（a）（b）所示。若张性裂隙中充有水，则水深 Z_w 设定为水平至滑动面的竖直距离，同时假定水沿着滑动面向下渗流，其水头损失在裂隙与坡脚之间呈线性变化，如图 9.14（a）（b）所示。同样，沿斜坡面走向取单位宽度岩段的危岩体分析其稳定性，考虑地下水的影响。假定斜坡高度为 H，岩体和地下水容重分别为 γ、γ_w，斜坡坡度角和滑动面倾角分别为 β、α，滑动面内摩擦角和内聚力分别为 φ、c，滑动面长度（单位宽度的面积）为 L。

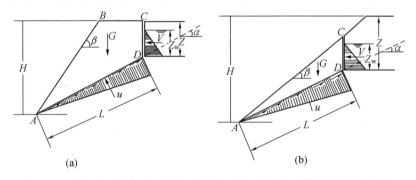

图 9.14　单一平面滑动面且存在后缘竖向张性裂隙的危岩体稳定性分析简图

张性裂隙中的水对危岩体所产生的静水压力 V（水平方向，与临空面方向一致）为

$$V=\frac{1}{2}\gamma_w Z_w^2 \tag{9.10}$$

沿滑动面 AD 向下渗流的水对危岩体所产生的垂直滑动面向上的水压力为 u，其值在 A 点为零、在 D 点为 $\gamma_w Z_w$。若水压力自 A 点至 D 点呈线性增加，则作用于 AD 面上的水压力之合力 U 为

$$U=\frac{1}{2}\gamma_w Z_w L=\frac{1}{2}\gamma_w Z_w\frac{H-Z}{\sin\alpha} \tag{9.11}$$

将式（9.10）和式（9.11）代入式（9.5），便得到考虑地下水影响的危岩体稳定性系数 K 的数学表达式，即

$$K = \frac{(G\cos\alpha - U - V\sin\alpha)\tan\varphi + cL}{G\sin\alpha + V\cos\alpha} \tag{9.12}$$

式中 G——危岩体重量。

（2）滑动面为圆柱面的情况。

如图 9.15 所示，$ACBD$ 为危岩体，ACB 为圆柱面滑动面，O 点为圆柱面滑动面横断面圆弧的圆心，R 为圆弧半径，OC 为铅垂线。OC 将危岩体划分为左、右两部分，即岩体 ACD 和岩体 CBD，前者为阻动部分（起着阻止斜坡滑动的作用），后者为滑动部分。阻动部分 ACD 的重心为 O_1，重量为 G_1，产生的抗滑力矩为 $M_1 = G_1 d_1$（对圆弧 ACB 圆心 O 点的力矩）。滑动部分 CBD 的重心为 O_2，重量为 G_2，对圆心 O 点产生的下滑力矩为 $M_2 = G_2 d_2$。设滑动面 ACB 的抗剪切强度为 τ，面积为 S，则由此产生的抗滑力矩为 $M_3 = \tau SR$。所以，斜坡危岩体保持稳定的条件为

$$M_1 + M_3 \geqslant M_2 \tag{9.13}$$

$$G_1 d_1 + \tau SR \geqslant G_2 d_2 \tag{9.14}$$

危岩体稳定性系数 K 为

$$K = \frac{G_1 d_1 + \tau SR}{G_2 d_2} \tag{9.15}$$

以上为分段圆弧法，即将危岩体分成滑动部分和阻动部分，考虑斜坡稳定性问题。也可以用整体圆弧法，如图 9.16 所示，将危岩体 ABD 作为一个整体进行考虑，研究其稳定性系数 K。危岩体重心为 O'，滑动圆弧 AB 的圆心为 O，圆弧半径为 R，AB 弧面积为 S，滑动面抗剪切强度为 τ，危岩体重量为 G。重量 G 对圆心 O 产生的下滑力矩为 $M_1 = Gd$。滑动面 AB 上的抗滑力对圆心 O 产生的抗滑力矩为 $M_2 = \tau SR$。所以，斜坡危岩体保持稳定的条件为

$$M_2 \geqslant M_1 \Rightarrow \tau SR \geqslant Gd \tag{9.16}$$

危岩体稳定性系数 K 为

$$K = \frac{\tau SR}{Gd} \tag{9.17}$$

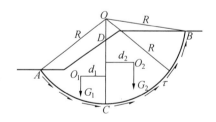

图 9.15　圆柱滑动面危岩体稳定性
分析简图（分段圆弧法）

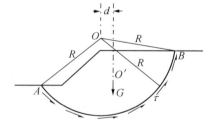

图 9.16　圆柱滑动面危岩体稳定性
分析简图（整体圆弧法）

（3）滑动面为任意曲面的情况。

当滑动面为任意曲面时，一般用条分法分析斜坡危岩体的稳定性。如图 9.17（a）所示，将危岩体划分成若干个竖向条块（条块数目依据工程对精度的需求而定，不妨假定划分出 n 个条块），通常将各条块取为等宽度。要求每个条块均满足静力平衡条件和极限平衡条件，

同时危岩体的整体力矩平衡条件也自然满足。为此,可以假定各条块间水平作用力的位置,将超静定问题转化为静定问题。

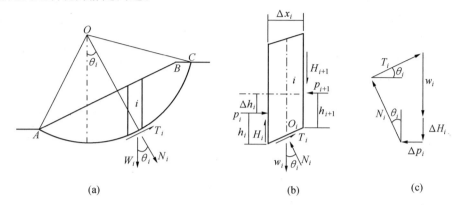

图 9.17　条分法分析滑动面为任意曲面危岩体稳定性简图

从图 9.17(a)中取任意条块 i 进行静力分析。第 i 条块上的作用力及其作用点如图 9.17(b)所示,考虑静力平衡条件。

由 $\sum F_z = 0$(竖直方向力平衡条件) 得

$$W_i + \Delta H_i = N_i \cos \theta_i + T_i \sin \theta_i \tag{9.18}$$

$$N_i = \frac{W_i + \Delta H_i - T_i \sin \theta_i}{\cos \theta_i} \tag{9.19}$$

式中

$$\Delta H_i = H_{i+1} - H_i \tag{9.21}$$

由 $\sum F_x = 0$(水平方向力平衡条件)得

$$\Delta p_i = T_i \cos \theta_i - N_i \sin \theta_i \tag{9.20}$$

$$\Delta p_i = p_{i+1} - p_i \tag{9.22}$$

将式(9.19)代入式(9.20),并整理得

$$\Delta p_i = T_i \left(\cos \theta_i + \frac{\sin^2 \theta_i}{\cos \theta_i} \right) - (W_i + \Delta H_i) \tan \theta_i \tag{9.23}$$

式中　θ_i——第 i 条块滑动面的倾角。

根据极限平衡条件,考虑安全系数 F_s 得

$$T_i = \frac{N_i \tan \varphi_i + c_i L_i}{F_s} \tag{9.24}$$

式中　φ_i——第 i 条滑动而上的内摩擦角。

将式(9.19)代入式(9.24),并整理得

$$T_i = \frac{\dfrac{1}{F_s} \left[c_i L_i + \dfrac{1}{\cos \theta_i} (W_i + \Delta H_i) \tan \theta_i \right]}{1 + \dfrac{\tan \theta_i \tan \varphi_i}{F_s}} \tag{9.25}$$

将式(9.25)代入式(9.23),并整理得

$$\Delta p_i = \frac{\sec^2 \theta_i \left[c_i L_i \cos \theta_i + (W_i + \Delta H_i) \tan \theta_i \right]}{F_s + \tan \theta_i \tan \varphi_i} - (W_i + 4H_i) \tan \varphi_i \tag{9.26}$$

式中　c_i——第 i 条块滑动面的内聚力;

$\quad\quad L_i$——第 i 条块滑动面的长度;

W_i——第 i 条块的重量。

第 i 条块所有作用力平衡力多边形如图 9.17 (c)所示。作用在条块侧面的法向力 p 如图 9.18 所示。显然有

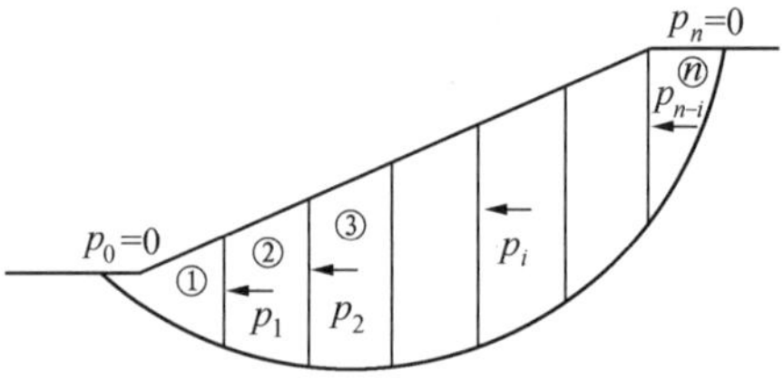

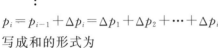

$$p_1 = p_0 + \Delta p_1 = \Delta p_1$$
$$p_2 = p_1 + \Delta p_2 = \Delta p_1 + \Delta p_2$$
$$p_3 = p_2 + \Delta p_3 = \Delta p_1 + \Delta p_2 + \Delta p_3$$
$$\vdots$$
$$p_i = p_{i-1} + \Delta p_i = \Delta p_1 + \Delta p_2 + \cdots + \Delta p_i$$

图 9.18 条块侧面法向力作用示意图

写成和的形式为

$$p_i = \sum_{j=1}^{i} \Delta p_j \qquad (9.27)$$

若全部条块总数为 n，则有

$$p_n = \sum_{i=1}^{n} \Delta p_i = 0 \qquad (9.28)$$

将式(9.26)代入式(9.28)，并整理得

$$F_s = \frac{\sum_{i=1}^{n} \left[c_i L_i \cos \theta_i + (W_i + \Delta H_i) \tan \varphi_i \right] \dfrac{\sec^2 \theta_i}{1 + \tan \theta_i \tan \varphi_i / F_s}}{\sum_{i=1}^{n} (W_i + \Delta H_i) \tan \theta_i}$$

$$= \frac{\sum_{i=1}^{n} \left[c_i b_i + (W_i + \Delta H_i) \tan \varphi_i \right] \dfrac{1}{m_{\theta_i}}}{\sum_{i=1}^{n} (W_i + \Delta H_i) \sin \theta_i} \qquad (9.29)$$

式中 $b_i = L_i \cos \theta_i$；

$$m_{\theta_i} = \frac{1 + \tan \theta_i \tan \varphi_i / F_s}{\sec^2 \theta_i}。$$

在式(9.29)中，ΔH_i 仍然是待定的未知量。利用条块之间的力矩平衡条件(因而整个危岩体的整体力矩平衡条件也获得满足)，求得 ΔH_i 的表达式。

将作用在条块上的所有力对条块滑弧段中点 O_i 取矩[图 9.17(b)]，并且 $\sum M_{0i} = 0$。由图 9.17(b)可知，W_i、N_i、T_i 均通过 O_i 点，所以这三种力对 O_i 点不产生力矩。由于条块间作用力的位置亦已确定，如图 9.17(b)所示，所以有

$$\sum M_{0i} = H_i \frac{\Delta x_i}{2} + H_{i+1} \frac{\Delta x_i}{2} + p_i \left(h_i - \frac{\Delta x_i}{2} \tan \theta_i \right) - p_{i+1} \left(h_i + \Delta h_i - \frac{\Delta x_i}{2} \tan \theta_i \right) = 0 \qquad (9.30)$$

因为 $\qquad\qquad H_{i+1} = H_i + \Delta H_i, \ p_{i+1} = p_i + \Delta p_i$

所以，式(9.30)变为

$$\sum M_{0i} = H_i \frac{\Delta x_i}{2} + (H_i + \Delta H_i) \frac{\Delta x_i}{2} + p_i \left(h_i - \frac{\Delta x_i}{2} \tan \theta_i \right) -$$
$$(p_i + \Delta p_i) \left(h_i + \Delta h_i - \frac{\Delta x_i}{2} \tan \theta_i \right) = 0 \qquad (9.31)$$

将式(9.31)略去高阶无穷小，整理得

$$H_i \Delta x_i - p_i \Delta h_i - \Delta p_i h_i = 0 \qquad (9.32)$$

$$H_i = p_i \frac{\Delta h_i}{\Delta x_i} + \Delta p_i \frac{h_i}{\Delta x_i} \qquad (9.33)$$

$$\Delta H_i = H_{i+1} - H_i \qquad (9.34)$$

式(9.31)为各条块间切向力与法向力的关系。

由以上推导及其结果可以看出，需要采用迭代法。求解斜坡岩体稳定安全系数，具体步骤如下：

① 假定 $\Delta H_i = 0$，代入式(9.29)，第一次迭代求安全系数 F_{s1}。

② 将 F_{s1} 和 $\Delta H_i = 0$ 代入式(9.26)，求相应的 Δp_i （对每一条块求法向力 $\Delta p_i, i = 1, \cdots, n$）。

③ 利用式(9.27)，求条块间的法向力 p_i（对每一条块求法向力 $p_i, i = 1, \cdots, n$）。

④ 将 p_i 和 Δp_i 代入式(9.33)及式(9.34)，求条块间的切向作用力 H_i 和 ΔH_i（对每一条块求切向作用力 H_i 和 $\Delta H_i, i = 1, \cdots, n$）。

⑤ 将 ΔH_i 重新代入式(9.29)，迭代求新的稳定安全系数 F_{s2}。

⑥ 比较安全系数。若 $F_{s2} - F_{s1} > \Delta$（Δ 为规定的安全系数计算精度），重新按照上述步骤②～⑤进行第二轮计算。如此反复，直至 $F_{s(k)} - F_{s(k-1)} \leqslant \Delta$ 为止。$F_{s(k)}$ 即为滑动面的安全系数。

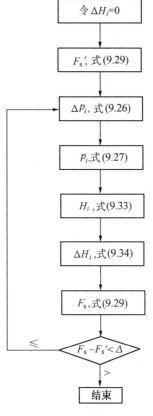

图 9.19　计算流程图

这种方法计算量大，所以需要编制程序在计算机上完成，其流程如图9.19所示。

9.3.2　双平面滑动稳定性分析

由两个相交的结构面构成的危岩体滑动面如图9.20所示。假定这两个结构面均为平面。斜坡危岩体的稳定性与滑动面（结构面）的物质组成、力学性质、几何形状（大小）和产状（倾角）及危岩体的刚度和内部结构等均关系密切。通常分两种情况进行处理：其一是将危岩体看作连续介质刚体；其二是危岩体内部存在软弱结构面，则将危岩体分成两个或两个以上的刚体部分，相邻刚体之间产生相互错动及力的作用。兹就其不同情况主要分述如下。

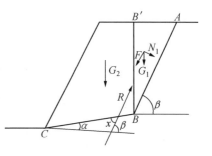

图 9.20　双平面滑动危岩体
稳定性分析简图

(1) 危岩体为连续介质刚体情况。

若危岩体内部不存在其他结构面或软弱夹层，并且其物质组成及组构各处均保持一致，则这种危岩体可视为连续介质刚体。如图9.20所示，假定一垂直面（竖向线）BB'，将危岩体 $ABCB'$ 分为 ABB' 和 BCB' 两部分。为方便起见，可不考虑 BB' 面的内力，即内摩擦力和内聚力(事实上,考虑与不考虑这两种内力的结果是一样的;而考虑这两种力时,推导过程很繁杂)。下面分别计算 ABB' 和 BCB' 两部分的稳定性系数 K_1 和 K_2。

假定 AB 结构面倾角为 β,BC 结构面倾角为 α,ABB' 部分的重量为 G_1,BCB' 部分的重量为 G_2,ABB' 部分与 BCB' 部分的相互作用的推力 R 方向平行于 AB 结构面(为推导简单起见而作这种假定,实际上,R 的方向很少与 AB 结构面平行;而当 R 方向不与 AB 结构面平行时,需要将其进行分解为平行于 AB 结构面、垂直于 AB 结构面两个分量,这便使推导过程及最终表达式变得很复杂)。对于 ABB' 部分有:

下滑力 $\qquad\qquad\qquad\qquad F=G_1\sin\beta$

抗滑力 $\qquad\qquad\qquad T=G_1\cos\beta\tan\varphi_1+c_1\overline{AB}+R$

稳定性系数 $\qquad\quad K_1=\dfrac{T}{F}=\dfrac{G_1\cos\beta\tan\varphi_1+c_1\overline{AB}+R}{G_1\sin\beta}$ $\qquad$ (9.35)

同理,对 BCB' 部分,求得其稳定性系数为

$$K_2=\frac{[G_2\cos\alpha+R\sin(\beta-\alpha)]\tan\varphi_2+c_2\overline{BC}}{G_2\sin\alpha+R\cos(\beta-\alpha)}\qquad(9.36)$$

式中 $\quad\varphi_1$、c_1——AB 结构面的内摩擦系数及内聚力;

$\qquad\varphi_2$、c_2——BC 结构面的内摩擦系数及内聚力;

$\qquad\overline{AB}$、$\overline{BC}$——AB 结构面、BC 结构面的长度。

显然,$K_1<K_2$。假若危岩体失稳,则 $K_1\leqslant1$,即 ABB' 部分滑向 BBC' 部分,此时 $BB'C$ 部分必然产生力 R 以反向推 ABB' 部分,阻止其下滑。因此,ABB' 部分下滑力要克服两种阻力,其一是 AB 结构面上的摩擦力($G_1\cos\beta\tan\varphi_1$)及内聚力($c_1\overline{AB}$),另一是 $BB'C$ 部分对它的推力 R。若整个危岩体 $ABCB'$ 的稳定性系数为 K,则维持其不下滑非极限平衡条件为

$$K=K_1=K_2\qquad(9.37)$$

联立式(9.35)或式(9.36)及式(9.37),可以消去 R,并且求得 K 为

$$aK^2+bK+c=0\qquad(9.38)$$

$$K=\frac{-b\pm\sqrt{b^2-4ac}}{2a}\qquad(9.39)$$

式中

$$\begin{cases}a=G_1\cos(\beta-\alpha)\sin\beta\\b=G_2\sin\alpha-G_1\sin\beta\sin(\beta-\alpha)\tan\varphi_2-\cos(\beta-\alpha)(G_1\cos\beta\tan\varphi_1+c_1\overline{AB})\\c=\sin(\beta-\alpha)\tan\varphi_2(G_1\cos\beta\tan\varphi_1+c_1\overline{AB})-(G_2\cos\alpha\tan\varphi_2-c_2\overline{BC})\end{cases}\quad(9.40)$$

由式(9.39)可求得两个 K 值,一般取较大的 K 值作为控制危岩体 $ABCB'$ 稳定的稳定性系数。如果两个 K 值均为负数,则说明危岩体 $ABCB'$ 不可能失稳。

以上是根据刚体非极限平衡条件推导维持危岩体不下滑的稳定性系数 K。下面将由刚体极限平衡条件,推导维持斜坡危岩体不下滑的稳定性系数 K。

如图 9.21 所示,ABC 为刚性危岩体,其滑动面由结构面 AB 和 BC 构成,二者倾角分别为 β 和 α。作用在危岩体 ABC 上的所有外力(包括重力、地震力及结构面 AB 和 BC 上的渗透压力等)的合力为 R,它在 x、y 方向上的分量分别为 X 和 Y。结构面 AB 和 BC 对危岩体的作用力分别为 N_1、S_1 及 N_2、S_2。危岩体处于平衡状态的静力学条件为 $\sum F_x=0$ 及 $\sum F_y=$

0。由此可得

$$X = N_1 \sin \beta + N_2 \sin \alpha - S_1 \cos \beta - S_2 \cos \alpha \tag{9.41}$$

$$Y = -N_1 \cos \beta - N_2 \cos \alpha - S_1 \sin \beta - S_2 \sin \alpha \tag{9.42}$$

假定危岩体不下滑的稳定性系数为 K。根据极限平衡条件,维持危岩体 ABC 不下滑,结构面 AB 和 BC 上的抗滑力 S_1 和 S_2 应满足

$$S_1 = \frac{N_1 \tan \varphi_1 + c_1 \overline{AB}}{K} \tag{9.43}$$

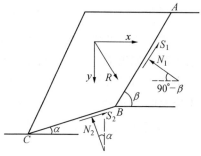

图 9.21　刚体极限平衡法分析双平面
滑动的危岩体稳定性简图

$$S_2 = \frac{N_2 \tan \varphi_2 + c_2 \overline{AB}}{K} \tag{9.44}$$

式中　c_1、φ_1——结构面 AB 的抗剪强度指标(内聚力、内摩擦系数);

c_2、φ_2——BC 的抗剪强度指标(内聚力、内摩擦系数)。

将式(9.43)、式(9.44)分别代入式(9.41)、式(9.42),得

$$-N_1 \left(\cos \beta + \frac{\tan \varphi_1}{K} \sin \beta \right) - N_2 \left(\cos \alpha + \frac{\tan \varphi_2}{K} \sin \alpha \right) = \frac{c_1 \overline{AB}}{K} \sin \beta + \frac{c_2 \overline{BC}}{K} \sin \alpha + Y \tag{9.45}$$

$$N_1 \left(\sin \beta - \frac{\tan \varphi_1}{K} \cos \beta \right) + N_2 \left(\sin \alpha - \frac{\tan \varphi_2}{K} \cos \alpha \right) = \frac{c_1 \overline{AB}}{K} \cos \beta + \frac{c_2 \overline{BC}}{K} \cos \alpha + X \tag{9.46}$$

式(9.45)和式(9.46)联立无法求解,因为式中含 N_1、N_2 及 K 三个未知数,所以需要补充一个附加条件。

由式(9.43)和式(9.44)可知,随着 K 的增加,S_1、S_2 将减小,也即总抗滑力减少,当 K 增加到某一值时,危岩体 ABC 处于临界状态,此时 $N_1 = 0$。由于滑动面不能承受拉力,也就是说,N_1 不能变为负值,最小只能是 $N_1 = 0$,由此求得稳定性系数 K 的上限值。由式(9.45)和式(9.46)联立消去 N_2,可以得到 N_1 的表达式为

$$N_1 = \frac{A_1 K^2 + B_1 K + C_1}{A_2 K^2 + B_2 K + C_2} \tag{9.47}$$

式中

$$\begin{cases} A_1 = X \cos \alpha + Y \sin \alpha \\ B_1 = -\left[c_1 \overline{AB} \cos(\beta - \alpha) + c_2 \overline{BC} + \tan \varphi_2 (X \sin \alpha - Y \cos \alpha) \right] \\ C_1 = c_1 \overline{AB} \tan \varphi_2 \sin(\beta - \alpha) \\ A_2 = \sin(\beta - \alpha) \\ B_2 = (\tan \varphi_1 - \tan \varphi_2) \cos(\alpha - \beta) \\ C_2 = -\tan \varphi_1 \tan \varphi_2 \sin(\alpha - \beta) \end{cases} \tag{9.48}$$

令 $N_1 = 0$,式(9.47)得

$$A_1 K^2 + B_1 K + C_1 = 0 \tag{9.49}$$

由式(9.49)解得斜坡危岩体的稳定性系数 K 为

$$K = \frac{-B_1 + \sqrt{B_1^2 - 4A_1C_1}}{2A_1} \tag{9.50}$$

由式(9.50)可解得两个 K 值,只有使 N_1 自正值降低为零的 K 值才是所求的,即求得 K 值上限。如果 $K<0$,则斜坡危岩体不可能失稳。

由式(9.50)可知,结构面 AB 上的内摩擦角 φ_1 对 K 值无任何影响,因为在危岩体 ABC 处于失稳临界状态时,结构面 AB 上的法向力 N_1 已变为零,也即结构面 AB 将被拉开。$c_1\overline{AB}$ 有助于提高 K 值,若 $c_1\overline{AB}=0$,则说明危岩体 ABC 已演变为沿结构面 BC 下滑的情况。

(2) 危岩体内存在软弱结构面情况。

当危岩体内存在软弱结构面时,在滑动过程中,危岩体除了整体下滑之外,被软弱结构面分割开来的两部分之间将沿着软弱结构面互相错动。此外,作用于软弱结构面上的法向应力和切向应力往往是未知的,所以在对危岩体进行稳定性分析时,可以对这两种力作某些假定,有的假定二者合力方向与某一结构面(危岩体整体下滑的滑动面)平行,有的假定二者合力方向与软弱结构面的法线相交成一内摩擦角等。在斜坡危岩体稳定性分析中,所采用的假设不同,便有不同的解题方法。现将主要的解题方法介绍如下。

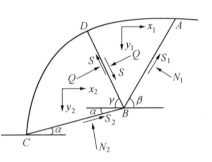

图 9.22 内部分存在软弱结构面危岩体稳定性分析示意图

① 分块极限平衡法。

如图 9.22 所示,危岩体 $ABCD$ 内有一软弱结构面 BD,将危岩体分割成 ABD 和 BCD 两部分,结构面 AB、BC 的倾角分别为 β、α,软弱结构面 BD 的倾角为 γ。软弱结构面 BD 上的法向力、切向力分别为 Q 和 S,危岩体稳定性系数为 K,则它们应满足如下关系(极限平衡条件)

$$S = \frac{Q\tan\varphi + c\overline{BD}}{K} \tag{9.51}$$

式中　c、φ——软弱结构面 BD 上的内聚力和内摩擦角;

　　$\overline{BD}$——软弱结构面 BD 的长度。

同样,将维持危岩体不下滑的临界状态应用于结构面 AB 和 BC。结构面 AB、BC 上的法向力和切向力分别为 N_1、S_1 及 N_2、S_2,则它们应满足如下关系(极限平衡条件):

$$S_1 = \frac{N_1\tan\varphi_1 + c_1\overline{AB}}{K} \tag{9.52}$$

$$S_2 = \frac{N_2\tan\varphi_2 + c_2\overline{AB}}{K} \tag{9.53}$$

式中　c_1、φ_1——结构面 AB 上的内聚力和内摩擦角;

　　c_2、φ_2——结构面 BC 上的内聚力和内摩擦角。

如果 $x_1=0$,$Y_1=W_1$,则对 ABD 块体沿着结构面 AB 面及其法线方向所建立的极限平衡方程为

$$S_1 + Q\sin(\beta+\gamma) = S\cos(\beta+\gamma) + W_1\sin\beta \tag{9.54}$$

$$N_1 - Q\cos(\beta+\gamma) + S\sin(\beta+\gamma) = W_1\cos\beta \tag{9.55}$$

式中　W_1——ABD 块体的重量。

将式(9.51)、式(9.52)代入式(9.54)、式(9.55),得

$$\frac{N_1\tan\varphi_1 + c_1\,\overline{AB}}{K} + Q\sin(\beta+\gamma) = \frac{Q\tan\varphi + c\,\overline{BD}}{K}\cos(\beta+\gamma) + W_1\sin\beta \tag{9.56}$$

$$N_1 = W_1\cos\beta - Q\cos(\beta+\gamma) - \frac{Q\tan\varphi + c\,\overline{BD}}{K}\sin(\beta+\gamma) \tag{9.57}$$

联立式(9.56)和式(9.57),得

$$Q = \frac{K^2 W_1\sin\beta + [c\,\overline{BD}\cos(\beta+\gamma) - c_1\,\overline{AB} - W_1\tan\varphi_1\cos\beta]K + \tan\varphi_1 c\,\overline{BD}\sin(\beta+\gamma)}{(K^2 - \tan\varphi_1\tan\varphi)\sin(\beta+\gamma) - (\tan\varphi_1 + \tan\varphi)\cos(\beta+\gamma)K}$$

$$\tag{9.58}$$

同理,如果 $x_2 = 0, Y_2 = W_2$,则对 BCD 块体沿着结构面 BC 及其法线方向所建立的极限平衡方程为

$$S_2 + S\cos(\alpha+\gamma) = W_2\sin\alpha + Q\sin(\alpha+\gamma) \tag{9.59}$$

$$N_2 = W_2\cos\alpha + S\sin(\alpha+\gamma) + Q\cos(\alpha+\gamma) \tag{9.60}$$

将式(9.51)和式(9.53)代入式(9.59)、式(9.60),得

$$\frac{N_2\tan\varphi_2 + c_2\,\overline{BC}}{K} + \frac{Q\tan\varphi + c\,\overline{BD}}{K}\cos(\alpha+\gamma) = W_2\sin\alpha + Q\sin(\alpha+\gamma) \tag{9.61}$$

$$N_2 = W_2\cos\alpha + \frac{Q\tan\varphi + c\,\overline{BD}}{K}\sin(\alpha+\gamma) + Q\cos(\alpha+\gamma) \tag{9.62}$$

式中　W_2——BCD 块体的重量。

联立式(9.61)和式(9.62),得

$$Q = \frac{-K^2 W_2\sin\alpha + [c\,\overline{BD}\cos(\alpha+\gamma) + c_2\,\overline{BC} + W_2\tan\varphi_2\cos\alpha]K + \tan\varphi_2 c\,\overline{BD}\sin(\alpha+\gamma)}{(K^2 - \tan\varphi\tan\varphi_2)\sin(\alpha+\gamma) - (\tan\varphi + \tan\varphi_2)\cos(\alpha+\gamma)K}$$

$$\tag{9.63}$$

由式(9.58)及式(9.63)可知,软弱结构面 BD 上法向力 Q 是斜坡危岩体稳定性系数 K 的函数。采用式(9.58)、式(9.63)能够分别绘制出两条 $Q-K$ 曲线,如图 9.23 所示。显然,在图 9.23 中两条曲线的交点所对应的 Q 值即为作用于软弱结构面 BD 上的实际法向力,而与该交点所对应的 K 值就是斜坡危岩体的稳定性系数。

② 不平衡推力传递法。

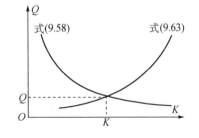

图 9.23　$Q-K$ 曲线

在图 9.24 中,假定沿着软弱结构面 BD 将危岩体 $ABCD$ 分割成 ABD、BCD 两个块体。结构面 AB 的倾角为 α_1,其切向力和法向力分别为 S_1、N_1。结构面 BC 的倾角为 α_2,其切向力和法向力分别为 S_2、N_2。软弱结构面 BD 的倾角为 α,其作用力 Q、S 的合力 P 的方向平行于结构面 AB,而 Q、S 并不满足于式(9.51)中的极限平衡条件。P 的物理意义是:当块体 ABD 沿着结构面 AB 方向的下滑力 $W_1\sin\alpha_1$ 大于抗滑力 $(N_1\tan\varphi_1 + c_1\,\overline{AB})/K$ 时,那么块体 ABD 便有下滑趋势,这时块体 ABD 作用于块体 BCD 上的推力即为 P,称之为不平衡推力。同样,块体 BCD 也有一与 P 大小相等、方向相反的力作用于块体 ABD 上。当块体 ABD 和块体 BCD 处于不下滑的临界状态时,应满

足下列极限平衡方程。

块体 ABD 沿着结构面 AB 的临界平衡方程为

$$W_1 \sin \alpha_1 = P + S_1 \tag{9.64}$$

由极限平衡条件得

$$S_1 = \frac{N_1 \tan \varphi_1 + c_1 \overline{AB}}{K} \tag{9.65}$$

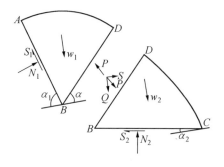

图 9.24 不平衡推力传递验算危
岩体稳定性示意图

式中 K——危岩体 $ABCD$ 的稳定性系数;

c_1、φ_1——结构面 AB 的内聚力和内摩擦角;

$\overline{AB}$——结构面 AB 的长度(单位宽度面积,下
同);

W_1——块体 ABD 的重量。

将式(9.65)代入式(9.64),得

$$P = W_1 \sin \alpha_1 - \frac{N_1 \tan \varphi_1 + c_1 \overline{AB}}{K} \tag{9.66}$$

块体 BCD 沿着结构面 BC 及其法向的临界平衡方程为

$$S_2 = W_2 \sin \alpha_2 + P \cos(\alpha_1 - \alpha_2) \tag{9.67}$$

$$N_2 = W_2 \cos \alpha_2 + P \sin(\alpha_1 - \alpha_2) \tag{9.68}$$

由极限平衡条件得

$$S_2 = \frac{N_2 \tan \varphi_2 + c_2 \overline{BC}}{K} \tag{9.69}$$

将式(9.67)、式(9.68)代入式(9.69),得

$$K = \frac{c_2 \overline{BC} + [W_2 \cos \alpha_2 + P \sin(\alpha_1 - \alpha_2)] \tan \varphi_2}{W_2 \sin \alpha_2 + P \cos(\alpha_1 - \alpha_2)} \tag{9.70}$$

将式(9.66)代入式(9.70),得

$$K = \frac{c_2 \overline{BC} + [W_2 \cos \alpha_2 + W_1 \sin \alpha_1 \sin(\alpha_1 - \alpha_2) - \dfrac{W_1 \cos \alpha_1 \tan \varphi_1 + c_1 \overline{AB}}{K} \sin(\alpha_1 - \alpha_2)] \tan \varphi_2}{W_2 \sin \alpha_2 + W_1 \sin \alpha_1 \cos(\alpha_1 - \alpha_2) - \dfrac{c_1 \overline{AB} + W_1 \cos \alpha_1 \tan \varphi_1}{K} \cos(\alpha_1 - \alpha_2)} \tag{9.71}$$

式(9.71)为危岩体稳定性系数 K 的极限平衡方程。由式(9.71)可知,在计算 K 时需要用迭代法,计算步骤如下:先任意假定某一 K 值 K_1,将 $K = K_1$ 代入式(9.71)右端项算出一个新的 K 值 K_2;若 K_2 与 K_1 相差较大,则将 $K = K_2$ 继续代入式(9.71)右端项又算出一个新的 K 值 K_3,并将 K_3 与 K_2 相比较,如果二者相差仍然很大,则重复上述步骤反复迭代,直至前、后两次所计算出的 K 值十分接近时为止,此时的 K 值即为所求的斜坡危岩体的稳定性系数。

9.3.3 多结构面滑动稳定性分析

当斜坡危岩体的滑动面由三个或三个以上结构面所组成时,分析危岩体的稳定性,同样可以采用前述的各种方法,举例说明如下。

在图 9.25(a)中,危岩体 $ABCDEF$ 的滑动面由结构面 AB、BC、CD 构成,它们的倾角依

次为 α_1、α_2、α_3。软弱结构面 BE、CF 将危岩体分为①、②、③三个块体。块体①对块体②、块体②对块体③的不平衡推力分别为 $p_{1,2}$、$p_{2,3}$，二者方向分别平行于结构面 AB 和 BC。若有 n 个这样的块体，则它们的相互作用力分别为 $p_{1,2}$，$p_{2,3}$，$p_{3,4}$，$\cdots$，$p_{n-1,n}$，其方向分别平行于各块体所对应的滑动面（结构面），计算时，自第一个块体开始，顺序利用各块体临界状态平衡关系推导出各块体之间不平衡推力 $p_{1,2}$，$p_{2,3}$，$\cdots$，$p_{n-1,n}$（共计 $n-1$ 个推力，n 为块体总数），由最后一个块体的平衡关系确定斜坡危岩体的稳定性系数。本例中共有三个块体，它们的受力情况如图 9.25(b)(c)(d)所示。结构面 AB、BC、CD 上的切向、法向力依次为 S_1、N_1，S_2，N_2，S_3，N_3。块体 ABE、$BCFE$、CDF 的重量分别为 W_1、W_2、W_3。

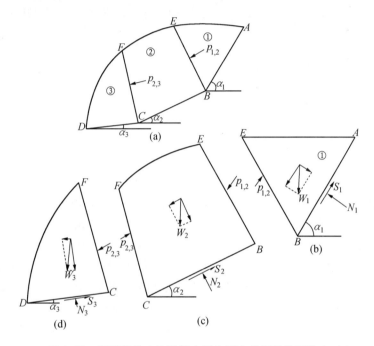

图 9.25　不平衡推力法验算内部含两个软弱结构面的由三个
结构面组成滑动面的危岩体稳定性简图

由块体 ABE 沿着结构面 AB 的平衡条件得

$$p_{1,2}=W_1\sin\alpha_1-S_1 \tag{9.72}$$

由块体 $BCFE$ 沿着结构面 BC 的平衡条件得

$$p_{2,3}=p_{1,2}\cos(\alpha_1-\alpha_2)+W_2\sin\alpha_2-S_2 \tag{9.73}$$

由块体 CDF 沿着结构面 CD 的平衡条件得

$$p_{2,3}\cos(\alpha_2-\alpha_3)+W_3\sin\alpha_3=S_3 \tag{9.74}$$

再由各块体滑动面的极限平衡条件得

$$S_1=\frac{W_1\cos\alpha_1\tan\varphi_1+c_1\,\overline{AB}}{K} \tag{9.75}$$

$$S_2=\frac{[W_2\cos\alpha_2+p_{1,2}\sin(\alpha_1-\alpha_2)]\tan\varphi_2+c_2\,\overline{BC}}{K} \tag{9.76}$$

$$S_3=\frac{[W_3\cos\alpha_3+p_{2,3}\sin(\alpha_2-\alpha_3)]\tan\varphi_3+c_3\,\overline{CD}}{K} \tag{9.77}$$

式中　K——斜坡危岩体 $ABCDFE$ 的稳定性系数；

　　　c_1、φ_1——结构面 AB 的内聚力、内摩擦角；

　　　c_2、φ_2——结构面 BC 的内聚力、内摩擦角；

　　　c_3、φ_3——结构面 CD 的内聚力、内摩擦角。

把 K 作为待定的未知数。将式（9.75）代入式（9.72），得

$$p_{1,2}=W_1\sin\alpha_1-\frac{W_1\cos\alpha_1\tan\varphi_1+c_1\overline{AB}}{K} \tag{9.78}$$

将式（9.76）代入式（9.73），得

$$p_{2,3}=p_{1,2}\cos(\alpha_1-\alpha_2)+W_2\sin\alpha_2-\frac{[W_2\cos\alpha_2+p_{1,2}\sin(\alpha_1-\alpha_2)]\tan\varphi_2+c_2\overline{BC}}{K}$$
$$\tag{9.79}$$

将式（9.77）代入式（9.74），得

$$p_{2,3}\cos(\alpha_2-\alpha_3)+W_3\sin\alpha_3=\frac{[W_3\cos\alpha_3+p_{2,3}\sin(\alpha_2-\alpha_3)]\tan\varphi_3+c_3\overline{CD}}{K} \tag{9.80}$$

再由式（9.80）得

$$K=\frac{[W_3\cos\alpha_3+p_{2,3}\sin(\alpha_2-\alpha_3)]\tan\varphi_3+c_3\overline{CD}}{p_{2,3}\cos(\alpha_2-\alpha_3)+W_3\sin\alpha_3} \tag{9.81}$$

将式（9.78）、式（9.79）及式（9.81）联立，可求出稳定性系数 K 值。需要采用迭代法计算。计算步骤为：先假定一个适当的 K 值 K_1，将 $K=K_1$ 代入式（9.78）计算出 $p_{1,2}$ 值，将 $p_{1,2}$ 值代入式（9.79）计算出 $p_{2,3}$ 值（需要同时将 $K=K_1$ 代入式（9.79）），将 $p_{2,3}$ 值代入式（9.81）计算出 K 值 K_2；若 K_2 与 K_1 相差较大，则再将 $K=K_2$ 代入式（9.78）计算出 $p_{1,2}$ 值，将 $p_{1,2}$ 值及 $K=K_2$ 代入式（9.79）计算出 $p_{2,3}$ 值，将 $p_{2,3}$ 值代入式（9.81）计算 K 值 K_3，若 K_3 与 K_2 相差仍然较大，则再用 $K=K_3$ 进行相同步骤的计算，如此反复进行迭代计算，直至前、后两次计算所得的 K 值接近为止，此时的 K 值即为所求的危岩体稳定性系数。计算流程如图 9.26 所示。

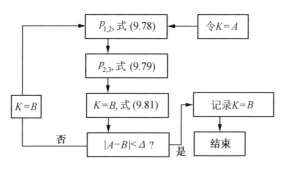

图 9.26　计算流程

9.3.4　斜坡危岩体稳定性简易验算

对于平面问题斜坡危岩体的稳定性，可以采用多边形法、图表法及代数叠加法等方法进行简易验算。虽然不能获得精确解，但是往往比解析法简单、方便易行，而且概念明确、思路清晰，适合对斜坡危岩体稳定性的初步估计与校核。现分述如下。

（1）力多边形法。

当斜坡危岩体在若干集中力作用下处于平衡状态时，可以采用力多边形法求得未知力。如图 9.27(a)所示，ABCD 为危岩体，AB 为滑动面，BC 为拉张裂隙。G 为危岩体重量，V 为拉张裂隙中水压力的合力，U 为滑动面上水压力的合力，R 为滑动面上摩擦阻力的合力，F 为滑动面上内聚力的合力，它们的作用点及方向已标于图 9.27(a)上。其中，G、U、V 均为已知力，而 R 和 F 只知方向但不知大小。φ 为滑动面 AB 的内摩擦角。下面用力多边形法求力 R 和 F 的大小。

按照一定的比例尺及顺序，用线段表示出已知力 G、U、V，如图 9.27(b)所示，各力矢量线段首、尾相连，于是得始点 a、终点 b。然后，自 b 点作线段 bc 平行于图 9.27(a)的力 R 矢量线段，再自 a 点作线段 ac 平行于图 9.27(a)中的力 F 矢量线段，线段 ac 与 bc 交于 c 点。线段 ac 和 bc 的长度即为 F、R 的数值，也就是维持危岩体不下滑所需的平衡力的大小。滑动面 AB 上实际所具有内聚力为 $c\overline{AB}$，则斜坡危岩体的稳定性系数 K 为

$$K=\frac{c\overline{AB}}{F} \tag{9.82}$$

式中　　c——滑动面 AB 的内聚力；

　　　　$\overline{AB}$——滑动面 AB 的长度。

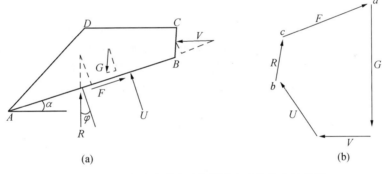

图 9.27　力多边形法验算斜坡危岩体稳定性简图

若滑动由两个或两个以上结构面组成的为折线或不规则曲线，则同样可以依据极限平衡条件，采用力多边形进行危岩体稳定性分析。下面举例说明这种方法的计算过程。

如图 9.28(a)所示，ABC 为危岩体，其滑动面由结构面 AB 和 BC 构成，用竖向直线段将危岩体 ABC 分成若干竖向条块。取出第 i 条块，考查其受力情况，如图 9.28(b)所示。其中，W_i 为第 i 条块的重量，R_1 为第 $i-1$ 块对第 i 条块的摩阻力（与二者接触面法线交角为 φ，φ 为接触面内摩擦角）。F_1 为第 $i-1$ 条块对第 i 条块的内聚力，R_2 为第 $i+1$ 条块对第 i 条块的摩阻力（与二者接触面法线交角为 φ），F_2 为第 $i+1$ 条块与第 i 条块接触面内聚力，R_3 为滑动面对第 i 条块的摩阻力（与滑动面法线交角为 φ'，φ' 为滑动面的内摩擦角），F_3 为滑动面的内聚力。根据这些力所绘制出的第 i 条块的力多边形如图 9.28(c)所示，E_1 为 R_1 和 F_1 的合力，E_2 为 R_2 和 F_2 的合力。

在具体计算与绘制整个危岩体各条块力多边形时，应自上至下从第一个条块开始，一个接一个地循序进行图解计算，一直计算到最下面的条块。各条块的力多边形可以绘制到同一个图上，如图 9.28(d)所示。

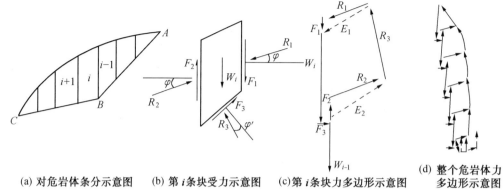

(a) 对危岩体条分示意图　　(b) 第 i 条块受力示意图　　(c) 第 i 条块力多边形示意图　　(d) 整个危岩体力多边形示意图

图 9.28　力多边形法分析危岩体稳定性示意图

在图 9.28(d) 中,如果最后一个力多边形是闭合的,则说明危岩体处于极限平衡状态,稳定性系数 $K=1$,如图中实线所示。如果最后一个力多边形不闭合,并且如图中左边的虚线箭头所示,则说明危岩体是不稳定的,因为图形的闭合尚差一部分内聚力。如果最后一个力多边形不闭合,而如图中右边的虚线箭头所示,说明危岩体是稳定的,由于图形闭合后尚多余部分内聚力而增大其稳定性系数。前者不闭合的稳定性系数 $K<1$,而后者不闭合的稳定性系数 $K>1$。

值得一提的是,在利用内聚力 c 和内摩擦角 $\varphi [R_{1,2,3}=R_{1,2,3}(\varphi),F_{1,2,3}=F_{1,2,3}(c)]$ 进行上述分析时,只能获取危岩体稳定与否的定性结论,但是无法求得危岩体稳定性系数 K 值,为了求得确定的稳定性系数 K 值,必须进行多次试算。这样,可先假定某一适当的稳定性系数 $K=K_1$,将岩体的内聚力 c 和内摩擦系数 $\tan \varphi$ 同时除以 K_1 得到

$$\begin{cases} \tan \varphi_1 = \dfrac{\tan \varphi}{K_1} \\[2mm] c_1 = \dfrac{c}{K_1} \end{cases} \tag{9.83}$$

然后,利用 c_1、φ_1 进行上述图解验算,如果最后一个条块力多边形闭合,或者虽然不闭合,但是如图 9.28(d) 中左边的虚线箭头所示,则说明所假定的稳定性系数 $K=K_1$ 为该滑动面的稳定性系数。如果最后一个条块力多边形不闭合,并且如图9.28(d) 右边的虚线箭头所示,则说明所假定的稳定性系数 $K=K_1$ 不是该滑动面的稳定性系数,需要重新假定稳定性系数 $K=K_2,K_3,\cdots,K_n$,利用 $c_2,\varphi_2,\cdots,c_n,\varphi_n$ 多次作力多边形图[图 9.28(d)]验算,直至危岩体不失稳为止,求出真正的稳定性系数 K 值。

假如危岩体同时还受水压力、地震力及其他力的作用,均可以将这些力包含于力多边形中进行分析,毫无困难。

(2) 图表法。

所谓图表法就是将前面对斜坡危岩体进行稳定性分析获得的解析公式图表化。利用这些图表可分析危岩体的稳定性,举例说明如下。

如图 9.29 所示,危岩体 ABC 的滑动面为 AB 结构面,结构面 AB 倾角为 α,斜坡 AC 倾角为 β,坡高为 H,结构面 AB 的内摩擦角和内聚力分别为 φ,c,危岩体容重为 γ。已求出斜坡的极限高度[式(9.9)]H 为

$$H = \frac{2c\sin \beta \cos \varphi}{\gamma \sin(\beta - \alpha)\sin(\alpha - \varphi)} \quad (9.84)$$

把式(9.84)改写成

$$\frac{\gamma H}{c} = \frac{2\sin \beta \cos \varphi}{\sin(\beta - \alpha)\sin(\alpha - \varphi)} \quad (9.85)$$

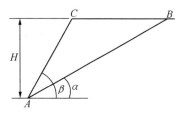

图 9.29　图表法验算斜坡危岩体
稳定性简图

式(9.85)左端项为不含任何角度的物理量,而其右端项则为 α、β、φ 角的三角函数。大量的试验结果表明,$\gamma H/c$ 与 α、β、φ 之间存在一定的内在联系,并且 $\gamma H/c$ 与 $2\sqrt{(\beta - \alpha)(\alpha - \varphi)}$ 之间呈非线性关系,而二者对应曲线的形式与斜坡危岩体稳定性关系密切,不妨令

$$x = 2\sqrt{(\beta - \alpha)(\alpha - \varphi)} \quad (9.86)$$

$$y = \frac{\gamma H}{c} \quad (9.87)$$

式中　x——坡角函数;

　　　y——坡高函数。

在图 9.30 中,表示出 x、y 之间的函数关系曲线。危岩体稳定性系数 K 不同,所对应的 x、y 之间的函数关系曲线也不一样。在具体分析某个平面滑动面的斜坡危岩体稳定性时,首先由式(9.86)和式(9.87)计算出 x、y 值,然后利用 x 及 y 值在图 9.30 中投点,由所投点的位置确定稳定性系数 K 值,最后依据 K 值判定危岩体稳定与否。在图 9.30 中,当由 x、y 值所投的点落于任意两条曲线之间时,需要采用内插法确定 K 值。

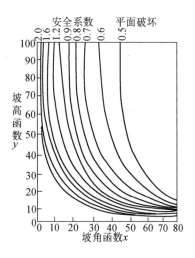

图 9.30　坡角函数 x 与坡高函数 y
关系曲线

(3)代数叠加法。

当斜坡坡角小于 45°,并且滑动面为平缓曲线或折线(在二维平面内)时,可以采用竖向直线将斜坡危岩体划分成若干竖向条块,假定相邻条块分界面上的反力(位于上一条块一侧)方向与其下一条块底面滑动线的方向一致。如图 9.31 所示,第 $i-1$ 条块的边界反力 E_{i-1} 方向平行于第 i 条块底面滑动线 BC 方向,第 i 条块边界反力 E_i 方向平行于第 $i+1$ 条块底面滑动线 AB 方向,并且第 i 条块底面滑动线倾伏角 θ_i 与第 $i+1$ 条块底面滑动线倾伏角 θ_{i+1} 相差 $\Delta\theta_i$ 之角,即有

$$\Delta\theta_i = \theta_i - \theta_{i+1} \quad (9.88)$$

考察第 i 条块的极限平衡条件。若第 i 条块处于不下滑的临界状态,则在其底面滑动线 BC 方向上的所有力的代数和必为零,从而有

$$\sum T_{BC} = E_i\cos \Delta\theta_i + E_i\sin \Delta\theta_i\tan \varphi + W_i\cos \theta_i\tan \varphi + cl_i \quad (9.89)$$

$$\sum F_{BC} = W_i\sin \theta_i + E_{i-1} \quad (9.90)$$

式中　$\sum T_{BC}$——第 i 条块沿着底面滑动线 BC 方向的抗滑力;

W_i——第 i 条块的重量；

l_i——第 i 条块底面滑动线的长度；

c、φ——滑动面的内聚力和内摩擦角。

由第 i 条块的极限平衡条件 $\sum T_{BC} = \sum T_{BC}$ 得

$$E_i \cos \Delta\theta_i + E_i \sin \Delta\theta_i \tan \varphi + W_i \cos \Delta\theta_i \tan \varphi +$$
$$cl_i = W_i \sin \theta_i + E_{i-1} \qquad (9.91)$$

将式(9.91)进一步变为

$$E_i = \frac{W_i(\sin \theta_i - \cos \theta_i \tan \varphi) - cl_i + E_{i-1}}{\cos \Delta\theta_i + \sin \Delta\theta_i \tan \varphi}$$
$$(9.92)$$

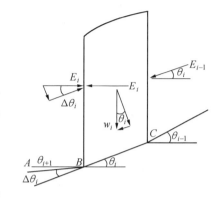

图 9.31 代数叠加法验算斜坡
危岩体稳定性示意图

当 $\Delta\theta_i$ 角很小时，式(9.92)右端项分母便趋近于 1。例如，若 $\Delta\theta_i = 5°$，$\varphi = 20°$，$\cos \Delta\theta_i + \sin \Delta\theta_i \tan \varphi = 0.985\,4$，也就是说，如果将式(9.92)右端项分母取为 1，则所求出的反力 E_i 的误差不过 3%，满足工程实际的需求。因此，式(9.92)可以简化为如下形式：

$$E_i = W_i(\sin \theta_i - \cos \tan \varphi) - cl_i + E_{i-1} \qquad (9.93)$$

采用式(9.93)，可以求出所有条块的反力 E_i，表达式为

$$\begin{cases} E_1 = W_1(\sin \theta_1 - \cos \theta_1 \tan \varphi) - cl_1 \\ E_2 = W_2(\sin \theta_2 - \cos \theta_2 \tan \varphi) - cl_2 + E_1 \\ E_3 = W_3(\sin \theta_3 - \cos \theta_3 \tan \varphi) - cl_3 + E_2 \\ \vdots \\ E_n = W_n(\sin \theta_n - \cos \theta_n \tan \varphi) - cl_n + E_{n-1} \end{cases} \qquad (9.94)$$

式中　$l_1, l_2, \cdots, l_n$——各条块底面滑动线的长度；

　　　$\theta_1, \theta_2, \cdots, \theta_n$——各条块底面滑动线的倾伏角；

　　　$W_1, W_2, \cdots, W_n$——各条块的重量。

具体验算时，先算反力 E_1，再依次算 $E_2, E_3, \cdots, E_n$ 各反力。如果最后的

$$E_n = 0 \qquad (9.95)$$

或者

$$\sum_{i=1}^{n} W_i(\sin \theta_i - \cos \theta_i \tan \varphi) - \sum_{i=1}^{n} l_i = 0 \qquad (9.96)$$

则说明危岩体处于临界(极限)状态，稳定性系数 $K = 1$；如果 $E_n > 0$，则危岩体将失稳，稳定性系数 $K < 1$；如果 $E_n < 0$，则危岩体保持稳定，稳定性系数 $K > 1$。

若需确定稳定性系数 K 值，可采用上述的试算法，即将 $c_1 = c/K_1$，$\tan \varphi_1 = \tan \varphi/K_1, \cdots, c_i = c/K_i$，$\tan \varphi_i = \tan \varphi/K_i$ 等代入式(9.94)反复验算，求出满足式(9.95)或式(9.96)的稳定性系数 K_i，$K = K_i$ 便是所要求的危岩体稳定性系数。

需要提出的是，以上所讨论的平面问题斜坡危岩体稳定性各种分析方法，对于滑动面(各结构面)走向接近于平行斜坡面走向的任何危岩体滑动破坏或失稳均是适用的。也就是说，只要滑动破坏面走向与斜坡面走向相差在 ±20° 范围内，采用以上各种分析方法均是有效的。

9.4　空间问题斜坡危岩体稳定性分析

空间问题斜坡危岩体稳定性分析,在力学原理上,与平面问题斜坡危岩体稳定性分析并无本质区别,但其验算过程较为复杂。

在图 9.32(a)中,由结构面 ABD 和 BCD 相交切割出的危岩体 $ABCD$ 为常见的空间稳定性问题。由于结构面 ABD 和 BCD 产状是任意的,所以二者切割出的危岩体也是各种形式的三角锥体或楔形体。危岩体 $ABCD$ 将沿着结构面 ABD 与 BCD 的交线 BD 向下滑动,滑动面由这两个结构面构成。结构面 ABD 和 BCD 的内摩擦角分别为 φ_1、φ_2,内聚力分别为 c_1、c_2,倾角分别为 β_1、β_2,走向分别为 ψ_1、ψ_2,面积分别为 A_1、A_2。结构面 ABD 和 BCD 交线 BD 的倾伏向为 ψ_s,倾伏角为 β_s,交线 BD 之法线与结构面 ABD 和 BCD 的夹角分别为 ω_1、ω_2。危岩体 $ABCD$ 的重量为 W,重力 W 作用在 n 方向的分力 $W\cos\beta_s$ 在结构面 ABD 和 BCD 上的法向分力分别为 N_1、N_2,如图 9.32(b)所示。危岩体 $ABCD$ 的稳定性系数为 K。

阻止危岩体 $ABCD$ 下滑的抗滑力 T 为

$$T = N_1 \tan\varphi_1 + N_2 \tan\varphi_2 + c_1 A_1 + c_2 A_2 \tag{9.97}$$

危岩体 $ABCD$ 的下滑力 F 为

$$F = W\sin\beta_s \tag{9.98}$$

所以,危岩体 $ABCD$ 的稳定性系数 K 为

$$K = \frac{T}{F} = \frac{N_1 \tan\varphi_1 + N_2 \tan\varphi_2 + c_1 A_1 + c_2 A_2}{W\sin\beta_s} \tag{9.99}$$

参见图 9.30(b)(c),当危岩体 $ABCD$ 处于不下滑的临界状态时,其在结构面 ABD 和 BCD 交线 BD 之法线 n 方向上所受力的合力 $\sum F_n = 0$。而危岩体 $ABCD$ 在法线 n 方向上的受力有:危岩体 $ABCD$ 的自重分力 $W\cos\beta_s$,由 W 作用在结构面 ABD 和 BCD 上的法向力 N_1、N_2 的反力 N_1',N_2' 的分力 $N_1'\sin\omega_1$、$N_2'\sin\omega_2$。由极限平衡条件得

$$\sum F_n = N_1'\sin\omega_1 + N_2'\sin\omega_2 - W\cos\beta_s = 0 \tag{9.100}$$

因为 N_1'、N_2' 分别为 N_1、N_2 的反作用力,所以有

$$N_1\sin\omega_1 + N_2\sin\omega_2 = W\cos\beta_s \tag{9.101}$$

又由极限平衡条件可知,N_1' 和 N_2' 在法线 n 的垂线 m 方向的分力 $N_1'\cos\omega_1$、$N_2'\cos\omega_2$ 应大小相等、方向相反,如图 9.32(b)所示。从而有

$$N_1\cos\omega_1 = N_2\cos\omega_2 \tag{9.102}$$

联立式(9.101)和式(9.102),得

$$N_1 = \frac{W\cos\beta_s\cos\omega_2}{\sin\omega_1\cos\omega_2 + \cos\omega_1\sin\omega_2} \tag{9.103}$$

$$N_2 = \frac{W\cos\beta_s\cos\omega_1}{\sin\omega_1\cos\omega_2 + \cos\omega_1\sin\omega_2} \tag{9.104}$$

将式(9.103)和式(9.104)代入式(9.99),得

$$K = \frac{W\cos\beta_s(\tan\varphi_1\cos\omega_2 + \tan\varphi_2\cos\omega_1) + (c_1 A_1 + c_2 A_2)(\sin\omega_1\cos\omega_2 + \cos\omega_1\sin\omega_2)}{W\sin\beta_s(\sin\omega_1\cos\omega_2 + \cos\omega_1\sin\omega_2)}$$

$$\tag{9.105}$$

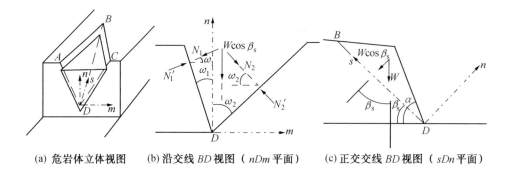

(a) 危岩体立体视图　　(b) 沿交线 BD 视图（nDm 平面）　　(c) 正交交线 BD 视图（sDn 平面）

图 9.32　楔形危岩体稳定性验算示意图

式中
$$\sin \omega_1 = \sin \beta_1 \sin \beta_s \sin(\psi_s - \psi_1) + \cos \beta_1 \cos \beta_s \tag{9.106}$$

$$\sin \omega_2 = \sin \beta_2 \sin \beta_s \sin(\psi_s - \psi_2) + \cos \beta_2 \cos \beta_s \tag{9.107}$$

当危岩体为由三个结构面切割而成的棱锥体时，如图 9.33(a)所示，棱锥体 $OABC$ 为危岩体，其主滑动面为结构面 OAB 和 OAC，即很可能沿着结构面 OAB 和 OAC 的交线 OA 方向下滑。而结构面 OBC 为产状较陡的次滑动面，相当于危岩体 $OABC$ 后缘的拉张或张扭裂隙面。假定危岩体 $OABC$ 的重量为 W，结构面 OAB、OAC、OBC 的内聚力分别为 c_1、c_2、c_3，内摩擦角分别为 φ_1、φ_2、φ_3，面积分别为 A_1、A_2、A_3。当危岩体 $OABC$ 处于临界状态时，可认为结构面 OBC 上的法向力 $N_3 = 0$，所以由极限平衡条件可知，该结构面上的最大剪切力 τ 为

$$\tau = \frac{c_3 A_3}{K} \tag{9.108}$$

式中　K——危岩体 $OABC$ 的稳定性系数。

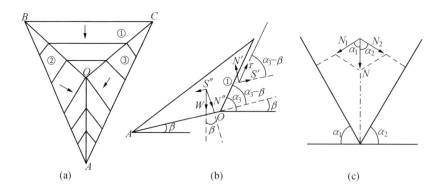

图 9.33　具有三个滑动面的危岩体稳定性验算示意图

如图 9.33(b)所示，将最大剪切力 τ 和危岩体 $OABC$ 的重量 W 分解为垂直于 OA、平行于 OA 的分力 N'、S' 和 N''、S''，即

$$N' = \tau \sin(\alpha_3 - \beta) = \frac{c_3 A_3}{K} \sin(\alpha_3 - \beta) \tag{9.109}$$

$$S' = \tau \cos(\alpha_3 - \beta) = \frac{c_3 A_3}{K} \cos(\alpha_3 - \beta) \tag{9.110}$$

$$N'' = W \cos \beta \tag{9.111}$$

$$S'' = W \sin \beta \qquad (9.112)$$

式中　β——OA 的倾伏角。

令

$$N = N'' - N' = W \cos \beta - \frac{c_3 A_3}{K} \sin(\alpha_3 - \beta) \qquad (9.113)$$

$$S = S'' - S' = W \sin \beta - \frac{c_3 A_3}{K} \cos(\alpha_3 - \beta) \qquad (9.114)$$

如图 9.33(c)所示，将 N 分解为垂直于结构面 OAB 和 OAC 的法向分力 N_1、N_2，即

$$N_1 = \frac{N \sin \alpha_2}{\sin(\alpha_1 + \alpha_2)} = \frac{KW \cos \beta \sin \alpha_2 - c_3 A_3 \sin(\alpha_3 - \beta) \sin \alpha_2}{K \sin(\alpha_1 + \alpha_2)} \qquad (9.115)$$

$$N_2 = \frac{N \sin \alpha_1}{\sin(\alpha_1 + \alpha_2)} = \frac{KW \cos \beta \sin \alpha_1 - c_3 A_3 \sin(\alpha_3 - \beta) \sin \alpha_1}{K \sin(\alpha_1 + \alpha_2)} \qquad (9.116)$$

式中　α_1、α_2——结构面 OAB 和 OAC 的倾角。

则阻止危岩体 $OABC$ 下滑的抗滑力 T 为

$$T = N_1 \tan \varphi_1 + N_2 \tan \varphi_2 + c_1 A_1 + c_2 A_2 \qquad (9.117)$$

将式(9.115)和式(9.116)代入式(9.117)，得

$$T = \frac{KW \cos \beta(\sin \alpha_2 \tan \varphi_1 + \sin \alpha_1 \tan \varphi_2) - c_3 A_3 \sin(\alpha_3 - \beta)(\sin \alpha_2 \tan \varphi_1 + \sin \alpha_1 \tan \varphi_2)}{K \sin(\alpha_1 + \alpha_2)} +$$

$$c_1 A_1 + c_2 A_2$$

$$(9.118)$$

而危岩体 $OABC$ 的下滑力 F 为

$$F = S = W \sin \beta - \frac{c_3 A_3}{K} \cos(\alpha_3 - \beta) \qquad (9.119)$$

由极限平衡条件得

$$K = \frac{T}{F} \qquad (9.120)$$

将式(9.118)和式(9.119)代入式(9.120)，得

$$K = [KW \cos \beta(\sin \alpha_2 \tan \varphi_1 + \sin \alpha_1 \tan \varphi_2) + K(c_1 A_1 + c_2 A_2)\sin(\alpha_1 + \alpha_2) - c_3 A_3 \sin(\alpha_3 - \beta)$$

$$(\sin \alpha_2 \tan \varphi_1 + \sin \alpha_1 \tan \varphi_2)] / \{[KW \sin \beta - c_3 A_3 \cos(\alpha_3 - \beta)]\sin(\alpha_1 + \alpha_2)\} \qquad (9.121)$$

由式(9.121)可知，计算危岩体稳定性系数 K 值时需要采用迭代法。具体步骤是，先假定某一适当的 K 值为 K_1，将 $K = K_1$ 代入式(9.121)右端项算出一个新的 K 值为 K_2；若 K_2 与 K_1 相差较大，则将 $K = K_2$ 代入式(9.121)右端项算出一个新的 K 值 K_3；若 K_3 与 K_2 相差较大，则重复上述步骤逐步迭代，直至前后两次所计算出的 K 值十分接近时为止，而此最后求出的 K 值即为斜坡危岩体 $OABC$ 的稳定性系数。当 $K = 1$ 时，说明危岩体 $OABC$ 处于临界状态；当 $K < 1$ 时，说明危岩体 $OABC$ 将下滑；当 $K > 1$ 时，说明危岩体 $OABC$ 不会失稳。

以上讨论仅限于斜坡危岩体为连续介质的刚体。若危岩体不能视为整体上的刚体，其内部尚包含软弱夹层及断裂等不连续结构面，则需要采用在平面问题斜坡危岩体稳定性分析中所阐述的"不平衡推力传递法"及"分块极限平衡法"等，讨论这种空间问题斜坡危岩体稳定性。此外，在空间问题斜坡危岩体稳定性验算中，同样可以包含除了危岩体自重之外的

水压力、地震力及其他外荷作用力等,难度并不大。

习　题

1.某岩体边坡横断面如图所示。已知平面滑动面 AB 的内摩擦角和内聚力分别为 $\varphi=$ 32°、$c=0.2$ MPa,岩体的容重为 $\gamma=$ 2.53 g/cm³,滑动面 AB 的倾角为 $\alpha=37°$,斜坡面 AC 的倾角为 $\beta=43°$,斜坡的高度为 $H=55$ m。试问该边坡是否稳定? 若不稳定,可以采用削坡法来提高边坡的稳定性,那么如何削坡?

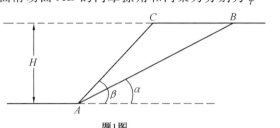

题1图

2.某岩体边坡的计算剖面如图所示,危岩体(可能滑动体)的后缘有一充满水的拉裂缝 DE,其中的水柱高 $Z_\omega=10$ m。如果岩体的容重为 $\gamma=2.4$ g/cm³,滑动面 AD 的倾角为 $\alpha=20°$,边坡面 AC 的倾角为 $\beta=48°$,边坡高为 $H=50$ m,滑动面 AD 的抗剪强度指标 $c=0.4$ MPa、$\varphi=30°$,试通过计算说明该边坡的稳定性(假定水只沿滑动面渗透)。

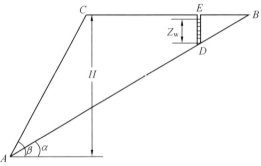

题2图

3.由两个结构面 AB、BC 切割出的危岩体 ABC 的边坡如图所示。危岩体 ABC 内部存在一竖向软弱结构面 BB'。已知结构面 AB 的倾角为 β,抗剪强度指标为 c_1、φ_1,结构面 BC 的倾角为 α,抗剪强度指标为 c_2、ϕ_2,岩体的容重为 γ。

(1)试用等 K 法和不平衡推力法列出危岩体 ABC 稳定性系数 K 的计算式。

(2)采用图解法求出危岩体 ABC 稳定性系数 K 的计算式。

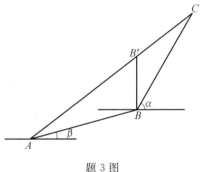

题 3 图

9.4　已知某种岩体的容重为 $\gamma=2$ g/cm³、抗剪强度指标 $c=0.017$ MPa,$\varphi=30°$。如果基于这种岩体设计一高为 $H=14$ m 的边坡,要求其稳定性系数 $K=1.6$,试求该边坡的坡角 β。

9.5　某岩体边坡的坡角 $\beta=40°$,岩体的容重 $\gamma=2.5$ g/cm³,弹性模量为 $E=400$ MPa,岩层的厚度为 $t=0.5$ m,倾角为 $\alpha=40°$(顺坡),岩层之间的内摩擦角为 $\varphi=30°$,试根据欧拉定理计算岩层的临界长度。

第10章 坝基岩体应力计算及稳定性分析

众所周知,各种混凝土高坝,如重力坝及拱坝等均直接构筑于基岩上。这些坝体自重力及其所承受的各种荷载将传递于基岩上,从而引起坝基岩体中初始地应力重新分布。若因此在坝基岩体中产生过大的应力,则可能危及坝基安全,从而导致坝工事故。所以,在大坝设计时,务必进行坝基岩体应力计算及稳定性分析,防患于未然。

10.1 坝基岩体中附加应力分布基本规律

总体来看,作用于坝基岩体上的外荷载包括大坝自重力及其所承受的静水压力、动水压力和波浪作用力等,可以分解为竖向荷载 P_v 及水平方向荷载 P_h,二者的合力 R 显然是倾斜的,合力 R 与竖向夹角为 δ,如图 10.1(a) 所示。为方便起见,可近似假定坝体传递到坝基岩体上的合力 R 为均布荷载,如图 10.1(b) 所示。这种均布荷载 R 又可以进一步分解为大小按照梯形分布的竖向荷载 R_v 及水平荷载 R_h,如图 10.1(c)(d) 所示。由图 10.1(c)(d) 可以看出,梯形分布的竖向荷载 R_v 及水平荷载 R_h 均为由三个三角形分布荷载所组成,即三角形荷载 ABE、ACE 及 CDE。也就是说,作用于坝基岩体上任何外荷载总可以分解成两种最基本的荷载类型,其一是竖向分布的三角形荷载,其二是水平分布的三角形荷载。

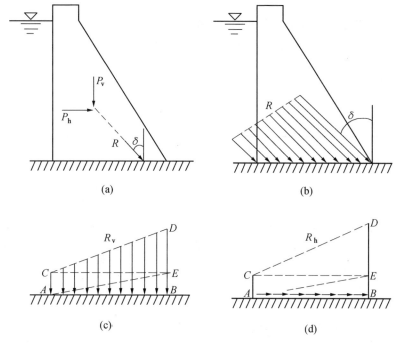

图 10.1 作用于坝基岩体上的外荷载分解示意图

10.1.1 竖向分布三角形荷载

如图 10.2 所示,当坝基岩体上承受竖向分布的三角形外荷载为 P_v 时,在坝基岩体内任一点 (x,y) 处所产生的附加应力为 σ_x、σ_y 及 τ_y,可由弹性力学平面问题解得

$$
\begin{cases}
\sigma_x = \dfrac{P_v}{\pi a}\left[(x-b)\left(\arctan\dfrac{x-a}{y}-\arctan\dfrac{x}{y}\right)+y\ln\dfrac{x^2+y^2}{(x-a)^2+y^2}-\dfrac{axy}{x^2+y^2}\right] \\[2mm]
\sigma_y = \dfrac{P_v}{\pi a}\left[(x-a)\arctan\dfrac{x-a}{y}-(x-a)\arctan\dfrac{x}{y}+\dfrac{axy}{x^2+y^2}\right] \\[2mm]
\tau_{xy} = -\dfrac{P_v}{\pi a}\left[\dfrac{ay^2}{x^2+y^2}+y\left(\arctan\dfrac{x-a}{y}-\arctan\dfrac{x}{y}\right)\right]
\end{cases}
\tag{10.1}
$$

式中　　P_v——竖向分布的三角形荷载的最大强度;

　　　　a——三角形荷载分布宽度(坝体横断面底部宽度)。

10.1.2 水平分布三角形荷载

如图 10.3 所示,当坝基岩体上承受水平分布的三角形外荷载 P_h 时,在坝基岩体内任一点 (x,y) 处所产生的附加应力为 σ_x、σ_y 及 τ_{xy},可由弹性力学平面问题解得

$$
\begin{cases}
\sigma_x = \dfrac{P_h}{\pi a}\left[3y\left(\arctan\dfrac{x}{y}-\arctan\dfrac{x-a}{y}\right)-(x-a)\ln\dfrac{(x-a)^2+y^2}{x^2+y^2}-\dfrac{ay^2}{x^2+y^2}-2a\right] \\[2mm]
\sigma_y = \dfrac{P_h}{\pi a}\left[\dfrac{ay^2}{x^2+y^2}+y\left(\arctan\dfrac{x-a}{y}-\arctan\dfrac{x}{y}\right)\right] \\[2mm]
\tau_{xy} = -\dfrac{P_h}{\pi a}\left[(x-a)\left(\arctan\dfrac{x-a}{y}-\arctan\dfrac{x}{y}\right)+y\ln\dfrac{x^2+y^2}{(x-b)^2+y^2}-\dfrac{axy}{x^2+y^2}\right]
\end{cases}
\tag{10.2}
$$

式中　　P_h——水平分布的三角形荷载的最大强度;

　　　　a——三角形荷载分布宽度(坝体横断面底部宽度)。

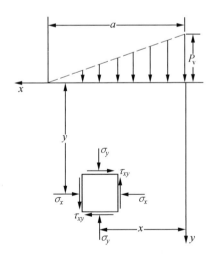

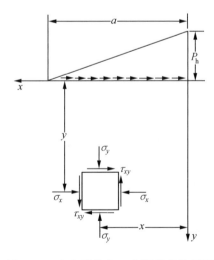

图 10.2　在竖向分布三角形荷载作用下
坝基岩体中附加应力计算简图

图 10.3　在水平分布三角形荷载作用下
坝基岩体中附加应力计算简图

10.1.3　附加应力系数曲线

由式(10.1)及式(10.2)可以看出,无论是竖向分布的三角形外荷载,还是水平分布的三角形外荷载,在坝基岩体内任一点(x,y)处所产生的附加应力 σ_x、σ_y 及 τ_{xy} 均为 x/a、y/a 的二元混合函数。若令 $m=x/a$,$n=y/a$,则在直角坐标系 mOn 中可以绘制出式(10.1)及式(10.2)所对应的函数曲线,如图 10.4 所示,称之为附加应力系数曲线,各条曲线

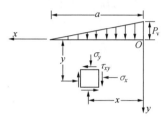

(a) 三角形竖向荷载下的应力分量

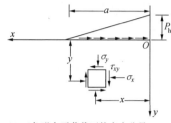

(e) 三角形水平荷载下的应力分量

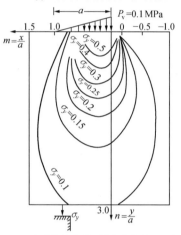

(b) 三角形竖向荷载下的竖向应力(σ_y)分量

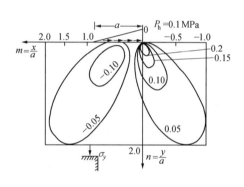

(f) 三角形水平荷载下的竖向应力(σ_y)分量

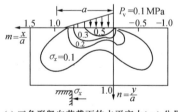

(c) 三角形竖向荷载下的水平应力(σ_x)分量

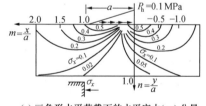

(g) 三角形水平荷载下的水平应力(σ_x)分量

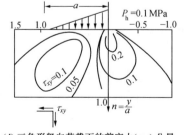

(d) 三角形竖向荷载下的剪应力(τ_{xy})分量

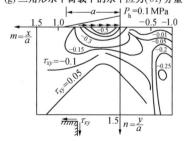

(h) 三角形水平荷载下的剪应力(τ_{xy})分量

图 10.4　三角形竖向荷载和三角形水平荷载作用下坝基内 σ_x、σ_y、τ_{xy} 分布特征

上的数据即为附加应力系数。由于在绘制附加应力系数曲线时是基于最大荷载强度 P_v (P_h)=1 MPa 的情况,所以从图 10.4 中查得相应的附加应力系数后还应当乘上坝基岩体上实际承受的外荷载的最大强度 P_v(P_h),才能够真正得到所要求的坝基岩体中附加应力的数值。此外,图 10.4 中是采用 m 和 n 这种相对坐标,即 $m=x/a$,$n=y/a$,所以在计算坝基岩体中某一点(x,y)的附加应力时,需要将所求点的坐标(x,y)换算成相对坐标(m,n),据此从图 10.4 中查得相应的附加应力系数。

由式(10.1)及式(10.2)可以看出,若竖向分布的三角形荷载的最大强度 P_v 与水平分布的三角形荷载的最大强度 P_h 相等,那么式(10.1)中的正应力 σ_x 与式(10.2)中的剪应力 τ_{xy} 绝对值相等,式(10.1)中的剪应力 τ_{xy} 与式(10.2)中的正应力 σ_y 绝对值相等。

根据图 10.4(c)(g)绘制的竖向分布的三角形荷载与水平分布的三角形荷载分别在坝基岩体中不同深度引起的附加正应力 σ_x 的分布曲线如图 10.5 所示。通过对比图 10.5(a)与图 10.5(b)可以看出,在坝踵下面岩体中相同深度处,水平分布的三角形荷载引起的附加拉应力($\sigma_x<0$)总是大于竖向分布的三角形荷载引起的附加压应力($\sigma_x>0$)。所以,当这两种三角形荷载同时作用于坝基岩体上时,在荷载影响范围内的坝基岩体中各种深度处的坝踵下面所产生的附加正应力 σ_x 的合力无疑均为拉应力($\sum \sigma_x<0$)。Zienkiewiz 曾采用有限元法对多种大坝坝基岩体中附加应力进行详细分析,研究结果证实了坝踵下面不同深度处岩体中水平方向附加正应力表现为拉应力这一事实。

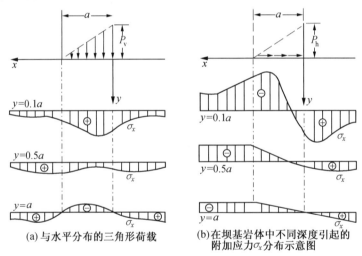

(a)与水平分布的三角形荷载   (b)在坝基岩体中不同深度引起的
附加应力σ_x分布示意图

图 10.5 竖向分布的三角形荷载

10.2 坝基岩体承载力验算

对性质良好的坚硬岩体,一般来说,坝基承载力是不成问题的。如果岩体结构面发育而完整性差、性质较软弱或含有软弱夹层等,那么务必进行坝基岩体承载力验算,特别是对于坝底宽度较窄的情况。

坝基岩体极限承载力是指其所能承受的最大荷载或极限荷载。当坝基承受这种荷载时,岩体中部分区域将处于塑性平衡状态或极限塑性平衡状态,形成极限塑性平衡区,此时坝基岩体有沿着某一连续面滑动的趋势,但尚未达到失稳状态。因此,验算坝基岩体承载力便归于研究岩体中塑性区的平衡。对坝基岩体中塑性内任一点,由于处于极限塑性平衡状态下,所以必须同时满足塑性条件及平衡条件,即满足:

塑性条件:
$$\sqrt{(\sigma_x-\sigma_y)^2+4\tau_{xy}^2}-(\sigma_x-\sigma_y)\sin\varphi=2c\cos\varphi \tag{10.3}$$

平衡条件:
$$\begin{cases} \dfrac{\partial\sigma_x}{\partial x}+\dfrac{\partial\tau_{xy}}{\partial y}=0 \\[2mm] \dfrac{\partial\tau_{xy}}{\partial x}+\dfrac{\partial\sigma_y}{\partial y}=\gamma \end{cases} \tag{10.4}$$

式中　x、y——横坐标及纵坐标;

　　　σ_x、σ_y、τ_{xy}——水平方向上的正应力、竖向正应力及剪应力;

　　　γ、φ、c——岩体的容重、内摩擦角及内聚力。

事实上,验算坝基岩体的极限承载力,就是根据坝基的边界条件求解式(10.3)和式(10.4),求得在确保大坝稳定前提下作用于坝基岩体中任一点的附加应力 σ_x、σ_y 及 τ_{xy} 的最大值。在进行实际工程设计时,要求将设计荷载限定在坝基岩体的极限承载力之内,并且具有足够的安全系数。

10.2.1　倾斜荷载条件下的承载力验算

在绝大多数工程中,作用于坝基岩体上的荷载均为倾斜的。倾斜荷载条件下坝基岩体承载力验算又分两种情况:其一,坝体底面为水平面,但是荷载为倾斜的,如图 10.6(a)所示;其二,坝体底面及荷载均为倾斜的,并且荷载垂直于坝体底面,如图 10.6(b)所示。

(1)坝体底面水平情况。

当坝体底面为水平面时,可以将坝体作为条形基础处理,在基础工程学中,已根据塑性力学理论分析了光滑平面基底的条形基础下地基承受极限荷载时所产生的滑动面的特征。相关研究能够引入到倾斜荷载条件下坝体底面为水平面的坝基岩体承载力验算中。坝基岩体滑动面通常是一个较为复杂的曲面。但是,若坝基所承受的外荷载(P)远远大于坝基中滑动岩体的重量,那么可以不考虑滑动岩体的自重力,此时问题大为简化,滑动面的形状也是一个由平面及曲面(螺旋面、抛物面及圆柱面等)组成的较简单的曲面。如图 10.6(a)所示,AD 为水平地面,OA 为光滑的坝体底面,$ABCDO$ 为塑性滑动体,$ABCD$ 为滑动曲面。滑动体 $ABCDO$ 可以划分为三个塑性区,即三角形区 ABO 和 CDO 及扇形区 BCO。滑动曲面 $ABCD$ 也可以分为平面 AB 和 CD 及曲面 BC 三部分。基于这些简化条件,不考虑塑性滑动区 $ABCDO$ 岩体的自重力,先利用式(10.3)及式(10.4)确定滑动面 $ABCD$ 上各点的(附加)应力,然后再根据滑动体 $ABCDO$ 必须满足的极限平衡条件求得坝基岩体所能承受的极限荷载 P,也就是坝基岩体极限承载力,即

$$P=\frac{N_q q+N_c C}{N} \tag{10.5}$$

式中　$N=\dfrac{1}{2}\left[1-\dfrac{\cos(\varphi-\alpha)\cos(\delta+\alpha)}{\cos\varphi\cos\delta}\right]\cos\delta$,其中 $\alpha=\dfrac{\pi}{4}+\dfrac{\varphi}{2}-\dfrac{1}{2}\left[\delta+\arcsin(\dfrac{\sin\delta}{\sin\varphi})\right]$,$\varphi$ 为

　　　滑动体的内摩擦角,δ 为倾斜荷载力与竖向的夹角;

　　　$N_q=\dfrac{e^{2\beta\tan\varphi}\sin^2\alpha}{2(1-\sin\varphi)}$,其中 $\beta=\dfrac{\pi}{4}-\dfrac{\varphi}{2}+\alpha$;

$$N_c = \frac{\sin\alpha}{2\cos\varphi}\left[\cos(\varphi-\alpha)+e^{2\beta\tan\varphi}\sin\alpha+\frac{\sin\alpha}{\sin\varphi}(e^{2\beta\tan\varphi}-1)\right];$$

q——坝体(基础)侧面所受的竖向均布荷载；

C——滑动体的内聚力。

(2) 坝体底面倾斜情况。

当坝体底面为倾斜时,可以将坝体作为倾斜的条形基础处理。由基础工程学依据塑性力学理论对倾斜的条形基础下地基极限承载力研究结果可知,当宽度为 a、埋深为 h 的倾斜坝体的底面 OA 为平面,并且与水平面的夹角为 δ 时,同时坝基所承受的倾斜荷载 P 与坝体底面垂直,那么在坝基岩体中所产生的塑性滑动体为 $ABCDO$,如图 10.6(b)所示,$ABCD$ 为滑动曲面,OD 也为滑动平面。滑动体 $ABCDO$ 可以划分为 ABO、BCO 及 CDO 三个塑性区,滑动曲面 $ABCD$ 由平面 AB、CD 及曲面 BC 组成。此时,根据上述相同的原理及推导过程,可以求得坝基岩体的极限承载力 P 的计算公式,即

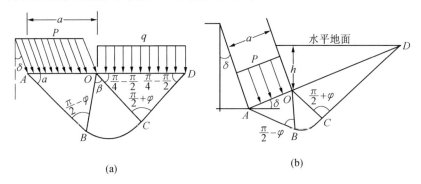

(a)   (b)

图 10.6 倾斜荷载条件下坝基岩体承载力验算示意图(OA 为坝体底面)

$$P = N_c C + \frac{1}{2}N_r a\gamma \tag{10.6}$$

式中 N_c、N_r——承载力系数(由图 10.7 查得);

γ——坝基岩体的容重；

δ——坝体底面 OA 的倾角。

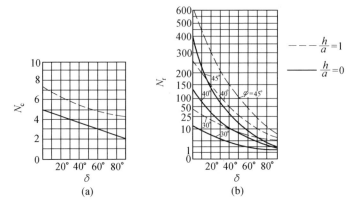

(a)   (b)

图 10.7 承载力系数曲线

应当指出,式(10.6)还可用于近似计算竖向荷载作用下倾向地基或坝基岩体的极限承载力 P 及拱坝肩的极限承载力,如图 10.8 及图 10.9 所示。

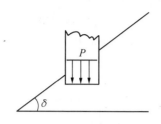

图 10.8　竖向荷载作用下倾斜
地基或坝基岩体极限
承载力计算简图

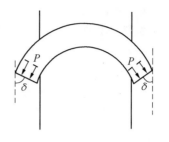

图 10.9　拱坝坝肩岩体极限
承载力计算简图

10.2.2　竖向荷载条件下的承载力验算

有时,作用于坝基岩体上的荷载为竖向。在这种荷载条件下,可以应用基础工程学中有关地基承载力计算原理及塑性力学理论,并根据坝基边界条件求解式(10.3)及式(10.4),推导出在竖向荷载条件下坝基岩体许可承载力$[P]$的计算公式,即

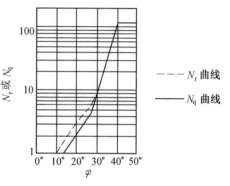

图 10.10　承载力系数 N_r 及 N_q 与 φ 关系曲线

$$[P]=\frac{1}{F_s}[\beta_1 N_r a\gamma+\beta_2(2+\pi)c+N_q\gamma h]+\gamma h$$

$$(10.7)$$

式中　F_s——安全系数;

　　　　N_r、N_q——承载力系数,由图 10.10 根据内摩擦角 φ 确定;

　　　　β_1、β_2——坝底或基础形状系数,由表 10.1 查得;

　　　　a——坝底或基础宽度(若为圆形基础,则 a 为基础直径);

　　　　h——坝底或基础埋深;

　　　　c、γ——坝基岩体的内聚力及容重。

式(10.7)还适用于计算条形、正方形、圆形及矩形等各种形状基础在竖向荷载条件下的地基许可承载力。

表 10.1　各种基础形状系数

基础形状	条形	正方形	圆形	矩形
β_1	0.5	0.4	0.3	$0.5-0.1\times\dfrac{a}{b}$
β_2	1	1.3	1.3	$1+0.3\times\dfrac{a}{b}$

注:a、b 分别为基础的宽度及长度

10.2.3　经验方法估算承载力

工程上,有时根据坝基岩体结构面发育程度及单轴饱和极限抗压强度 R_c 等,采用经验

方法估算坝基岩体的容许承载力,见表10.2。而对风化的坝基岩体来说,则视风化程度将表10.2中所列数值降低25%~50%后作为其容许承载力。若为Ⅳ~Ⅴ级水工结构物,坝基岩体在未风化条件下,还可以采用表10.3中所列数值直接确定其容许承载力。应该指出,这种经验方法也适用于其他岩石地基承载力的估算。

表 10.2　坝基岩体容许承载力估算

岩体类型	容许承载力			
	结构面不发育 间距大于 1.0 m	结构面较发育 间距为 0.3~1 m	结构面发育 间距为 0.1~0.3 m	结构面极发育 间距小于 0.1 m
坚硬及较坚硬岩体 ($R_c>30$ MPa)	$\dfrac{R_c}{7}$	$\dfrac{R_c}{10}\sim\dfrac{R_c}{7}$	$\dfrac{R_c}{16}\sim\dfrac{R_c}{10}$	$\dfrac{R_c}{20}\sim\dfrac{R_c}{16}$
软弱岩体 ($R_c<30$ MPa)	$\dfrac{R_c}{5}$	$\dfrac{R_c}{7}\sim\dfrac{R_c}{5}$	$\dfrac{R_c}{10}\sim\dfrac{R_c}{7}$	$\dfrac{R_c}{15}\sim\dfrac{R_c}{10}$

表 10.3　Ⅳ~Ⅴ级水工结构物地基岩体容许承载力估算

岩体类型	容许承载力/MPa
软弱岩体(泥岩、页岩、大理岩、凝灰岩及粗面岩等)	0.8~1.2
较坚硬岩体(石灰岩、砂岩、粉砂岩及白云岩等)	1~2
坚硬岩体(片岩、片麻岩、花岗岩及硅化灰岩等)	2~4
极坚硬岩体(石英岩、细粒花岗岩及硅质岩等)	4~6

10.3　坝基岩体抗滑稳定性分析

许多工程实例表明,坝基岩体滑动破坏形式严格受控于岩体中各种结构面的发育程度、力学性质、产状及其组合形式等,而与结构体强度关系并非很大。因此,在分析坝基岩体抗滑稳定性之前,应该做的先期工作是通过工程地质勘查,查明岩体中各种结构面的物质组成与力学性质、存在位置与延伸情况、发育程度与组合关系,以及在坝基失稳滑移过程中可能起到的作用等。然后,根据岩体中应力分布特征及结构面组合规律,合理确定出可能的滑动体,并且按照刚体极限平衡原理验算其稳定性。

10.3.1　表层滑动稳定性分析

当坝基岩体强度远远超过坝体混凝土强度,并且岩体坚固完整而无软弱结构面时,坝体与坝基岩体之间的接触面可能是潜在的滑动破坏面,称之为表层滑动。此外,由于工程清基不好,或者因为坝基岩体表层强度低于坝体混凝土与坝基接触面强度,滑动破坏将沿着靠近坝基表面的软弱层发生,也属于表层滑动。可按照图10.11验算表层滑动稳定性系数,由刚体极限平衡原理求解坝体沿着滑动面 AB 的稳定性系数,即

$$K=\frac{(V-U)\tan\varphi'}{H}\quad(摩擦公式)\tag{10.8}$$

$$K' = \frac{(V-U)\tan\varphi + cL}{H} \quad \text{(剪摩公式)} \quad (10.9)$$

式中 V——由坝体传递到滑动面 AB 上的各种竖直
向下荷载的合力；

U——由坝基岩体传递到滑动面 AB 上的扬压力
（浮托力及渗透压力或动水压力）；

H——坝体所承受的各种水平荷载的合力（全
部荷载对滑动面 AB 的切向分力的合
力）；

L——滑动面 AB 的长度；

φ'——滑动面 AB 的抗剪内摩擦角；

φ、c——滑动面 AB 的抗剪断内摩擦角及内聚力；

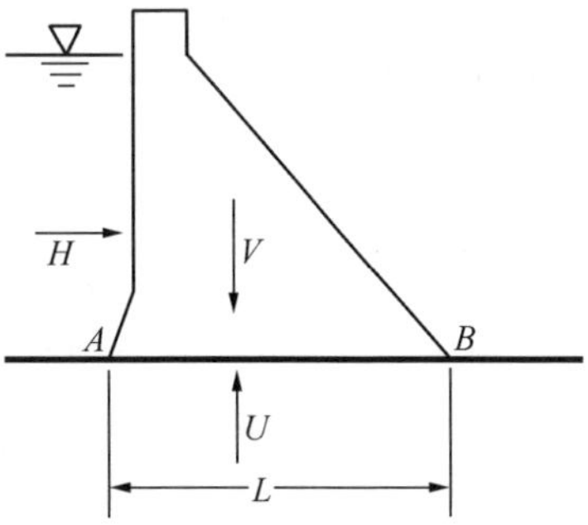

图 10.11 表层滑动稳定性验算简图
（AB 为滑动面）

K、K'——按照滑动面 AB 的抗剪强度及抗剪断强度校核的稳定性系数。

为了确保大坝绝对安全，根据水利部 1974 年颁布的《混凝土重力坝设计规范》规定，稳定性系数 K 及 K' 不得低于表 10.4 中数值。

表 10.4 《混凝土重力坝设计规范》中稳定性系数采用值

稳定性系数	荷载组合	大坝级别		
		1	2	3
K	基本组合	1.10	1.05	1.05
	特殊组合(1)	1.05	1.05	1.05
	特殊组合(2)	1.00	1.00	1.00
K'	基本组合	3.00		
	特殊组合(1)	2.50		
	特殊组合(2)	2.00		

注：基本组合是指正常水位条件下的各种荷载组合；特殊组合(1)是指在校核洪水位情况
下的各种荷载组合；特殊组合(2)包括地震荷载的各种荷载组合

应该指出，以上两式计算大坝稳定性系数的概念完全不同。按照式(10.8)设计时，假定滑动面 AB 已被剪断，其内聚力完全消失，只依靠内摩擦力维持平衡，可以认为所得的稳定性系数 K 是下限值，因而只需满足 $K=1.0\sim1.1$ 即可；而式中的 φ' 应由相应的抗剪强度试验测得，其值虽然与坝基岩体种类、新鲜程度和完整性，以及滑动面 AB 物质组成、力学性质和含水量等有一定关系，但是一般变化不大，经常采用的设计值是 $\varphi'=29°\sim37°$。按照式(10.9)设计时，认为在失稳前滑动面 AB 没有被剪断，由内聚力及内摩擦力共同维持平衡，所需的稳定性系数 K' 应为较高的值，即 $K'=2.00\sim3.00$；而式中的 φ 及 c 应由相应的抗剪断强度试验测定，其值随地质条件有较大的变化，在设计中所采用的值大致为 $\varphi=42°\sim56°$，$c=0.4\sim2.0$ MPa。若依据式(10.9)验算滑动破坏可能沿着靠近坝基表面的基岩软弱层发生时的稳定性，那么必须采用坝基岩体表层的软弱层抗剪强度指标。依据式(10.8)进行设计时，坝体与坝基之间接触面的内摩擦角 φ' 也可以采用现场抗剪强度试验进行测定，一般情况下仅取实测值的 $70\%\sim80\%$，以往的经验取值为 $\tan\varphi'=0.5\sim0.8$，见表 10.5。另据潘家铮(1980)的资料,对新鲜而结构面不发育的坚固岩体,或者经过良好处理后的饱和抗压强度大于 80 MPa、变形模量超过 20×10^3 MPa 的结晶岩、碎屑岩及碳酸盐岩等,混凝土坝体与基岩接触面抗剪强度指标的计算值为 $\tan\varphi=1.2\sim1.3$,$c=1\sim1.2$ MPa,$\tan\varphi'=0.7\sim0.75$;对微风化而结构面弱发育的较坚固岩体,或者经过处理后的饱和抗压强度为 $40\sim80$ MPa,变形模量超过 10×10^3 MPa 的各类岩石(结晶岩、碎屑岩、碳酸盐岩及黏土岩等),混凝土坝体与基岩接触面抗剪强度指标的计算值为 $\tan\varphi=1\sim1.2$,$c'=0.6\sim1$ MPa,$\tan\varphi'=0.6\sim0.7$;对弱风化而结构面弱发育的中等坚固岩体,或者饱和抗压强度大于 20 MPa,变形模量超过 3×10^3 MPa 的各类岩石,混凝土坝体与基岩接触面抗剪强度指标的计算值为 $\tan\varphi=0.9\sim1$,$c=0.4\sim0.6$ MPa,$\tan\varphi'=0.55\sim0.6$。

表 10.5 大坝稳定性设计滑动面内摩擦系数经验取值

坝型	坝高/m	坝长/m	坝基岩石类型	岩体湿抗压强度/MPa	摩擦系数
堆石坝	47		白垩纪砂岩	39	0.52
重力坝	93	367	侏罗纪砂页岩	$34\sim69$	$0.51\sim0.53$
大头坝	104	311	震旦纪砂岩及板岩	150	0.65
重力坝	68		泥盆纪石英砂岩	255	0.58
大头坝	110	700	震旦纪闪长玢岩及闪长岩	98	0.65
宽缝重力坝	105		泥盆纪砂岩	108	0.50
大头坝	77.5	580	侏罗白垩纪凝灰质集块岩	74	0.70
宽缝重力坝	146	237	前震旦纪云母石英片岩	127	0.75
重力坝	47		白垩纪流纹斑岩	196	0.65

10.3.2 深层滑动稳定性分析

由于坝基岩体中各种软弱结构面或软弱夹层较为发育,并且它们的产状及组合形式易引起坝体滑动,则坝体连同其下坝基的部分岩体将软弱结构面发生深层滑动,如图 10.12 所示。在进行深层滑动稳定性验算时,首先必须判断坝基岩体中可能滑动面的形状、位置和力学性质,以及岩体中可能产生的滑动体等,然后根据刚体极限平衡原理分析滑动体的受力情况,求出坝基岩体抗滑稳定性系数,确定坝基岩体深层抗滑稳定程度。一般来说,坝基岩体中可能的滑动面不止一个。所以,必须选择若干个可能的滑动面进行多次验算,其中稳定性系数最小的滑动面即为最危险的滑动面。在计算深层抗滑稳定性系数 K 时,由于潜在滑动面的形状、产状、位置及组合等不同,因此所采用的分析方法也各异。以下将列举几种常见的分析方法,借以说明此类问题处理的一般力学原理。

(1)单斜滑动面倾向上游情况。

如图 10.13 所示,坝基岩体中单斜滑动面 AB 倾向上游,同时还存在走向垂直于或近似垂直于坝体轴线的高角度(陡倾斜)结构面,并且在坝踵附近又有走向平行于或近似平行于坝体轴线的高角度结构面 BC(如果在坝踵附近设有这种先存结构面,那么由 10.1 节可知,在坝踵附近也很容易产生这种张性结构面)。坝体连同坝基岩体中的三角形块体 ABC 有可能同时沿着滑动面 AB 产生滑动。根据图 10.13 中的受力情况,先分别计算滑动面 AB

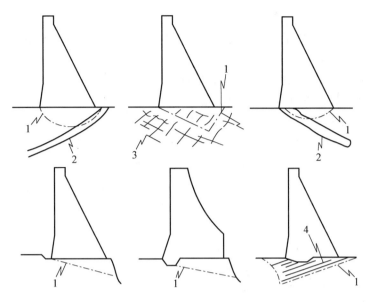

图 10.12　深层滑动曲型情况

1—可能滑动面；2—软弱夹层；3—（共轭）结构面；4—结构面或基岩软弱表层

上的抗滑力 T 和下滑力 F，再由刚体极限平衡原理求解坝基岩体沿着滑动面 AB 的稳定性系数。计算过程中，如果认为 BC 面是由三角形块体 ABC 沿着 AB 滑动面上滑时所产生的张裂面，那么由于岩体的抗拉强度很低，所以 BC 面上的拉应力可以略去不计。此外，也不考虑走向垂直于或近似垂直于坝体轴线的高角度结构面上的作用力。经过这种简化假定后，可以分别计算出沿滑动面 AB 上的抗滑力 T 和下滑力 F，即

$$T = (H\sin\alpha + V\cos\alpha - U)\tan\varphi + cL \tag{10.10}$$

$$F = H\cos\alpha - V\sin\alpha \tag{10.11}$$

则滑动体沿滑动面 AB 的稳定性系数 K 为

$$K = \frac{T}{F} = \frac{(H\sin\alpha + V\cos\alpha - U)\tan\varphi + cL}{H\cos\alpha - V\sin\alpha} \tag{10.12}$$

式中　φ、c——滑动面 AB 的内聚力及内摩擦角；

L——滑动面 AB 的长度；

α——滑动面 AB 的倾角；

V——传递到滑动面 AB 上的竖直向下荷载的合力；

U——由坝基岩体传递到滑动面 AB 上的扬压力；

H——坝体所承受的所有水平荷载的合力。

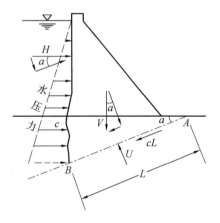

图 10.13　单斜滑动面倾向上游时深层滑动稳定性验算简图（AB 为滑动面）

在这种深层滑动稳定性验算中，也可以引入与式（10.8）及式（10.9）同样思想的摩擦公式、剪摩公式。若采用摩擦公式，那么式（10.12）中的 $c=0$，并且考虑坝基岩体中软弱结构面上的内聚力 c 值总是低于坝基表面上的内聚力 c 值，因为计算所得的稳定性系数 K 值应该略高于表 10.4

中的相应值[令 $c=0$,对比式(10.8)与式(10.12)也可以看出这一点];当坝基岩体中存在不利的软弱结构面时,那么由摩擦公式[在式(10.12)中令 $c=0$]计算出的稳定性系数 K 值理应较表 10.4 中所列的相应数据提高 $25\%\sim$ 30%。若采用剪摩公式,即式(10.12),那么计算所得的稳定性系数 K 值通常低于表 10.4 中的相应值,所以应根据实际情况适当降低要求;但是在任何情况下,由剪摩公式计算出的稳定性系数 K 值不应低于与其相当的土石坝的稳定性系数值,而对于重要工程仍然要求满足表 10.4 所规定的稳定性系数值。

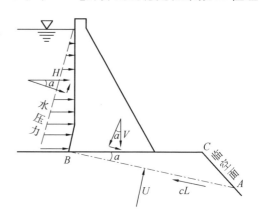

图 10.14　单斜滑动面倾向下游时深层滑动稳定性验算简图(AB 为滑动面)

　　(2) 单斜滑动面倾向下游情况。

　　如图 10.14 所示,坝基岩体中单斜滑动面 AB 倾向下游,三角形块体 ABC 随同坝体沿滑动面 AB 向临空面方向滑动,其他方面与单斜滑动面倾向上游情况一样。图 10.14 所示的受力情况与图 10.13 类似,所不同的是前者水平荷载合力 H 中的静水压力仅算至上游坝踵 B 点为止。同样原理,在不考虑侧向切割面及横向切割面强度条件下,可推导出单斜滑动面倾向下游的深层滑动坝基岩体之稳定性系数 K 的计算公式,即

$$K=\frac{(V\cos\alpha-H\sin\alpha-U)\tan\varphi+cL}{H\cos\alpha+V\sin\alpha} \tag{10.13}$$

式中,各符号意义同前。

　　对比式(10.12)与式(10.13)可知,坝基岩体单斜滑动面倾向上游情况较单斜滑动面倾向下游情况稳定得多。

　　(3) 双斜滑动面情况。

　　在实际工程中,坝基岩体深层滑动往往并非简单地沿着某一倾斜滑动面(即上述的单斜滑动面)发生,而是存在较为复杂的滑动面组合形式,也就是说,其滑动面可以是曲面,也可以是由平面与曲面共同组成,还可以是由两组以上结构面所构成。现以滑动面由两组结构面组成为例,即双斜滑动面情况,说明怎样处理或计算较为复杂滑动面组合形式的坝基岩体深层滑动的稳定性系数。如图 10.15(a)所示,随同坝体滑动的坝基岩体中滑动体为三角形块体 $ABCD$,滑动面由两组分别向下游、上游倾斜的结构面 AB 及 BC 所组成,一般情况下,结构面 AB 产状较缓,而结构面 BC 产状较陡。应当指出,通常结构面 BC 的位置及其倾角均是未知的,所以在计算稳定性系数之前,需要选定若干个可能的结构面 BC 分别进行试算,其中稳定性系数最小的结构面即为真正的滑动面。当然,下面讨论中假定滑动面 BC 亦已确定。在具体计算深层滑动稳定性系数时,将滑动体 $ABCD$ 分成两部分,即三角形块体 ABD 和 BCD,BD 为假想的竖直平面。三角形块体 ABD 又称主动滑体或滑移体;而三角形块体 BCD 是阻止三角形块体 ABD 向前滑动的,所以称之为被动滑体或抗力体。抗力体 BCD 作用于主动滑体 ABD 上的力 P 称为抗力,其作用方向有三种假定:其一是假定抗力 P 与滑动面 AB 平行;其二是假定抗力 P 垂直于竖向平面 BD,这种假定的本质是认为 BD 面光滑且无摩擦;其三是假定抗力 P 与竖向平面 BD 的法线相交 φ 角,φ 为 BD 面的内摩擦

角。无论采用哪种假定,其计算方法都是相同的。然而,对于复杂的深层滑动,不同分析方法所获得的稳定性系数 K 值往往相差较大。以下基于图 10.15,介绍三种常用的分析方法。

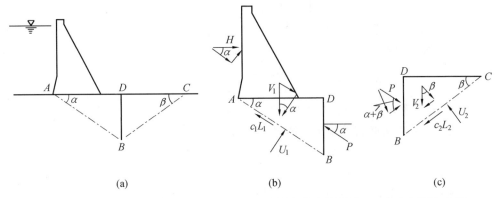

(a)　　　　　　　　　　(b)　　　　　　　　　　(c)

图 10.15　滑动面由两组结构面组成时深层滑动稳定性验算简图(AB 和 BC 为滑动面)

① 非等 K 法。

非等 K 法又称抗力体极限平衡法,即先由抗力体 BCD 极限平衡条件求得滑移体 ABD 与抗力体 BCD 之间的相互作用力 P,如图 10.15(b)(c)所示,然后再根据滑移体 ABD 的受力状态计算深层滑动稳定性系数 K。具体计算步骤如下:

a. 由抗力体极限平衡条件求相互作用力 P。

由图 10.15(c)所示的抗力体 BCD 受力状态,可直接写出沿 BC 滑动面上的抗滑力 T_2 及滑动力 F_2,即

$$T_2 = [P\sin(\alpha+\beta) + V_2\cos\beta - U_2]\tan\varphi_2 + c_2L_2 \tag{10.14}$$

$$F_2 = P\cos(\alpha+\beta) - V_2\sin\beta \tag{10.15}$$

式中　φ_1、c_1——滑动面 AB 上的内摩擦角及内聚力;

　　　φ_2、c_2——滑动面 BC 上的内摩擦角及内聚力;

　　　L_1——滑动面 AB 的长度;

　　　L_2——滑动面 BC 的长度;

　　　α、β——滑动面 AB 及 BC 的倾角;

　　　U_1、U_2——作用于滑动面 AB 及 BC 上的扬压力(浮托力及渗透力);

　　　V_1——坝体及滑移体 ABD 的自重力之和;

　　　V_2——抗力体 BCD 的自重力;

　　　H——作用于坝体上的各种水平推力的合力。

当抗力体 BCD 处于极限平衡状态时,其沿滑动面 BC 上的抗滑力 T_2 与滑动力 F_2 必然相等,即

$$[P\sin(\alpha+\beta) + V_2\cos\beta - U_2]\tan\varphi_2 + c_2L_2 = P\cos(\alpha+\beta) - V_2\sin\beta \tag{10.16}$$

由式(10.16)解得

$$P = \frac{(V_2\cos\beta - U_2)\tan\varphi_2 + V_2\sin\beta + c_2L_2}{\cos(\alpha+\beta) - \sin(\alpha+\beta)\tan\varphi_2} \tag{10.17}$$

b. 根据滑移体受力条件计算稳定性系数 K。

根据图 10.15(b)所示的滑移体 ABD 受力条件,可直接写出沿 AB 滑动面上的抗滑力

T_1 及滑动力 F_1，即

$$T_1 = (V_1\cos\alpha - H\sin\alpha - U_1)\tan\varphi_1 + c_1 L_1 + P \tag{10.18}$$

$$F_1 = H\cos\alpha + V_1\sin\alpha \tag{10.19}$$

由滑移体 ABD 所受的沿 AB 滑动面上的抗滑力 T_1 与滑动力 F_1 之比，可计算出深层滑动稳定性系数 K，即

$$K = \frac{(V_1\cos\alpha - H\sin\alpha - U_1)\tan\varphi_1 + c_1 L_1 + P}{H\cos\alpha + V_1\sin\alpha} \tag{10.20}$$

显然，采用非等 K 法求解深层滑动稳定性系数 K 的依据是抗力体 BCD 处于极限平衡状态。而这种计算方法必将导致滑移体 BCD 与抗力体 BCD 分别具有不同的稳定性系数。此外，抗力体 BCD 的稳定性系数已为定值 1。

② 非极限平衡等 K 法。

非极限平衡等 K 法是指在坝基岩体丧失稳定过程中，滑移体 ABD 与抗力体 BCD 应该具有相同的稳定性系数 K。据此，可推导深层滑动稳定性系数 K 的计算公式。具体过程如下。

根据图 10.15(b)所示的受力状态，可直接写出滑移体 ABD 沿滑动面 AB 的稳定性系数 K 计算公式，即

$$K = \frac{(V_1\cos\alpha - H\sin\alpha - U_1)\tan\varphi_1 + c_1 L_1 + P}{H\cos\alpha + V_1\sin\alpha} \tag{10.21}$$

由于坝基岩体失稳过程中滑移体 ABD 与抗力体 BCD 具有相同的稳定性系数，所以由图 10.15(c)所示的抗力体 BCD 受力状态，还可得到沿滑动面 BC 的稳定性系数 K，即

$$K = \frac{[P\sin(\alpha+\beta) + V_2\cos\beta - U_2]\tan\varphi_2 + c_2 L_2}{P\cos(\alpha+\beta) - V_2\sin\beta} \tag{10.22}$$

由式(10.22)可以求解出抗力 P，即

$$P = \frac{KV_2\sin\beta + (V_2\cos\beta - U_2)\tan\varphi_2 + c_2 L_2}{K\cos(\alpha+\beta) - \sin(\alpha+\beta)\tan\varphi_2} \tag{10.23}$$

联立式(10.21)和式(10.23)即可以分别求得稳定性系数 K 及抗力 P。实际计算中，通常采用迭代法。首先，假定某一稳定性系数 K，代入式(10.23)求出抗力 P。然后，再把求出的抗力 P 代入式(10.21)，计算出相应的稳定性系数 K。将此稳定性系数 K 与最初假定的稳定性系数 K 相比较，若二者差值太大，则用此新的稳定性系数 K 作为假定值继续迭代计算，如此反复，直到前、后相邻的稳定性系数 K 的假定值与计算值相当接近为止。在迭代过程中，可以将本次迭代中稳定性系数 K 的假定值与其计算值进行平均，并且以此平均的稳定性系数 K 值作为下一次迭代中的假定值，这样便可大大加快迭代的收敛速度。

③ 极限平衡等 K 法。

用极限平衡等 K 法求解深层滑动稳定性系数 K 的思想基于滑移体 ABD 和抗力体 BCD 的受力极限平衡状态。也就是说，当滑动面 AB 及 BC 上的抗剪强度指标 $\tan\varphi_1$、c_1 和 $\tan\varphi_2$、c_2 均降低 K 倍后，滑移体 ABD 和抗力体 BCD 同时处于极限平衡状态。因此，式(10.21)及式(10.23)分别变为

$$K = \frac{(V_1\cos\alpha - H\sin\alpha - U_1)\dfrac{\tan\varphi_1}{K} + \dfrac{c_1}{K}L_1 + P}{H\cos\alpha + V_1\sin\alpha} \tag{10.24}$$

$$P = \frac{V_2 \sin \beta + (V_2 \cos \beta - U_2) \dfrac{\tan \varphi_2}{K} + \dfrac{c_2}{K} L_2}{\cos(\alpha + \beta) - \sin(\alpha + \beta) \dfrac{\tan \varphi_2}{K}} \qquad (10.25)$$

值得注意的是,根据极限平衡条件,式(10.21)及式(10.23)中的稳定性系数 K 均为 1,抗剪强度指标 $\tan \varphi_1$、c_1 及 $\tan \varphi_2$、c_2 均分别转变为 $\tan \varphi_1/K$、c_1/K 及 $\tan \varphi_2/K$、c_2/K,从而转变为式(10.24)和式(10.25)。同样,采用迭代法联立求解式(10.24)及式(10.25)便可以得到深层滑动稳定性系数 K。

用以上三种分析方法计算得到的深层滑动稳定性系数相差较大。其中,非等 K 法给出的稳定性系数较等 K 法给出的稳定性系数大。按照等 K 法,尤其是极限平衡等 K 法,求解稳定性系数在理论上较为合理。

此外,在求解深层滑动稳定性系数时,抗力 P 方向的合理确定显得尤为重要,将直接影响计算结果。为了正确确定抗力 P 的方向,必须详细研究假想的竖向平面 BD 的力学性质及受力条件,但是目前尚未对此做深入系统的探讨。有关工程实践表明,结合待求稳定性系数 K 的适当值(事先推测值)确定抗力 P 方向较为可靠。

10.3.3　混合滑动稳定性分析

当坝基岩体抗滑稳定性不满足工程要求时,经常通过扩大坝体断面的方式以达到增加其稳定性系数的目的。此外,还可以采取其他较为巧妙的工程措施,提高坝基岩体的抗滑稳定性。例如,将坝基断面开挖成如图 10.16 所示的形式,并且把坝体嵌入基岩中,使之与下游基岩紧密结合(接触面为 BD 面)。当坝体失稳而沿着 AB 面向下滑动时,坝体下游将受到抗力体 BCD 的阻挡。对比图 10.15 与图 10.16 可以看出,在图 10.16 中,滑动面 AB(即为坝体底面)倾角 $\alpha = 0°$,抗力 P 为水平方向,坝体相当于图 10.15 中的滑移体 ABD,坝体下游基岩的接触面 BD 相当于图 10.15 中假想的滑移体 ABD 与抗力体 BCD 的竖向分界面 BD,其受力状态也与图 10.15 中的完全一样。因此,可以采用双斜滑动面情况的深层滑动稳定性系数的计算方法,求解图 10.16 所示的混合滑动的稳定性系数,即上述的等 K 法及非等 K 法计算稳定性系数在这里均可以直接应用。

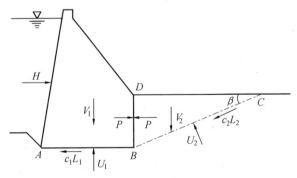

图 10.16　混合滑动稳定性验算简图(ABC 为滑动面)

(1)非等 K 法。

将 $\alpha = 0$ 代入式(10.17)及式(10.20),便得到用非等 K 法求解图 10.16 所示的混合滑动的稳定性系数 K 的计算公式,即

$$\begin{cases} P=\dfrac{(V_2\cos\beta-U_2)\tan\varphi_2+V_2\sin\beta+c_2L_2}{\cos\beta-\sin\beta\tan\varphi_2} \\ K=\dfrac{(V_1-U_1)\tan\varphi_1+c_1L_1+P}{H} \end{cases} \tag{10.26}$$

式中　φ_1、c_1——水平滑动面 AB 的内摩擦角及内聚力；

φ_2、c_2——倾斜滑动面 BC 的内摩擦角及内聚力；

L_1、L_2——水平滑动面 AB 及倾斜滑动面 BC 的长度；

β——倾斜滑动面 BC 的倾角；

U_1、U_2——作用于水平滑动面 AB 及倾斜滑动面 BC 上的扬压力；

V_1——坝体的自重力；

V_2——抗力体 BCD 的自重力；

H——作用于坝体上的各种水平推力的合力。

（2）非极限平衡等 K 法。

将 $\alpha=0$ 代入式（10.21）及式（10.23），便可得到用非极限平衡等 K 法求解图 10.16 所示的混合滑动的稳定性系数 K 的计算公式，即

$$\begin{cases} K=\dfrac{(V_1-U_1)\tan\varphi_1+c_1L_1+P}{H} \\ P=\dfrac{KV_2\sin\beta+(V_2\cos\beta-U_2)\tan\varphi_2+c_2L_2}{K\cos\beta-\sin\beta\tan\varphi_2} \end{cases} \tag{10.27}$$

（3）极限平衡等 K 法。

将 $\alpha=0$ 代入式（10.24）及式（10.25），得到用极限平衡等 K 法求解图 10.16 所示的混合滑动的稳定性系数 K 的计算公式，即

$$\begin{cases} K=\dfrac{(V_1-U_1)\dfrac{\tan\varphi_1}{K}+\dfrac{c_1}{K}L_1+P}{H} \\ P=\dfrac{V_2\sin\beta+(V_2\cos\beta-U_2)\dfrac{\tan\varphi_2}{K}+\dfrac{c_2}{K}L_2}{\cos\beta-\sin\beta\dfrac{\tan\varphi_2}{K}} \end{cases} \tag{10.28}$$

对式（10.27）及式（10.28）最好采用试算或迭代法求解。

10.4　拱坝坝肩岩体抗滑稳定性分析

拱坝的优点是混凝土用量较少、较经济。但是，拱坝对地质与地形条件、混凝土质量及温度控制等均有很高的要求，并且施工复杂。拱坝承受荷载后，坝体及坝基工作条件、破坏状态与重力坝有着本质上的区别。重力坝是一种类似于地悬臂梁的静定结构，是依靠悬臂梁作用来维持平衡的，各种外荷载及坝体自重力直接传递到坝基岩体中，所以重力坝的稳定性问题可以归纳为坝基岩体的强度及抗滑稳定两个方面。而拱坝的情况则有很大不同，拱坝在水平推力作用下内部将产生复杂的三维应力状态，与重力坝有很大的区别。关于拱坝坝体的应力分析与稳定性评价，已超出岩体力学研究范畴。在岩体力学中，只讨论拱坝坝基，尤其是坝肩岩体的稳定性。一般来说，只要拱坝坝肩岩体性质良好，并且坝体又具有足

够强度的整体结构,那么拱坝就不会沿着坝基岩体表面滑动。应当指出,由拱坝传递到坝肩岩体上的荷载是巨大的。因此,拱坝坝肩岩体稳定性验算便显得特别重要。由此可见,拱坝与重力坝稳定性验算有较大的区别。对拱坝来说,主要问题是坝肩岩体可否满足要求。如果坝肩岩体抗压强度低,则有可能被压碎,致使坝体失稳。但是,由于坝体混凝土强度限制了其最大压应力不超过 8 MPa,这对于一般岩体来说是容易满足的。对于软弱的拱坝坝肩岩体来说,由于坝肩岩体变形量过大将导致坝工失事。相反,新鲜而完整坚硬的拱坝坝肩岩体的变形量一般均不大,即使局部存在变形量大的软弱岩石,也由于拱坝的桥梁作用,所以对坝体稳定性的影响也较小。因此,在实际工程中,最重要的是分析拱坝坝肩岩体的抗滑稳定性,类似于重力坝的深层抗滑稳定性验算。不过,拱坝坝肩岩体抗滑稳定性分析,目前尚无十分成熟且稳妥的有效解决方法。下面介绍的几种常用的分析方法。

10.4.1　坝肩岩体受力分析

影响拱坝坝肩岩体抗滑稳定性的首要因素无疑是地质及地形条件,其次是坝体结构布置及坝肩岩体受力状态。地质及地形条件对拱坝坝肩岩体抗滑稳定性的影响是工程地质学的研究内容。这里仅讨论岩体力学所关心的坝肩岩体受力状态对其抗滑稳定性的影响。首先分析拱坝坝肩岩体受力状态。为此,从坝体中切取任一条水平拱梁作为研究对象,如图 10.17 所示。坝体传递到坝肩岩体上的作用力为 P,如图 10.17(a)所示。如图 10.17(b)所示,传递到坝肩岩体上力 P 的作用面为 $ACEF$ 面[即为图 10.17(a)中的 AC 面],可以将力 P 分解为梁底反力及拱端反力两种分量。其中,梁底反力作用面等同于 $BCED$ 面,包括竖向力 G 及水平剪切力 V_1;而拱端反力作用面等同于 $ABDF$ 面,包括法向力 H(与拱坝轴线方向一致)及水平剪力 V_2。各力的方向如图 10.17(b)所示。如果忽略梁底、拱端的弯矩及扭矩的影响,并且取单位拱高,岸坡坡度角为 α,那么在此单位拱高范围内(即图 10.17(b)中的 $AB=1$),相应的悬臂梁宽度为 $\cot \alpha$[即图 10.17(b)中的 $BC=\cot \alpha$]。所以,在这种指定的范围内,可以得到坝体对坝肩岩体各种作用力的合力为

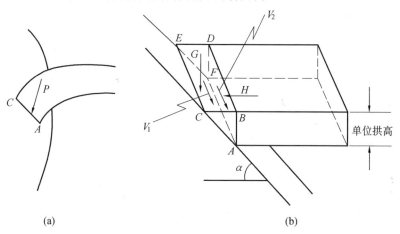

图 10.17　拱坝坝肩岩体受力分析简图

$$\begin{cases} F_V = S_{BCED}G = G\cot\alpha \quad (竖向力) \\ F_n = S_{ABDF}H = H \quad (法向力) \\ F_\tau = S_{BCED}V_1 + S_{ABDF}V_2 = V_1\cot\alpha + V_2 \quad (剪切力) \end{cases} \quad (10.29)$$

式中 S_{BCED}、S_{ABDF}——BCED 面及 ABDF 面的面积。

为方便起见,仅取单位坝宽,即 $AF=BD=CE=1$。此外这里没有考虑作用于坝肩岩体与坝体接触面 AFEC 上的扬压力(浮托力及渗透力)。

实际计算中,将拱坝剖分成一系列单位高的水平拱,每一条水平拱两端均有式(10.29)所示的三种力,这三种力又是拱坝高程 Z 的函数。此外,对于一般的拱坝,其每一高程 Z 的法向力及剪切力的方向往往各不相同。但是,无论怎样,总可以求得拱端对坝肩岩体表面的最终作用力,作为分析拱坝坝肩岩体抗滑稳定性的依据。

10.4.2 坝肩岩体中存在竖向及水平软弱结构面抗滑稳定性分析

如图 10.18(a)所示,坝肩岩体中有一个竖向软弱结构面 F_1 及竖向张裂面 F_3,并且在坝肩底部附近岩体中有一个水平软弱结构面 F_2(图中未标出,F_2 垂直于 F_1 及 F_3)。在这三个软弱结构面共同切割下,坝肩岩体中将出现一个可能失稳的楔形体 ABCD,其中 AB 及 BC 面均为临空面,当该楔形体承受坝肩传来的竖向力 F_v、法向力 F_n 及剪切力 F_τ 而发生滑动时,则将从张裂面 F_3 拉开(抗拉强度为零),并且沿着软弱结构面 F_1 及 F_2 滑动,其滑动方向同软弱结构面 F_1 与 F_2 交线 II' 方向一致,如图 10.18(b)所示。显然,交线 II' 为水平方向,所以软弱结构面 F_1 及 F_2 上的剪切力也是水平方向,并且平行于交线 II' 方向。为了验

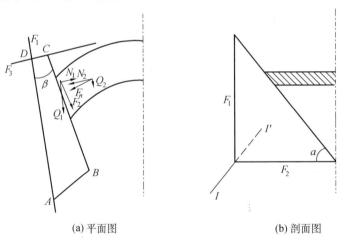

(a) 平面图　　　　　(b) 剖面图

图 10.18　坝肩岩体中存在竖向及水平软弱结构面时稳定性验算简图

算坝肩岩体的稳定性,现在取单位高度的水平拱作为研究对象,将拱端作用于楔形体 ABCD 上的法向力 F_n、剪切力 F_τ 分解成垂直于和平行于交线 II' 的分力,即法向力 F_n 分解为 N_2 及 Q_2 两个分力,剪切力 F_τ 分解为 N_1 及 Q_1 两个分力,如图 10.18(a)所示(竖向力 F_v 无需分解,因为 F_v 垂直于交线 II'),它们的合力分别为

$$\begin{cases} N = N_1 - N_2 = F_n\cos\beta - F_\tau\sin\beta \\ Q = Q_1 + Q_2 = F_n\sin\beta + F_\tau\cos\beta \end{cases} \quad (10.30)$$

若将整个拱坝自坝顶至水平软弱结构面沿坝体高程分成若干个单位高度的水平拱,那

么可将所有水平拱的拱端对楔形体 $ABCD$ 的作用力进行求和,即

$$\begin{cases} \sum N = \sum_{1}^{n}(F_n\cos\beta - F_\tau\sin\beta) \\[2mm] \sum Q = \sum_{1}^{n}(F_n\sin\beta + F_\tau\cos\beta) \\[2mm] \sum G = \sum_{1}^{n}F_v \end{cases} \tag{10.31}$$

将式(10.29)代入式(10.31),得

$$\begin{cases} \sum N = \sum_{1}^{n}[H\cos\beta - (V_1\cot\alpha + V_2)\sin\beta] \\[2mm] \sum Q = \sum_{1}^{n}[H\sin\beta + (V_1\cot\alpha + V_2)\cos\beta] \\[2mm] \sum G = \sum_{1}^{n}G\cot\alpha \end{cases} \tag{10.32}$$

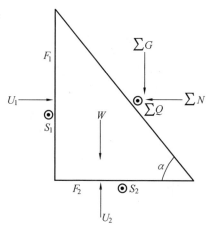

图 10.19　坝肩岩体中楔形滑动体受
力分析简图
(⊙表示作用力方向垂直于页面指向读者)

　　楔形体 $ABCD$ 除了承受式(10.32)中的三个力之外,还有其本身的自重力 W,以及分别作用于软弱结构面 F_1 和 F_2 上的抗滑力 S_1 和 S_2、扬压力(浮托力及渗透压力)U_1 和 U_2。如图 10.19 所示,若考虑楔形体 $ABCD$ 处于极限平衡状态,则抗滑力 S_1 及 S_2 分别由下式确定:

$$\begin{cases} S_1 = \dfrac{\tan\varphi_1}{K}(\sum N - U_1) + \dfrac{c_1 L_1}{K} \\[3mm] S_2 = \dfrac{\tan\varphi_2}{K}(\sum G - U_2 + W) + \dfrac{c_2 L_2}{K} \end{cases} \tag{10.33}$$

式中　φ_1、c_1——软弱结构面 F_1 的内摩擦角及内聚力;

　　　φ_2、c_2——软弱结构面 F_2 的内摩擦角及内聚力;

　　　L_1、L_2——软弱结构面 F_1 及 F_2 的长度;

K——楔形体 $ABCD$ 的稳定性系数。

由极限平衡原理可知

$$S_1 + S_2 = \sum Q \tag{10.34}$$

将式(10.33)代入式(10.34)，并整理得

$$K = \frac{\left(\sum N - U_1\right)\tan \varphi_1 + \left(\sum G - U_2 + W\right)\tan \varphi_2 + c_1 L_1 + c_2 L_2}{\sum Q} \tag{10.35}$$

式(10.35)即为坝肩岩体中有竖向及水平方向软弱结构面情况下拱坝坝肩岩体抗滑稳定性系数 K 的计算公式。实际工程中，这种典型情况是少有的，但是以上公式及其推导原理则为解决同类复杂问题的基础。例如，若 F_2 是一组水平软弱结构面，则可以采用试算法寻求与软弱结构面 F_1 组合最不利的那一个水平软弱结构面作为可能的滑动面。又如，若无明显的水平软弱结构面 F_2，则在具体计算时可事先假定某一适当的水平破坏面，由于破坏时要求这个假定的水平破坏面完全切割完整的岩体，所以其上的内聚力 c 及内摩擦角 φ 应该取抗剪断强度指标，拱坝坝基岩体抗滑稳定性也因此显著增加。

10.4.3 坝肩岩体中存在倾斜软弱结构面抗滑稳定性分析

如图 10.20(a)所示，拱坝坝肩岩体中有一个倾角为 γ 的软弱结构面 F_1 和坝肩底部附近岩体中水平软弱结构面 F_2 相互切割出的楔形体 ABC 有失稳的可能。楔形体 ABC 的受力状态如图 10.20(a)所示(图中的各符号意义同前)。与上述坝肩岩体中存在竖向及水平

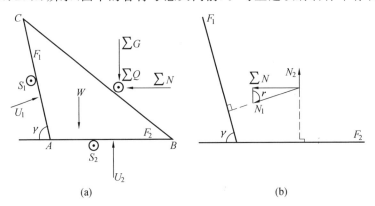

(a)   (b)

图 10.20 坝肩岩体中楔形滑动体受力分析简图
(⊙表示作用力方向垂直页面指向读者)

方向软弱结构面情况不同，此种情况的 $\sum N$ 不再垂直于软弱结构面 F_1，所以应当将 $\sum N$ 相对于软弱结构面 F_1 及 F_2 进行分解。如图 10.20(b)所示，若 $\sum N$ 对软弱结构面 F_1 及 F_2 所产生的法向力分别用 N_1 及 N_2 表示，那么可根据力的分解原理求出二者的计算公式，即

$$\begin{cases} N_1 = \dfrac{\sum N}{\sin \gamma} \\ N_2 = \sum N \cot \gamma \end{cases} \tag{10.36}$$

同样,根据极限平衡原理,可得到这种情况下拱坝坝肩岩体抗滑稳定性系数 K 的计算公式,即

$$K = \frac{\left(\dfrac{\sum N}{\sin \gamma} - U_1\right) \tan \varphi_1 + \left(\sum G - U_2 + W - \sum N \cot \gamma\right) \tan \varphi_2 + c_1 L_1 + c_2 L_2}{\sum Q}$$

$$(10.37)$$

式中各符号意义同前。

如图 10.21(a) 所示,拱坝坝肩岩体中有两个倾角分别为 γ_1、γ_2 的倾斜软弱结构面 F_1 及 F_2,其中软弱结构面 F_2 位于坝肩底部附近岩体中,二者互相切割出的楔形体 ABC 存在失稳。楔形体 ABC 的受力状态如图 10.21(a) 所示(图中的各符号意义同前)。与上述坝肩岩体中存在竖向及水平方向软弱结构面情况不同,此时的 $\sum N$ 和 $\sum G + W$ 既不垂直于软弱结构面 F_1,也不垂直于 F_2,所以应当将 $\sum N$ 和 $\sum G + W$ 相对于软弱结构面 F_1、F_2 进行分解。如图 10.21(b)(c) 所示,若 $\sum N$ 对软弱结构面 F_1 及 F_2 所产生的法向力分别为 N_1、N_2,$\sum G + W$ 对软弱结构面 F_1 及 F_2 所产生的法向力分别为 M_1、M_2,那么可以根据力的分解原理求出它们的计算公式,即

$$\begin{cases} N_1 = \dfrac{\cos \gamma_2}{\sin(\gamma_1 - \gamma_2)} \sum N \\[2mm] N_2 = \dfrac{\cos \gamma_1}{\sin(\gamma_1 - \gamma_2)} \sum N \\[2mm] M_1 = \dfrac{\sin \gamma_1}{\sin(\gamma_1 - \gamma_2)} \left(\sum G + W\right) \\[2mm] M_2 = \dfrac{\sin \gamma_2}{\sin(\gamma_1 - \gamma_2)} \left(\sum G + W\right) \end{cases}$$

$$(10.38)$$

式中各符号意义同前。

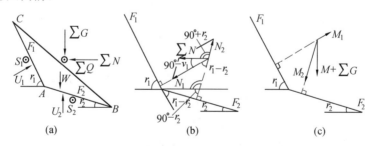

图 10.21　坝肩岩体中楔形滑动体受力分析简图

同样,根据极限平衡原理,可解得这种情况下拱坝坝肩岩体抗滑稳定性系数 K 的计算公式为

$$K = \frac{(N_1 - M_1 - U_1) \tan \varphi_1 + (M_1 - N_2 - U_2) \tan \varphi_2 + c_1 L_1 + c_2 L_2}{\sum Q} \quad (10.39)$$

以上讨论是基于软弱结构面 F_1 与 F_2 的走向一致这个条件的。若软弱结构面 F_1 与 F_2 走向不同,则使推导过程变得较为复杂,但是基本原理是一样的。

10.4.4 拱梁法分析坝肩岩体抗滑稳定性

在验算拱坝坝肩岩体抗滑稳定性时,可采用拱梁法进行分析。所谓拱梁法是指自坝顶开始分别沿着纵向及横向将坝体剖分成若干个竖向悬臂梁与水平拱,二者均取单位厚度,如图 10.22 所示,通过研究竖向悬臂梁及水平拱的受力条件,分析拱坝坝肩岩体抗滑稳定性,并且确定其稳定性系数 K 的计算公式。如果坝肩岩体在某一高程 A 点处出现水平断裂或其他软弱结构面 F_2,那么悬臂梁及水平拱的剖分范围可以仅限定于坝顶与水平软弱结构面 F_2 之间,如图 10.22(a)所示。假定自坝顶至坝底或水平软弱结构面 F_2 处总共剖分出 n 个竖向悬臂梁及 n 个水平拱,现在取其中某一竖向悬臂梁及水平拱作为研究对象,梁底及拱端的受力条件如图 10.23(a)所示。由图 10.23(a)可知,竖向悬臂梁与水平拱相交形成三角形棱柱体 $ABCDEF$,其竖向侧面 $ABDE$ 及水平侧面 $BCFD$ 的宽度均为单位 1。水平拱作用于该三棱体侧面 $ABDE$ 上的力为水平轴向力 H 及水平径向剪切力 V_2,竖向悬臂梁作用于该三棱体侧面 $BCFD$ 上的力有竖向压力 G 及水平剪切力 V_1。由于水平剪切力 V_1 及 V_2 的指向一致,可将二者合成一个剪切力 V,即 $V=V_1+V_2$。在坝肩平面示意图上,可以很直观地表示出水平轴向力 H 及水平剪切力 V,如图 10.23(b)所示。如果坝肩岩体中又出现竖向软弱结构面 F_1,那么软弱结构面 F_1 及 F_2 将共同切割出楔形体 IJK,如图 10.23(c)所示。当楔形体 IJK 失稳时,无疑将沿着软弱结构面 F_1 与 F_2 的交线方向下滑。为了计算楔形体 IJK 的抗滑稳定性系数,在图 10.23(b)中求出水平轴向力 H 及水平剪切力 V 对软弱结构面 F_1 的法向及切向分力如下:

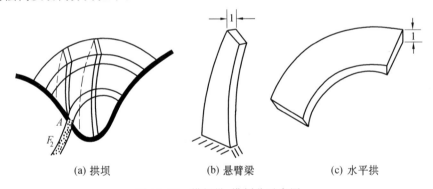

(a) 拱坝   (b) 悬臂梁   (c) 水平拱

图 10.22 拱坝纵、横剖分示意图

$$\begin{cases} n=H\cos\alpha - V\sin\alpha & \text{(法向力)} \\ q=H\sin\alpha + V\cos\alpha & \text{(切向力)} \end{cases} \tag{10.40}$$

式中　α——水平拱拱端面与软弱结构面 F_1 之间的夹角;

其他符号意义同前。

由于总共剖分出 n 个竖向悬臂梁及 n 个水平拱,所以作用于软弱结构面 F_1 上总的法向力 N 及切向力 Q 可以由下式计算,即

$$\begin{cases} N=\sum_1^n n=\sum_1^n (H\cos\alpha - V\sin\alpha) \\ Q=\sum_1^n q=\sum_1^n (H\sin\alpha + V\cos\alpha) \end{cases} \tag{10.41}$$

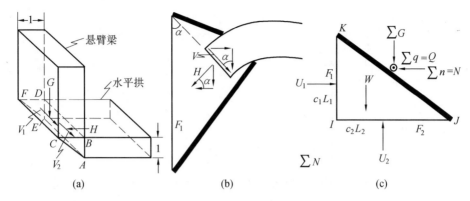

图 10.23   坝肩岩体受力分析简图

拱坝坝肩岩体中楔形体 IJK 受力状态如图 10.23(c)所示。据此,可得到作用于楔形体 IJK 上的抗滑力 T 及下滑力 F,即

$$\begin{cases} T = (N - U_1)\tan\varphi_1 + (\sum G + W - U_2)\tan\varphi_2 + c_1 L_1 + c_2 L_2 \\ F = Q \end{cases} \quad (10.42)$$

式中 φ_1、c_1——软弱结构面 F_1 的内摩擦角及内聚力;

φ_2、c_2——软弱结构面 F_2 的内摩擦角及内聚力;

L_1、L_2——软弱结构面 F_1 及 F_2 的长度;

U_1、U_2——软弱结构面 F_1 及 F_2 上所承受的扬压力;

W——楔形体 IJK 的自重力;

$\sum G$——n 个竖向悬臂梁的竖向压力之和;

其他符号意义同前。

依据式(10.42)可直接写出拱坝坝肩抗滑稳定性系数 K 为

$$K = \frac{(N - U_1)\tan\varphi_1 + (\sum G + W - U_2)\tan\varphi_2 + c_1 L_1 + c_2 L_2}{Q} \quad (10.43)$$

将式(10.41)代入式(10.43),得

$$K = \frac{\left[\sum_{1}^{n}(H\cos\alpha - V\sin\alpha) - U_1\right]\tan\varphi_1 + (\sum_{1}^{n}G + W - U_2)\tan\varphi_2 + c_1 L_1 + c_2 L_2}{\sum_{1}^{n}(H\sin\alpha + V\cos\alpha)}$$

$$(10.44)$$

习   题

1.某混凝土重力坝横断面见下图,坝基内存在两组结构面 AB 和 BC。工程地质勘查表明,ABC 为最危险的滑动体。试用"非等 K 法"验算坝基的稳定性,并求相应的稳定性系数(按照平面力学问题处理)。已知坝基岩体的容重为 $\gamma_1 = 2.25$ g/cm³,坝体混凝土的容重为 $\gamma_2 = 2.15$ g/cm³,水的密度为 $\rho = 1$ g/cm³,结构面 AB 的抗剪强度指标为 $c_1 = 0.34$ MPa,$\varphi_1 = 21.5°$,结构面 BC 的抗剪强度指标为 $c_2 = 0.32$ MPa,$\varphi_2 = 19°$,结构面 AB 的倾角为 $\alpha = 28.5°$,结构面 BC 的倾角为 $\beta = 41°$。不考虑地下水的静水压力、动水压力及地震力的作用,

其他几何尺寸如图所示。

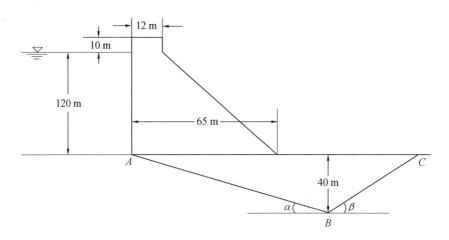

题 1 图

2. 某混凝土重力坝横断面见下图。坝基内存在一组缓倾向下游的软弱结构面（倾角 $\alpha=20°$），但是下游岩体坚硬而完整（无明显的第二滑移面）。已知坝基岩体的容重为 $\gamma=2.17 \text{ g/cm}^3$，抗剪强度指标为 $c=1 \text{ MPa}$，$\varphi=50°$，软弱结构面的抗剪强度指标为 $c=0.4 \text{ MPa}$，$\varphi=23°$，混凝土的容重为 $\gamma=2.4 \text{ g/cm}^3$。试用等 K 法通过试算求出最危险的滑动面及其相应的稳定性系数。

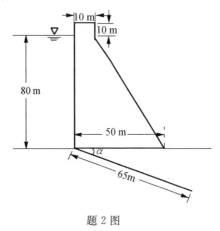

题 2 图

3. 岩坡见下图，坡高 $H=100 \text{ m}$，坡角 $\alpha=35°$，坡顶竖向裂隙深 40 m，结构面倾角 $\beta=20°$，结构面内聚力 $c_j=0$、内摩擦角 $\varphi_j=25°$，岩体重度 $\gamma=25 \text{ kN/m}^3$。试问当竖向裂隙中水深 Z_w 达到何值时，岩坡处于极限平衡状态？

4. 某坝基基岩为岩泥，在同一岩层中系统钻芯取风化岩样，测得饱和单轴抗压强度值依次为 3.6 MPa、3.7 MPa、5.8 MPa、6.2 MPa、4.5 MPa、8.1 MPa，取折减系数 $\varphi_r=0.20$，试求基岩承载力特征值。

5. 某重力坝剖面见下图，上游正常高水位 50 m，相应下游水位 15 m，坝顶高程 60 m，上游坝坡 1:0.2，下游坝坡 1:0.7，坝顶宽度 5 m，在距上游坝面 7 m 处设排水孔幕。混凝土的容重 $\gamma_c=24 \text{ kN/m}^3$，水的容重 $\gamma_w=10 \text{ kN/m}^3$，渗透压力强度折减系数 $\alpha=0.3$（不计浪压

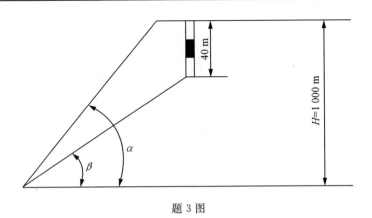

题 3 图

力）。

（1）计算荷载大小。

（2）已知坝体与坝基接触面的抗剪断参数 $f'=0.9$、$C'=700$ kPa，抗滑稳定安全系数允许值 $[k_s]=3.0$，试用抗剪强度公式求 k_s，并判别是否满足抗滑稳定性要求。

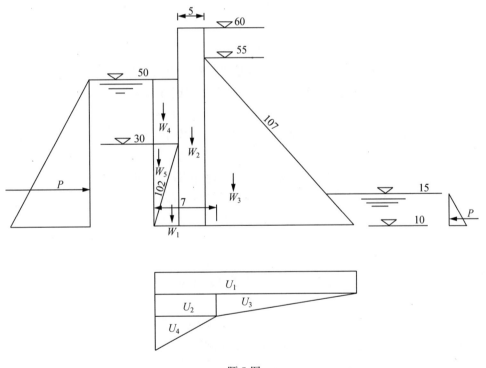

题 5 图

参考文献

[1] 孙广忠.岩体结构力学[M].北京:科学出版社,1988.

[2] 章根德,何鲜,朱维辉.岩石介质流变学[M].北京:科学出版社,1999.

[3] 严春风,徐健.岩体强度准则概率模型及其应用[M].重庆:重庆大学出版社,1999.

[4] 哈秋舲,李建林,张永光,等.节理岩体卸荷非线性岩体力学[M].北京:中国建筑工业出版社,1998.

[5] 中国科学院地质研究所.岩体工程地质力学问题[M].北京:科学出版社,1978.

[6] 蔡德所.复杂坝基与滑坡研究中的新方法[M].北京:中国电力出版社,1998.

[7] FARMER I W.岩石的工程性质[M].汪浩,译.徐州:中国矿业大学出版社,1988.

[8] 郑亚东,常志忠.岩石有限应变测量及韧性剪切带[M].北京:地质出版社,1985.

[9] 沈明荣.岩体力学[M].上海:同济大学出版社,1999.

[10] 陈子光.岩石力学性质与构造应力场[M].北京:地质出版社,1986.

[11] 曾立新.深层岩石力学性质的试验方法[J].地质力学学报,1999,5(1):23.

[12] 徐志英.岩石力学[M].北京:水利电力出版社,1986.

[13] 肖树芳,杨淑碧.岩体力学[M].北京:地质出版社,1987.

[14] 孔宪立.岩体工程及其灾害[M].上海:同济大学出版社,1993.

[15] 周维恒.高等岩石力学[M].北京:水利电力出版社,1990.

[16] 于学馥,郑颖人,刘怀恒,等.地下工程围岩稳定分析[M].北京:煤炭工业出版社,1983.

[17] 陶振宇.岩石力学的理论与实践[M].北京:水利出版社,1981.

[18] 高磊.矿山岩体力学[M].北京:冶金工业出版社,1979.

[19] 哈秋舲,李建林.岩石边坡卸荷岩体宏观力学参数研究[M].北京:中国建筑工业出版社,1996.

[20] 哈秋舲.岩石边坡与岩体卸荷非线性力学[J].岩石力学与工程学报,1997(4):56.

[21] 肖树芳,阿基诺夫 K.泥化夹层的组构及强度蠕变特性[M].长春:吉林科学技术出版社,1991.

[22] 谢和平.岩石混凝土损失力学[M].北京:中国矿业大学出版社,1990.

[23] 伍法权.统计岩体力学原理[M].徐州:中国地质大学出版社,1993.

[24] 陈子荫.围岩力学分析中的解析方法[M].北京:煤炭工业出版社,1994.

[25] 王仁,熊祝华,黄文彬.塑性力学基础[M].北京:科学出版社,1982.

[26] 王泳嘉,邢纪波.离散单元法及其在岩土力学中的应用[M].沈阳:东北工学院出版社,1991.

[27] 殷有泉,范建立.刚性元方法和块体稳定性分析[J].力学学报,1990,22(5):36.

[28] 殷有泉.固体力学非线性有限元引论[M].北京:北京大学出版社,1987.

[29] 张清,杜静.岩体力学基础[M].北京:中国铁道出版社,1997.

[30] 陶振宇,朱焕春,高延法,等.岩石力学的地质与物理基础[M].武汉:中国地质大学出

版社,1996.

[31] 白世伟,李光煜. 二滩水电站坝区岩体应力场研究[J]. 岩石力学与工程学报,1982,1(1):10.

[32] 郭怀志. 岩体初始应力场的分析方法[J]. 岩土工程学报,1983,5(3):25.

[33] 王连捷. 地应力测量及其在工程中的应用[M]. 北京:地质出版社,1991.

[34] 孙世宗,李光球,李方全. 二滩水电站的地应力测量[J]. 水文地质与工程地质,1984(2):36-38.

[35] 朱焕春,陶振宇. 地形地貌与地应力分布的初步分析[J]. 水利水电技术,1994(1):22-23.

[36] 张有天,胡惠昌. 地应力场的趋势分析[J]. 水利学报,1984(4):5-6.

[37] 金丰年,钱七虎. 岩石的单轴拉伸及其本构模型[J]. 岩土工程学报,1998,20(6):66-67.

[38] 陈国荣. 边界元-有限元联合解法及其应用[J]. 河海大学学报,1987(2):30-31.

[39] 赵崇斌,张楚汉,张光斗. 用无穷元模拟拱坝地基[J]. 水利学报,1987(2):3-4.

[40] 哈秋舲. 岩石(体)力学中的系统工程. 岩石力学与工程学报,1992,11(2)

[41] 双增. 断裂损伤理论及应用[M]. 北京:清华大学出版社,1992.

[42] 凌贤长,沈跃生. 地应力研究在土木工程中的实践和应用[J]. 哈尔滨建筑大学学报,1998,31(2):55.

[43] 李四光. 地质力学概论[M]. 北京:科学出版社,1962.

[44] FUKUI O,JIN F. Complete stress strain curves of rock in uniaxial tension test[J]. Journal of the Mining and Meterials Processing Institute of Japan,1995,110(1):34-36.

[45] 凌贤长,蔡德所. 中国鲁东造山带岩石圈动力学[M]. 香港:雅园出版公司,2001.

[46] 王仁. 构造应力场的反演[M]. 北京:北京大学出版社,1982.

[47] 王仁. 固体力学基础[M]. 北京:地质出版社,1979.

[48] 刘国昌. 区域稳定工程地质[M]. 长春:吉林大学出版社,1993.

[49] 潘立宙. 地质力学的力学知识[M]. 北京:地质出版社,1977.

[50] 王士天. 工程建设与区域稳定性评价[M]. 当代地质科学动向. 北京:地质出版社,1987.

[51] 谭周地. 长江三峡工程库区地壳稳定性评价与水库诱发地震预测[M]. 北京:地质出版社,1991.

[52] 马杏坦. 中国岩石圈动力学纲要[M]. 北京:地质出版社,1987.

[53] AITTMATOV I T. State of stress in rock and rock-burst proneness in seismicative folded Areas[M]. Toronto:Proceedings of 6th ISRM,1987.

[54] BOTT M H P, KUSZIR N J. Stress distributions associated with compensated plateau uplift structures with application to the continental mechanism[J]. Geophys J. R. Astron Soc. ,1979(8):255.

[55] BOTT M H P, KUSZIR N J. The orijin of tectonic stresses in the lithosphere[J]. Tectonophysics,1984(1):79-82.

［56］ HUDSON J A，PRIEST S D. Discontinuity and rock mass geometry［J］. Int. J. Rock Mech. Min. Sci. ，1979，16：25-27.

［57］ HAIMSON B C. The hydrofracturing stress measuring method and recement field results［J］. Int. J. Rock Mech. Min. ，1978，15：69-72.

［58］ BREBBIA C A. The boundary element method for engineers［M］. London：Pentech Press，1978.

［59］ CHARISTIAN J. Charles cetal reliability and probability in stability analysis［J］. ASCE，Geotech Division，1994，（12）：22.

［60］ VANMARCKE E E. Probabilistic stability analysis of earth sopes［J］. Engineering Geology，1980，16：71-74.

［61］ STANLEY M，LUARK M R. Spatial simulation of rock strength properties using a marov-bayes method［J］. Int. J. Rock Mech. Min. Sci. Geotech Abstr，1993，30（7）：363-368.

［62］ HUSDON J A. Discontinuity frequency in rock mass［J］. Int. J. Rock Mech. Min. Sci. and Geomech Abstra，1983（20）：569-573.

［63］ SEN Z. RQD-fractureal frequency chart based on a weibull distribution［J］. Int. J. Rock Mech. Sci. & Geomech Abstr，1993，30（5）：795-799.

［64］ BURY K V. Reliability models of The mohr failure failuritenjon for mass concrete ［C］. London：The 5th International Conference on Structural Safety and Reliability，1989.

［65］ ZHANG W H. Analysis of randorn anisotropic damage mechanics problern of rock-mass［J］. Rock Mechanics and Rock Engineering，1990，23（4）：66.

［66］ 袁建新. 岩体损伤问题［J］.岩土力学，1993，14（1）：236.

［67］ 姚耀武，陈东伟. 土坡稳定可靠度分析［J］.岩土工程学报，1994，19（2）：69-72.

［68］ OKA Y，WU H T. System reliability of slope stability［J］. ASCE，Geotech Division，1990，16（8）：33.

［69］ 张清. 岩石力学基础［M］.北京：中国铁道出版社，1986.

［70］ 唐大雄，孙愫. 工程岩土学［M］.北京：地质出版社，1987.

［71］ 古德曼 R E.岩石力学原理［M］.王鸿儒，等译. 北京：水利电力出版社，1989.

［72］ 李先炜. 岩体力学性质［M］.北京：煤炭工业出版社，1990.

［73］ 冯夏庭. 智能岩石力学导论［M］.北京：科学出版社，2000.

［74］ 科米萨罗夫 C H.采场周围岩体控制［M］.北京：煤炭工业出版社，1988.

［75］ 李俊杰. 岩石力学与工程［M］.大连：大连理工大学出版社，1985.

［76］ 李世辉. 隧道支护设计新论［M］.北京：科学出版社，1999.

［77］ 王金安，谢和平. 剪切过程中岩石节理粗糙度分析演化及力学特征［J］.岩土工程学报，1997，22（3）：24-27.

［78］ 杨太华，孙钧. 岩体裂隙非规则几何力学特性研究［J］.岩土工程学报，1997，19（4）：64-68.

［79］ 于学馥，于加，徐骏. 岩石力学新概念与开挖结构优化设计［M］. 北京：科学出版社，

1995.

[80] 祝玉学.边坡可靠性分析[M].北京:冶金工业出版社,1993.

[81] BARTON N,CHOUBEY V. The sheavr strength of rock joints in theory and prac-tice[J]. Rock Mechanics, 1977,10(2):98.

[82] BARTON N. Review of a new shear strength criterion for rock koints[J]. Engineer-ing Geology, 1973,7:569-573.

[83] BOADU F K,LENG L T. The fractal character of fracture spacing and RQD[J]. Int. J. Rock Mech. Sci. &. Geomech Abstr. , 1994, 31(2):362-364.

[84] XIA T F,SETO M,KATSUYAMA K. On rockbursts in south african gold mines [C]. Tokyo:Prol. of Mining and Materials Processing of Japan, 1997.

[85] 丁恩保,肖远.边坡锚固的可变更地质设计[J].工程地质学报,1989,1(2):151-153.

[86] VANMARCKE E E. Reliability of earth slope[J]. ASCE, Geotech Division, 1977, 103(11):55.

[87] HUDSON J A. Discontinuity frequency in rock mass[J]. Int. J. Rock Mech. Min. Sci. Geomech Abstra, 1982,20:263-265.

[88] 廖国华.节理间距及岩石质量指标的估算[J].岩石力学与工程学报,1990,19(1):36-39.

[89] 袁建新.岩体损伤问题[J].岩土力学,1993,14(1):26-28.

[90] 周群力.岩石压剪断裂判据及其应用[J].岩体工程学报,1987,9(3):56-58.

[91] 王思敬,黄建安.含断续节理岩体的断裂力学数值分析[J].岩体工程学报,1983,5(3):31-34.

[92] HOEK E B. Underground excavation in rock[C]. Hertford:Austin Ang. Sons. Ltd, 1980.

[93] 陈宗基.地下巷道长期稳定性的力学问题[J].岩石力学与工程学报,1982,1(1):71-73.

[94] 王靖涛.水压致裂测量地应力的断裂力学方法[J].岩土力学,1982,3(1):69-73.

[95] 中国科学院地质研究所.岩体工程地质力学问题(二)[M].北京:科学出版社,1978

[96] 长春科技大学环境与建设工程学院.工程地质环境[M].长春:长春出版社,1999

[97] 侯守信,田国荣.古地磁岩芯定向及其在地应力测量上的应用[J].地质力学学报,1999,5(1):26-31.

[98] 刘建中.油田应力测量[M].北京:地震出版社,1993

[99] ZOBACK M D. Well bore breakouts and in-situ stress[J]. J. Geophys Res. ,1985(90):279-236.

名词索引